全国高职高专机械设计制造类工学结合“十二五”规划系列教材
丛书顾问 陈吉红

工程力学

主　编　朱品武　蒋红云
副主编　余靖华　王丽七
主　审　陈少艾

华中科技大学出版社
中国·武汉

内容提要

本书是根据教育部关于高职高专“工程力学”课程改革的基本要求，并兼顾学生继续学习和深造的需要而编写的。全书共3篇15章，分别介绍了静力学、材料力学和运动力学的内容，本书附录提供了材料形心表、梁的挠度和转角表、工字钢规格等常用数据表。

为了方便师生学习与掌握本书知识点，与本书配套的《工程力学习题集》(朱品武，蒋红云主编)已经出版，同时本书还配有免费电子教案，如有需要，可以和华中科技大学出版社联系(联系电话：027-87544529；电子邮箱：171447782@qq.com)。

在讲授本书内容时，可根据实际情况做适当增减，学时数以80学时左右为宜。各院校可以根据实际条件和专业要求配备相应实验项目。本书可作为高职高专院校、成人高等教育学校机械类、近机类各专业的教材。

图书在版编目(CIP)数据

工程力学/朱品武　蒋红云　主编. —武汉：华中科技大学出版社，2012.8(2019.8重印)
ISBN 978-7-5609-8204-5

Ⅰ.工…　Ⅱ.①朱…　②蒋…　Ⅲ.工程力学-高等职业教育-教材　Ⅳ.TB12

中国版本图书馆CIP数据核字(2012)第164341号

工程力学　　　朱品武　蒋红云　主编

策划编辑：万亚军
责任编辑：姚　幸
封面设计：范翠璇
责任校对：李　琴
责任监印：张正林
出版发行：华中科技大学出版社(中国·武汉)　　电话：(027)81321913
　　　　　武汉市东湖新技术开发区华工科技园　　邮编：430223
录　　排：武汉市洪山区佳年华文印部
印　　刷：武汉科源印刷设计有限公司
开　　本：710mm×1000mm　1/16
印　　张：16.5
字　　数：330千字
版　　次：2019年8月第1版第4次印刷
定　　价：38.00元

全国高职高专机械设计制造类工学结合“十二五”规划系列教材

编 委 会

全国高职高专机械设计制造类工学结合"十二五"规划系列教材

序

目前我国正处在改革发展的关键阶段，深入贯彻落实科学发展观，全面建设小康社会，实现中华民族伟大复兴，必须大力提高国民素质，在继续发挥我国人力资源优势的同时，加快形成我国人才竞争比较优势，逐步实现由人力资源大国向人才强国的转变。

《国家中长期教育改革和发展规划纲要(2010—2020年)》提出："发展职业教育是推动经济发展、促进就业、改善民生、解决'三农'问题的重要途径，是缓解劳动力供求结构矛盾的关键环节，必须摆在更加突出的位置。职业教育要面向人人、面向社会，着力培养学生的职业道德、职业技能和就业创业能力。"

高等职业教育是我国高等教育和职业教育的重要组成部分，在建设人力资源强国和高等教育强国的伟大进程中肩负着重要使命并具有不可替代的作用。自从1999年党中央、国务院提出大力发展高等职业教育以来，培养了1300多万高素质技能型专门人才，为加快我国工业化进程提供了重要的人力资源保障，为加快发展先进制造业、现代服务业和现代农业作出了积极贡献；高等职业教育紧密联系经济社会，积极推进校企合作、工学结合人才培养模式改革，办学水平不断提高。

"十一五"期间，在教育部的指导下，教育部高职高专机械设计制造类专业教学指导委员会根据《高职高专机械设计制造类专业教学指导委员会章程》，积极开展国家级精品课程评审推荐、机械设计与制造类专业规范(草案)和专业教学基本要求的制定等工作，积极参与了教育部全国职业技能大赛工作，先后承担了"产品部件的数控编程、加工与装配"、"数控机床装配、调试与维修"、"复杂部件造型、多轴联动编程与加工"、"机械部件创新设计与制造"等赛项的策划和组织工作，推进了双师队伍建设和课程改革，同时为工学结合的人才培养模式的探索和教学改革积累了经验。2010年，教育部高职高专机械设计制造类专业教学指导委员会数控分委会起草了《高等职业教育数控专业核心课程设置及教学计划指导书(草案)》，并面向部分高职高专院校进行了调研。根据各院校反馈的意见，教育部高职高专机械设计制造类专业教学指导委员会委托华中科技大学出版社联合国家示范(骨干)高职院校、部分重点高职院校、武汉华中数控股份有限公司和部分国家精品课程负责人、一批层次较高的高职院校教师组成编委会，组织编写全国高职高专机械设计制造类工学结合"十二五"规划系列教材。

本套教材是各参与院校"十一五"期间国家级示范院校的建设经验以及校企

结合的办学模式、工学结合的人才培养模式改革成果的总结，也是各院校任务驱动、项目导向等教学做一体的教学模式改革的探索成果。因此，在本套教材的编写中，着力构建具有机械类高等职业教育特点的课程体系，以职业技能的培养为根本，紧密结合企业对人才的需求，力求满足知识、技能和教学三方面的需求；在结构上和内容上体现思想性、科学性、先进性和实用性，把握行业岗位要求，突出职业教育特色。

具体来说，力图达到以下几点。

(1) 反映教改成果，接轨职业岗位要求。紧跟任务驱动、项目导向等教学做一体的教学改革步伐，反映高职高专机械设计制造类专业教改成果，引领职业教育教材发展趋势，注意满足企业岗位任职知识、技能要求，提升学生的就业竞争力。

(2) 创新模式，理念先进。创新教材编写体例和内容编写模式，针对高职高专学生的特点，体现工学结合特色。教材的编写以纵向深入和横向宽广为原则，突出课程的综合性，淡化学科界限，对课程采取精简、融合、重组、增设等方式进行优化。

(3) 突出技能，引导就业。注重实用性，以就业为导向，专业课围绕高素质技能型专门人才的培养目标，强调促进学生知识运用能力，突出实践能力培养原则，构建以现代数控技术、模具技术应用能力为主线的实践教学体系，充分体现理论与实践的结合，知识传授与能力、素质培养的结合。

当前，工学结合的人才培养模式和项目导向的教学模式改革还需要继续深化，体现工学结合特色的项目化教材的建设还是一个新生事物，处于探索之中。随着这套教材投入教学使用和经过教学实践的检验，它将不断得到改进、完善和提高，为我国现代职业教育体系的建设和高素质技能型人才的培养作出积极贡献。

谨为之序。

教育部高职高专机械设计制造类专业教学指导委员会主任委员
国家数控系统技术工程研究中心主任 陈吉红
华中科技大学教授、博士生导师

2012年1月于武汉

前 言

本书是根据教育部关于高职高专“工程力学”课程改革的基本要求，并兼顾学生继续学习和深造的需要而编写的，可作为高职高专院校和成人高等教育机械类、近机类各专业的教材。

在编写本书的过程中，充分考虑了高职高专教育的特点和特色，理论以“够用”为度，着重突出了知识的应用和能力的培养，体现了“弱化理论推导，强化工程应用”的指导思想，同时注意了对学生自学和创新能力的培养与训练。

全书共3篇15章，分别介绍了静力学、材料力学和运动力学的内容。书后的附录还提供了材料形心表、梁的挠度和转角表，工字钢规格等常用数据表。

在讲授本书内容时，可根据实际情况做适当增减，学时数以80学时左右为宜。各院校可以根据实际条件和专业要求配备相应实验项目。

本书可作为高职高专院校、成人高等教育学校机械类、近机类各专业的教材。

为了方便师生学习与掌握本书知识点，与本书配套的《工程力学习题集》(朱品武，蒋红云主编)已经出版，同时本书还配有免费电子教案，如有需要，可以和华中科技大学出版社联系(联系电话：027-87544529；电子邮箱：171447782@qq.com)。

参加本书编写的有：武汉船舶职业技术学院朱品武(绪论，第4、5、6、10、11章，附录B，附录C)、余靖华(第7、8、9章，附录A)，安徽国防科技职业学院蒋红云(第2、12、13、14章)、王丽七(第1、3、15章)。朱品武、蒋红云任主编，余靖华、王丽七任副主编，武汉船舶职业技术学院陈少艾教授任主审。

在编写本书过程中，得到了安徽国防科技职业学院、武汉船舶职业技术学院的有关领导和武汉船舶职业技术学院教务处虞天国老师的大力支持，在此一并表示感谢。

在编写本书的过程中，参考了国内外已公开出版的许多书籍和资料，并从中直接引用了部分习题、例题和图表，在此谨向有关作者表示谢意。

由于作者水平有限，书中难免存在错误之处，欢迎读者批评指正。

编 者

2012年6月

目　录

第2篇　构件的承载能力

第3篇 简单运动力学

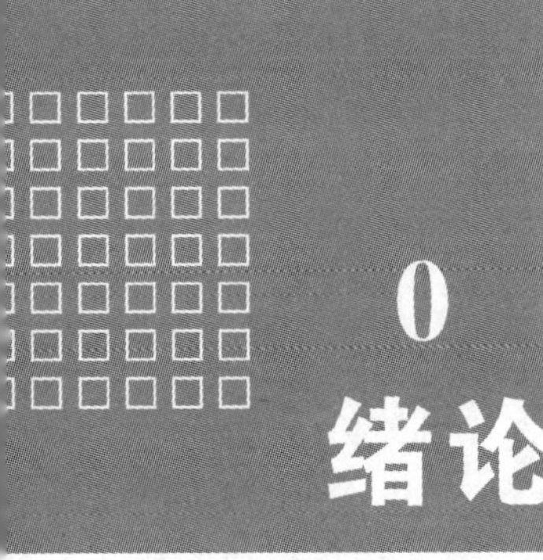

0 绪论

0.1 工程力学的内容和任务

“工程力学”是机械类或近机械类专业的一门技术基础课，由“理论力学”和“材料力学”两大部分组成。

理论力学是研究物体机械运动一般规律的科学。物体在空间的位置随时间的变化的运动称为机械运动，如船舶的航行、机器的运转等。机械运动是自然界和工程实践中最常见的一种运动。物体的平衡仅仅是机械运动的特殊情况而已。

理论力学的研究内容是宏观物体的速度远小于光速的机械运动，它以伽利略和牛顿所建立的基本定律为基础，属于经典力学的范畴。至于物体速度接近光速和基本粒子的运动，则必须用相对论和量子力学才能解决。对于宏观物体的速度远小于光速的机械运动，经典力学拥有的精确度足够解决大部分工程问题，而且相较于相对论和量子力学而言，经典力学的应用要简单得多。因此，在日常生活和一般工程实践中，经典力学仍然有着最广泛的应用。

理论力学的内容包括以下三个部分。

静力学——主要研究刚体的平衡规律，同时，也研究力的一般性质及其合成法则。

运动学——只研究物体运动的几何性质(如轨迹、速度和加速度等)，不研究引起物体运动的原因(如力和质量等)。

动力学——研究物体的运动与其所受力之间的关系。

那么，材料力学的内容和任务是什么呢?

在工程实际中，各种机械和结构得到广泛应用，组成机器的零部件、结构的元件等统称为构件。在外力的作用下，构件的形状或尺寸会发生改变。构件的形状或尺寸的变化称为变形。外力越大，构件的变形就越大。当外力过大时，构件就会出现工作失效。为了保证机械正常工作，材料应当满足下列要求。

(1) 强度要求　在载荷作用下材料不发生破坏。例如，起重机的吊索在吊起重物时不能被拉断，否则将发生严重事故；又如，储气罐或氧气瓶，在规定的压力下不应破裂。构件抵抗破坏的能力称为构件的强度。

(2) 刚度要求　在载荷作用下材料不发生过大的变形。例如机床主轴不能产生过大的变形，否则将影响工件的加工精度。构件抵抗变形的能力称为构件的刚度。

(3) 压杆稳定性要求　有些细长直杆，如内燃机中的挺杆(见图 0-1(a))、千斤顶中的螺杆(见图 0-1(b))等，在压力作用下便有被压弯的可能。为了保证其正常工作，要求这类杆件始终保持直线平衡状态形式，此即压杆稳定性要求。所谓压杆稳定性是指受压构件在外力作用下保持其原有平衡形态的能力。

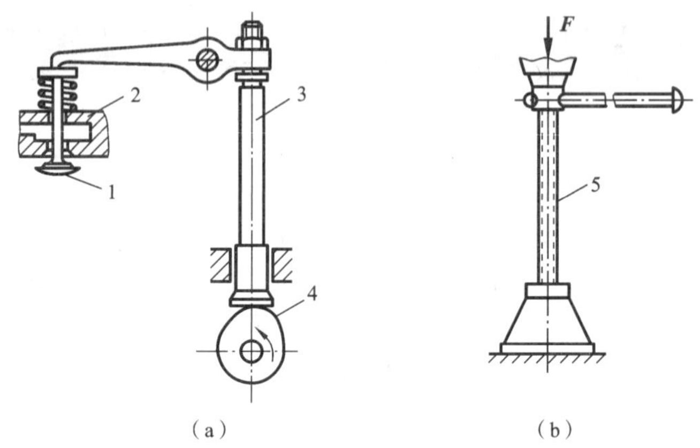

图 0-1　压杆稳定性要求示例

(a) 内燃机的示例　(b) 千斤顶的示例

1—阀门；2—气缸头；3—挺杆；4—凸轮；5—螺杆

材料力学以理论力学为基础，建立了关于构件强度、刚度和稳定性计算的理论基础，从而为构件选用适当的材料，确定合理的形状和尺寸提供了分析依据和计算方法。

工程力学是工程科学技术的理论基础之一，能够为设计安全又经济的结构提供理论基础和计算方法。它的规律、定理及结论在建筑、机械、仪表、电器设备等领域都得到广泛应用，是工程类学生学习后续课程的基础。

0.2　力学发展简史①

人类对自然现象的认识不断积累和深化，力学也在不断发展。

---

① 摘录于《工程力学基础》，陈传尧主编，华中科技大学出版社。

在早期的生产实践中，远古时期人类对力、平衡和运动就有粗浅了解。有关力学的最早文献来自于我国春秋时期(前 4—前 3 世纪)墨家的《墨经》和古希腊哲学家亚里士多德(Aristotle，公元前 384—前 322 年)的著作。著名的古希腊科学家阿基米得(Archimedes，公元前 287—前 212 年)是静力学的奠基人。

6 世纪之前，人类的力学见解主要是关于力的概念、杠杆平衡、重心、浮力和运动的，还有一些有关强度和刚度的粗浅认识。6 世纪至 16 世纪，阿拉伯人继承并发展了古希腊的科学，对力、运动及两者之间的关系有了进一步认识。

在 17 世纪初至 18 世纪末期间，人们建立和完善了经典力学。这一时期，力学在自然科学领域占据中心地位。最伟大的科学家几乎都集中在这一学科，如伽利略、惠更斯、牛顿、胡克、莱布尼兹、伯努利、拉格朗日、欧拉、达朗贝尔等。由于这些杰出科学家的努力，借助于当时取得的数学进展，使力学取得了十分辉煌的成就，在整个知识领域中起着支配作用。到 18 世纪末，经典力学的基础(静力学、运动学和动力学)已经建立并得到极大的完善。同时，还开始了对材料力学、流体力学及固体和流体的物性研究。

19 世纪，建立了力学各主要分支。19 世纪，欧洲各主要国家相继完成了工业革命，大机器工业生产对力学提出了更高的要求。为适应当时土木工程建筑、机械制造和交通运输的发展，材料力学、结构力学和流体力学得到了发展和完善。建筑、机械中出现的大量强度和刚度问题，由材料力学和结构力学来计算。作为探索普遍规律而进行的基础研究，弹性力学也取得了很大的进展。

1900 年—1960 年，继续发展了近代力学。在这半个多世纪，力学的主要推动力来自以航空为代表的近代工程技术。1903 年，莱特兄弟飞行成功，飞机很快成为重要的战争和交通工具。1957 年，人造地球卫星发射成功，标志着航天事业的开端。力学解决了各种飞行器的空气动力学性能问题、推进器动力学问题、飞行稳定性和操纵性问题及结构和材料的强度等问题。由此，人们清楚地看到了力学研究对于工程技术的先导作用。超声速飞行、航天器返回地面等关键问题，都基于力学研究才得以解决。力学还解决了核爆炸中对猛烈炸药爆轰的精密控制、强爆炸波的传播、反应堆的热应力等重要问题。

这一时期，由古老的材料力学、19 世纪发展起来的弹性力学和结构力学、20 世纪前期建立理论体系的塑性力学和粘弹性力学融合而成的固体力学发展迅速，建立和开辟了弹性动力学、塑性力学、塑性动力学等新的领域。空气动力学则是流体力学在航空、航天事业推动下的主要发展。在固体力学、流体力学形成力学分支的同时，以质点、质点系、刚体、多刚体系统等具有有限自由度的离散系统为研究对象的一般力学，也在技术进步下继续发展。

力学与工程应用的联系越来越紧密。力学实验研究的规模(如大型风洞、水池等)越来越大，能力越来越强。形成了善于从错综复杂的自然现象、科学实验结果和工程技术实践中抓住事物的本质，提炼成力学模型，采用合理的数学工具，分析掌握自然现象的规律或进而提出解决工程技术问题的方案，最后，再与观察或实验结果反复校核，直到接近科学的研究方法为止。

1960年以后，现代力学突飞猛进地发展。20世纪60年代以来，力学同计算技术和其他自然科学学科广泛结合，进入了现代力学的新时代。由于电子计算机技术的飞跃发展和广泛应用，基础科学和技术科学各学科间的相互渗透和综合，以及宏、微观相结合的研究途径的开拓，力学出现了崭新的面貌，其满足工程技术要求的能力也得到了极大增强。

自1946年电子计算机问世以来，随着计算机计算速度、存储容量和运算能力的迅速提高，过去力学中大量复杂、困难而使人不敢问津的问题有了解决的希望。20世纪60年代兴起的有限元法就源于结构力学。一个复杂的连续体结构经离散化处理为有限单元的组合后，计算机就可以对这种复杂的结构系统迅速计算出结果。有限元法一出现，就显示出无比的优越性，被广泛地应用于力学各领域，甚至向传热学、电磁场等非力学领域渗透。计算力学的迅速发展，显示了极为光辉的前途。

力学与基础和技术学科间的相互渗透，产生了许多新的力学生长点。由冯元桢等创建的生物力学就是一个科学渗透的例证。生物力学在考虑生物形态和组织的基础上，测定生物材料的力学性能，确定其物理关系，再结合力学基本原理研究解决问题，在定量生理学、心血管系统临床问题和生物医学工程方面取得了不少成就。人们从此认识到："没有生物力学，就不能很好地了解生理学。"

材料中往往存在着大量裂隙、损伤，位错理论和断裂力学分别从微观和宏观的角度突出了缺陷材料行为的特性，两者之间的密切联系也是人们探求的问题。20世纪60年代以来，断裂力学的迅速发展，改变了工程界对强度或安全设计和材料性能评价的传统观点，促进了设计技术的进步。

力学不仅有着悠久而辉煌的历史，而且随着工程技术的进步，近几十年来其自身也在迅速发展。力学研究的对象、涉及的领域、研究的手段都发生了深刻的变化，力学用来解决工程实际问题的能力得到了极大的提高。

例如：由传统的金属材料和土木石等材料力学行为的研究扩大到新型复合材料、高分子材料、结构陶瓷、功能材料等力学行为的研究；由传统的连续体宏观力学行为的研究发展到含缺陷体、细、微观结构力学行为的研究；由传统的电、光测量等实验技术研究发展为全息、云纹、散斑、超声、光纤测量等力学实验技术的研究；由传统的静强度、刚度设计发展到断裂控制设计、抗疲劳设计、损伤容限位设计、结构优化设计、动力响应计算、监测与控制、计算机数值仿真、耐久性设计和可靠性设计等。

机械、结构的小型、轻量化设计和电子工业产品的小型、超大规模集成化趋势，使力学应用的领域从传统的机械、土木、航空航天等扩大到包括控制、微电子和生物医学工程等几乎所有工程技术领域。计算机技术和计算力学的发展给力学(尤其是应用力学)带来了更加蓬勃的生机,力学与工程结合,为工程服务的能力得到了极大的增强。计算机不仅成为辅助工程设计的有力工具,同时,也是力学分析、数值计算、动态过程仿真的有力工具。力学在工程中应用的目的,除传统的保证结构与构件的安全和功能外,已经或正在向设计—制造—使用—维护的综合性分析与控制,功能—安全—经济的综合性评价,以及自感知、自激励、自适应(甚至自诊断、自修复)的智能结构设计与分析的方向延伸。

第1篇

静 力 学

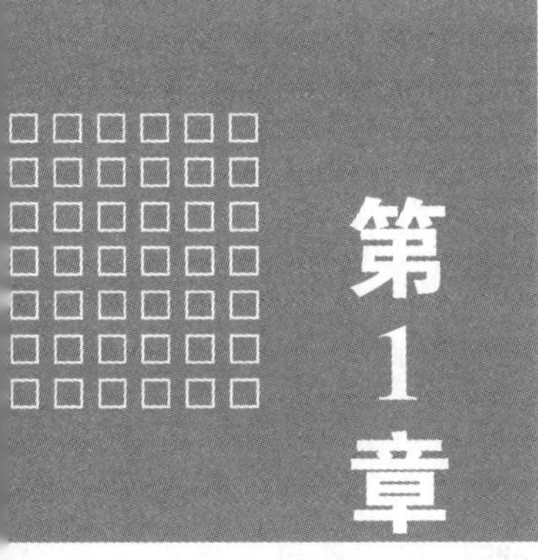

第1章 静力学基础

静力学研究刚体在力系作用下平衡的一般规律。

静力学主要研究以下三个问题。

(1) 物体的受力分析　即分析物体受哪些力的作用,并确定各力的大小、方向和作用点。

(2) 力系的简化　即将作用在物体上的力系简化为最简单的形式。

(3) 建立各力系的平衡条件　即研究作用在物体上的各力系应满足的平衡条件。

利用平衡条件确定各个力的大小和方向,这是工程力学在工程实践中最常见的应用之一。

1.1　静力学的基本概念

静力学是研究刚体平衡的科学。为了研究静力学,首先了解一些基本概念。

1.1.1　刚体的概念

静力学的研究对象主要是刚体。所谓刚体是指在任何力的作用下都不会变形的物体,即物体内任何两点间的距离永不改变。刚体又可看成是各个质点间距离不变的质点系。在工程实际中,任何物体在力的作用下都有变形出现。当物体的变形不大(即相对于物体的原始尺寸可以忽略不计)或变形对所研究的问题没有实质性影响时,可以将物体抽象为刚体。

1.1.2　平衡的概念

平衡是指物体相对于惯性参考系保持静止或作匀速直线平移。平衡是相对的,是物体机械运动的一种特殊状态。在工程实际中,常取固结于地球上的参考系为惯性参考系。所以,在静力学中所研究的平衡,一般是指物体相对于地球

（或机架）保持静止或作匀速直线平移的状态。

1.1.3 力的概念

1. 力

力是物体之间相互的机械作用，其效应是使物体的运动状态发生改变或形状发生改变（即变形）。

力使物体运动状态改变的效应称为力的外效应（也称为运动效应，属于理论力学研究的范畴）；力使物体发生变形的效应称为力的内效应（也称为变形效应，属于材料力学研究的范畴）。

刚体受外力作用时，只有外效应没有内效应。当外力的作用线通过刚体的质心时，刚体仅仅产生平移效应，如当乒乓球拍的击打力通过乒乓球球心时，运动员可发出不转的球，如图 1-1(a)所示；当外力的作用线不通过刚体的质心时，刚体将同时产生平移效应和转动效应，如运动员发出上旋球，如图 1-1(b)所示；运动员发出下旋球，如图 1-1(c)所示。

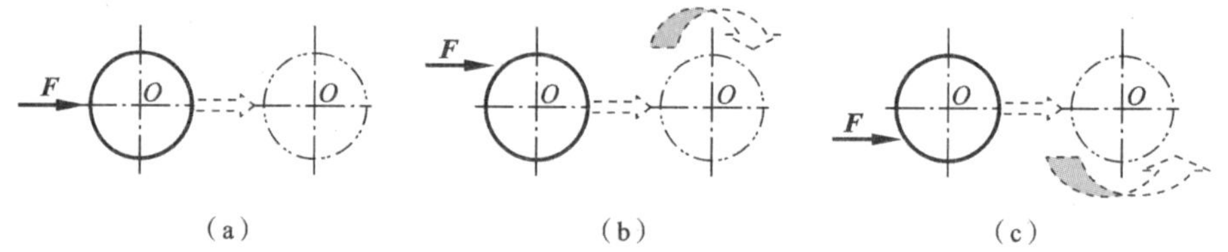

图 1-1 乒乓球示例

(a) 平击球 (b) 上旋球 (c) 下旋球

2. 力的分类

(1) 集中力　两物体直接接触时，力的作用虽然分布在某一面积上，但是力的作用面积不大时，可抽象地看成是力集中作用于一点，这样的力称为集中力。

(2) 分布力　力的作用位置是物体的某一部分面积或体积（而且这一部分面积或体积大到不能被抽象地看成点），这样的力称为分布力。分布力有线分布力、面分布力和体分布力。本书只研究线分布力中最简单和最基本的均布载荷。例如，作用在简支梁 AB 上的均布载荷，如图 1-2(a)所示，其中 q 为载荷集度，即单位长度上所受载荷的大小，国际单位是牛顿/米（N/m）。均布载荷的等效合力的大小是载荷集度乘以受载长度之积，即

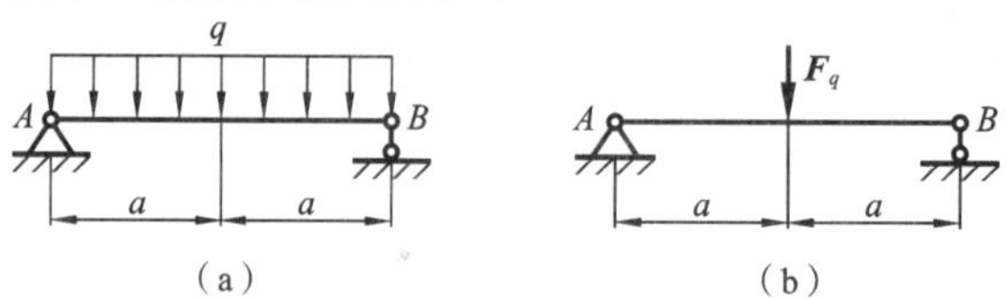

图 1-2 分布力示例

(a) 均布载荷示例 (b) 均布载荷的等效合力

$$F_q = q(2a)$$

等效合力的方向与载荷方向相同;等效合力的作用点位于受载长度的中点;如图1-2(b)所示。

3. 力的三要素

力对物体作用的效应,取决于三个要素:力的大小、力的方向和力的作用点。

4. 力的单位

力的国际单位制单位是牛顿(N),实用单位有千牛顿(kN)、千克力(kgf)等。

5. 力的矢量表示

在几何图形中,用有向线段来表示力矢量。在图1-3中,有向线段$\overrightarrow{AB}$就表示力矢量$\vec{F}$,即$\vec{F}=\overrightarrow{AB}$。在书籍印刷中,常用黑斜体字母 ***F*** 表示力矢量,而手写时写为$\vec{F}$(在字头上加一短箭头)。普通字母 F 仅表示力的大小。

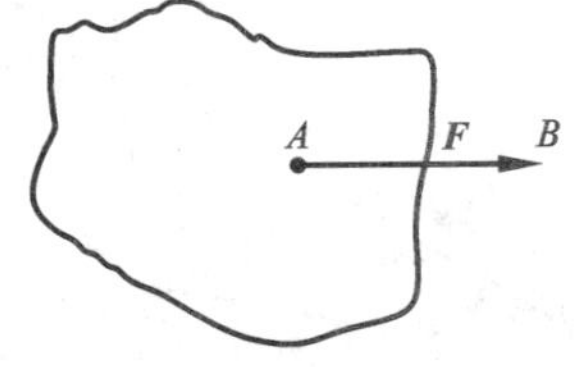

图1-3 力的矢量表示

1.1.4 力系的概念

1. 力系

同时作用在物体上的一群力称为力系。

2. 平衡力系

如果某一个力系作用在物体上,使物体处于平衡状态,则这个力系称为平衡力系。

3. 等效力系

若一力系对物体作用,能以另一力系代替而不改变原力系对该物体的作用效果,则这两个力系互为等效力系。

4. 合力

如果一个力和一个力系等效,则这个力称为该力系的合力。

5. 力系的分类

按照力系中各力作用线在空间分布的情况,可以将力系进行分类。如果作用于物体上的力系的各力的作用线均在同一平面内,则称此力系为平面力系;否则,为空间力系。本书重点研究平面力系,简单介绍空间力系。

- 力系
  - 平面力系
    - 平面汇交力系——各力共面且汇交于一点
    - 平面平行力系——各力共面且互相平行
    - 平面任意力系——各力共面但既不都汇交于一点也不完全互相平行
  - 空间力系
    - 空间汇交力系——各力不共面但汇交于一点
    - 空间平行力系——各力不共面但互相平行
    - 空间任意力系——各力不共面且既不都汇交于一点也不完全互相平行

1.2 静力学的公理

静力学公理是人们关于力的基本性质的概括和总结，是静力学全部理论的基础。公理是人们在生活和生产实践中长期积累的经验总结，又经过实践的反复检验，证明是符合客观实际的普遍规律。公理是不能用更简单的原理来替代的，也不需要证明而为大家所公认的，并且可以作为证明的论据的。

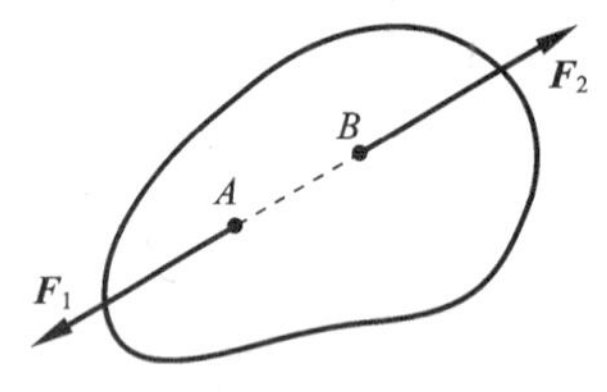

图 1-4　二力平衡示例

公理一　二力平衡公理　作用于同一刚体上的两个力平衡的必要与充分条件是：力的大小相等、方向相反，作用在同一直线上。如图 1-4 所示，$\boldsymbol{F}_1$ 和 $\boldsymbol{F}_2$ 二力平衡。

此公理给出了作用于刚体上的最简力系平衡时所必须满足的充要条件，是推证其他力系平衡条件的基础。必须指出，这个条件仅仅是变形体平衡的必要而不充分条件。

在工程实际中，在两个力作用下处于平衡的物体称为二力构件，也称为二力杆。图 1-5(a)、图 1-5(b)中杆 AB 和三角拱 CB 为轻质杆（在本书中，未作特别说明的刚体均按轻质杆处理，即自重忽略不计），则杆 AB 和三角拱 CB 均为二力杆，根据二力平衡公理，这两个刚体所受力分别沿着它们的两个受力作用点的连线，且大小相等、方向相反，如图 1-5 所示。在受力分析时，一般首先分析二力杆，确定力的方向（往往是力的作用线，指向待定），然后根据作用力与反作用力公理来确定它对与其相连构件的作用力。

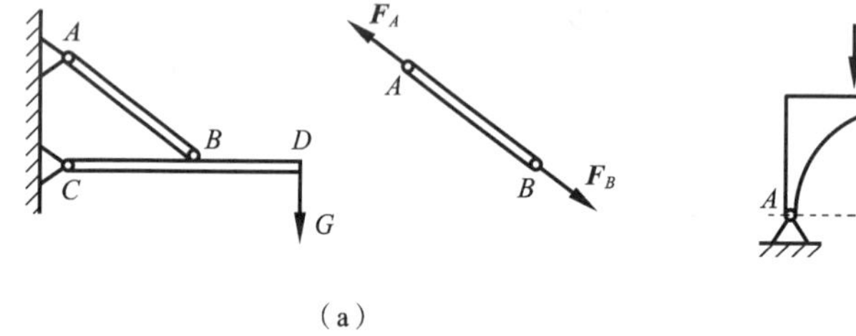

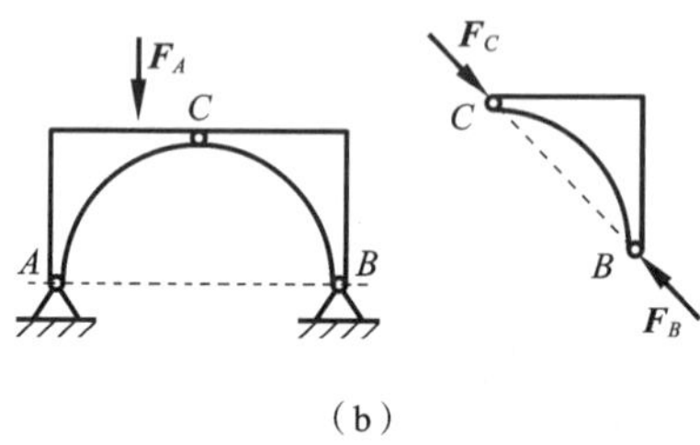

图 1-5　二力杆示例

(a) 连杆示例　(b) 三角拱示例

公理二　加减平衡力系公理　在作用于刚体的任意力系中，加上或减去平衡力系，并不改变原力系对刚体的作用效应。

推论一　力的可传性原理　作用于刚体上的力可以沿其作用线移至刚体内任意一点，而不改变该力对刚体的效应。值得注意的是，公理二和推论一只能适用于刚体。

公理三　力的平行四边形法则　作用于物体上同一点的两个力可以合成为作用于该点的一个合力，它的大小和方向由以这两个力的矢量为邻边所构成的平行四边形的对角线来表示。如图 1-6(a)所示，以 $\boldsymbol{R}$ 表示力 $\boldsymbol{F}_1$ 和力 $\boldsymbol{F}_2$ 的合力，则可以表示为

$$\boldsymbol{R}=\boldsymbol{F}_1+\boldsymbol{F}_2$$

即作用于物体上同一点两个力的合力等于这两个力的矢量和。

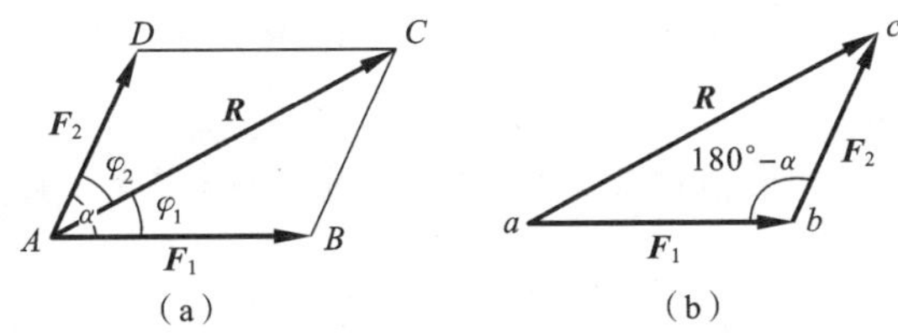

图 1-6　力的平行四边形法则示例

在求两个共点力的合力时，常采用力的三角形法则，如图 1-6(b)所示。从刚体外任选一点 a 作为起点作矢量$\overrightarrow{ab}$代表力 $\boldsymbol{F}_1$，然后从终点 b 作矢量$\overrightarrow{bc}$代表力 $\boldsymbol{F}_2$，最后连接起点 a 与终点 c 得到矢量$\overrightarrow{ac}$，则$\overrightarrow{ac}$就代表合力矢 $\boldsymbol{R}$。

力的分解也必须遵循平行四边形法则。其中最广泛的应用是正交分解，如图 1-7 所示，在分析直齿圆柱齿轮的受力时，常将齿面的法向压力 $\boldsymbol{F}_n$ 分解为圆周力 $\boldsymbol{F}_t$ 和径向力 $\boldsymbol{F}_r$。

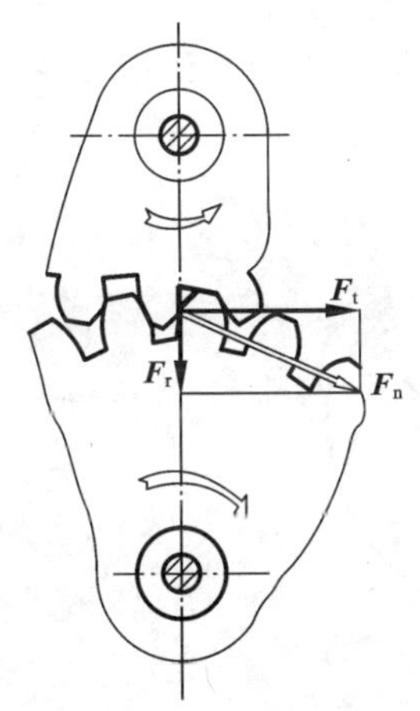

图 1-7　直齿圆柱齿轮受力分解

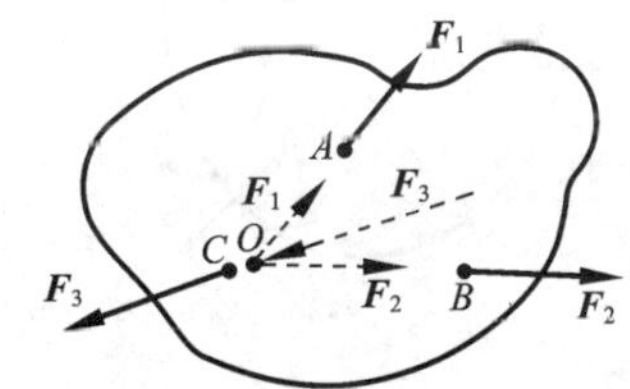

图 1-8　三力平衡汇交定理示例

推论二　三力平衡汇交定理。刚体受同一平面内互不平行的三个力作用而平衡时，则此三力的作用线必汇交于一点，如图 1-8 所示。此处证明从略，读者可自行完成。

公理四　作用力与反作用力公理　两个物体间相互作用力总是同时存在，它们的大小相等、指向相反，并沿同一直线分别作用在这两个物体上。

物体间的作用力与反作用力总是同时出现，同时消失。可见，自然界中的力总是成对地存在，而且同时分别作用在相互作用的两个物体上。这个公理

概括了任何两物体间的相互作用的关系，不论对刚体或变形体，不管物体是静止的还是运动的都适用。应该注意，作用力与反作用力虽然等值、反向、共线，但它们不能平衡，因为二者分别作用在两个物体上，不可与二力平衡公理混淆。

公理五　刚化原理。变形体在某一力系作用下处于平衡，如将此变形体刚化，其平衡状态保持不变。

公理五提供了把变形体抽象为刚体模型的条件，扩大了刚体静力学的应用范围。

1.3　平面汇交力系的合成

1.3.1　平面汇交力系合成的几何法

当平面汇交力系仅由两个力组成，可以用平行四边形法则或三角形法则求其合力。在此基础上进一步讨论由任意多个力组成的平面汇交力系的合成问题。

设在刚体上作用有平面汇交力系 $\boldsymbol{F}_1$、$\boldsymbol{F}_2$、$\boldsymbol{F}_3$、$\boldsymbol{F}_4$，如图 1-9(a)所示，它们的作用线汇交于 O 点。根据力的可传性原理，将力系中各力沿其作用线平移至 O 点，如图 1-9(b)所示。然后连续应用三角形法则，将它们一次合成，如图 1-9(c)所示。

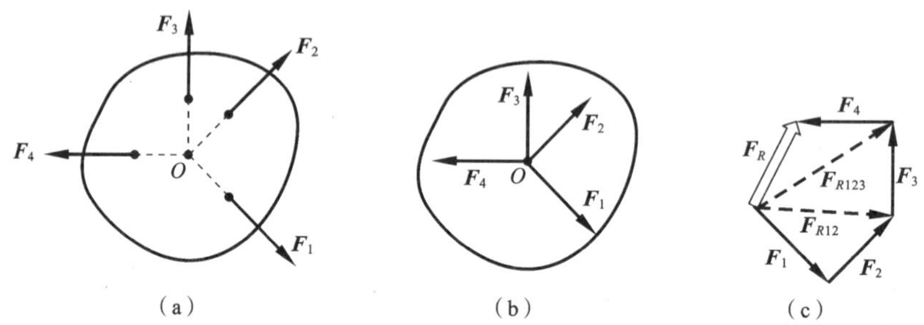

图 1-9　平面任意多个力的汇交力系合成示例

(a) 平面汇交力系　(b) 平移　(c) 合成

由此可见，平面汇交力系合成的结果是一个合力，合力的矢量是该力系多边形的封闭边，其指向是从第一个力的始端指向最后一个力的末端，合力的作用线通过该力系的汇交点。

求解平面汇交力系问题的几何法具有直观、简捷的优点，但是作图和测量误差难以避免。因此，工程中多用解析法来求解力系的合成和平衡问题。解析法是以力在坐标轴上的投影为基础的。

1.3.2 平面汇交力系合成的解析法

1. 力在直角坐标系的投影

在直角坐标系平面 Oxy 内有一已知力 $\boldsymbol{F}$，此力与 x 轴所夹的锐角为 α，从力 $\boldsymbol{F}$ 的两端(A 和 B)分别向 x 轴及 y 轴作垂线，得线段 ab 和 $a'b'$(见图 1-10)，则 ab 称为力 $\boldsymbol{F}$ 在 x 轴上的投影，以 F_x 表示；$a'b'$称为力 $\boldsymbol{F}$ 在 y 轴上的投影，用 F_y 表示。

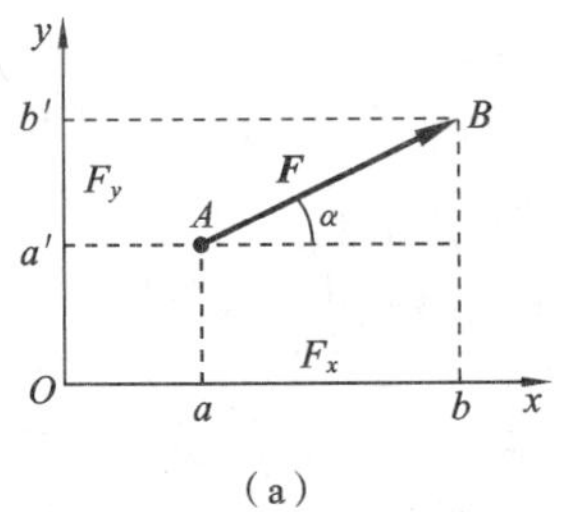

(a)

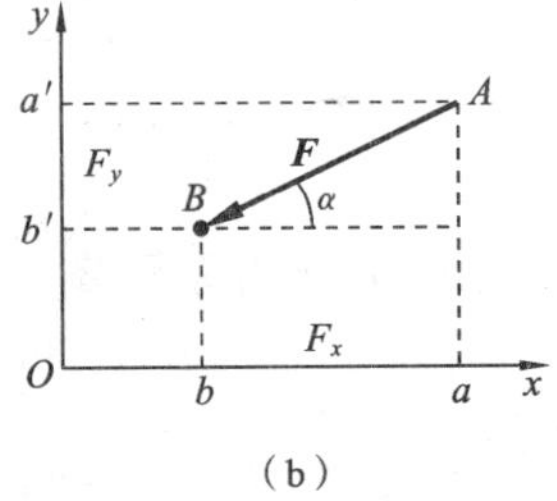

(b)

图 1-10 投影示例

(a) 投影为正 (b) 投影为负

力在坐标轴上的投影是代数量，有正负的区别。当投影的顺序与坐标轴的正向一致时，投影为正，如图 1-10(a)所示；当投影的顺序与坐标轴的正向相反时，投影为负，如图 1-10(b)所示。因此，力 $\boldsymbol{F}$ 在直角坐标系平面 Oxy 的坐标轴上的投影可表示为

$$\left.\begin{aligned} F_x &= ab = \pm F\cos\alpha \\ F_y &= a'b' = \pm F\sin\alpha \end{aligned}\right\} \tag{1-1}$$

如果力 $\boldsymbol{F}$ 在坐标轴上的投影 F_x、F_y 是已知的，那么，力 $\boldsymbol{F}$ 的大小及方向可表示为

$$\begin{cases} F = \sqrt{F_x^2 + F_y^2} \\ \tan\alpha = \left|\dfrac{F_y}{F_x}\right| \end{cases} \tag{1-2}$$

式(1-2)中 α 为力 $\boldsymbol{F}$ 与 x 轴所夹的锐角。应当指出，角 α 的大小并不能完全确定力 $\boldsymbol{F}$ 的方向，还必须结合投影 F_x 和 F_y 的正负号，才能完全确定力 $\boldsymbol{F}$ 的方向。

2. 合力投影定理

合力投影定理：合力在任一坐标轴上的投影，等于各分力在同一轴上投影的代数和。

设有 $\boldsymbol{F}_1, \boldsymbol{F}_2, \cdots, \boldsymbol{F}_n$ 共 n 个力组成平面汇交力系，若该力系的合力为 $\boldsymbol{R}$，则有

$$\begin{cases} R_x = F_{1x} + F_{2x} + F_{3x} + \cdots + F_{nx} = \sum F_x \\ R_y = F_{1y} + F_{2y} + F_{3y} + \cdots + F_{ny} = \sum F_y \end{cases} \tag{1-3}$$

3. 平面汇交力系合成的解析法

已知平面汇交力系 $\boldsymbol{F}_1, \boldsymbol{F}_2, \cdots, \boldsymbol{F}_n$ 作用于刚体，首先在力的作用面内建立直

角坐标系 Oxy(不妨取汇交点为坐标原点),先求出各力的投影 $F_{1x}, F_{2x}, \cdots, F_{nx}$ 和 $F_{1y}, F_{2y}, \cdots, F_{ny}$,然后利用合力投影定理计算其合力 $\boldsymbol{R}$ 在坐标轴上的投影 R_x 和 R_y。则合力 $\boldsymbol{R}$ 的大小和方向可表示为

$$\begin{cases} R = \sqrt{R_x^2 + R_y^2} = \sqrt{\left(\sum F_x\right)^2 + \left(\sum F_y\right)^2} \\ \tan\alpha = \left|\dfrac{\sum F_y}{\sum F_x}\right| \end{cases} \tag{1-4}$$

式中:R 为合力 $\boldsymbol{R}$ 的大小;α 为合力 $\boldsymbol{R}$ 与 x 轴正向所夹锐角。合力 $\boldsymbol{R}$ 的作用点为汇交点。

例 1-1 平面汇交力系如图 1-11(a)所示。已知 $F_1 = 30$ N,$F_2 = 100$ N,$F_3 = 20$ N,方向如图。试求该力系的合力 $\boldsymbol{F}_R$。

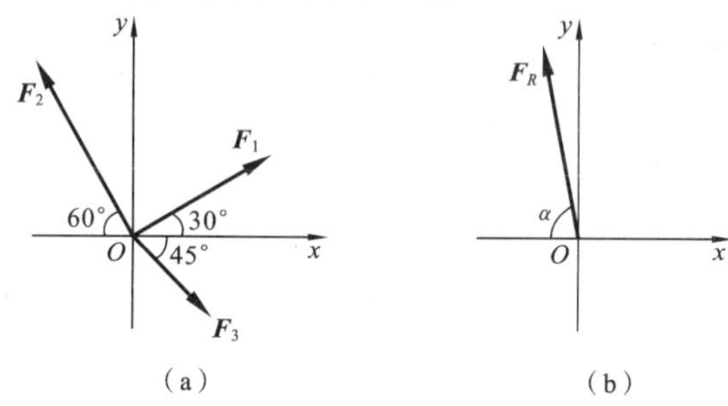

图 1-11 例 1-1 图

解 建立直角坐标系(见图 1-11(a))。由式(1-1)、式(1-3)得

$$F_{Rx} = \sum F_x = F_1\cos30^\circ - F_2\cos60^\circ + F_3\cos45^\circ = -9.88\ \text{N}$$

$$F_{Ry} = \sum F_y = F_1\sin30^\circ + F_2\sin60^\circ - F_3\sin45^\circ = 87.46\ \text{N}$$

$$F_R = \sqrt{F_{Rx}^2 + F_{Ry}^2} = \sqrt{(-9.88)^2 + (87.46)^2}\ \text{N} = 88.02\ \text{N}$$

$$\tan\alpha = \left|\frac{F_{Ry}}{F_{Rx}}\right| = \left|\frac{87.46}{-9.88}\right| = 8.852, \quad \alpha = 84.6^\circ$$

因为 F_{Rx} 为负,F_{Ry} 为正,所以 $\boldsymbol{F}_R$ 在第二象限(见图 1-11(b))。

4. 特殊方向力的投影

(1) 当力与某轴垂直相交时,此力对该轴的投影为零。

(2) 当力与某轴平行时,此力对该轴投影的绝对值等于力的大小。

5. 力的投影与力的分量的区别

(1) 力的投影和力的分量是两个不同的概念。投影是代数量,而分力是矢量;投影无所谓作用点,而分力作用点必须作用在原力的作用点上。

(2) 仅仅在直角坐标系中力在坐标上的投影的绝对值和力沿该轴的分量的大小相等;而对于斜交坐标系,力的投影的绝对值并不等于其分量的大小。例如图 1-12 所示的斜坐标系中,力 $\boldsymbol{F}$ 在所示的斜坐标轴上的分力为$\overrightarrow{OB}$、$\overrightarrow{OC}$,力 $\boldsymbol{F}$ 在

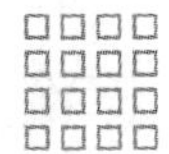

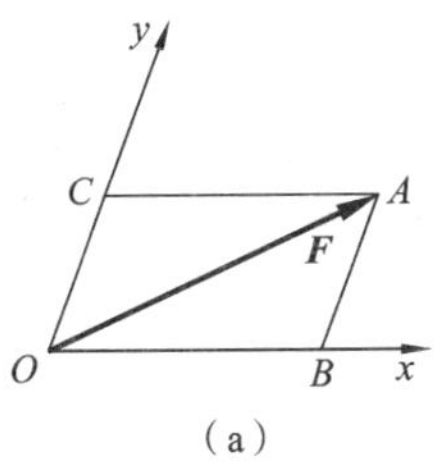

(a)

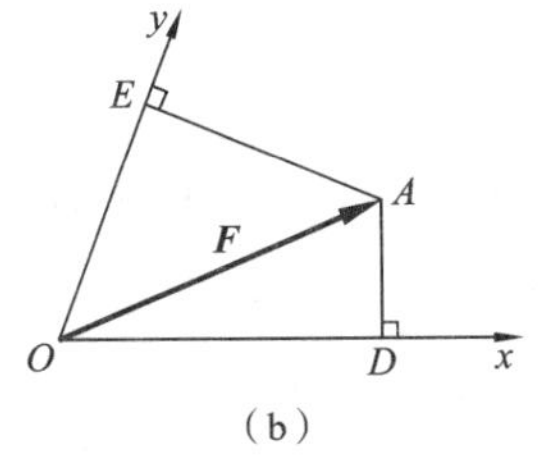

(b)

图 1-12 力在斜坐标系的分力与投影

(a) 分力 (b) 投影

所示的斜坐标轴上的投影为 OD、OE，它们之间没有等量关系。

1.4 力矩、力偶及平面力偶系的合成

1.4.1 力矩

1. 力矩的概念

力不仅可以改变物体的移动状态，而且还能改变物体的转动状态。力使物体绕某点转动的运动效应，用力对该点之矩来度量，力对该点之矩称为力矩。

以扳手旋转螺母为例，如图 1-13 所示，设螺母能绕点 O 转动。由经验可知，螺母能否旋动，不仅取决于作用在扳手上的力 $\boldsymbol{F}$ 的大小，而且还与点 O 到 $\boldsymbol{F}$ 的作用线的垂直距离 d 有关。因此，用 $\boldsymbol{F}$ 与 d 的乘积来量度力 $\boldsymbol{F}$ 使螺母绕点 O 的转动效应，其中距离 d 称为 $\boldsymbol{F}$ 对 O 点的力臂，点 O 称为矩心。

在平面中，转动有逆时针和顺时针两种不同的转向。因此，力 $\boldsymbol{F}$ 对 O 点之矩定义为力的大小 F 与力臂 d 的乘积并冠以适当的正负号，以符号 $M_O(F)$ 表示，记为

$$M_O(F)=\pm F\cdot d \tag{1-5}$$

通常规定：力使物体绕矩心逆时针方向转动时，力矩为正，反之为负。

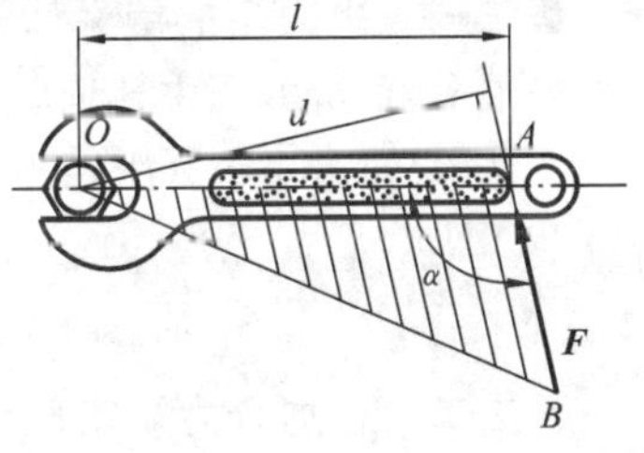

图 1-13 力矩示例

由图 1-13 可见，力 $\boldsymbol{F}$ 对 O 点之矩的大小，也可以用三角形 OAB 的面积的两倍表示，即

$$M_O(F)=\pm 2S_{\triangle AOB}$$

力矩的国际单位制单位是牛[顿]米(N·m)，实用单位有千牛米(kN·m)、千牛·厘米(kN·cm)等。

2. 力矩的性质

(1) 力对点之矩，不仅取决于力的大小，还与矩心的位置有关。力矩随矩心的位置变化而变化。

(2) 力对任一点之矩，不因该力的作用点沿其作用线移动而改变，说明力是滑移矢量。

(3) 力的大小等于零或其作用线通过矩心时，力矩等于零。

3. 合力矩定理

定理 平面汇交力系的合力对其平面内任一点的矩等于所有分力对同一点之矩的代数和，即

$$M_O(F_R)=M_O(F_1)+M_O(F_2)+\cdots+M_O(F_n)=\sum_{i=1}^{n}M_O(F_i) \quad (1\text{-}6)$$

式(1-6)称为合力矩定理。合力矩定理建立了合力对点之矩与分力对同一点之矩的关系。这个定理也适用于有合力的其他力系。

例 1-2 试计算图 1-14 中力对 A 点之矩。

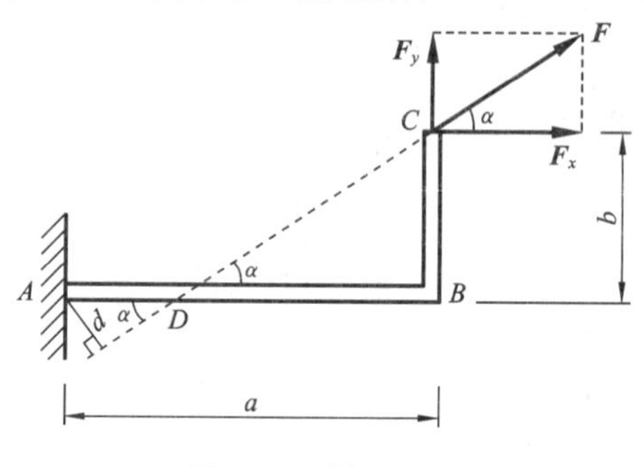

图 1-14 例 1-2 图

解 本题有两种解法。

解法一 由力矩的定义计算力 $\boldsymbol{F}$ 对 A 点之矩。

先求力臂 d，由图中几何关系，得

$$d=AD\sin\alpha=(AB-DB)\sin\alpha=(AB-BC\cot\alpha)\sin\alpha=a\sin\alpha-b\cos\alpha$$

所以

$$M_A(F)=F\cdot d=F(a\sin\alpha-b\cos\alpha)$$

解法二 根据合力矩定理计算力 $\boldsymbol{F}$ 对 A 点之矩。

将力 $\boldsymbol{F}$ 在 C 点分解为两个正交分力 F_x 和 F_y，由合力矩定理得

$$M_A(F)=M_A(F_x)+M_A(F_y)=-Fb\cos\alpha+Fa\sin\alpha=F(a\sin\alpha-b\cos\alpha)$$

本例两种解法的计算结果是相同的。显然，当力臂不易确定时，用后一种方法较为简便。

1.4.2 力偶

1. 力偶的概念

在日常生活和工程实际中经常见到物体受到两个大小相等、方向相反，但不在同一直线上的两个平行力作用的情况。例如，司机转动驾驶汽车时两手作用

在方向盘上的力(见图 1-15(a));工人用丝锥攻螺纹时两手加在扳手上的力(见图 1-15(b));以及用两个手指拧动水龙头(见图 1-15(c))所加的力;等等。在力学中把这样一对等值、反向而不共线的平行力称为力偶,用符号 ($\boldsymbol{F}$,$\boldsymbol{F}'$)表示。两个力作用线之间的垂直距离称为力偶臂,两个平行力的作用线所决定的平面称为力偶作用面。

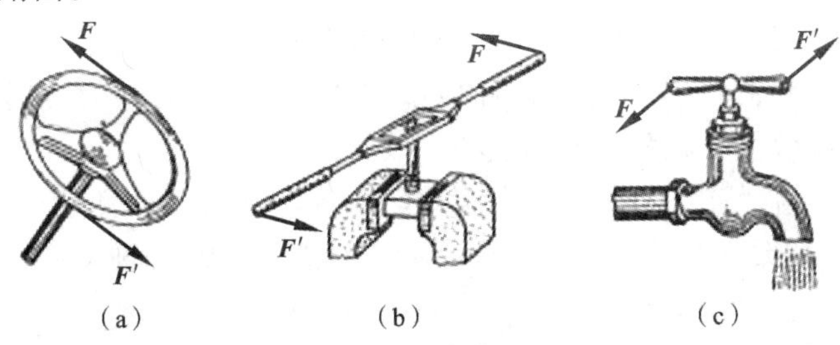

图 1-15　力偶示例

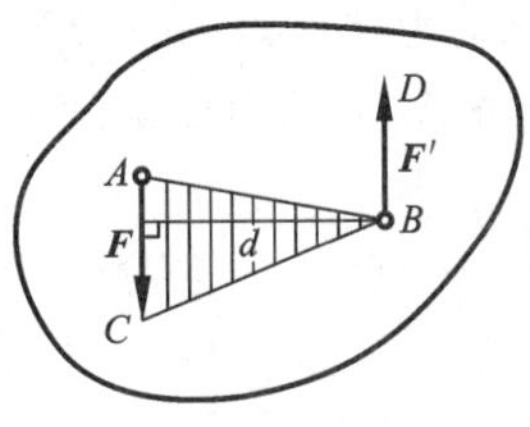

图 1-16　力偶矩的计算

实践表明,力偶对物体只能产生转动效应(即纯转动效应),且当力愈大或力偶臂愈大时,力偶使刚体转动效应就愈显著。因此,力偶对物体的转动效应取决于:力偶中力的大小、力偶的转向及力偶臂的大小。在平面问题中,将力偶中的一个力的大小和力偶臂的乘积冠以正负号,称为力偶矩,作为力偶对物体转动效应的量度,用 M 或 $M(\boldsymbol{F},\boldsymbol{F}')$表示,如图 1-16 所示,即

$$M=\pm F\cdot d \tag{1-7a}$$

式中:d 为力偶臂。

或

$$M=\pm 2S_{\triangle ABC} \tag{1-7b}$$

式中:$S_{\triangle ABC}$为$\triangle ABC$ 的面积。

通常规定:力偶使物体逆时针方向转动时,力偶矩为正,反之为负。

力偶矩的国际单位制单位是牛[顿]·米(N·m),实用单位有千牛·米(kN·m)、千牛·厘米(kN·cm)等。

2. 力偶的性质

力和力偶是静力学中两个基本要素。力偶与力具有不同的性质。

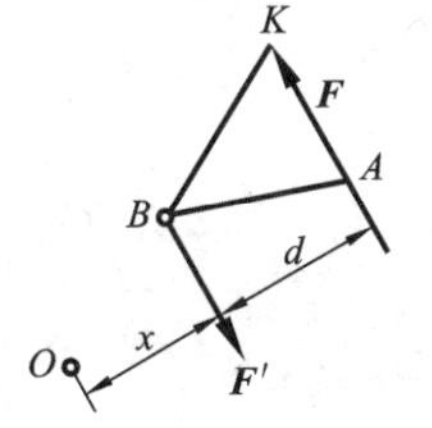

图 1-17　力偶矩示意

力偶性质一　力偶无合力,力偶在任意轴上投影的代数和都等于零。

力偶性质二　力偶不能与一个力等效或平衡,力偶只能与力偶等效或平衡。

力偶性质三　力偶对其作用面内任一点的矩恒等于力偶矩,与矩心位置无关。

如图 1-17 所示,力偶($\boldsymbol{F}$,$\boldsymbol{F}'$)的力偶矩 $M(F,F')=$

$F \cdot d$。在其作用面内任取一点 O 为矩心，因为力使物体转动效应用力对点之矩量度，因此，力偶的转动效应可用力偶中的两个力对其作用面内任何一点的矩的代数和来量度。设 O 到力 $\boldsymbol{F}'$ 的垂直距离为 x，则力偶($\boldsymbol{F}$，$\boldsymbol{F}'$)对于点 O 的矩为

$$M_O(F,F')=M_O(F)+M_O(F')=F\cdot(x+d)-F'\cdot x=F\cdot d=M(F,F')$$

显然，不论点 O 选在何处，其结果都不会改变。所以力偶对物体的转动效应只取决于偶矩(包括大小和转向)，而与矩心位置无关。

力偶等效条件 在同一平面内的两个力偶，只要两力偶的力偶矩的代数值相等，则两者等效。这就是平面力偶的等效条件。

推论一 力偶可在其作用面内任意移动和转动，而不会改变它对物体的效应。

推论二 只要保持力偶矩不变，可同时改变力偶中力的大小和力偶臂的长度，而不会改变它对物体作用的效应。

由力偶的等效性可知，力偶对物体的作用完全取决于力偶矩的大小和转向。因此，力偶可以用一带箭头的弧线来表示，如图 1-18 所示，其中箭头表示力偶的转向，M 表示力偶矩的大小。

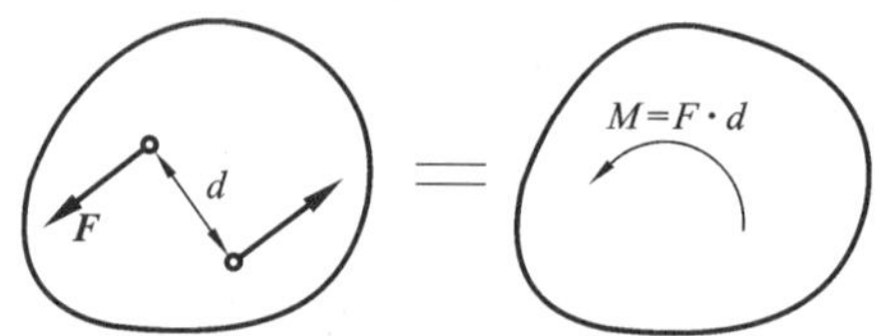

图 1-18

3. 平面力偶系的合成

作用在物体上的力全都是同一平面内的力偶称为平面力偶系。

合力偶定理 平面力偶系可以合成为一合力偶，此合力偶的力偶矩等于力偶系中各力偶的力偶矩的代数和，即

$$M=M_1+M_2+\cdots+M_n=\sum_{i=1}^{n}M_i \tag{1-8}$$

例 1-3 用多轴钻同时钻削工件上四个直径相同的孔，如图 1-19 所示。已知钻一个孔的切削力偶矩 $M=15\ \text{N}\cdot\text{m}$，问加工时工件受到总的切削力偶矩多大?

解 作用于四个孔的切削力偶形成平面力偶系(暂时不考虑固定螺栓 A、B 的作用)，工件受到总的切削力偶矩为该平面力偶系的合力偶矩。

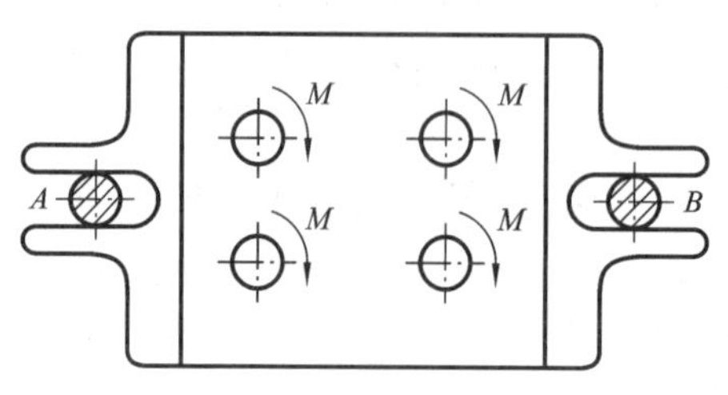

图 1-19 例 1-3 图

考虑到转向，

$M_i=-15\ \text{N}\cdot\text{m}\quad(i=1,2,3,4)$

所以，合力偶 $M_{合}=\sum_{i=1}^{4}M_i=-4\times15\ \text{N}\cdot\text{m}=-60\ \text{N}\cdot\text{m}$，顺时针方向。

1.5 约束与约束反力

1.5.1 约束及其反力

在力学中通常把物体分为两类:一类称为自由体,它们在空间的运动不受任何物体的接触式限制。例如在空中飞行的飞机、炮弹和火箭等。另一类称为非自由体,它们在空间的运动受到一定的限制。例如,悬挂在屋顶的电灯受到绳子的限制不能下落;门、窗只能绕合页轴转动而不能平移;如图 1-20 所示的冲压机的冲头受到滑道的限制只能沿铅垂方向平动,飞轮轴受到轴承的限制只能绕轴线转动等。工程实际中的构件或机械零件都是非自由体。周围物体对非自由体某些运动的限制作用称为约束。如上述的例子中绳子对电灯的约束,合页对门、窗的约束;滑道对冲头的约束,轴承对飞轮轴的约束等。约束通常是通过物体间的直接接触形成的。

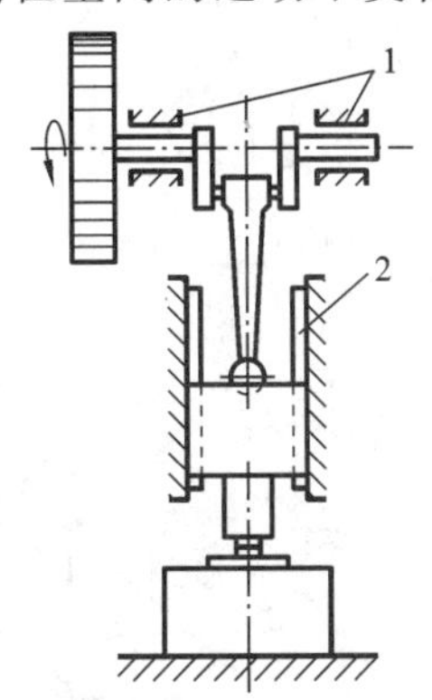

图 1-20 冲压机结构

1—轴承;2—滑道

既然约束阻碍物体沿某些方向运动,那么,当物体沿着约束所阻碍的运动方向运动或有运动趋势时,约束对其必然有力的作用,以限制其运动,这种力称为约束反力,简称反力。约束反力通常是未知的,它的方向总是与约束所能阻碍的物体的运动或运动趋势的方向相反,它的作用点就在约束体与被约束体的接触点,大小可以通过计算求得(需要更多的已知条件)。

通常,工程上把能使物体主动产生运动或运动趋势的力称为主动力,如重力、风力、水压力等。通常约束反力是被动力,由主动力所引起,它不仅与主动力的情况有关,同时,也与约束类型有关。下面介绍工程实际中常见的几种约束类型及其约束反力的特性。

1.5.2 工程中常见的几种约束

1. 柔性约束

绳索、链条、皮带等统称为柔索。柔索对物体的约束称为柔性约束。其理想化条件是:柔索绝对柔软,无重量,无粗细,不可伸长。由于柔索只能承受拉力,所以柔索的约束反力作用于接触点,方向沿柔索绷直所在的直线而背离物体,为拉力,用 $\boldsymbol{F}_{\mathrm{T}}$ 或 $\boldsymbol{T}$ 表示,如图 1-21 和图 1-22 所示。

2. 光滑面约束

当物体接触面上的摩擦力可以忽略时,即可看成光滑接触面(本书未特别说明的接触均视为光滑接触)。这时两个物体可以脱离开,也可以沿光滑面相对滑

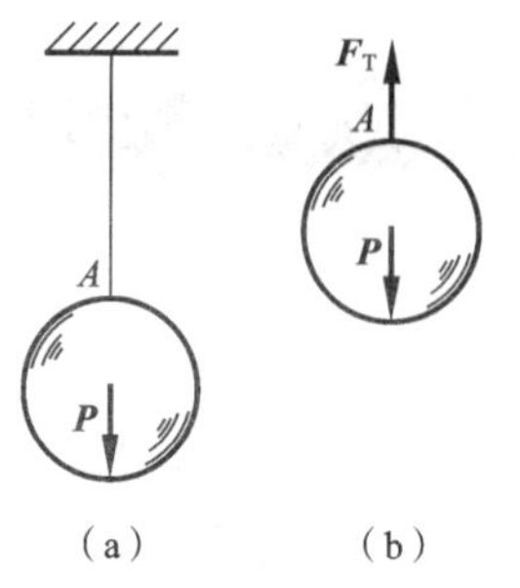

图 1-21 柔性约束示例 1

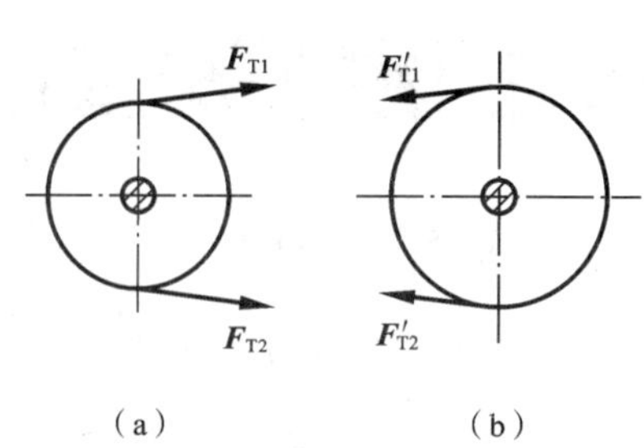

图 1-22 柔性约束示例 2

动,但沿接触面法线且指向接触面的平移受到限制。所以光滑面约束反力作用于接触点,沿接触面的公法线且指向被约束物体,即为法向压力,用 $\boldsymbol{F}_N$ 或 $\boldsymbol{N}$ 表示,如图 1-23 和图 1-24 所示。

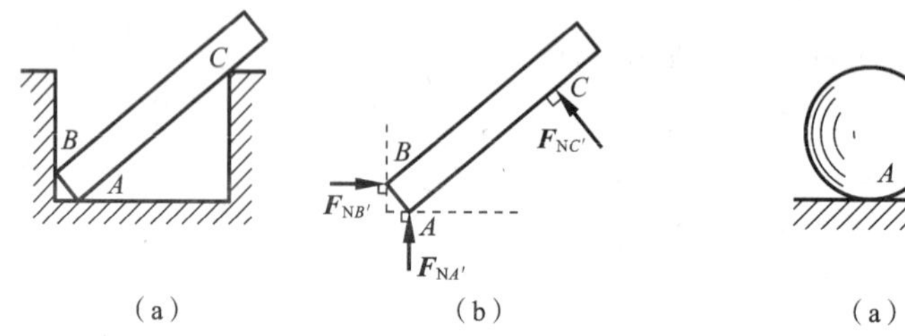

图 1-23 光滑面约束示例 1

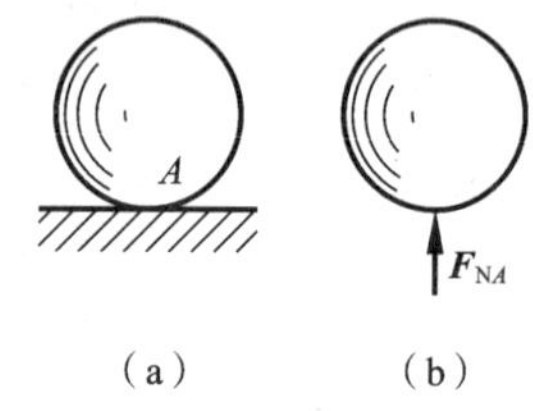

图 1-24 光滑面约束示例 2

3. 中间铰链约束

工程上常用圆柱销钉来连接构件或零件,这类约束只能限制物体在垂直于销钉轴线的平面内相对移动,但不能限制物体绕销钉轴线相对转动,且忽略圆柱销钉与构件间的摩擦。这种约束称为中间铰链约束,简称中间铰链连接或中间铰,如图 1-25(a)所示。图 1-25(b)所示为其力学简图。如图 1-25(c)所示,铰链约束的约束反力作用在销钉与物体的接触点 D,沿接触面的公法线方向,使被约束物体受压力。但由于销钉与销钉孔壁接触点与被约束物体所受的主动力有关,一般不能预先确定,所以约束反力 $\boldsymbol{F}_C$ 的方向也不能确定。因此,其约束反力

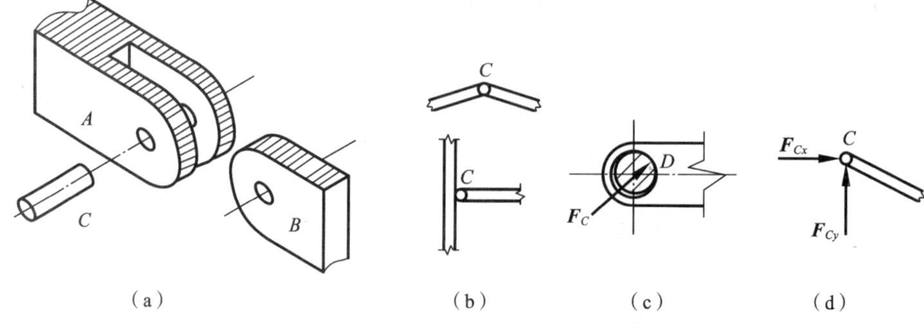

图 1-25 中间铰链约束示例

作用在垂直于销钉轴线平面内，通过销钉中心，方向不定。为计算方便，铰链约束的约束反力常用通过铰链中心的两个未知的正交分力 $\boldsymbol{F}_{Cx}$、$\boldsymbol{F}_{Cy}$ 来表示，如图 1-25(d)所示。两个分力的指向可以自由假设。

4. 固定铰支座

将结构体或构件用销钉与地面或机座连接就构成了固定铰支座，如图 1-26(a)所示。固定铰支座的约束与中间铰链约束相同，图 1-26(b)和图 1-26(c)分别表示该类约束的简图及约束反力的画法。

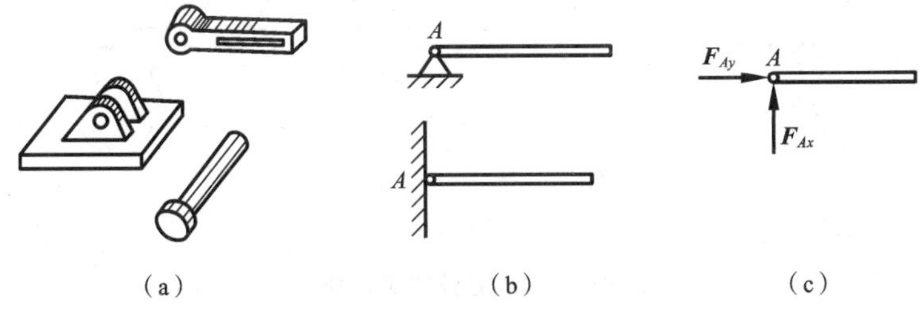

图 1-26 固定铰支座约束示例

工程中常用的向心轴承如图 1-27(a)所示，它对轴的约束也可视为一个固定铰支座约束，图 1-27(b)和图 1-27(c)分别表示该类约束的简图及约束反力的画法。

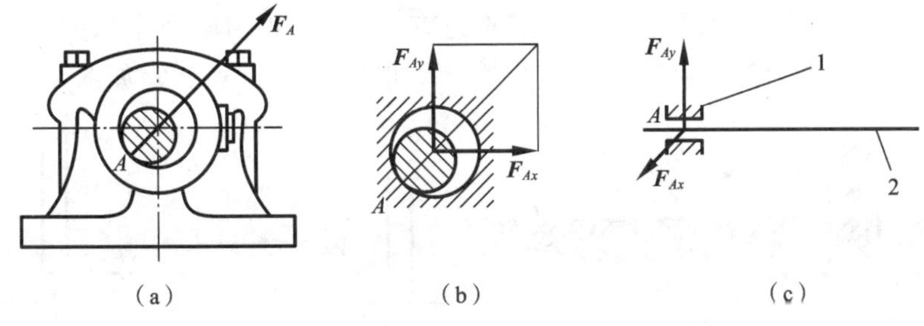

图 1-27 向心轴承约束示例

1—轴承；2—轴

5. 活动铰支座(辊轴支座)

在固定铰支座和支承面间装有辊轴，就构成了辊轴支座，又称活动铰支座，如图 1-28(a)所示。这种约束只能限制物体沿支承面法线方向运动，而不能限制物体沿支承面移动和相对于销钉轴线转动。所以其约束反力垂直于支承面，过销钉中心指向被约束物体。图 1-28(b)和图 1-28(c)分别表示该类约束的简图及约束反力的画法。

6. 链杆约束

两端以铰链与其他物体连接中间不受力且不计自重的刚性杆称为链杆，如图 1-29(a)所示。这种约束反力只能限制物体沿链杆轴线方向运动，因此，链杆的约束反力沿着链杆两端中心连线方向，指向或为拉力或为压力。图 1-29(b)和图 1-29(c)分别表示该类约束的简图及约束反力的画法。链杆属于二力杆。

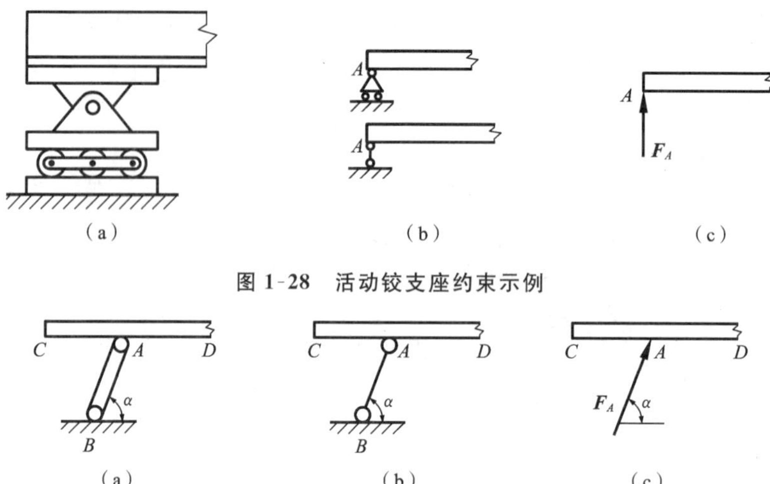

图 1-28 活动铰支座约束示例

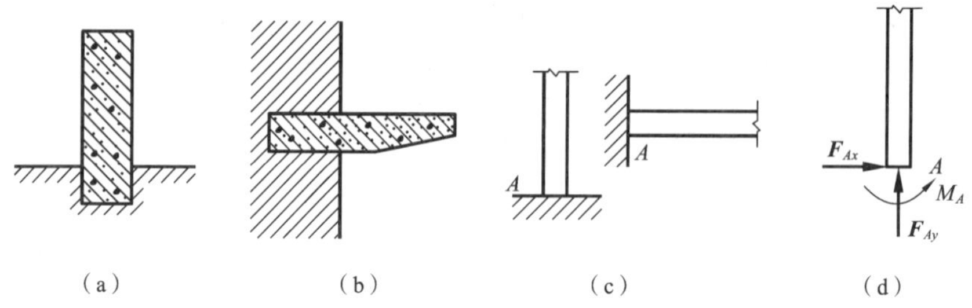

图 1-29 链杆约束示例

7. 固定端约束

如图 1-30 所示，将构件的一端插入一固定物体（如墙）中，就构成了固定端约束。在连接处具有较大的刚性，被约束的物体在该处被完全固定，既不允许相对移动，也不允许相对转动。固定端的约束反力，一般用两个未知的正交分力 $\boldsymbol{F}_x$、$\boldsymbol{F}_y$ 和一个未知的约束反力偶 M 来表示，如图 1-30(d)所示。如图 1-31(a)所

图 1-30 固定端约束示例 1

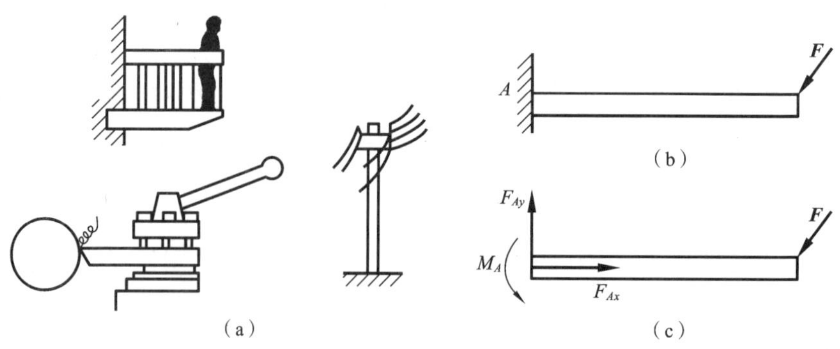

图 1-31 固定端约束示例 2

示，建筑物上的阳台、车床上的刀具、立于路旁的电线杆等均不能沿任何方向移动和转动，它们都受到固定端约束。这类约束的简图及约束反力的画法分别如图 1-31(b)、(c)所示。

1.6　受力分析与受力图

静力学问题大多是受一定约束的非自由刚体的平衡问题，解决此类问题的关键是找出主动力与约束反力之间的关系。

求解静力学问题时，需要选择某个或某些刚体为对象，研究其平衡，获得所需的未知量，这些被选中的刚体就是研究对象。针对研究对象，弄清它所受的力，包括它受到的所有主动力和约束反力(包括类型、作用线、指向等)，此所谓受力分析。进行受力分析的方法称为隔离法，就是把研究对象从与它有联系的周围物体中分离出来，得到解除了约束的刚体。这种刚体称为分离体或隔离体。表示分离体及其上所受的全部主动力和约束反力的几何图形称为受力图。对刚体进行受力分析，画出其受力图，是力学计算的基础和关键。

画受力图分以下三个步骤。

步骤 1　选择研究对象，取分离体，单独画出该物体的图形。

步骤 2　在分离体上画出全部主动力(一般为已知力，但也有未知的)。

步骤 3　在分离体上画出全部约束反力(一般皆为未知力)。

画约束反力时，应该注意找清楚作用点，分清楚约束类型，画清楚反力作用线、指向，写清楚力符号。

当选择多个刚体组成的刚体系为研究对象时，作用于刚体系上的力分为外力和内力。由系外刚体作用于系内刚体上的力称为外力，系内刚体之间相互作用的力称为内力，内力总是成对出现的。因此，在画刚体系的受力图时应该注意以下几个问题。

(1) 在刚体系的受力图中，只画外力不画内力。

(2) 在刚体系的整体、部分及单个刚体的受力图中，作用于刚体上的力的符号、方向要彼此协调。

例 1-4　如图 1-32(a)所示，质量为 G 的均质杆 AB 支于光滑的地面及墙角间，并用水平绳 DE 系住。试画出刚体 AB 的受力图。

解　(1) 以杆 AB 为研究对象，画出其分离体图。

(2) 在分离体上画主动力，即重力 G，作用于均质杆的质心 O(中点处)。

(3) 在分离体上画约束反力。反力有三个：地面的约束反力 $\boldsymbol{F}_{NA}$，为光滑面约束，反力过 A 点并垂直于地面；墙角的约束反力 $\boldsymbol{F}_{NC}$，为光滑面约束，反力过 C 点与杆垂直；绳子的拉力 $\boldsymbol{F}_{D}$，为柔性约束，沿绳轴线并背离杆向外。其受力图如图 1-32(b)所示。

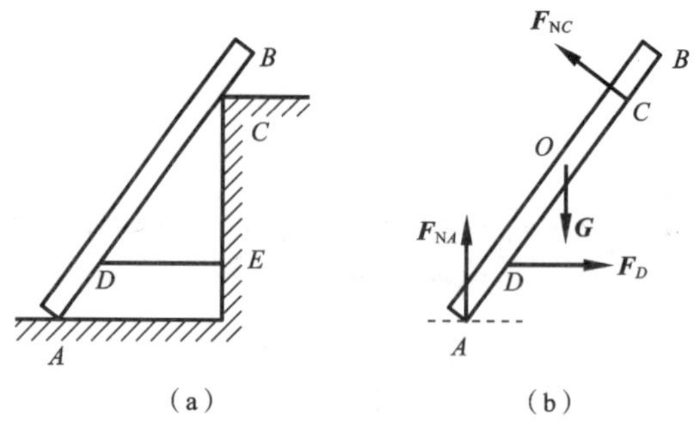

图 1-32 例 1-4 图

例 1-5 水平梁 AB 用斜杆 CD 支撑，A、C、D 三处均为光滑铰链连接，如图 1-33(a)所示。梁上放置一重为 G_1 的电动机。已知梁重为 G_2，不计杆 CD 自重，试分别画出杆 CD 和梁 AB 的受力图。

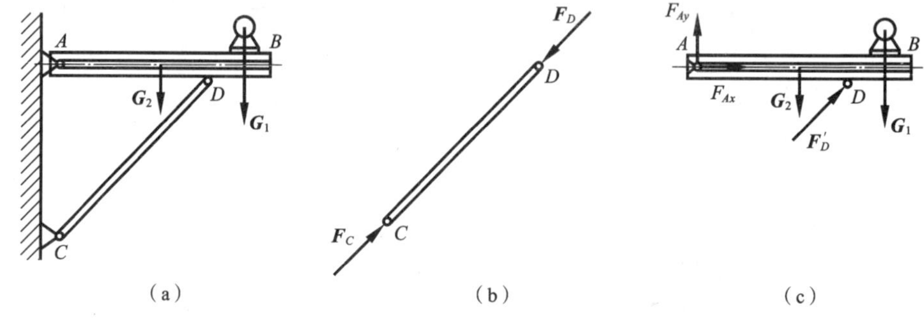

图 1-33 例 1-5 图

解 (1) 取 CD 为研究对象。CD 杆为二力杆。$\boldsymbol{F}_C$ 和 $\boldsymbol{F}_D$ 大小相等、沿铰链中心连线 CD 方向且指向相反。斜杆 CD 的受力图如图 1-33(b)所示。

(2) 取梁 AB(包括电动机)为研究对象。它受 $\boldsymbol{G}_1$、$\boldsymbol{G}_2$ 两个主动力的作用；梁在铰链 D 处受二力杆 CD 给它的约束反力 $\boldsymbol{F}'_D$ 的作用；梁在 A 处受固定铰支座的约束反力，由于大小、方向均未知，可用两个未知的正交分力 F_{Ax} 和 F_{Ay} 表示。梁 AB 的受力图如图 1-33(c)所示。

例 1-6 三铰拱桥由左右两拱铰接而成，如图 1-34(a)所示。设各拱自重不计，在拱 AC 上作用载荷 $\boldsymbol{F}$。试分别画出拱 AC 和 CB 的受力图。

解 (1) 取拱 CB 为研究对象。CB 为二力构件。在铰链中心 B、C 分别受到 $\boldsymbol{F}_B$ 和 $\boldsymbol{F}_C$ 的作用，拱 CB 的受力图如图 1-34(b)所示。

(2) 取拱 AC 连同销钉 C 为研究对象。主动力只有载荷 $\boldsymbol{F}$，点 C 受到拱 CB 的约束反力 $\boldsymbol{F}'_C$，点 A 受到固定铰支座的约束反力为 F_{Ax} 和 F_{Ay}。拱 AC 的受力图如图 1-34(c)所示。

另外，拱 AC 在 $\boldsymbol{F}$、$\boldsymbol{F}'_C$ 和 $\boldsymbol{F}_A$ 三力作用下平衡，根据三力平衡汇交定理，可确定出铰链 A 处约束反力 $\boldsymbol{F}_A$ 的作用线。如图 1-34(d)所示，$\boldsymbol{F}_A$ 的指向可先作假

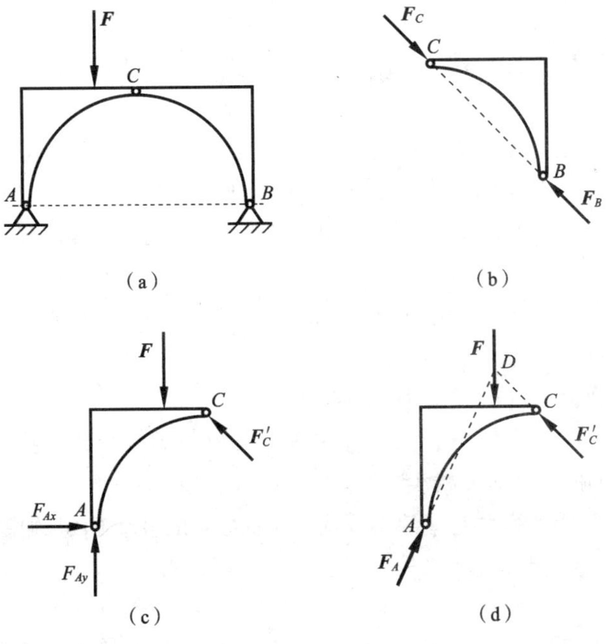

图 1-34　例 1-6 图

设，以后由平衡条件确定。

例 1-7　如图 1-35(a)所示，组合梁在 B 处用铰链连接，A 为固定端，C 为辊轴铰链约束。其上作用有力偶 M 和一段均布载荷，载荷集度为 q，试画出梁 AB、BC 及整体的受力图。

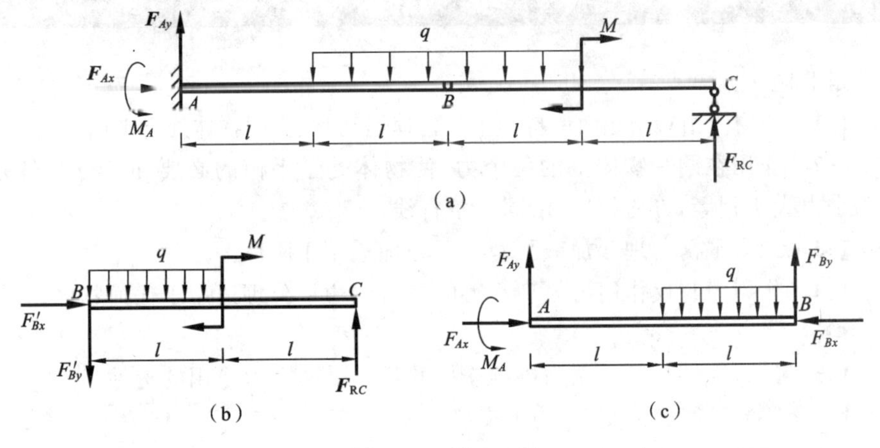

图 1-35　例 1-7 图

解　(1) 取 BC 梁为研究对象，其上作用的主动力为力偶 M 和作用长度为 l 的一段均布载荷 q。约束力为支座 C 的力 $\boldsymbol{F}_{RC}$ 和铰链 B 的力为 F'_{Bx} 和 F'_{By}，受力图如图 1-35(b)所示。

(2) 取 AB 梁为研究对象，其上作用一段长度为 l 的均布载荷 q。铰链 B 的约束力为 $\boldsymbol{F}_{Bx}$ 和 $\boldsymbol{F}_{By}$，固定端 A 的约束力和力偶为 $\boldsymbol{F}_{Ax}$、$\boldsymbol{F}_{Ay}$ 和 M_A。其受力图如图 1-35(c)所示。

(3) 取整体为研究对象，其上作用主动力偶 M 和均布载荷 q。约束力为支座 C 的力 $\boldsymbol{F}_{RC}$ 和固定端 A 的约束力及力偶($\boldsymbol{F}_{Ax}$、$\boldsymbol{F}_{Ay}$ 及 M_A)。此时 B 铰链的作用力是内力，故不需画。其受力图如图 1-35(a)所示(系统整体的受力图可以画在原图上)。

从以上过程可以看出，在画受力图时应注意如下几个问题。

(1) 明确研究对象并取出分离体。

(2) 要先画出全部的主动力。

(3) 明确约束反力的个数。只有在研究对象与周围物体相接触的地方，才有约束反力，不可随意增加或减少。

(4) 要根据约束的类型画约束反力，即按约束的性质确定约束反力的作用位置和方向，不能主观臆断。

(5) 二力杆要优先分析。

(6) 对物体系统进行分析时注意，同一力在不同受力图上的画法要完全一致；在分析两个相互作用的力时，应遵循作用力和反作用力关系，作用力方向一经确定，则反作用力必与之相反，不可再假设指向。

(7) 内力不必画出。

习　题

是非题

1-1　如物体相对于地面保持静止或匀速运动状态，则物体处于平衡。(　　)

1-2　作用在同一物体上的两个力，使物体处于平衡的必要和充分条件是：这两个力大小相等，方向相反，沿同一条直线。

1-3　二力平衡公理和加减平衡力系公理适用于刚体。(　　)

1-4　作用力与反作用力公理和力的平行四边形公理适用于任何物体。(　　)

1-5　二力构件是指两端用铰链连接并且只受两个力作用的构件。(　　)

1-6　三力平衡必汇交，三力汇交必平衡。(　　)

1-7　力偶无合力。(　　)

填空题

1-8　作用在刚体上的力可沿其作用线任意移动，而______力对刚体的作用效应。(填“改变”或“不改变”)

1-9　力的国际单位制的单位是______。

1-10　力对物体的作用效果一般分为______效应和______效应。

1-11　对非自由体的运动所预加的限制条件称为______。约束反力的方向总是与约束所能阻止的物体的运动趋势的方向______，约束反力由______力引起，且随______力的改变而改变。

1-12　柔索约束反力方向沿______，______物体。

1-13　光滑面约束反力方向沿______，______物体。

1-14　固定铰支座、中间铰链的约束反力为______。

作图题

1-15　试分别画出图 1-36 中各物体的受力图(凡未标出自重的物体均不计重力，接触处不计摩擦)。

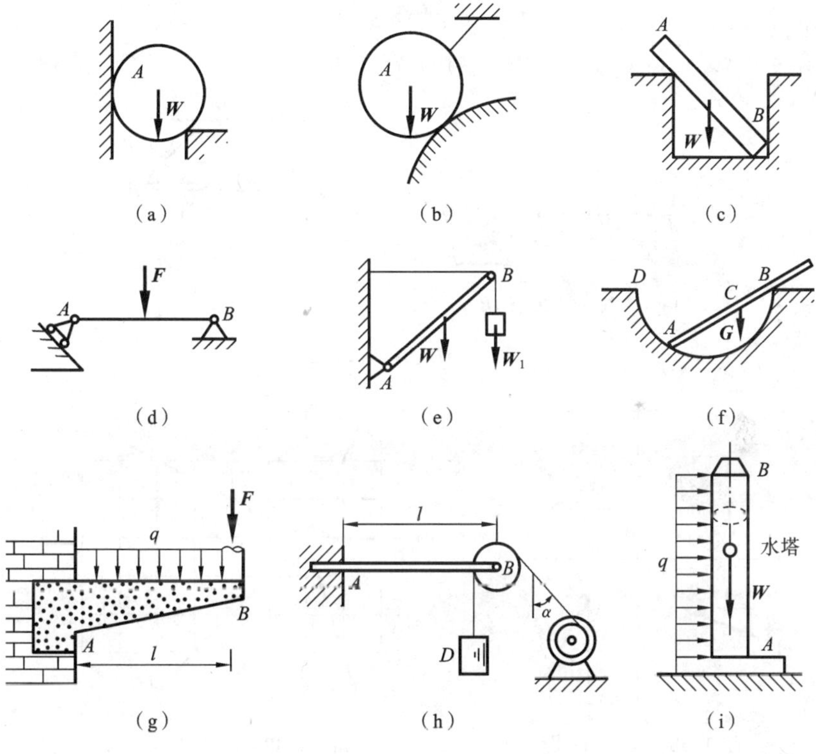

图 1-36　题 1-15 图

1-16　画出图 1-37 中各指定物体的受力图，未画重力的物体的重量均不计，所有接触处均为光滑接触。

计算题

1-17　$F_1=F_3=200$ N、$F_2=150$ N、$F_4=100$ N，方向如图 1-38 所示。试求各力在 x、y 轴上的投影。

1-18　如图 1-39 所示，五个力作用于一点，图中方格的边长为 10 mm，试用解析法求此力系的合力的大小和方向。

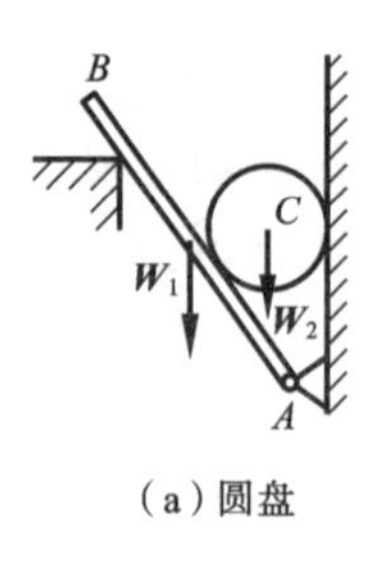

(a) 圆盘

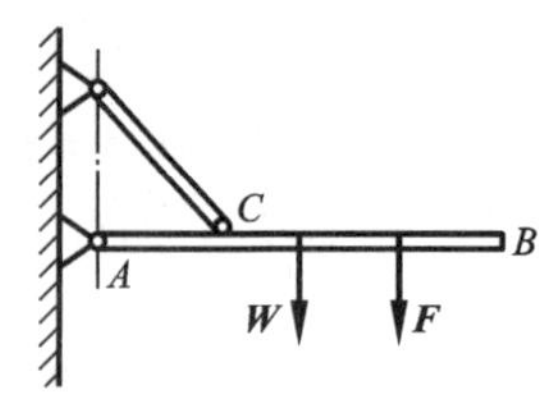

(b) 系统 · 杆AB

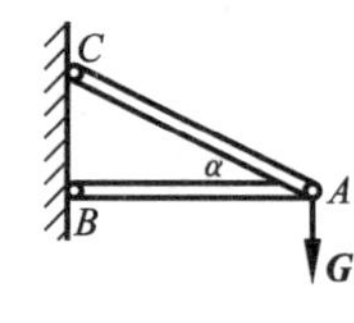

(c) 铰A

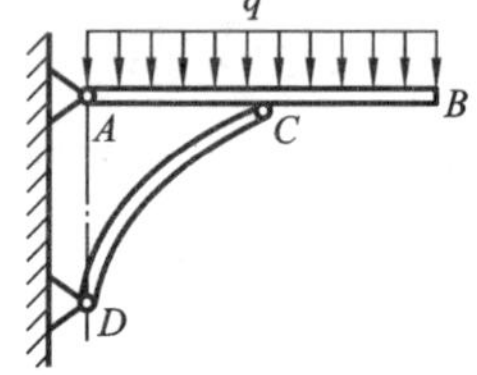

(d) 系统 · 杆AB

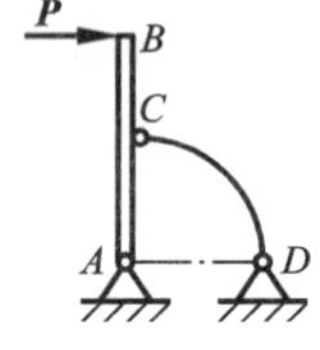

(e) 系统 · AB

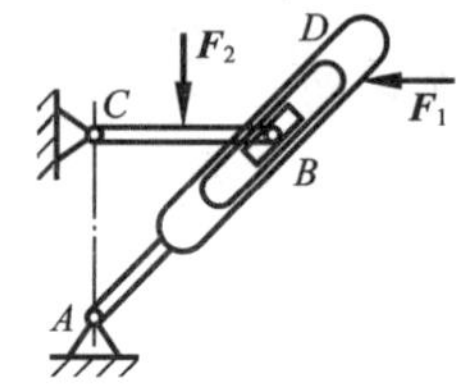

(f) 系统 · 杆AB

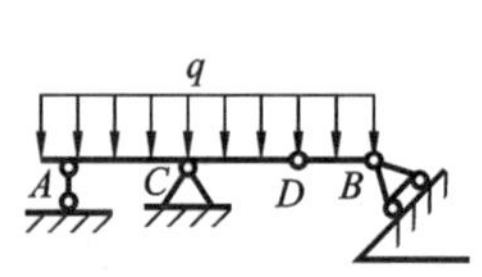

(g) 系统 · 梁AC、DB

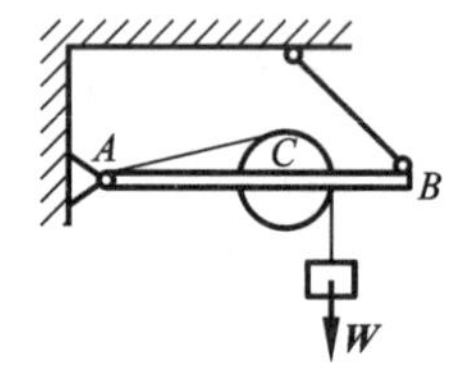

(h) 杆AB

图 1-37 题 1-16 图

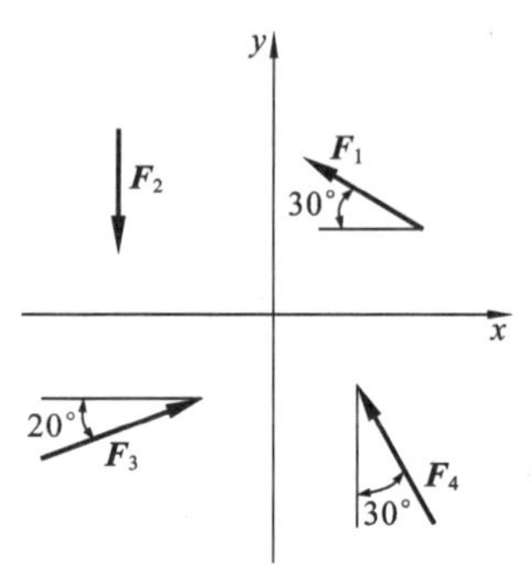

图 1-38 题 1-17 图

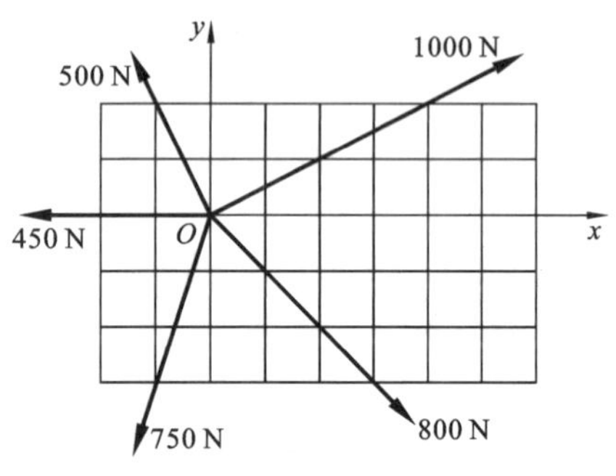

图 1-39 题 1-18 图

1-19 试计算下列图 1-40 中力 F 对点 O 的矩。

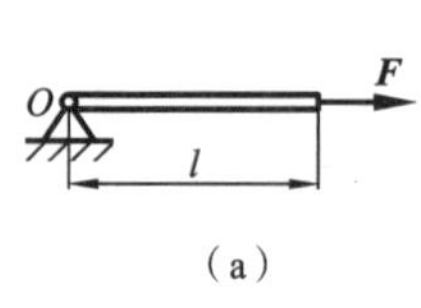

(a)

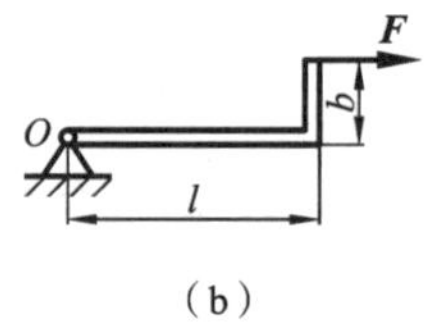

(b)

(c)

图 1-40 题 1-19 图

1-20 一大小为 50 N 的力作用在圆盘(半径 $R=250$ mm)边缘的 C 点上,如图 1-41 所示。试计算该力分别对点 O、A、B 之矩。(计算结果单位:N·m)

1-21 如图 1-42 所示,某平面刚体受力偶作用,它们是否等效?为什么?

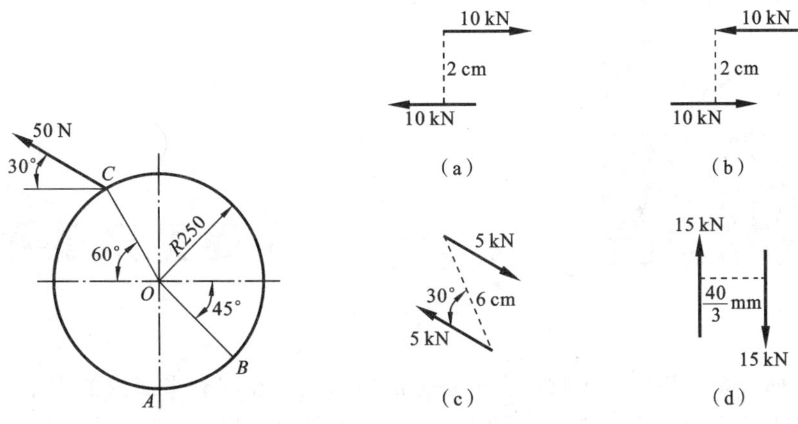

图 1-41 题 1-20 图　　**图 1-42** 题 1-21 图

1-22 用多轴钻床钻孔,如图 1-43 所示。每个钻头的切削力在水平面内组成一力偶,各力偶矩的大小 $M_1=M_2=M_3=M_4=20$ kN·m。试求工件受到的总切削力偶矩为多大,转向如何?(固定螺栓 A、B 的作用暂时不予考虑)

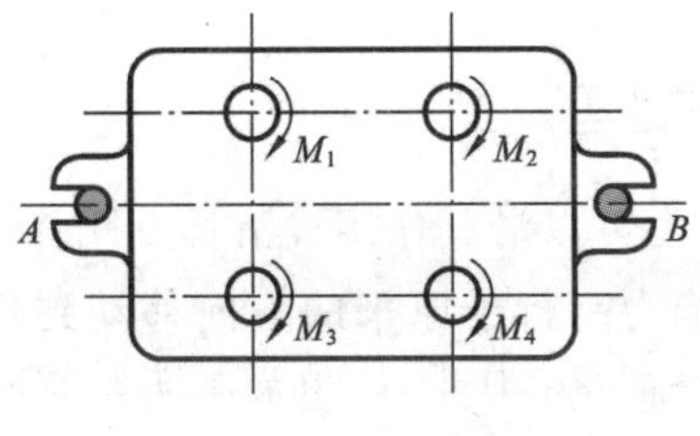

图 1-43 题 1-22 图

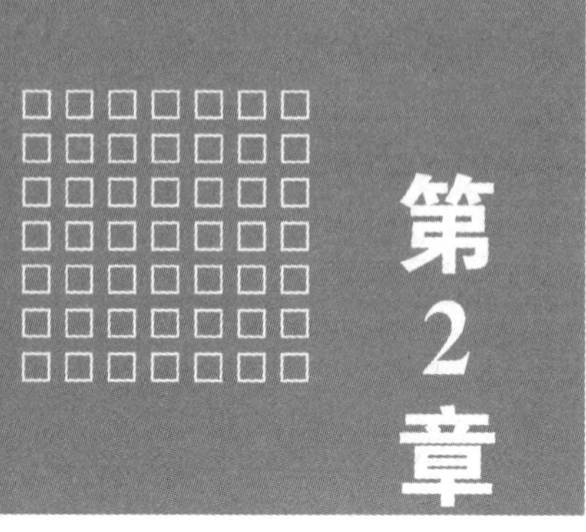

第2章 平面力系的平衡

平面力系是指作用于物体上的各力的作用线均在同一平面内的力系。平面力系中力的作用线可能有三种情况：任意分布，平行，汇交。本章从一般情况出发，研究平面力系的合成与平衡问题。

2.1 平面一般力系的简化

2.1.1 力的平移定理

由力的可传性可知，力可以沿其作用线滑移到刚体上任意一点，而不改变力对刚体的作用效应。但当力平行于原来的方向移动到作用线外的任意一点时，力对刚体的作用效应便会改变，为此，给出如下力的平移定理：作用于刚体上的力可以平行移动到刚体上的任意一指定点，但必须同时在该力与指定点所决定的平面内附加一力偶，其力偶矩等于原力对指定点之矩。

设力 $\boldsymbol{F}$ 作用于刚体上 A 点，如图 2-1(a)所示。为将力 $\boldsymbol{F}$ 等效地平行移动到刚体上任意一点（例如 B 点），根据加减平衡力系公理，在 B 点加上两个等值、反向的力 $\boldsymbol{F}'$ 和 $\boldsymbol{F}''$，并使 $F'=F''=F$，如图 2-1(b)所示。显然，力 $\boldsymbol{F}$、$\boldsymbol{F}'$ 和 $\boldsymbol{F}''$ 组成的力系与原力 $\boldsymbol{F}$ 等效。由于在力系 $\boldsymbol{F}$、$\boldsymbol{F}'$ 和 $\boldsymbol{F}''$ 中，力 $\boldsymbol{F}$ 与力 $\boldsymbol{F}''$ 等值、反向且作用线平行，它们组成力偶($\boldsymbol{F}$、$\boldsymbol{F}''$)。于是作用在 B 点的力 $\boldsymbol{F}'$ 和力偶($\boldsymbol{F}$、$\boldsymbol{F}''$)与原力 $\boldsymbol{F}$ 等效。亦即把作用于 A 点的力 $\boldsymbol{F}$ 平行移动到 B 点，必须同时附加了一个力偶，如图 2-1(c)所示。由图 2-1(c)可见，附加力偶的力偶矩为 $M=F\cdot d=M_B(F)$。

力的平移定理表明，可以将一个力分解为一个力和一个力偶；反过来，也可以将同一平面内一个力和一个力偶合成为一个力。应该注意，力的平移定理只适用于刚体，而不适用于变形体，并且只能在同一刚体上平行移动。

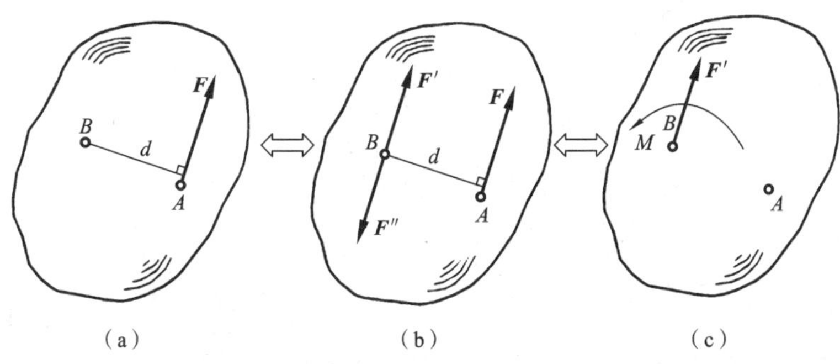

图 2-1 力的平移定理示例

2.1.2 平面一般力系向作用面内任意一点简化

设刚体受到平面任意力系 $\boldsymbol{F}_1,\boldsymbol{F}_2,\cdots,\boldsymbol{F}_n$ 的作用，如图 2-2(a)所示。在力系所在的平面内任取一点 O，称 O 点为简化中心。应用力的平移定理，将力系中的力依次分别平移至 O 点，得到汇交于 O 点的平面汇交力系 $\boldsymbol{F}'_1$，$\boldsymbol{F}'_2,\cdots,\boldsymbol{F}'_n$。此外，还应附加相应的力偶，构成附加力偶系 $M_{O1},M_{O2},\cdots,M_{On}$（见图 2-2(b)）。

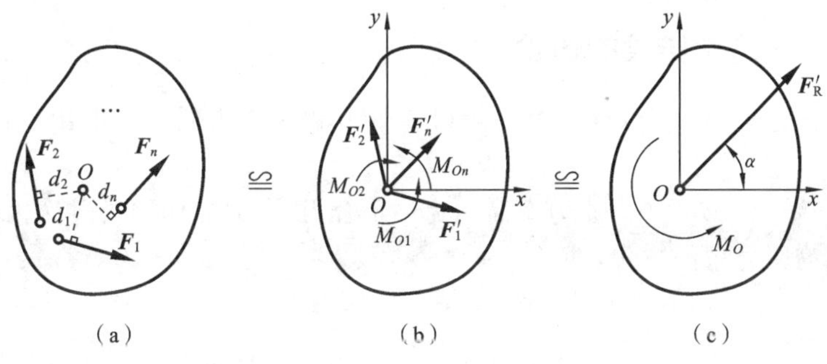

图 2-2

平面汇交力系中各力的大小和方向分别与原力系中对应的各力相同，即

$$\boldsymbol{F}'_1=\boldsymbol{F}_1,\boldsymbol{F}'_2=\boldsymbol{F}_2,\ \cdots,\ \boldsymbol{F}'_n=\boldsymbol{F}_n$$

所得平面汇交力系可以合成为一个力 $\boldsymbol{F}'_{\mathrm{R}}$，也作用于 O 点，如图 2-2(c)所示。$\boldsymbol{F}'_{\mathrm{R}}$ 称为该力系的主矢，它等于原力系各力的矢量和，与简化中心的位置无关。

主矢 $\boldsymbol{F}'_{\mathrm{R}}$ 的大小与方向可用解析法求得。按图 2-2(b)所选定的坐标系 Oxy，有

$$\begin{cases} F'_{\mathrm{R}x}=F_{1x}+F_{2x}+\cdots+F_{nx}=\sum F_x \\ F'_{\mathrm{R}y}=F_{1y}+F_{2y}+\cdots+F_{ny}=\sum F_y \end{cases} \tag{2-1}$$

主矢 $\boldsymbol{F}'_{\mathrm{R}}$ 的大小及方向可表示为

$$\begin{cases} F'_{R} = \sqrt{F'^{2}_{Rx} + F'^{2}_{Ry}} = \sqrt{\left(\sum F_x\right)^2 + \left(\sum F_y\right)^2} \\ \alpha = \arctan\left|\dfrac{F'_{Ry}}{F'_{Rx}}\right| = \arctan\left|\dfrac{\sum F_y}{\sum F_x}\right| \end{cases} \tag{2-2}$$

式中:α 为主矢 $\boldsymbol{F}'_{R}$ 与 x 轴正向间所夹的锐角。

各附加力偶的力偶矩分别等于原力系中各力对简化中心 O 之矩,即

$$M_{O1}=M_O(\boldsymbol{F}_1),\quad M_{O2}=M_O(\boldsymbol{F}_2),\quad \cdots,\quad M_{On}=M_O(\boldsymbol{F}_n)$$

所得附加力偶系可以合成为同一平面内的力偶,其力偶矩可用符号 M_O 表示,如图 2-2(c)所示,M_O 称为原力系对简化中心的主矩。它等于各附加力偶矩 $M_{O1}, M_{O2}, \cdots, M_{On}$ 的代数和,即

$$\begin{aligned} M_O &= M_{O1} + M_{O2} + \cdots + M_{On} \\ &= M_O(\boldsymbol{F}_1) + M_O(\boldsymbol{F}_2) + \cdots + M_O(\boldsymbol{F}_n) = \sum M_O(F_i) \end{aligned} \tag{2-3}$$

显而易见,在选取不同的简化中心时,每个附加力偶的力偶臂一般都要发生变化,所以主矩一般都与简化中心的位置有关。

由上述分析得到如下结论:平面任意力系向作用面内任一点简化,可得一主矢和一个主矩(见图 2-2(c))。

2.1.3 简化结果的讨论

平面任意力系向 O 点简化,一般得一个力和一个力偶。可能出现的情况有以下四种。

(1) $F'_{R} \neq 0, M_O = 0$　原力系简化为一个合力,合力的作用线过简化中心,此合力矢量为原力系的主矢,即

$$\boldsymbol{F}_{R} = \boldsymbol{F}'_{R} = \sum \boldsymbol{F}$$

(2) $F'_{R} = 0, M_O \neq 0$　原力系简化为一力偶。此时该力偶就是原力系的合力偶,其力偶矩等于原力系的主矩。此时原力系的主矩与简化中心的位置无关。

(3) $F'_{R} = 0, M_O = 0$　原力系平衡,将在 2.2 节详细讨论。

(4) $F'_{R} \neq 0, M_O \neq 0$　这种情况下,由力的平移定理的逆过程,可将力 F'_{R} 和力偶矩为 M_O 的力偶进一步合成为一合力 $\boldsymbol{F}_{R}$,如图 2-3 所示。将力偶矩为 M_O

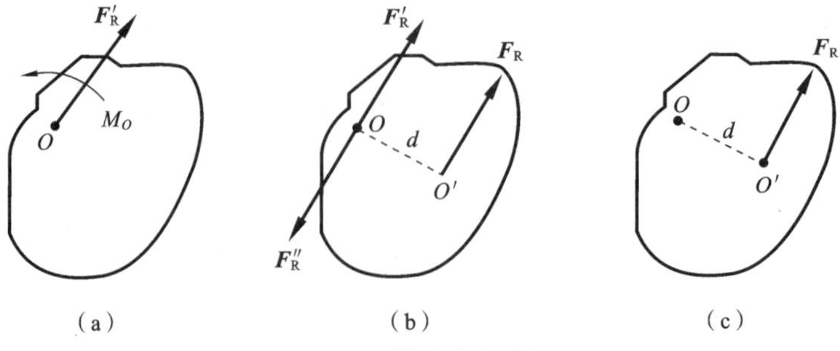

图 2-3　等效合力示例

的力偶用两个力 $\boldsymbol{F}_R$ 与 $\boldsymbol{F}''_R$ 表示，并使 $\boldsymbol{F}'_R=\boldsymbol{F}_R=\boldsymbol{F}''_R$，$\boldsymbol{F}''_R$ 作用在点 O，$\boldsymbol{F}_R$ 作用在点 O'，如图 2-3(b)所示。$\boldsymbol{F}'_R$ 与 $\boldsymbol{F}''_R$ 组成一对平衡力，将其去掉后得到作用于 O' 点的力 $\boldsymbol{F}_R$，与原力系等效，如图 2-3(c)所示。因此，这个力 $\boldsymbol{F}_R$ 就是原力系的合力。显然 $\boldsymbol{F}'_R=\boldsymbol{F}_R$，而合力作用线到简化中心的距离为

$$d=\frac{|M_O|}{F_R}=\frac{|M_O|}{F'_R} \tag{2-4}$$

2.2　平面力系的平衡条件和平衡方程

2.2.1　平面任意力系的平衡条件和平衡方程

当平面任意力系的主矢和主矩都等于零时，作用在简化中心的汇交力系是平衡力系，附加的力偶系也是平衡力偶系，所以该平面任意力系一定是平衡力系。于是得到平面任意力系平衡的充分与必要条件是：力系的主矢和主矩同时为零，即

$$\begin{cases}F'_R=0\\M_O=0\end{cases} \tag{2-5}$$

用解析式表示可得

$$\begin{cases}\sum F_x=0\\\sum F_y=0\\\sum M_O(F)=0\end{cases} \tag{2-6}$$

式(2-6)为平面任意力系的平衡方程的基本形式。平面任意力系平衡的充分与必要条件可表达为：力系中各力在其作用面内两相交轴上的投影的代数和分别等于零，同时，力系中各力对其作用面内任一点之矩的代数和也等于零。

平面任意力系的平衡方程除了有基本式(2-6)外，还有二矩式和三矩式。

平面任意力系的平衡方程的二矩式形式为

$$\begin{cases}\sum F_x=0\\\sum M_A(F)=0\\\sum M_B(F)=0\end{cases} \tag{2-7}$$

其中，矩心 A、B 两点的连线不能与投影轴 x 轴垂直。

平面任意力系的平衡方程的三矩式形式为

$$\begin{cases}\sum M_A(F)=0\\\sum M_B(F)=0\\\sum M_C(F)=0\end{cases} \tag{2-8}$$

其中，A、B、C 三点在同一平面内且不能共线。

平面任意力系有三种不同形式的平衡方程组，每种形式都只含有三个独立的方程式，都只能求解三个未知量。应用时可根据问题的具体情况，选择适当形式的平衡方程。

2.2.2 平面特殊力系的平衡条件和平衡方程

平面汇交力系、平面平行力系和平面力偶系是平面任意力系的特例。遵循式(2-6)、式(2-7)、式(2-8)，可以得到平面特殊力系的平衡方程。

1. 平面汇交力系的平衡

如果力系中各力的作用线在同一平面内且作用线汇交于一点，该力系称为平面汇交力系。平面汇交力系的合成结果是一个合力。因此，合力等于零是平面汇交力系平衡的必要与充分条件。根据式(2-6)，平面汇交力系平衡方程为

$$\begin{cases} \sum F_x = 0 \\ \sum F_y = 0 \end{cases} \tag{2-9}$$

这是由两个独立的投影方程组成的方程组，可求解两个未知量。

2. 平面平行力系的平衡

当力系中各力的作用线在同一平面内且相互平行，这样的力系称为平面平行力系，如图 2-4 所示。

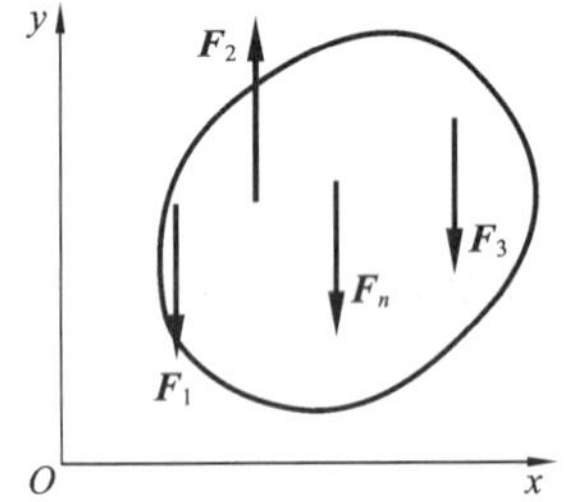

图 2-4 平面平行力系平衡示例

由式(2-6)得

$$\begin{cases} \sum F_y = 0 \\ \sum M_O(F) = 0 \end{cases} \tag{2-10}$$

由式(2-8)得

$$\begin{cases} \sum M_A(F) = 0 \\ \sum M_B(F) = 0 \end{cases} \tag{2-11}$$

式(2-11)是平面平行力系平衡的二矩式方程，其中两个矩心 A、B 的连线不能与各力作用线平行。

平面平行力系只有两个独立的平衡方程，可以求解两个未知量。

3. 平面力偶力系的平衡

当刚体受到的力全都是力偶，且这些力偶的力偶作用面共面或相互平行时，该力系为平面力偶力系。由力偶的性质可知，平面力偶力系合成结果是一个力偶。因此，平面力偶力系平衡的必要与充分条件是平面力偶系中各力偶矩的代数和等于零，即

$$\sum M = 0 \tag{2-12}$$

平面力偶力系只有一个平衡方程，可以求解一个未知量。

下面研究上述平衡方程的应用。

2.3　平面汇交力系的平衡方程的应用

以解析法表示的平面汇交力系平衡的必要与充分条件为各力在两个直角坐标轴上投影的代数和分别等于零，式(2-9)是其平衡方程。该方程组中只包含两个独立的方程，可以求解两个未知量。

例 2-1　如图 2-5(a)所示，支架由杆 AB、AC 构成，A、B、C 三处都是光滑铰链。在 A 点作用有铅垂力 W。各杆的自重不计。求杆 AB、AC 所受的力，并说明杆件受拉还是受压。

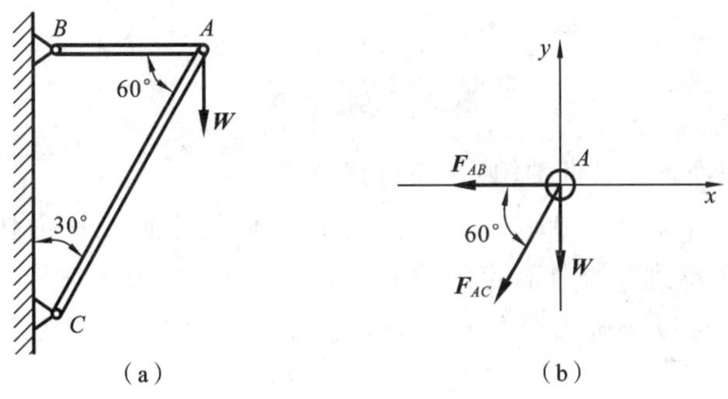

图 2-5　例 2-1 图

解　(1) 取铰链 A 作为研究对象。

(2) 画出受力图，杆 AB、AC 均为二力杆，假设它们受拉力作用，如图 2-5(b)所示。这是一个平衡的平面汇交力系。

(3) 建立直角坐标系 Axy。

(4) 列出平衡方程，有

$$\sum F_x = 0,\quad -F_{AB} - F_{AC}\cos 60^\circ = 0 \tag{a}$$

$$\sum F_y = 0,\quad -F_{AC}\sin 60^\circ - W = 0 \tag{b}$$

(5) 联立(a)、(b)求解，得

$$F_{AC} = -\frac{W}{\sin 60^\circ} = -\frac{2\sqrt{3}}{3}W \quad (\text{压力})$$

$$F_{AB} = -F_C\cos 60^\circ = \frac{\sqrt{3}}{3}W \quad (\text{拉力})$$

计算结果表明：反力 F_{AC} 为负值，说明该力实际指向与图中假定指向相反，故杆 AC 实际上受压力；反力 F_{AB} 为正值，说明该力实际指向与图中假定指向相同，故杆 AB 实际上受拉力。

例 2-2　利用绕过铰车定滑轮 B 的绳子吊起一重 $P=20$ kN 的货物，滑轮 B

由两端铰接的水平杆 AB 和斜杆 BC 支持于销轴(见图 2-6(a))。各杆件和定滑轮的自重忽略不计,不考虑绳子的伸长,不计摩擦。试求杆 AB 和 BC 所受的力,并且说明其拉压性质。

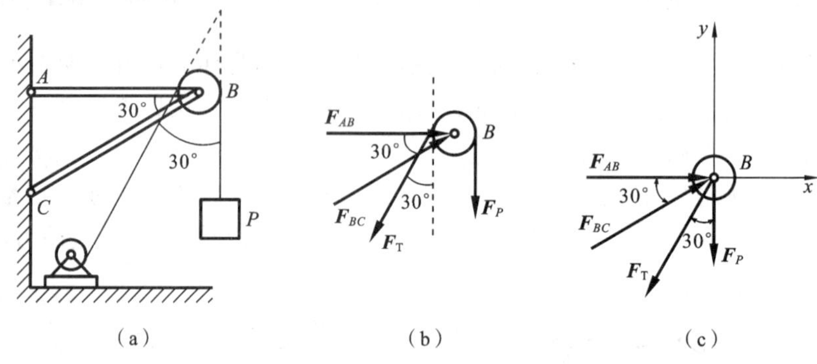

图 2-6　例 2-2 图

解　(1) 取滑轮 B (带轴销)作为研究对象。

(2) 画出受力图。杆 AB、BC 均为二力杆,假设它们受压力作用,受力如图 2-6(b)所示。考虑到各杆件和定滑轮的自重忽略不计,不考虑绳子的伸长,不计摩擦,图 2-6(b)可以改画为图 2-6(c),这是一个平衡的平面汇交力系。其中

$$F_T = F_P = P$$

(3) 建立坐标系 Bxy。

(4) 列出平衡方程,即

$$\sum F_x = 0,\quad F_{BC}\cos 30^\circ + F_{AB} - F_T \sin 30^\circ = 0$$

$$\sum F_y = 0,\quad F_{BC}\cos 60^\circ - F_P - F_T \cos 30^\circ = 0$$

(5) 联立求解,得

$$F_{AB} = -54.5\ \text{kN}\quad (拉力)$$

$$F_{BC} = 74.5\ \text{kN}\quad (压力)$$

结果表明:反力 F_{AB} 为负值,说明该力实际指向与图中假定指向相反,故杆 AB 实际上受拉力;反力 F_{BC} 为正值,说明该力实际指向与图中假定指向相同,故杆 BC 实际上受压力。

应用式(2-9)求解平面汇交力系的平衡问题的解题步骤可以归纳如下。

步骤 1　取,即取某刚体作为研究对象——优先考虑受力(包括已知力和未知力)集中程度高的刚体。

步骤 2　画,即画研究对象的受力图——解题的关键所在。

步骤 3　建,即建立直角坐标系——优先选择受力图中已经出现的正交力(特别是未知力)的作用线作为坐标轴。

步骤 4　列,即列写平衡方程,注意投影的正、负号。

步骤5 解,即求解平衡方程组,注意计算结果的正、负号所对应的力的指向。

2.4 平面平行力系的平衡方程的应用

式(2-10)或式(2-11)是平面平行力系的平衡方程。该方程组中只包含两个独立的方程,可以求解两个未知量。

例2-3 塔式起重机如图2-7所示。机身重$G=220$ kN,作用线过塔架的中心。已知最大起吊重量$P=50$ kN,起重悬臂长12 m,轨道A、B的间距为4 m,平衡块Q至机身中心线的距离为6 m。试求:(1) 确保起重机不至翻倒的平衡块Q的大小;(2) 当$Q=30$ kN,而起重机满载时,轨道对A、B的约束反力。

解 取起重机整体为研究对象。其正常工作时受力如图2-7所示。显然,这是平面平行力系的平衡问题。

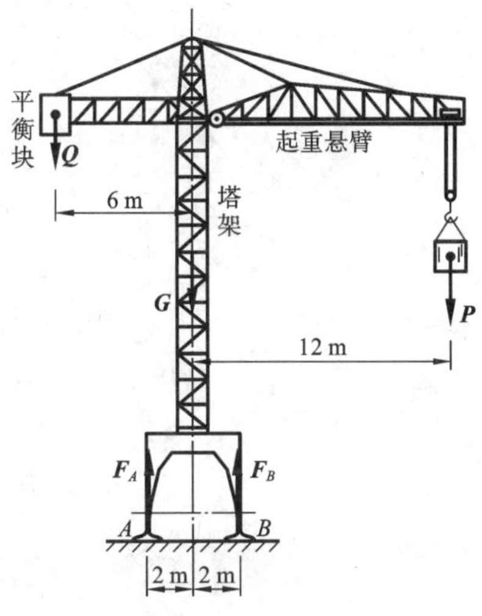

图2-7 例2-3图

(1) 求确保起重机不至翻倒的平衡块Q的大小。

起重机满载时有顺时针转向翻倒的可能,要保证机身满载时而不翻倒,则必须满足

$$F_A \geqslant 0$$

由 $$\sum M_B(F)=0$$

$$8Q+2G-4F_A-10P=0$$

解得 $$Q \geqslant \frac{5P-G}{4}=7.5 \text{ kN}$$

起重机空载时有逆时针转向翻倒的可能,要保证机身空载时平衡而不翻倒,则必须满足

$$F_B \geqslant 0$$

由 $$\sum M_A(F)=0,\quad 4Q+4F_B-2G=0$$

解得 $$Q \leqslant \frac{G}{2}=110 \text{ kN}$$

因此平衡块Q的大小应满足

$$7.5 \text{ kN} \leqslant Q \leqslant 110 \text{ kN}$$

(2) 当$Q=30$ kN,求满载时的约束反力F_A、F_B的大小。

由 $$\sum M_B(F)=0,\quad 8Q+2G-4F_A-10P=0$$

解得 $$F_A=\frac{4Q+G-5P}{2}=45 \text{ kN}$$

由 $$\sum F_y = 0,\quad F_A + F_B - Q - G - P = 0$$

解得 $$F_B = Q + G + P - F_A = 255\ \text{kN}$$

例 2-4 均质折杆 ABC 悬空挂于绳索 AD 上而平衡，如图 2-8(a)所示。已知 AB 段长度为 l，重为 G；BC 段长度为 $2l$，重为 $2G$，$\angle ABC = 90°$。求 α 角。

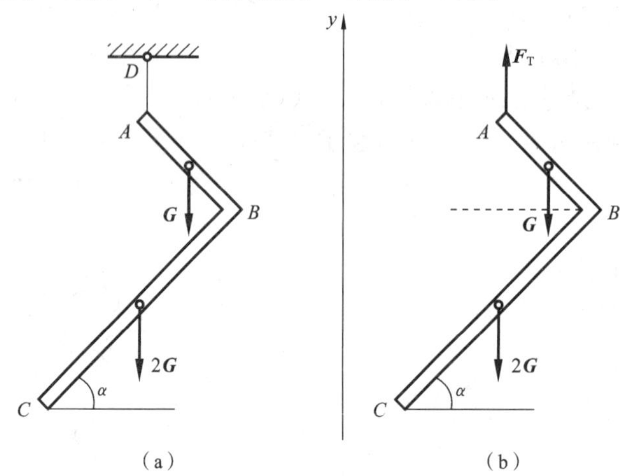

图 2-8 例 2-4 图

解 以均质折杆 ABC 为研究对象，受力如图 2-8(b)所示，为一平面平行力系。建立 y 轴。

由 $$\sum F_y = 0,\quad F_T - G - 2G = 0 \tag{a}$$

$$\sum M_B(F) = 0$$

$$-F_T \cdot l\sin\alpha + G \cdot \frac{l}{2}\sin\alpha + 2G \cdot l\cos\alpha = 0 \tag{b}$$

解式(a)、(b)得 $$F_T = 3G,\quad \tan\alpha = 0.8$$

故 $$\alpha = 38.66°$$

例 2-4 可以只用一个平衡方程 $\sum M_A(F) = 0$ 求解，请读者自己验证。

平面平行力系的平衡问题的解题步骤和平面汇交力系的平衡问题的解题步骤基本相同。在应用平衡方程解题时，通常可以灵活地选择方程的具体形式或方程数量(当然不能超过力系的平衡方程的独立数量)。

2.5 平面力偶力系的平衡方程的应用

式(2-12)为平面力偶力系的平衡方程。平面力偶力系只有一个平衡方程，可以求解一个未知量。

例 2-5 用多轴钻同时钻削工件上四个直径相同的孔，如图 2-9(a)所示。

已知钻一个孔的切削力偶矩 $M=15\ \text{N}\cdot\text{m}$，固定螺栓 A 和 B 之间的距离 $l=0.4$ m。试求在切削工件时两个螺栓 A 和 B 处所产生的约束反力。

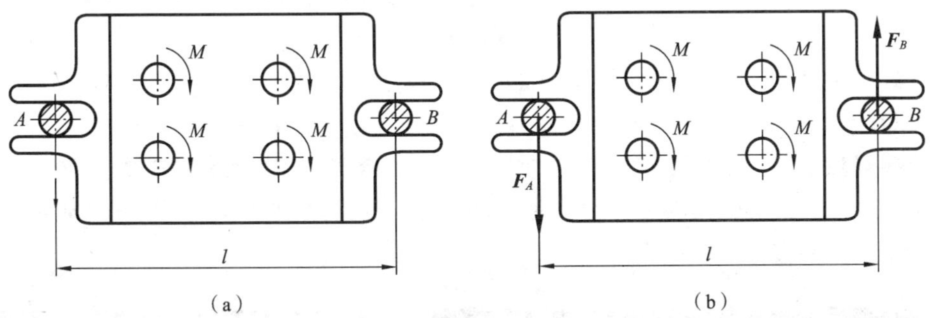

图 2-9　例 2-5 图

解　以工件为研究对象，受力如图 2-9(b)所示。

因工件所受主动力为力偶，故两螺栓处的光滑面约束反力 F_A 和 F_B 必定也组成一个力偶(F_A，F_B)，并与主动力偶相平衡。这是一个平衡的平面力偶力系。

由
$$\sum M=0,\quad F_A\cdot l-4M=0$$

解得
$$F_A=F_B=\frac{4M}{l}=\frac{4\times 15}{0.4}\ \text{N}=150\ \text{N}$$

例 2-6　铰链四连杆机构 $OABD$ 在图 2-10(a)所示位置平衡。已知：$OA=0.4$ m，$BD=0.6$ m，作用在 OA 上的力偶的力偶矩 $M_1=1\ \text{N}\cdot\text{m}$，各杆的重量不计。试求力偶矩 M_2 的大小和杆 AB 所受的力 F_{AB}。

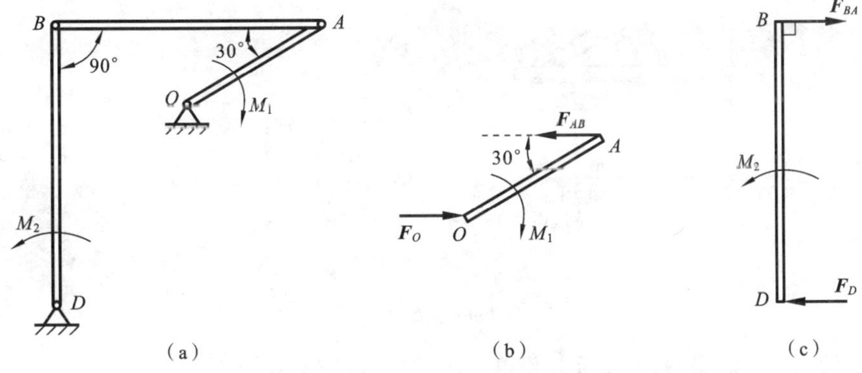

图 2-10　例 2-6 图

解　杆 AB 为二力杆。

(1) 以杆 OA 为研究对象，力 F_O 与 F_{AB} 形成力偶(F_O，F_{AB})，受力如图 2-10(b)所示。这是一个平衡的平面力偶力系。

$$\sum M=0,\quad F_{AB}\cdot OA\cdot\sin 30^\circ-M_1=0$$

解得
$$F_{AB}=\frac{M_1}{OA\sin 30^\circ}=\frac{2\times 1}{0.4}\ \text{N}=5\ \text{N}$$

(2) 以杆 DB 为研究对象,力 F_D 与 F_{BA} 形成力偶(F_D,F_{BA}),受力如图 2-10(c)所示。

$$\sum M = 0, \quad M_2 - F_{BA} \cdot DB = 0$$

考虑到 $$F_{BA} = F_{AB} = 5\ \text{N}$$

解得 $$M_2 = F_{BA} \cdot DB = 5 \times 0.6\ \text{N} \cdot \text{m} = 3\ \text{N} \cdot \text{m}$$

显然,当作用于刚体上的主动力仅仅是力偶时,约束反力一定是力偶形式的。如果反力的作用线可以确定时,应用平面力偶力系的平衡方程,可以非常容易求解未知力的大小和指向。

2.6 平面任意力系的平衡方程的应用

式(2-6)为平面任意力系的平衡方程的基本形式,式(2-7)为平面任意力系的平衡方程的二矩式形式,式(2-8)为平面任意力系的平衡方程的三矩式形式。每种形式都只含有三个独立的方程,都只能求解三个未知量。应用时可根据问题的具体情况,选择适当形式的平衡方程。

例 2-7 图 2-11(a)所示为一悬臂式起重机,A、B、C 处都是铰链连接。梁 AB 自重 $F_G = 1$ kN,作用在梁的中点,提升重量 $F_P = 8$ kN,杆 BC 自重不计,求支座 A 处的反力和杆 BC 所受的力。

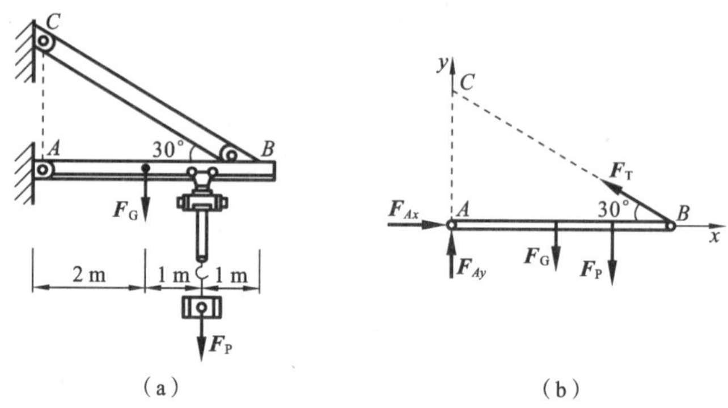

图 2-11 例 2-7 图

解 (1) 取梁 AB(包括电葫芦和重物)为研究对象。

(2) 画受力图,如图 2-11(b)所示。A 处为固定铰支座,其反力为正交分力;杆 BC 为二力杆,它的约束反力沿 BC 轴线,并假设为拉力。各力构成平衡的平面任意力系。

(3) 建立直角坐标系 Axy。

(4) 列三矩式平衡方程并求解。

由 $$\sum M_A(F) = 0, \quad -F_G \times 2 - F_P \times 3 + F_T \sin 30^\circ \times 4 = 0 \tag{a}$$

解得 $$F_T=\frac{(2F_G+3F_P)}{4\times\sin30^\circ}=\frac{(2\times1+3\times8)}{4\times0.5}\ \text{kN}=13\ \text{kN}$$

由 $$\sum M_B(F)=0,\quad -F_{Ay}\times4+F_G\times2+F_P\times1=0 \tag{b}$$

解得 $$F_{Ay}=\frac{(2F_G+F_P)}{2}=\frac{(2\times1+8)}{4}\ \text{kN}=2.5\ \text{kN}$$

由 $$\sum M_C(F)=0,\quad F_{Ax}\times4\times\tan30^\circ-F_G\times2-F_P\times3=0 \tag{c}$$

解得 $$F_{Ax}=\frac{(2F_G+3F_P)}{4\times\tan30^\circ}=\frac{(2\times1+3\times8)}{4\times0.577}\ \text{kN}=11.26\ \text{kN}$$

(5) 校核：

$$\sum F_x=F_{Ax}-F_T\times\cos30^\circ=11.26-13\times0.866=0$$

$$\sum F_y=F_{Ay}-F_G-F_P+F_T\times\sin30^\circ=2.4-1-8-13\times0.5=0$$

可见计算无误。

例 2-7 也可以用平衡方程的基本形式或二矩式平衡方程求解，请读者自己验证。值得注意的是，对于一个平衡的平面任意力系，只能列写出三个独立的平衡方程(如例 2-7 中的方程(a)、(b)、(c))，至于更多的方程都是不独立的，可以借以检验计算结果的正确性。

例 2-8 一端固定的悬臂梁如图 2-12(a)所示。梁上作用均布载荷，载荷集度为 q，在梁的自由端还受一集中力 $\boldsymbol{P}$ 和一力偶矩为 M 的力偶的作用。试求固定端 A 处的约束反力。

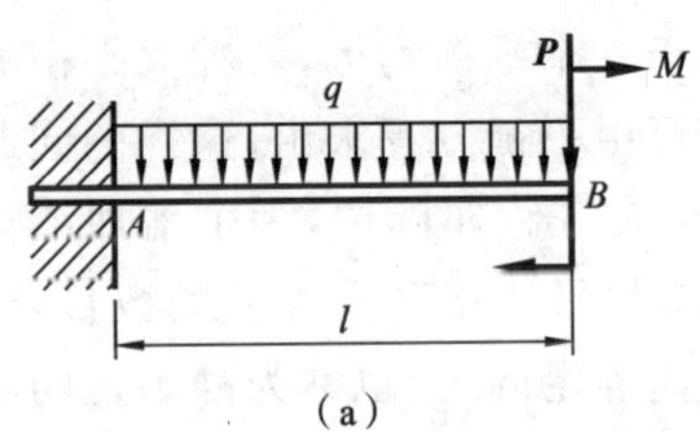

(a)

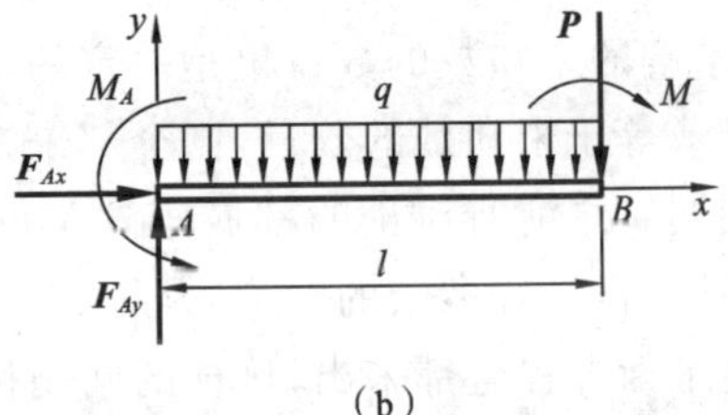

(b)

图 2-12 例 2-8 图

解 (1) 取梁 AB 为研究对象。

(2) 画受力图，如图 2-12(b)所示。

(3) 建立直角坐标系 Axy。

(4) 列平衡方程(基本形式)，有

由 $$\sum F_x=0,\quad F_{Ax}=0 \tag{a}$$

$$\sum F_y=0,\quad F_{Ay}-ql-P=0 \tag{b}$$

解得 $$F_{Ay}=ql+P$$

由 $$\sum M_A(F)=0,\quad M_A-\frac{ql^2}{2}-Pl-M=0 \tag{c}$$

解得
$$M_A=\frac{ql^2}{2}+Pl+M$$

2.7 静定和超静定问题 物体系统的平衡

工程中的结构一般是由几个构件通过一定的约束联系在一起的，称为物体系统，简称物系，如图 2-13(a)所示的三铰拱就可视为物系。作用于物体系统上的力可分为内力和外力两大类。系统外的物体作用于该物体系统的力称为外力；系统内部各物体之间的相互作用力，称为内力。对于整体物体系统来说，内力总是成对出现的，相互抵消，故无须考虑，如图 2-13(b)中的铰 C 处。而当取系统内某一部分为研究对象时，对于整体系统而言的内力变成了作用在该部分上的外力，必须在受力图中画出，如图 2-13(c)中的铰 C 处的 $\boldsymbol{F}_{Cx}$ 和 $\boldsymbol{F}_{Cy}$。

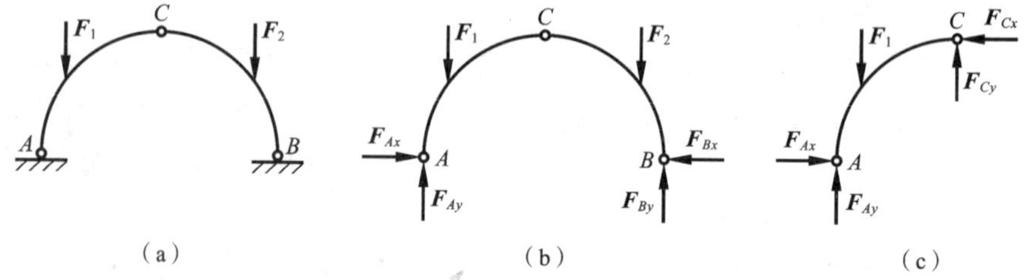

图 2-13 物系内力、外力示例

从前面的讨论已知，对每一种平衡力系来说，独立平衡方程的数目是一定的，能求解的未知数的数目也是一定的。对于一个平衡物体，若独立平衡方程数目大于或等于未知数的数目，则全部未知数可由平衡方程求出，这样的问题称为静定问题。之前所讨论的都属于这类问题。在工程实际中，为了增加结构的刚度或稳固，常设置多余的约束，从而未知数的数目多于独立方程的数目，未知数不能由平衡方程全部求出，这样的问题称为超静定问题，也称为静不定问题。图 2-14 所示为超静定问题的例子。图 2-14(a)所示的是平衡的平面任意力系，平衡方程是 3 个，而未知力是 4 个，属于超静定问题。图 2-14(b)所示亦是如此。对于超静定问题的求解，要考虑物体受力后的变形(研究对象是变形体而不是刚体)，列出补充方程才能求解。“如何列出补充方程”将在后续课程中讨论。

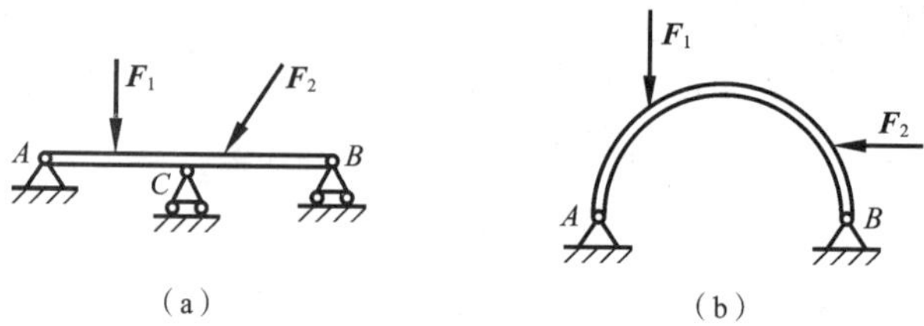

图 2-14 超静定问题示例

一般地，设刚体系统由 n 个刚体组成。把它拆成单个刚体来分析，可以得到 n 个平衡平面力系，其中平面汇交力系与平面平行力系共有 p 个、平面力偶力系共有 q 个，设整个系统的独立的平衡方程数目为 k，那么，$k=3n-p-2q$。若系统中的未知力的数目为 s，当 $s\leqslant k$ 时，系统就是静定的；否则，就是超静定的问题。只有静定的平衡物系才能用静力学平衡方程完全求解。

例 2-9　图 2-15(a)所示的人字形折梯放在光滑地面上。重 $P=800$ N 的人站在梯子的 AC 边的中点 H 上，C 处是铰链。已知：$AC=BC=2$ m，$AD=EB=0.5$ m，梯子的自重不计。求地面 A、B 两处的约束反力和绳 DE 的拉力。

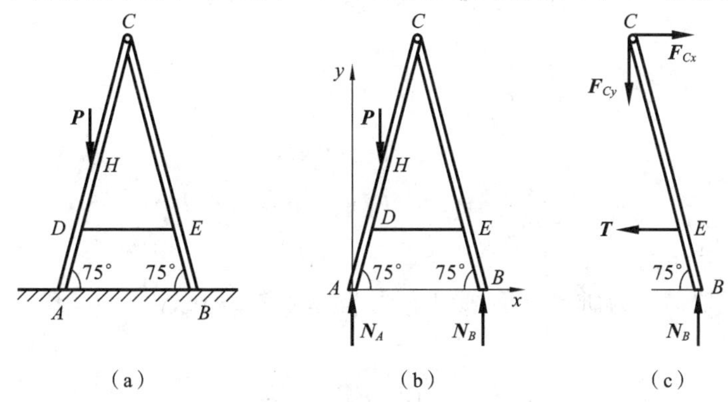

图 2-15　例 2-9 图

解　(1) 先取梯子整体为研究对象。受力图及坐标系如图 2-15(b)所示。

由　$$\sum M_A(F)=0,\quad N_B(AC+BC)\cos75^\circ-\frac{P\cdot AC\cos75^\circ}{2}=0$$

解得　$$N_B=200\ \text{N}$$

由　$$\sum F_y=0,\quad N_A+N_B-P=0$$

解得　$$N_A=600\ \text{N}$$

(2) 再取杆 BC 为研究对象。受力图如图 2-15(c)所示。

由　$$\sum M_C(F)=0,\quad N_B\cdot BC\cdot\cos75^\circ-T\cdot EC\cdot\sin75^\circ=0$$

解得　$$T=71.5\ \text{N}$$

例 2-10　组合梁由 AB 梁和 BC 梁用中间铰 B 连接而成，支承与载荷情况如图 2-16(a)所示。已知 $P=20$ kN，$q=5$ kN/m，$\alpha=45^\circ$。求支座 A、C 及铰 B 处的约束反力。

解　(1) 先取 BC 梁为研究对象。受力图及坐标如图 2-16(b)所示。

由　$$\sum M_C(F)=0,\quad 1\times P-2F_{By}=0$$

解得　$$F_{By}=\frac{P}{2}=10\ \text{kN}$$

由　$$\sum F_y=0,\quad F_{By}-P+N_C\cos\alpha=0$$

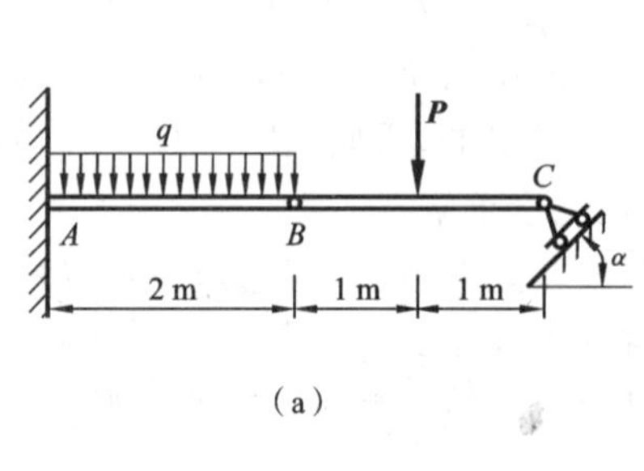

(a)

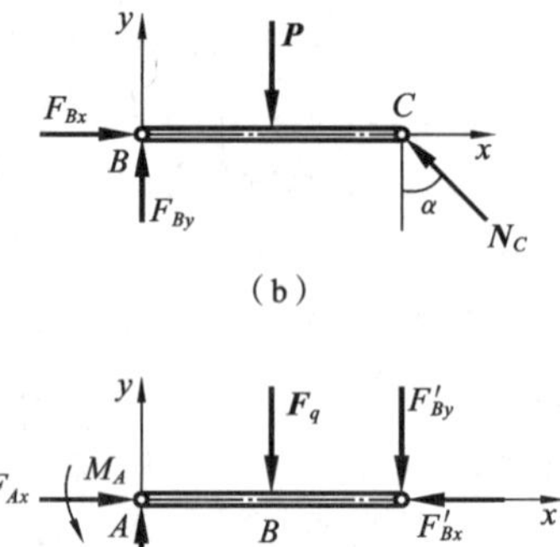

(b)

(c)

图 2-16　例 2-10 图

解得
$$N_C=14.14\ \text{kN}$$

由
$$\sum F_x=0,\quad F_{Bx}-N_C\sin\alpha=0$$

解得
$$F_{Bx}=10\ \text{kN}$$

(2) 再取 AB 为研究对象，受力图及坐标如图 2-16(c)所示，其中，$F_q=2q=10\ \text{kN}$。

由
$$\sum F_x=0,\quad F_{Ax}-F'_{Bx}=0$$

解得
$$F_{Ax}=F'_{Bx}=F_{Bx}=10\ \text{kN}$$

由
$$\sum F_y=0,\quad F_{Ay}-F_q-F'_{By}=0$$

解得
$$F_{Ay}=20\ \text{kN}$$

由
$$\sum M_A(F)=0,\quad M_A-1\times F_q-2\times F'_{By}=0$$

解得
$$M_A=30\ \text{kN}\cdot\text{m}$$

(3) 将所求结果代入系统进行验证。请读者自己完成。

例 2-11　图 2-17(a)所示构架由滑轮 D、杆 AB 和杆 CBD 构成，尺寸如图所示，试求 A、C 处的反力，不计各杆及滑轮的重量，不考虑细绳的伸长。

解　(1) 取系统为研究对象，作出其受力图(见图 2-17(b))。

由
$$\sum M_A(F)=0,\quad F_{Cx}\cdot l-P(2l+r)=0 \tag{a}$$

解得
$$F_{Cx}=\frac{2l+r}{l}P\quad(\text{向右，与假设方向一致})$$

由
$$\sum F_x=0,\quad F_{Ax}+F_{Cx}=0 \tag{b}$$

解得
$$F_{Ax}=-\frac{2l+r}{l}P\quad(\text{向左，与假设方向相反})$$

$$\sum F_y=0,\quad F_{Ay}+F_{Cy}-P=0 \tag{c}$$

(2) 取 CD 及滑轮 D 研究，受力图如图 2-17(c)所示，有

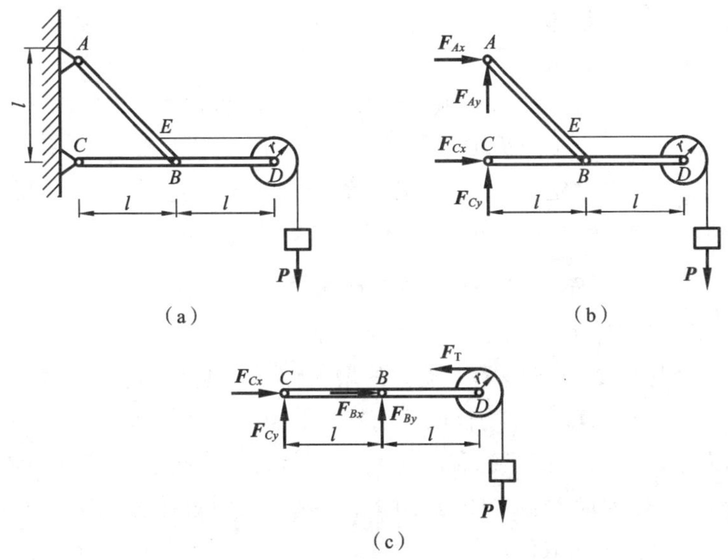

图 2-17　例 2-11 图

$$\sum M_B(F) = 0, \quad -F_{Cy} \cdot l - P(l+r) + F_T \cdot r = 0 \qquad (d)$$

接触处视为光滑，不考虑细绳的伸长，则

$$F_T = P$$

解得 $F_{Cy} = -P$ （向下，与假设方向相反）

代入方程(c)解得

$$F_{Ay} = 2P \quad \text{（向上，与假设方向相同）}$$

请读者总结：在求解静定物系的平衡问题的过程中，遇到暂时不能求解的未知数，应该怎么办？

2.8　摩擦与自锁

前面讨论物体平衡问题时，物体间的接触面都假设是光滑的。事实上这种情况是不存在的，两物体之间一般都存在摩擦。只是在有些问题中，摩擦不是主要因素，可以忽略不计。但在有些问题中，如带轮的传动、摩擦轮的传动等，摩擦是重要的甚至是决定性的因素，必须加以考虑。按照接触物体之间的相对运动形式，摩擦可分为滑动摩擦和滚动摩擦。本节只讨论滑动摩擦，当物体之间仅出现相对滑动趋势而尚未发生相对运动时的摩擦称为静滑动摩擦，简称静摩擦；对已发生相对滑动的物体间的摩擦称为动滑动摩擦，简称动摩擦。

2.8.1　滑动摩擦与滑动摩擦定律

当两物体接触面间有相对滑动趋势时，沿接触点的公切面彼此作用着阻碍

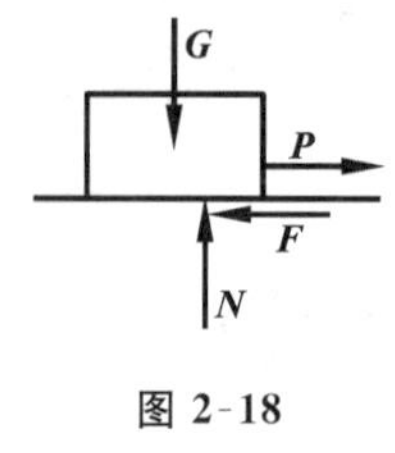

图 2-18

物体相对滑动的力，称为静滑动摩擦力，简称静摩擦力，用 $\boldsymbol{F}$ 表示。

如图 2-18 所示，一重为 $\boldsymbol{G}$ 的物体放在粗糙水平面上，受水平拉力 $\boldsymbol{P}$ 的作用，当拉力 $\boldsymbol{P}$ 由零逐渐增大，只要不超过某一定值，物体仍处于静平衡状态。这说明，在接触面处除了有法向约束反力 $\boldsymbol{N}$ 外，必定还有一个阻碍重物沿水平方向滑动的静摩擦力 $\boldsymbol{F}$。静摩擦力可由平衡方程确定。由 $\sum F_x = 0$、$\boldsymbol{P} - \boldsymbol{F} = 0$，解得 $F=P$。可见，静摩擦力 $\boldsymbol{F}$ 随主动力 $\boldsymbol{P}$ 的变化而变化。

但是静摩擦力 $\boldsymbol{F}$ 并不是随主动力的增大而无限制地增大，当水平力达到一定程度时，如果再继续增大，物体的平衡状态将被破坏而产生滑动。通常将物体即将滑动而未滑动的平衡状态称为临界平衡状态。在临界平衡状态下，静摩擦力达到最大值，称为最大静摩擦力，用 $\boldsymbol{F}_{\mathrm{m}}$ 表示。所以静摩擦力大小只能在零与最大静摩擦力 $\boldsymbol{F}_{\mathrm{m}}$ 之间取值，即

$$0 \leqslant F \leqslant F_{\mathrm{m}} \tag{2-13}$$

最大静摩擦力与许多因素有关。大量实验表明，最大静摩擦力的大小满足如下近似关系：最大静摩擦力的大小与接触面之间的正压力（法向反力）成正比，即

$$F_{\mathrm{m}} = f \cdot N \tag{2-14}$$

式中：N 为接触面之间的正压力；

f 为无量纲的比例系数，称为静摩擦因数，其大小与接触体的材料及接触面状况（如粗糙度、湿度、温度等）有关，可在工程手册中查到。

式(2-14)是库仑摩擦定律，表示的关系只是近似的，对于一般的工程问题能够满足要求，但对于一些重要的工程，如采用式(2-14)计算，则必须通过现场测量与试验精确地测定静摩擦因数的值作为计算的依据。

物体间出现相对滑动时的摩擦力称为动摩擦力，用 $\boldsymbol{F}'$ 表示。实验表明，动摩擦力的方向与接触物体间的相对运动方向相反，大小与两物体间的法向反力成正比，即

$$F' = f' \cdot N \tag{2-15}$$

式中：N 为接触面之间的正压力；

f' 为无量纲的比例系数，称为动摩擦因数，其大小与接触体的材料以及接触面状况有关，另外，还与两物体之间的相对速度有关。

式(2-15)是动滑动摩擦定律，但由于动摩擦因数与相对速度的关系复杂，通常在一定速度范围内，可以不考虑这些变化。

一般地，动摩擦因数 f' 略大于静摩擦因数 f，但二者的差别甚微。在工程实际中，往往近似地使用 $f=f'$。

2.8.2　摩擦角与自锁现象

如图 2-19 所示，当物体有相对运动趋势时，支承面对物体产生法向反力 $\boldsymbol{N}$ 和摩擦力 $\boldsymbol{F}$，这两个力的合力 $\boldsymbol{R}$ 称为全反力。全反力 $\boldsymbol{R}$ 与接触面公法线的夹角为 φ，如图 2-19(a)所示。显然，它随摩擦力的变化而变化。当静摩擦力达到最大值 $\boldsymbol{F}_{\mathrm{m}}$ 时，夹角 φ 也达到最大值 φ_{m}，称 φ_{m} 为摩擦角。如图 2-19(b)所示，可见

$$\tan\varphi_{\mathrm{m}}=\frac{F_{\mathrm{m}}}{N}=f \tag{2-16a}$$

$$\varphi_{\mathrm{m}}=\arctan f \tag{2-16b}$$

若过接触点在不同方向作出在临界平衡状态下的全反力的作用线，则这些直线将形成一个锥面，称摩擦锥。如图 2-19(c)所示。

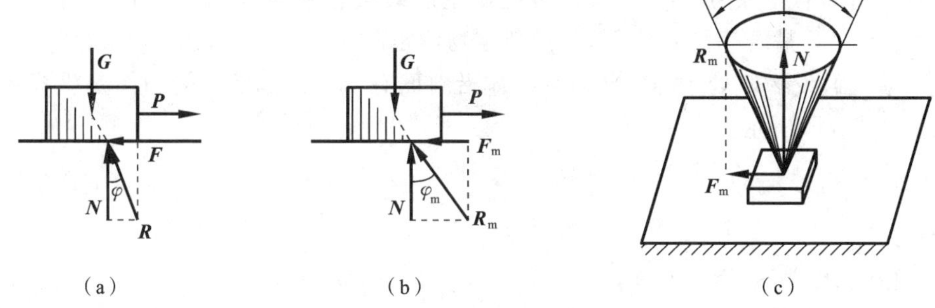

图 2-19　全反力、摩擦角和摩擦锥

将作用在物体上的所有主动力的合力用 $\boldsymbol{Q}$ 表示，当物体处于平衡状态时，主动力合力 $\boldsymbol{Q}$ 与全反力 $\boldsymbol{R}$ 应共线、反向、等值。因此，$\alpha=\varphi$，如图 2-20 所示。而物体平衡时，一定是 $\varphi\leqslant\varphi_{\mathrm{m}}$。由此得到

$$\alpha\leqslant\varphi_{\mathrm{m}} \tag{2-17}$$

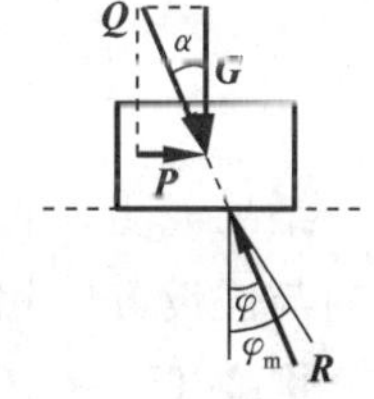

图 2-20　自锁

式(2-17)表明。作用在物体上的主动力的合力 Q，不论其大小如何，只要其作用线与接触面公法线间的夹角 α 不大于摩擦角 φ_{m}，物体必保持静止。这种现象称为自锁现象。也就是说，当主动力的合力 Q 的作用线落在摩擦锥内时，无论其大小如何，物体必自锁。

自锁现象在工程中有重要的应用。如螺栓连接、千斤顶、压榨机等都是应用自锁原理的范例。

2.8.3　有摩擦的平衡问题

求解有摩擦时物体的平衡问题，其解题方法和步骤与不考虑摩擦时的平衡问题的基本相同，只是在原来的基础上增加了摩擦力而已。

例 2-12 物体重 $G=980$ N,放在一倾角 $\alpha=30°$的斜面上。已知接触面间的静摩擦因数为 $f=0.20$。有一大小为 $Q=588$ N 的力沿斜面推物体,如图 2-21(a)所示。问物体在斜面上处于静止还是处于滑动状态?若静止,摩擦力多大?

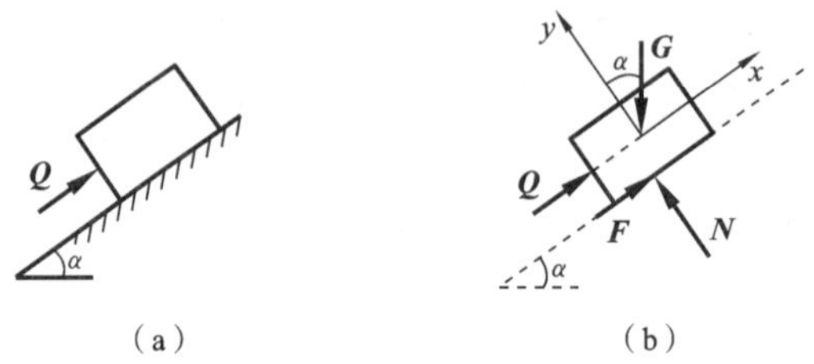

图 2-21 例 2-12 图

分析时,可先假设物体处于静止状态,然后由平衡方程求出物体处于静止状态时所需的静摩擦力 $\boldsymbol{F}$,并计算出可能产生的最大静摩擦力 $\boldsymbol{F}_m$。将两者进行比较,确定力 F 是否满足 $F\leqslant F_m$,从而断定物体是静止的还是滑动的。

解 假设物体处于静止状态且物体沿斜面有下滑的趋势。受力图及坐标系如图 2-21(b)所示。

由
$$\sum F_x=0,\quad Q-G\sin\alpha+F=0$$
解得
$$F=G\sin\alpha-Q=-98\ \text{N}$$
由
$$\sum F_y=0,\quad N-G\cos\alpha=0$$
解得
$$N=G\cos\alpha=848.7\ \text{N}$$
根据静定摩擦定律,可能产生的最大静摩擦力为
$$F_m=fN=169.7\ \text{N}$$
$$|F|=98\ \text{N}<169.7\ \text{N}=F_m$$
结果说明,物体在斜面上保持静止。而静摩擦力 F 为 -98 N,负号说明实际方向与假设方向相反,故物体沿斜面有上滑的趋势。

例 2-13 重 Q 的物体放在倾角 $\alpha>\varphi_m$ 的斜面上(见图 2-22(a)),求维持物体在斜面上静止时的水平推力 P 的大小。

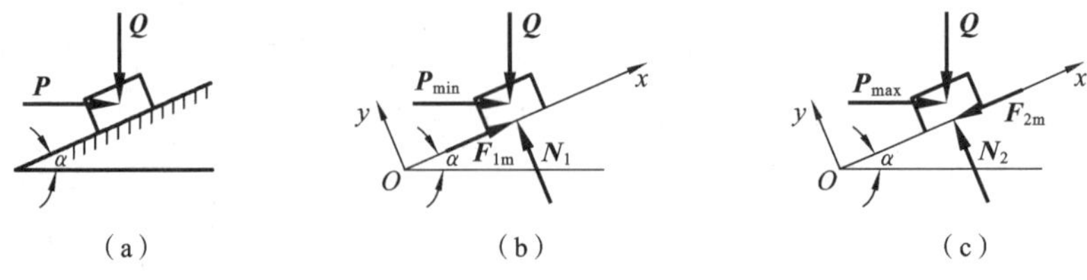

图 2-22 例 2-13 图

解 因为 $\alpha>\varphi_m$,若力 P 过小,则物体下滑;若力 P 过大,又将使物体上滑。因此,力 P 的大小必在某一范围内。

先求刚好维持物体不至于下滑所需力 P 的最小值 $P_{\min}$。此时物体处于下滑的临界状态，其受力图及坐标系如图 2-22(b)所示。

由 $$\sum F_x = 0,\quad P_{\min}\cos\alpha - Q\sin\alpha + F_{1m} = 0 \tag{a}$$

由 $$\sum F_y = 0,\quad N_1 - P_{\min}\sin\alpha - Q\cos\alpha = 0 \tag{b}$$

得 $$N_1 = P_{\min}\sin\alpha + Q\cos\alpha \tag{c}$$

将 $F_{1m}=fN_1$、$f=\tan\varphi_m$ 和式(c)代入式(a)，得

$$P_{\min}=\frac{Q(\sin\alpha - f\cos\alpha)}{(\cos\alpha + f\sin\alpha)}=Q\tan(\alpha-\varphi_m) \tag{d}$$

再求不致使物体向上滑动的力 P 的最大值 $P_{\max}$。此时物体处于上滑的临界平衡状态，其受力图及坐标系如图 2-22(c)所示。

由 $$\sum F_x = 0,\quad P_{\max}\cos\alpha - F_{2m} - Q\sin\alpha = 0 \tag{e}$$

由 $$\sum F_y = 0,\quad N_2 - P_{\max}\sin\alpha - Q\cos\alpha = 0 \tag{f}$$

由式(f)有 $$N_2 = P_{\max}\sin\alpha + Q\cos\alpha \tag{g}$$

将 $F_{2m}=fN_2$、$f=\tan\varphi_m$ 和式(g)代入式(e)，得

$$P_{\max}=\frac{Q(\sin\alpha + f\cos\alpha)}{(\cos\alpha - f\sin\alpha)}=Q\tan(\alpha+\varphi_m) \tag{h}$$

可见，要使物体在斜面上保持静止，力 P 必须满足

$$Q\tan(\alpha-\varphi_m)\leqslant P\leqslant Q\tan(\alpha+\varphi_m)$$

习　题

填空题

2-1 平面任意力系的平衡方程的基本形式是______，可求解______个未知量。

2-2 平面任意力系的平衡方程的二矩式形式是______，其限制条件是______。

2-3 平面任意力系的平衡方程的三矩式形式是______，其限制条件是______。

2-4 平面平行力系的平衡方程的二矩式形式是______，可求解______个未知量。

2-5 平面汇交力系的平衡方程是______，可求解______个未知量。

2-6 平面力偶力系的平衡方程是______，可求解______个未知量。

2-7 “物系平衡时，其内部每个物体都平衡。”这种说法正确吗？

简答题

2-8 一个平衡的物系有多少个独立的平衡方程？

2-9 什么是静定系统？什么是超静定系统？

2-10 如何判断系统的静定性？

2-11 摩擦角是什么？

2-12 什么是摩擦锥？

2-13 什么是自锁现象？自锁原理是什么？

计算题

2-14 如图 2-23 所示，已知 $\boldsymbol{q}$、a，且 $\boldsymbol{F}=\boldsymbol{q}a$，$M=qa^2$，计算各梁的支座反力。

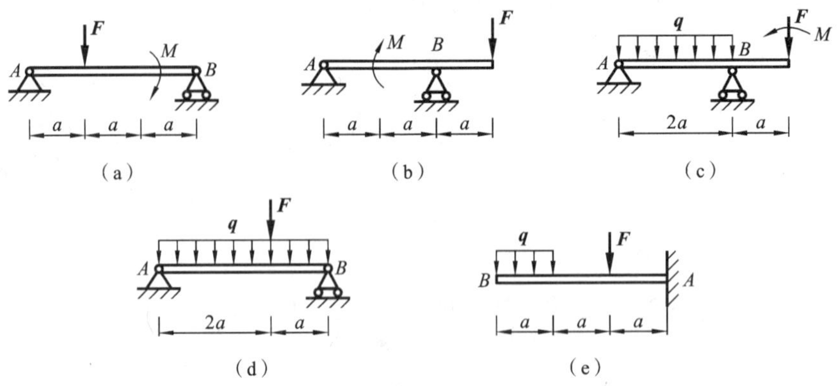

图 2-23　题 2-14 图

2-15 如图 2-24 所示，发动机的凸轮转动时，推动杠杆 AOB 来控制阀门 C 的启闭。设压下阀需要对它作用 400 N 的力，$\alpha=30°$，求凸轮对滚子 A 的压力 p（图中长度单位为 mm）。

2-16 如图 2-25 所示，梁 AB 长 10 m，在梁上铺设有起重机轨道。起重机重 50 kN，其重心在垂直线 CD 上，重物所受重力 $G=10$ kN，梁重 30 kN，E 到垂直线 CD 的距离为 4 m，$AC=3$ m。求当起重机的吊臂和梁 AB 在同一垂直面内时支座 A 和 B 的反力。

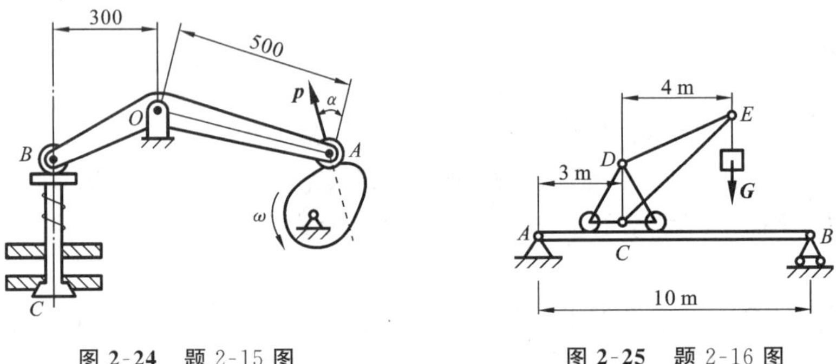

图 2-24　题 2-15 图　　**图 2-25　题 2-16 图**

2-17 汽车起重机 $P_1=20$ kN，重心在 C 点，平衡块 B 的重量 $P_2=20$ kN，尺寸如图 2-26 所示。问起吊重量 P_3 及前后轮距离为何值时，汽车起重机才能安全地工作？

2-18 如图 2-27 所示，AC 和 BC 两杆用铰链 C 连接，两杆的另一端分别固定在墙上。在点 C 悬挂有重力 $G=10$ kN 的物体。已知 $AB=AC=2$ m，$BC=1$ m，杆重不计，求两杆所受的力。

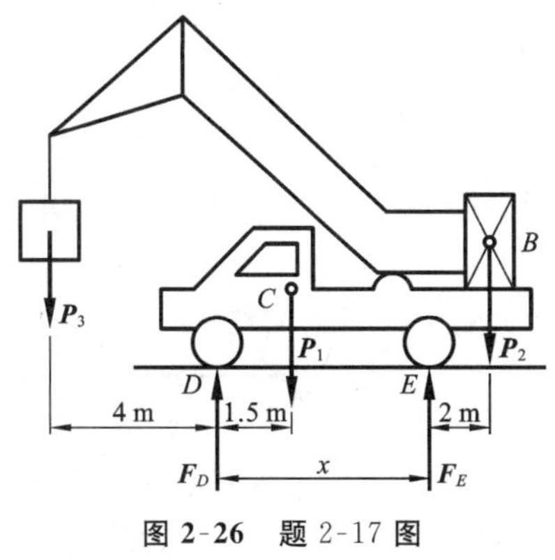

图 2-26　题 2-17 图

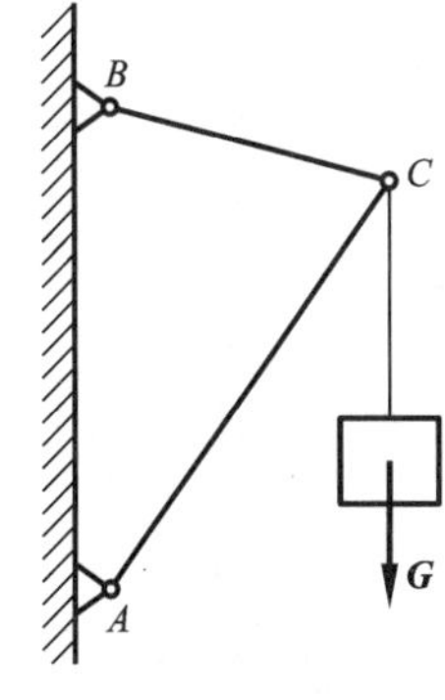

图 2-27　题 2-18 图

2-19　物体所受重力 $G=20$ kN，用绳子挂在支架的滑轮 B 上，绳子的另一端接在绞车 D 上，如图 2-28 所示。设滑轮的大小及其中的摩擦略去不计，A、B、C 三处均为铰链连接。当物体处于平衡状态时，求拉杆 AB 和支杆 CB 所受的力。

2-20　曲柄滑块机构在图 2-29 所示位置时，$F=400$ N，试求曲柄 OA 上应施加多大的力偶矩 M 才能使机构平衡？

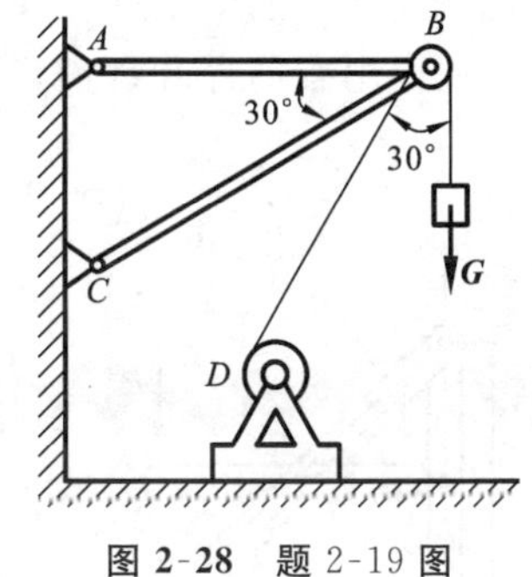

图 2-28　题 2-19 图

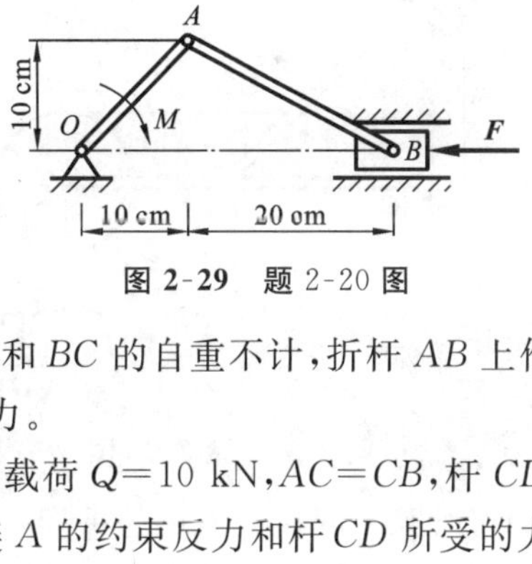

图 2-29　题 2-20 图

2-21　如图 2-30 所示刚架，折杆 AB 和 BC 的自重不计，折杆 AB 上作用有主动力偶矩 M。试求支座 A、C 的约束反力。

2-22　在图 2-31 所示的支架中，已知载荷 $Q=10$ kN，$AC=CB$，杆 CD 与水平梁呈 45°角，梁和杆的自重不计。求铰链 A 的约束反力和杆 CD 所受的力。

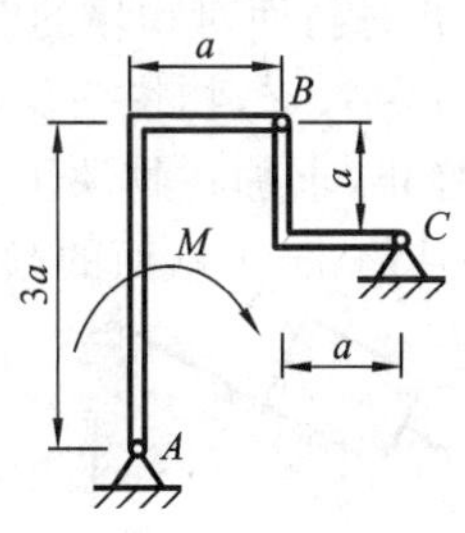

图 2-30　题 2-21 图

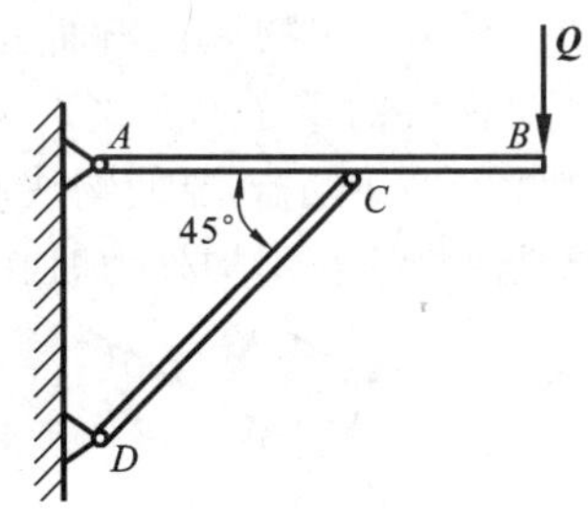

图 2-31　题 2-22 图

2-23 在图 2-32 所示的组合梁中，已知 q、a 及 β，不计梁的自重。求组合梁在 A、B、C 三处的约束反力。

2-24 水平梁 AB 由铰链 A 和杆 BC 所支持，如图 2-33 所示。在梁上 D 处用销子安装半径为 $r=0.1$ m 的滑轮。有一跨过滑轮的绳子，其一端水平地系于墙上，另一端挂有重 $P=1\ 800$ N 的重物。$AD=0.2$ m，$BD=0.4$ m，$\varphi=45°$，且不计梁、杆、滑轮和绳的质量。求铰链 A 和杆 BC 对梁的约束反力。

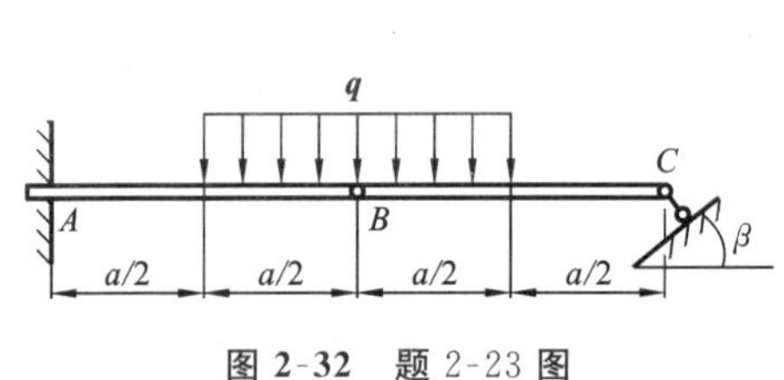

图 2-32　题 2-23 图

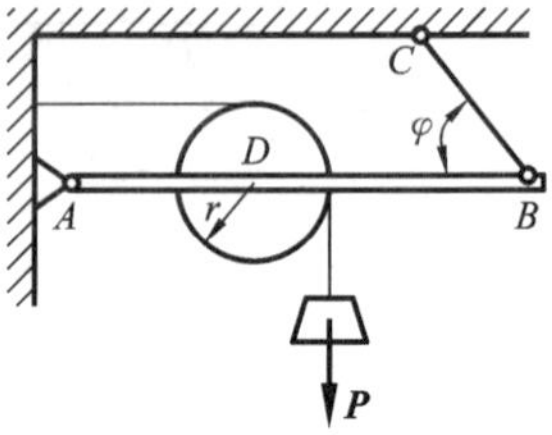

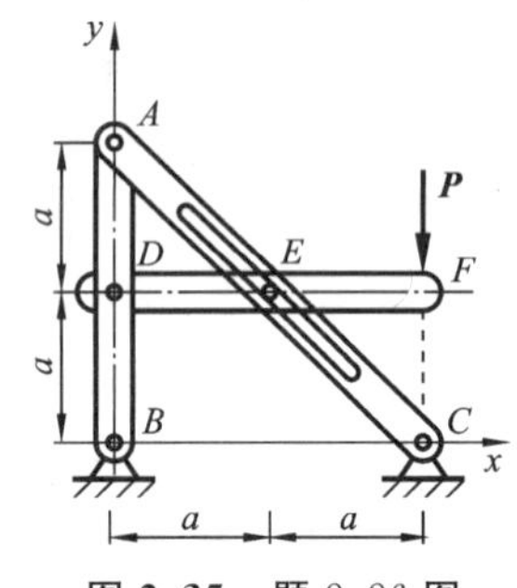

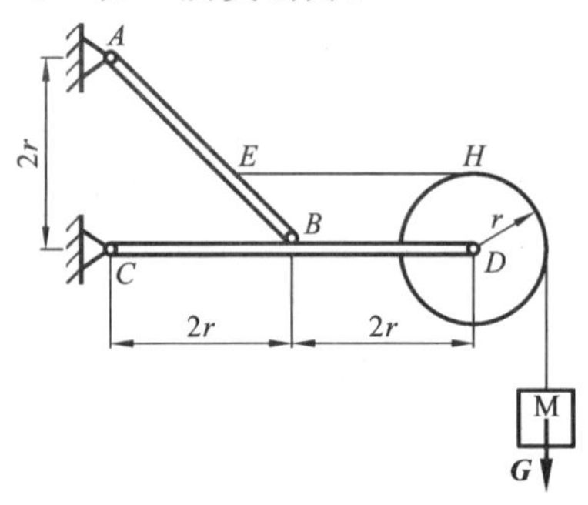

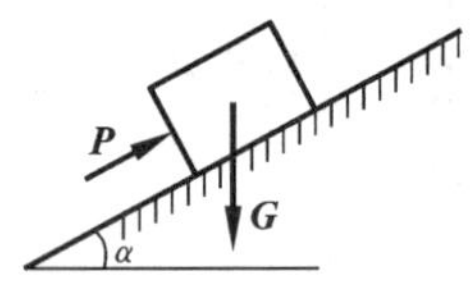

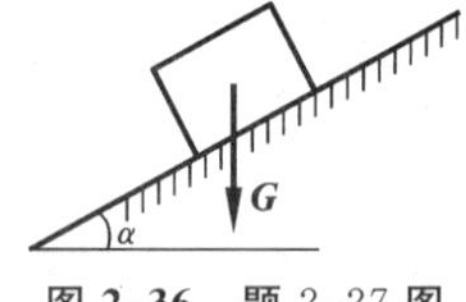

图 2-33　题 2-24 图

2-25 图 2-34 所示机构由杆 AB、CD 和滑轮等组成。B、D 处为铰链连接，杆 CD 水平，绳子 EH 段与杆 CD 平行，滑轮半径为 r，已知重物 M 质量为 G，其余物体质量不计。试求两杆在 B 处的相互作用力。

2-26 构架 ABC 由杆 AB、AC 和 DF 组成，如图 2-35 所示，杆 DF 上的销子 E 可在杆 AC 的槽内滑动。求在水平杆 DF 的一端作用有垂直力 P 时，杆 AB 上的点 A、D 和 B 所受的力。

图 2-34　题 2-25 图

图 2-35　题 2-26 图

2-27 图 2-36 所示物块的重量 $G=1\ 000$ N，斜面倾角 $\alpha=30°$，物块与斜面的摩擦因数 $f=0.38$。求物块在斜面上的状态及此时斜面对物块的摩擦力。

2-28 已知物块的重量 $G=200$ N，斜面倾角 $\alpha=30°$，物块与斜面的摩擦因数 $f=0.2$，如图 2-37 所示。要使物块在斜面上静止，求加在物块上并与斜面平行的力 $\boldsymbol{P}$。如要使物块在不加外力时在斜面上保持静止，求斜面的倾角。

图 2-36　题 2-27 图

图 2-37　题 2-28 图

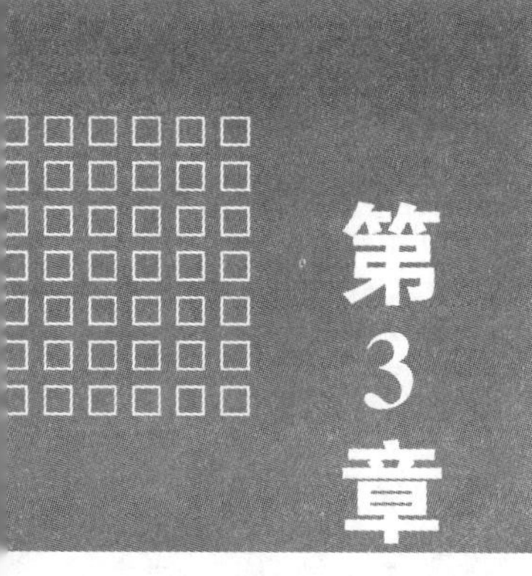

空间力系

各力作用线不在同一平面内，而是呈空间分布的力系称为空间力系，这是物体受力的最一般的情况。空间汇交力系、空间平行力系都是空间任意力系的特殊情况。本章研究空间力系的平衡问题。

3.1 力在直角坐标轴上的投影

一个力在空间直角坐标轴上的投影常采用两种方法：直接投影法和二次投影法。

1. 直接投影法

如果已知力 $\boldsymbol{F}$ 与 x、y、z 轴正向的夹角分别为 α、β、γ，如图 3-1 所示，那么，力 $\boldsymbol{F}$ 直接在三个坐标轴上的投影为

$$\begin{cases} F_x = F\cos\alpha \\ F_y = F\cos\beta \\ F_z = F\cos\gamma \end{cases} \tag{3-1}$$

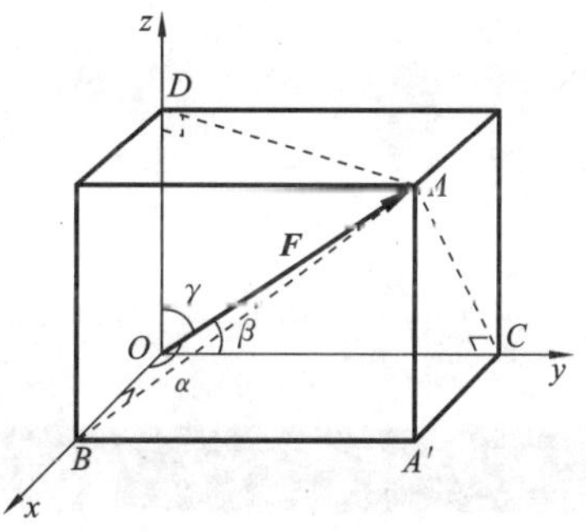

图 3-1 直接投影法示例

式(3-1)中 $\cos\alpha$、$\cos\beta$、$\cos\gamma$ 是力 $\boldsymbol{F}$ 的方向余弦，满足

$$\cos^2\alpha + \cos^2\beta + \cos^2\gamma = 1$$

2. 二次投影法

若已知力 $\boldsymbol{F}$ 与 z 轴正向的夹角为 γ，力 $\boldsymbol{F}$ 在 Oxy 平面上的分力 F_{xy} 与 x 轴正向的夹角为 φ，如图 3-2 所示，则力 $\boldsymbol{F}$ 在 x、y、z 三轴的投影分别为

$$\begin{cases} F_x = F\sin\gamma\cos\varphi \\ F_y = F\sin\gamma\sin\varphi \\ F_z = F\cos\gamma \end{cases} \tag{3-2}$$

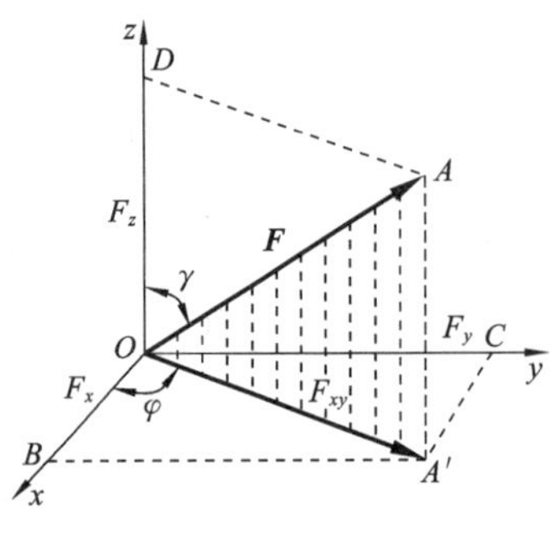

图 3-2　二次投影法示例

3. 根据投影确定力

如果力 $\boldsymbol{F}$ 的投影是已知的，那么，力 $\boldsymbol{F}$ 的大小、方向余弦为

$$\left\{\begin{aligned}&F=\sqrt{F_{xy}^2+F_z^2}=\sqrt{F_x^2+F_y^2+F_z^2}\\&\cos\alpha=\frac{F_x}{F}\\&\cos\beta=\frac{F_y}{F}\\&\cos\gamma=\frac{F_z}{F}\end{aligned}\right.\tag{3-3}$$

例 3-1　如图 3-3 所示，已知力 $F_1=2\text{ kN}$，$F_2=1\text{ kN}$，$F_3=3\text{ kN}$，试分别计算这三个力在 x、y、z 轴上的投影。

解　$F_{1x}=-F_1\times\frac{3}{5}=-1.2\text{ kN}$

$$F_{1y}=F_1\times\frac{4}{5}=1.6\text{ kN}$$

$$F_{1z}=0$$

$$F_{2x}=F_2\times\frac{3}{5\sqrt{2}}=0.424\text{ kN}$$

$$F_{2y}=F_2\times\frac{4}{5\sqrt{2}}=0.566\text{ kN}$$

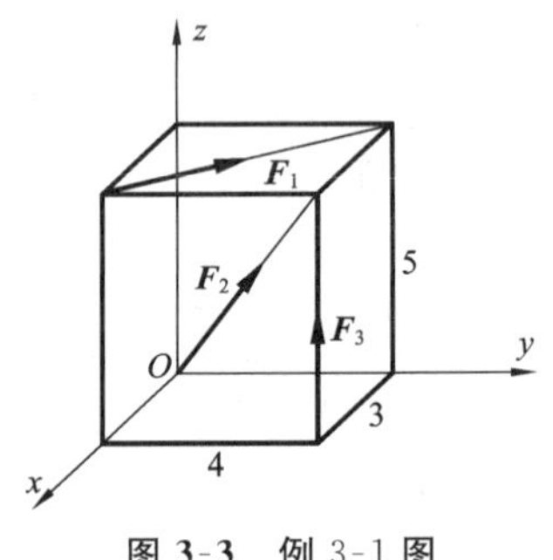

图 3-3　例 3-1 图

$$F_{2z}=F_2\times\frac{5}{5\sqrt{2}}=0.707\text{ kN}$$

$$F_{3x}=0$$

$$F_{3y}=0$$

$$F_{3z}=F_3=3\text{ kN}$$

3.2　力对轴之矩

1. 力对轴之矩的概念

在工程中，经常遇到刚体绕定轴转动的问题。为了度量力对绕定轴转动的刚体的作用效应，必须了解力对轴之矩的概念。如图 3-4 所示，作用在门上 A 点的力 $\boldsymbol{F}$ 使门绕门轴（设为 z 轴）产生了转动效应。这种转动效应可以用力 $\boldsymbol{F}$ 对 z 轴之矩来度量，记作 $M_z(F)$。

现计算图 3-4 中的力 $\boldsymbol{F}$ 对 z 轴之矩。过 A 点作与 z 轴垂直的平面 S，力 $\boldsymbol{F}$ 与平面 S 的夹角为 β，设平面 S 为坐标平面 Oxy，将力分解为与 z 轴平行的分力 F_z（$F_z=F\sin\beta$）和与 z 轴垂直的分力 F_{xy}（$F_{xy}=F\cos\beta$）。由实践可知，分力 F_z 平

行 z 轴，不能使门绕 z 轴转动，故它对 z 轴之矩为零，即 $M_z(F_z)=0$；只有垂直于 z 轴的分力 F_{xy} 能使门绕 z 轴转动，也就是说，只有垂直于 z 轴的分力 F_{xy} 对 z 轴有矩 $M_z(F_{xy})$，而在坐标平面 Oxy 内 $M_z(F_{xy})=M_O(F_{xy})=\pm F_{xy}d$。于是，力 $\boldsymbol{F}$ 对 z 轴之矩等于分力 F_{xy} 对 z 轴之矩。即

$$M_z(F)=M_z(F_{xy})=M_O(F_{xy})=\pm F_{xy}d \tag{3-4}$$

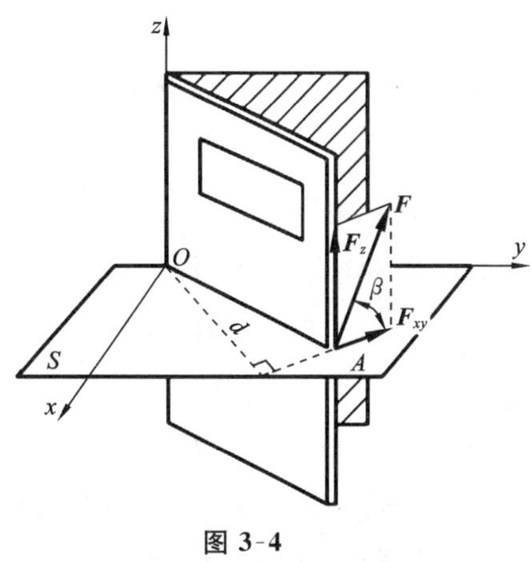

图 3-4

力对轴之矩的定义：力对轴之矩是力使刚体绕该轴转动效果的度量，是一个代数量，其绝对值等于该力在垂直于该轴的平面上的分力对于这个平面与该轴的交点的矩。其正负号确定如下：从 z 轴正端来看，若力的这个分力使物体绕该轴逆时针转动，则取正号；反之取负号。也可按右手螺旋法则确定其正负号：右手握 z 轴，四指弯曲方向表示力对轴之矩的转动方向，若大拇指的指向与 z 轴正向一致为正；反之为负。

特别的，当力与轴共面时，力对该轴之矩为零。例如，当力与 z 轴相交时，因为 $d=0$，所以 $M_z(F)=0$；当力与 z 轴平行时，因为 $F_{xy}=0$，所以 $M_z(F)=0$。

力对轴之矩的国际单位制单位是牛顿·米(N·m)。

2. 合力矩定理

合力矩定理：合力对某轴之矩等于它的所有分力对同一轴之矩的代数和。设有一空间力系 $F_1,F_2,\cdots,F_n$，该力系的合力为 F_R，则

$$M_z(F_R)=M_z(F_1)+M_z(F_2)+\cdots+M_z(F_n)=\sum M_z(F) \tag{3-5}$$

例 3-2 求图 3-5 所示力 $\boldsymbol{F}$ 对 x、y、z 轴的矩。已知 $F=20$ kN。

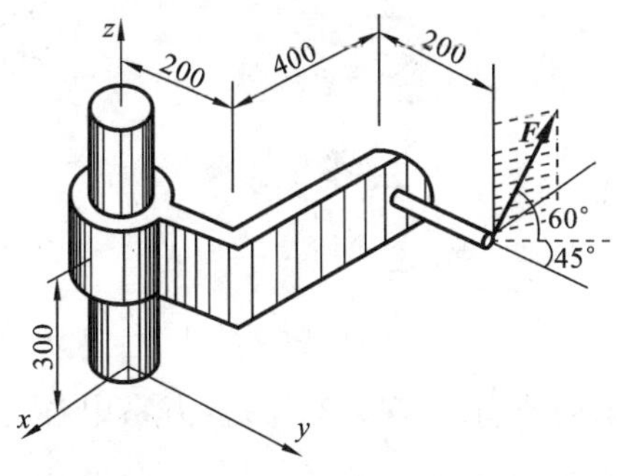

图 3-5 例 3-2 图(单位:mm)

解 将 $\boldsymbol{F}$ 沿 x、y、z 轴三个方向分解为 F_x、F_y、F_z，其大小为

$$\begin{cases} F_x = F\cos60^\circ\sin45^\circ = 7.07\ \text{kN} \\ F_y = F\cos60^\circ\cos45^\circ = 7.07\ \text{kN} \\ F_z = F\sin60^\circ = 17.32\ \text{kN} \end{cases}$$

根据合力矩定理，**F** 对 x、y、z 轴的矩为

$$\begin{aligned} M_x(F) &= M_x(F_y) + M_x(F_z) \\ &= [-7.07\times10^3\times300\times10^{-3} + 17.32\times10^3\times(200+200)\times10^{-3}]\ \text{N}\cdot\text{m} \\ &= 4\ 807\ \text{N}\cdot\text{m} \end{aligned}$$

$$\begin{aligned} M_y(F) &= M_y(F_x) + M_y(F_z) \\ &= [-7.07\times10^3\times300\times10^{-3} + 17.32\times10^3\times400\times10^{-3}]\ \text{N}\cdot\text{m} \\ &= 4\ 807\ \text{N}\cdot\text{m} \end{aligned}$$

$$\begin{aligned} M_z(F) &= M_z(F_x) + M_z(F_y) \\ &= [7.07\times10^3\times(200+200)\times10^{-3} - 7.07\times10^3\times400\times10^{-3}]\ \text{N}\cdot\text{m} \\ &= 0 \end{aligned}$$

3.3 空间力系的平衡方程及其应用

3.3.1 空间任意力系的平衡方程

与平面任意力系类似，空间任意力系也可以向一点简化为一个主矢和一个主矩。根据主矢与主矩同时为零是物体平衡的充分和必要条件，得到空间任意力系的平衡方程为

$$\begin{cases} \sum F_x = 0 \\ \sum F_y = 0 \\ \sum F_z = 0 \\ \sum M_x(F) = 0 \\ \sum M_y(F) = 0 \\ \sum M_z(F) = 0 \end{cases} \tag{3-6}$$

空间任意力系平衡的充分和必要条件是：力系中各力在空间直角坐标系三个坐标轴上投影的代数和分别等于零，各力对三个坐标轴之矩的代数和也分别等于零。

空间任意力系有六个独立的平衡方程，可以求解六个未知量。

3.3.2 空间特殊力系的平衡方程

空间任意力系是力系的一般情形,其他力系都是它的特例。因此,其他力系的平衡方程都可由空间一般力系的平衡方程导出。

1. 空间汇交力系的平衡方程

若以力系的汇交点 O 为坐标原点,则力系中各力对三个坐标轴之矩均为零。因此,空间力系的平衡方程为

$$\begin{cases} \sum F_x = 0 \\ \sum F_y = 0 \\ \sum F_z = 0 \end{cases} \tag{3-7}$$

即空间汇交力系的充分必要条件是:力系中各力在三个坐标轴上的投影的代数和都等于零。空间汇交力系有三个独立的平衡方程,可以求解三个未知量。

2. 空间平行力系的平衡方程

不失一般性,假设该力系的各力平行于 z 轴。则各力在 x 轴、y 轴上的投影恒等于零,各力对 z 轴之矩亦恒等于零。因此,空间平行力系的平衡方程为

$$\begin{cases} \sum F_z = 0 \\ \sum M_x(F) = 0 \\ \sum M_y(F) = 0 \end{cases} \tag{3-8}$$

空间平行力系平衡的充分必要条件是:力系中各力在与力的作用线平行的坐标轴上投影的代数和等于零,各力对与力作用线垂直的两个坐标轴之矩的代数和分别等于零。空间平行力系有三个独立的平衡方程,可以求解三个未知量。

3. 空间力偶系的平衡方程

对于空间力偶系,由于力偶在任一坐标轴上的投影等于零,因此,其平衡方程为

$$\begin{cases} \sum M_x(F) = 0 \\ \sum M_y(F) = 0 \\ \sum M_z(F) = 0 \end{cases} \tag{3-9}$$

空间力偶系平衡的充分和必要条件是:所有力偶对三个坐标轴之矩的代数和分别等于零。空间力偶系有三个独立的平衡方程,可以求解三个未知量。

3.3.3 常见的空间约束

常见的空间约束的类型及其约束力的特点见表 3-1。

表 3-1　空间约束的类型及其约束力

约束力未知量		约束类型
1	F_{Az}, A	光滑表面　滚动支座　绳索　二力杆
2	F_{Az}, F_{Ay}, A	径向轴承　圆柱铰链　铁轨　合页
3	F_{Az}, F_{Ay}, F_{Ax}, A	球铰链　推力轴承
4	F_{Az}, F_{Ay}, F_{Ax}, M_{Az}, M_{Ay}, M_{Ax}, A	空间的固定端支座

例 3-3　一辆三轮货车自重 $F_G=5$ kN，载重 $F=10$ kN，作用点位置如图 3-6 所示。求静止时地面对轮子的反力。

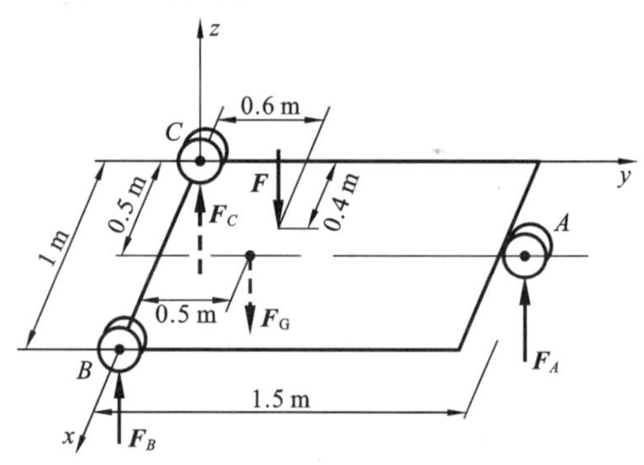

图 3-6　例 3-3 图

解　取三轮货车为研究对象。自重 F_G、载重 F 及地面对轮的反力组成平衡的空间平行力系，如图 3-6 所示。

由 $$\sum F_z = 0$$

有 $$F_A + F_B + F_C - F_G - F = 0$$

由 $$\sum M_x(F) = 0$$

有 $$F_A \times 1.5 - F_G \times 0.5 - F \times 0.6 = 0$$

由 $$\sum M_y(F) = 0$$

有 $$-F_A \times 0.5 - F_B \times 1 + F_C + F_G \times 0.5 + F \times 0.4 = 0$$

联立方程解得

$$F_A = 5.67\ \text{kN}$$

$$F_B = 5.66\ \text{kN}$$

$$F_C = 3.67\ \text{kN}$$

3.4 空间力系平衡问题的平面解法

当空间任意力系平衡时，该力系各力在任意平面上的投影所组成的平面力系也是平衡的。在解决空间力系平衡问题时，常常先将空间受力图投影到三个坐标平面上，从而得到三个平面受力图，然后再分别列出三个平面受力图的平衡方程，求解所要求的未知量。这种将空间力系的平衡问题转化为平面力系平衡问题的研究方法称为空间力系平衡问题的平面解法。这种方法特别适用于解决轴类零件的空间受力平衡问题。其步骤如下。

步骤 1 画出研究对象的受力图。

步骤 2 将空间受力图投影到三个坐标平面上。

步骤 3 分别在三个坐标平面内列出平衡方程求解。

例 3-4 水平传动轴上安装着带轮和联轴器，如图 3-7(a)所示。已知联轴器上的驱动力偶矩 $M=20\ \text{N}\cdot\text{m}$，带轮所受到的紧边胶带拉力 $\boldsymbol{F}_{\text{T}}$ 沿垂直方向，松边胶带拉力 $\boldsymbol{F}_{\text{t}}$ 与垂直线呈 30°，$F_{\text{T}}=2F_{\text{t}}$，带轮直径 $d=16\ \text{cm}$，$a=20\ \text{cm}$，轮轴自重不计。求 A、B 两轴承的支座反力。

解 以轮轴为研究对象，画出受力图如图 3-7(b)所示。轮轴上的力偶矩为 M 的力偶，与带轮的拉力 $\boldsymbol{F}_{\text{T}}$、$\boldsymbol{F}_{\text{t}}$ 及轴承 A、B 处的约束反力 N_{Ax}、N_{Az}、N_{Bx}、N_{Bz} 组成一空间任意力系。

采用化空间问题为平面问题的方法建立平衡方程。先向 xAz 平面投影(见图 3-7(c))，建立如下平衡方程：

$$\sum M_A(F) = 0,\quad (F_{\text{T}} - F_{\text{t}})\frac{d}{2} - M = 0$$

将 $F_{\text{T}}=2F_{\text{t}}$ 代入，得

$$F_{\text{t}} = \frac{2M}{d} = \frac{2\times 20\ 000}{160}\ \text{N} = 250\ \text{N}$$

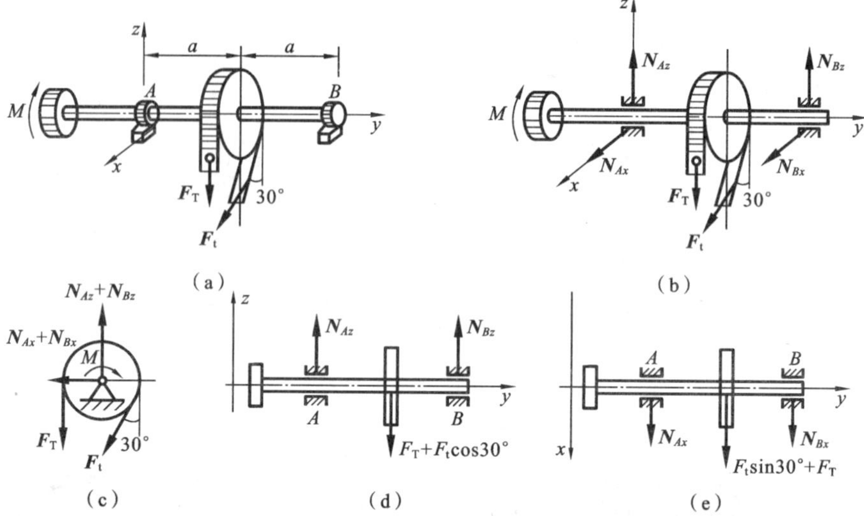

图 3-7　例 3-4 图

$$F_T = 2F_t = 500\ \text{N}$$

再向 yAz 平面投影(见图 3-7(d)),建立如下平衡方程:

$$\sum M_A(F) = 0,\quad N_{Bz}\cdot 2a - (F_T + F_t\cos30°)a = 0$$

$$\sum F_z = 0,\quad N_{Az} + N_{Bz} - (F_T + F_t\cos30°) = 0$$

解得

$$N_{Bz} = \frac{F_T + F_t\cos30°}{2} = \frac{500 + 250\times0.866}{2}\ \text{N} = 358.25\ \text{N}$$

$$N_{Az} = F_T + F_t\cos30° - N_{Bz} = (500 + 250\times0.866 - 358.25)\ \text{N} = 358.25\ \text{N}$$

最后向 xAy 平面投影(见图 3-7(e)),建立如下平衡方程:

$$\sum M_A(F) = 0,\quad -N_{Bx}\cdot 2a - F_t\sin30°\cdot a = 0$$

$$\sum F_x = 0,\quad N_{Ax} + N_{Bx} + F_t\sin30° = 0$$

$$N_{Bx} = \frac{-F_t\sin30°}{2} = \frac{-250}{4}\ \text{N} = -62.5\ \text{N}$$

$$N_{Ax} = -62.5\ \text{N}$$

习　　题

简答题

3-1　空间汇交力系的独立平衡方程有几个？空间平行力系的独立平衡方程有几个？空间任意力系平衡的充要条件是什么？分别列写上述各力系的平衡方程组。

3-2 在什么情况下力对轴的矩为零？如何判断力对轴的矩的正负号？

计算题

3-3 如图 3-8 所示，水平圆盘的半径为 r，外缘 C 处作用有已知力 $\boldsymbol{F}$，力 $\boldsymbol{F}$ 位于铅垂平面内，且与 C 处圆盘切线夹角为 60°，尺寸如图 3-8 所示。求：① 力 $\boldsymbol{F}$ 在 x、y、z 轴上的投影，② 力 $\boldsymbol{F}$ 对 x、y、z 轴之矩。

3-4 力系中，$F_1=100$ N，$F_2=300$ N，$F_3=200$ N，各力作用线的位置如图 3-9 所示。求：① 各力在 x、y、z 轴上的投影；② 各力对 x、y、z 轴的矩。

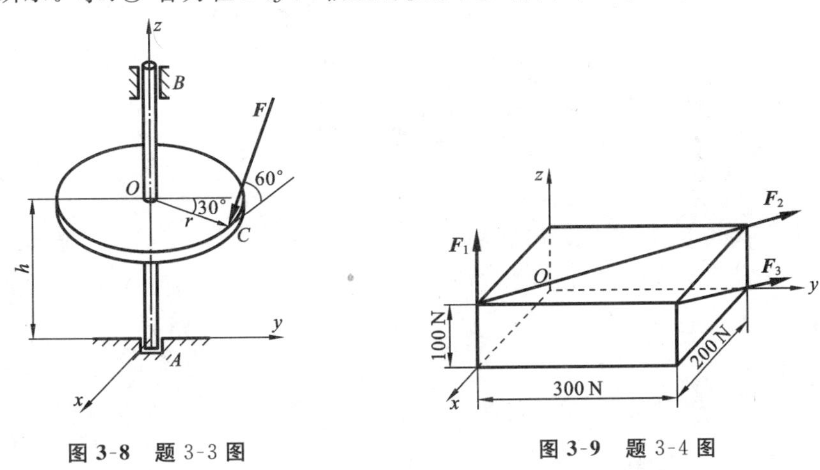

图 3-8 题 3-3 图　　**图 3-9** 题 3-4 图

3-5 如图 3-10 所示，均质长方形薄板重 $P=200$ N，用球铰链 A 和合页 B 固定在墙上，并用绳子 CE 使其维持在水平位置，求绳子的拉力和支座反力。

3-6 如图 3-11 所示，变速箱中间轴装有两直齿圆柱齿轮，其分度圆半径 $r_1=100$ mm，$r_2=50$ mm，大齿轮啮合点在其最高位置，小齿轮啮合点在最前点。齿轮压为角 $\alpha=20°$，大齿轮上的圆周力 $P_1=500$ N。求当轴平衡时，作用在小齿轮上的圆周力 P_2 及 A、B 两处的轴承反力（说明：$P_{1r}=P_1\tan\alpha$，$P_{2r}=P_2\tan\alpha$）。

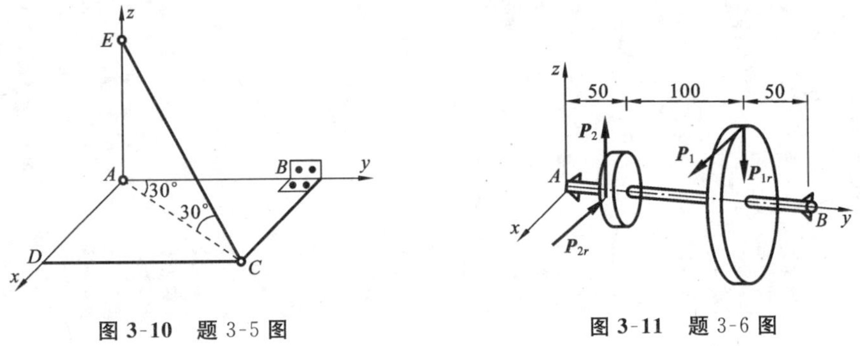

图 3-10 题 3-5 图　　**图 3-11** 题 3-6 图

3-7 某传动轴以 A、B 两轴承支承，如图 3-12 所示。圆柱直齿轮的分度圆

直径 $d=17.3$ cm，压力角 $\alpha=20^{\circ}$，在法兰盘上作用一力偶矩 $M=1\ 030$ N·m 的力偶。轮轴自重和摩擦不计，求传动轴匀速转动时 A、B 两轴承的反力。

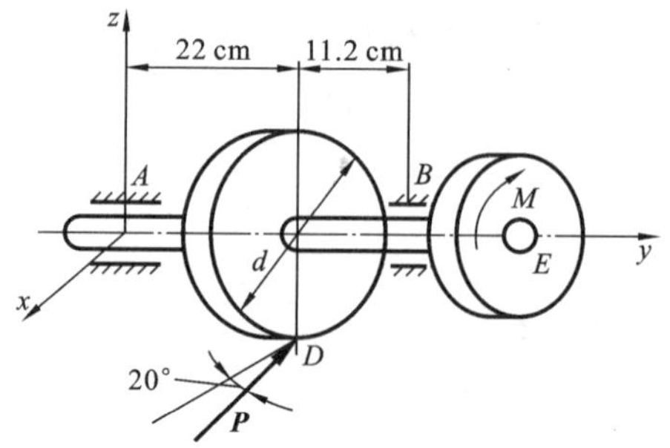

图 3-12　题 3-7 图

第 2 篇

构件的承载能力

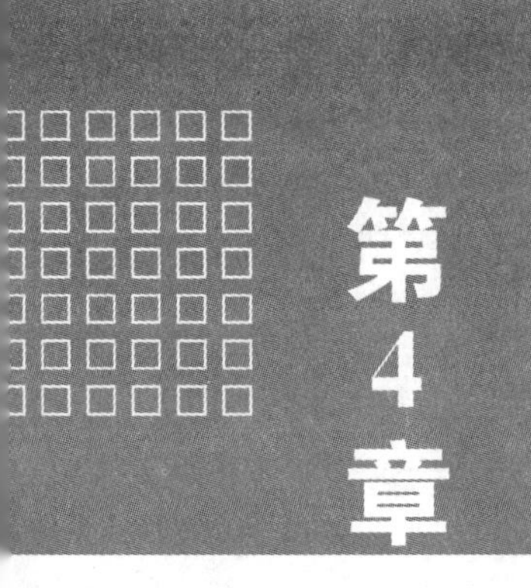

第4章 材料力学的基本概念与基本原理

4.1 材料力学的任务与研究对象

在工程实践中，各种机械与结构得到广泛应用。组成机械与结构的零件及其组合体统称为构件。当机械与结构工作时，构件受到外力作用，同时，其尺寸与形状也发生改变。构件尺寸与形状的变化称为变形。

构件的变形分为两类：一类为外力解除后可消失的变形，称为弹性变形；另一类为外力解除后不能消失的变形，称为塑性变形或残余变形。

工程构件必须具备足够的强度、刚度和稳定性，才能安全地工作。

4.1.1 强度、刚度与稳定性

材料力学以变形固体而不是以刚体为研究对象，并通过力与变形的几何关系、物理关系和静力平衡关系，建立起使物体安全、可靠工作的条件，从而解决构件的承载能力问题。

所谓承载能力一般包括以下三个方面的问题。

1. 强度问题

强度是指构件在载荷作用下抵抗破坏（断裂或产生永久变形）的能力，即保证构件安全可靠工作的能力。例如，冲床的曲轴，在工作冲压力作用下不应折断；又如，储气罐或氧气瓶，在规定的压力下不应破裂。强度问题是所有承载构件都必须满足的基本要求，也是本篇的重点。

2. 刚度问题

刚度是指构件抵抗变形的能力。以机床的主轴为例，即使它有足够的强度，若变形过大，仍会影响工件的加工精度。所以，构件必须具有足够的刚度，也就是不允许发生刚度失效。刚度问题对不同类型的构件，要求是不同的，应用时要查阅有关标准和规范。

3. 压杆稳定问题

有些细长直杆，如内燃机中的挺杆（见图 4-1(a)）、千斤顶中的螺杆（见图 4-1(b)）等，在压力作用下有被压弯的可能。为了保证其正常工作，要求这类杆件始终保持直线形式，亦即要求原有的直线平衡形态保持不变。所谓压杆稳定性是指受压构件在外力作用下保持其原有直线平衡形态的能力。

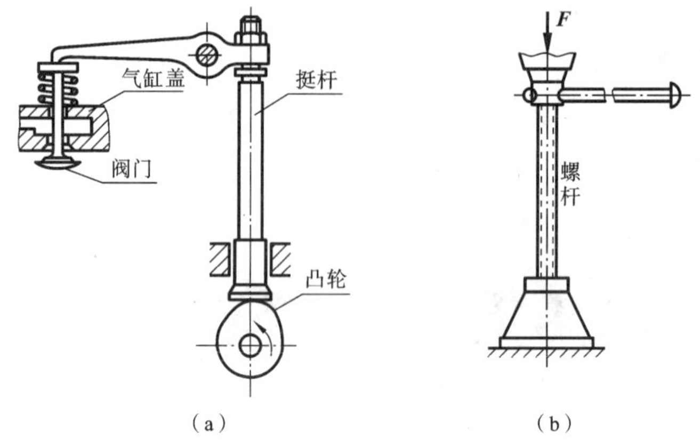

图 4-1 压杆稳定示例

一般来说，加大构件截面的尺寸，选用优质材料，都能提高构件的承载能力。但是，随之而来的是构件的重量和成本的增加。反之，一味地追求经济和省料，无根据地减小截面尺寸，或采用不合理的截面形状、或选用材料不当等，都将无法保证构件安全可靠地工作。合理地解决安全性与经济性的矛盾，是工程实际向本课程提出的重要课题。因此，本篇的主要任务可概括为：研究杆件在载荷作用下的变形规律和材料的力学性质，找出影响材料失效的主要因素，从而建立满足构件强度、刚度和稳定性要求的条件，为解决安全性和经济性这对矛盾，提供必要的理论基础、计算方法和实验手段。

4.1.2 材料力学的研究对象

工程实际中的构件，形式多种多样，主要可分为杆件与板件。

1. 杆件

一个方向的尺寸远大于其他两个方向尺寸的构件称为杆件（见图 4-2）。杆件的形状与尺寸由其轴线与横截面确定。轴线通过横截面的形心，横截面与轴线相互正交。根据轴线与横截面的特征，杆件可分为等截面杆与变截面杆，直杆与曲杆等。

2. 板件

一个方向的尺寸远小于其他两个方向尺寸的构件称为板件（见图 4-3）。平

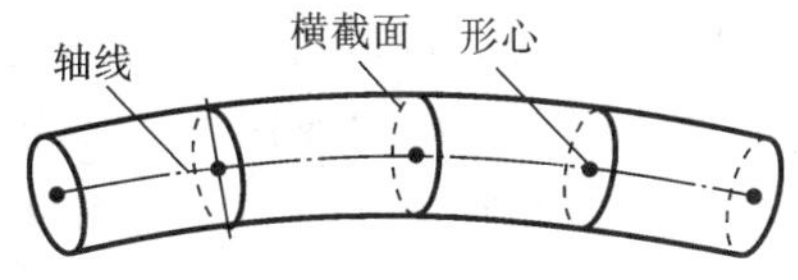

图 4-2　杆件示例

分板件厚度的几何面称为中面。中面为平面的板件称为板(见图 4-3(a));中面为曲面的板件称为壳(见图 4-3(b))。

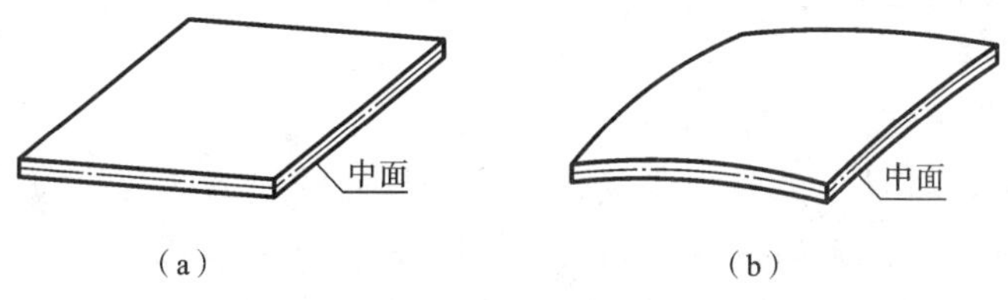

图 4-3　板件示例

其中,板、壳问题超出了本篇的研究范畴。本篇主要研究直杆的承载能力问题。

4.2　材料力学的基本假设与基本变形

4.2.1　基本假设

制造构件所用的材料多种多样,其具体组成和微观结构非常复杂。为了便于进行强度、刚度和稳定性的理论分析,现根据工程材料的主要性质对其作如下假设。

1. 连续性假设

认为物体内部都毫无空隙地充满了物质。这样,在研究构件的承载问题时,即可认为构件内部的力与变形是连续的,可以用连续函数来表达它们的变化规律。

2. 均匀性假设

认为物体内各点处的力学性质都是一样的,不随点的位置而改变。这样便可以把对任何微小部分的研究结论应用于整个构件。

3. 各向同性假设

认为材料在各个方向上都具有相同的力学性质。这样的材料称为各向同性材料。工程中常用的金属材料、玻璃、塑料等,都可以看成是各向同性材料。

工程中实际使用的材料与前面所讲的“理想”材料并不完全符合。但是,工程力学并不关心其微观上的差异,而只着眼于材料的宏观性能。实验表明,按这种理想化的材料模型所得的结论,能够较好地符合实际情况。即使对于某些均匀性较差的材料(如铸铁、混凝土等),也可以得到比较满意的结果。

此外,本篇还将所研究的变形限制在“弹性小变形”的范围内。当构件在弹性范围内的变形远小于自身尺寸时,研究构件的平衡和运动时,就可忽略变形的影响,而以其原有尺寸进行分析和计算。这样的问题称为弹性小变形问题。

4.2.2 杆件的基本变形形式

当外力以不同的方式作用在构件上时,杆件将产生不同的变形。不过基本的变形形式只有四种。

1. 轴向拉伸或压缩变形

如果作用在杆件上的外力为其作用线沿杆的轴线方向的拉力或压力时,杆件将产生轴向伸长或缩短的变形,如图 4-4(a)、图 4-4(b)所示。图中实线为变形前的位置;虚线为变形后的位置。

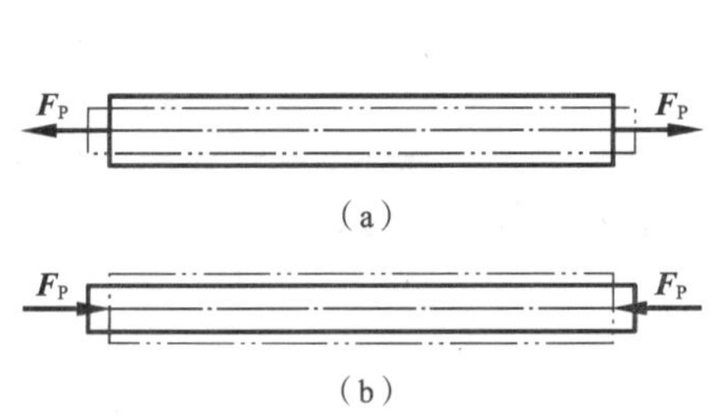

图 4-4 轴向拉伸或压缩变形示例

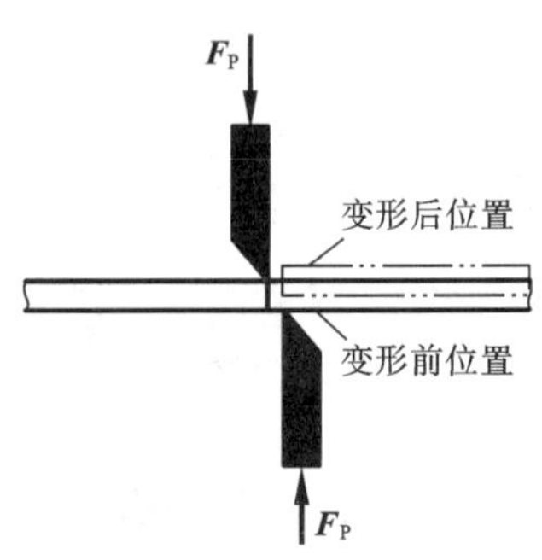

图 4-5 剪切变形示例

2. 剪切变形

构件在两个大小相等、方向相反、作用线相距很近的外力作用下,使作用力之间的截面沿力的方向发生相对错动的变形称为剪切变形,如图 4-5 所示。

3. 扭转变形

杆件在与轴线垂直的平面内的外力偶的作用下,使杆件各横截面之间产生绕轴线相对转动的变形称为扭转变形,如图 4-6 所示。

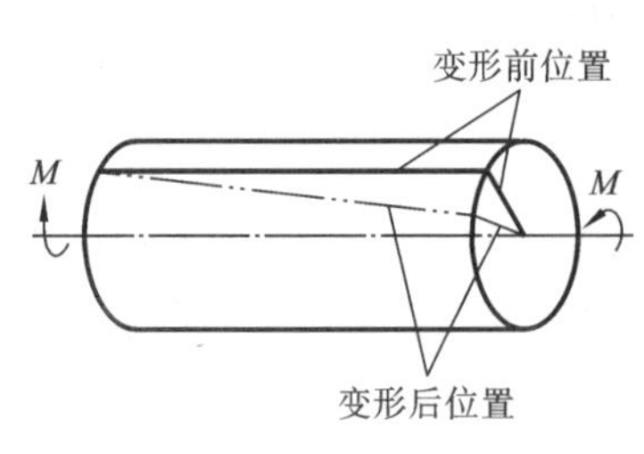

图 4-6 扭转变形示例

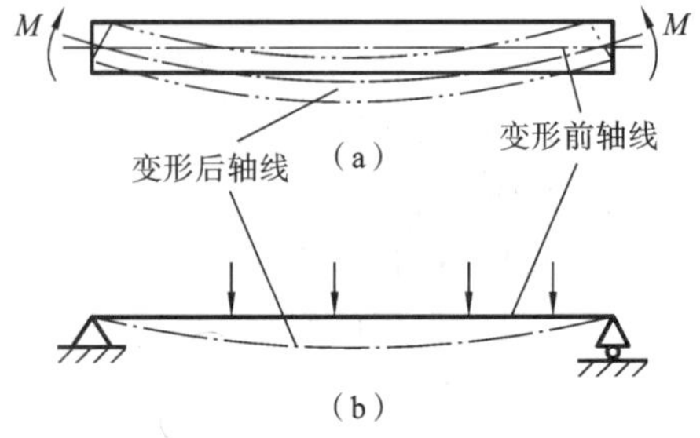

图 4-7 弯曲变形示例

4. 弯曲变形

当外力偶(见图 4-7(a))或外力作用于杆件的纵向平面内(见图 4-7(b))时,杆件的轴线由直线变成曲线的变形称为弯曲变形。

在工程实际中,杆件的变形虽然都比较复杂,但都可以看成是由以上两种或两种以上基本变形共同形成的。

由几种基本变形共同形成的变形称为组合变形,例如用螺丝刀拧紧螺丝时,螺丝刀杆的变形就是压缩与扭转的组合变形。

4.3 外力与内力

4.3.1 外力

对于研究对象来说,其他物体作用于其上的力均为外力,包括主动载荷与约束反力。

按照载荷随时间变化的情况,可分为静载荷与动载荷。随时间变化极缓慢或不变化的载荷称为静载荷。静载荷的特征是在加载过程中,构件的加速度很小可以忽略不计。随时间显著变化或使构件各质点产生明显加速度的载荷称为动载荷。例如,锻造时汽锤锤杆受到的冲击力为动载荷,如图 4-8 所示连杆,所受压力 $\boldsymbol{F}$ 随时间变化,也属于动载荷。

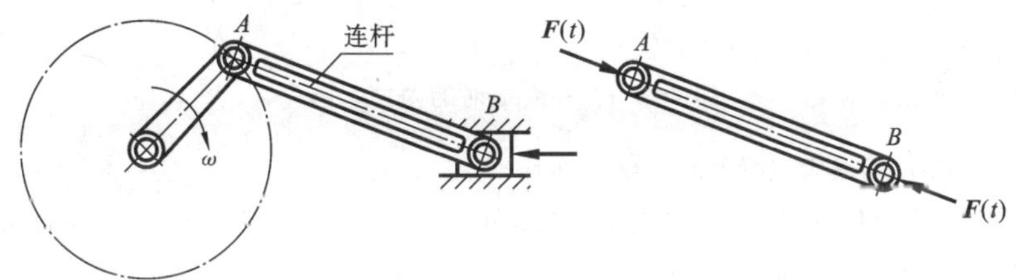

图 4-8 动载荷示例

构件在静载荷与动载荷作用下的力学表现或行为不同,分析方法也不尽相同,但前者是后者的基础。本篇主要研究外力为静载荷的情况。

4.3.2 内力与截面法

1. 内力的概念

物体因受外力而变形,其内部各部分之间因相互作用而引起的相对位置改变的力就是内力。众所周知,即使不受外力作用,物体的各质点之间依然存在着相互作用的力。材料力学中的内力是指在外力作用下,上述相互作用力的变化量,所以是物体内部各部分之间因外力而引起的附加相互作用力即为“附加内力”。附加内力随着外力的增大而增大,达到一定限度时就会引起构件破坏,因而它与构件的强度是密切相关的。未加特别说明,本书将附加内力简称为内力。

2. 杆件基本变形时的内力

杆件变形时,在各类截面的内力中,以横截面上的内力最为重要。为了显示出构件在外力作用下 $n-n$ 横截面上内力的,用一平面假想地把杆件分成Ⅰ、Ⅱ两部分(见图 4-9(a))。任取其中一部分,例如Ⅰ,作为研究对象,在部分Ⅰ上作用的外力有 F_{p1}、F_{p2}、F_{p3},欲使Ⅰ保持平衡,则Ⅱ必然有力作用在Ⅰ的 $n-n$ 横截面上,这就是该截面上的内力。

按照连续性假设,内力必将是分布于横截面上的一个分布力系(见图 4-9(b))。将连续分布的内力向横截面形心简化,可得到一个主矢和一个主矩。按照力的不同性质,内力可以分为轴力、剪力、扭矩和弯矩,它们分别对应着不同的基本变形。

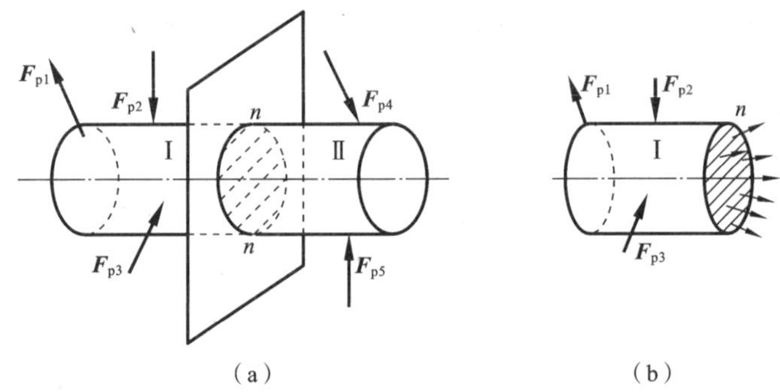

图 4-9 杆件变形时的内力示例

3. 求内力的基本方法——截面法

上述用截面假想地把构件分成两部分,以显示并确定内力的方法称为截面法,可将其归纳为以下三个步骤。

步骤 1 切:欲求某一截面上的内力时,就沿该截面假想地把整个构件分成两部分,任意地保留一部分作为研究对象,并舍弃另一部分。

步骤 2 代:用内力代替舍弃部分对保留部分的作用,即将相应的内力标在保留段的截面上。

步骤 3 平:对保留段列静力平衡方程,便可求得相应的内力。

4.4 应力、应变与胡克定律

如上所述,内力是构件内部相连两部分的相互作用力,并沿截面连续分布的内力系,如图 4-10(a)所示。为了描写内力系的分布情况,现引入内力分布集度的概念。内力分布集度称为应力。

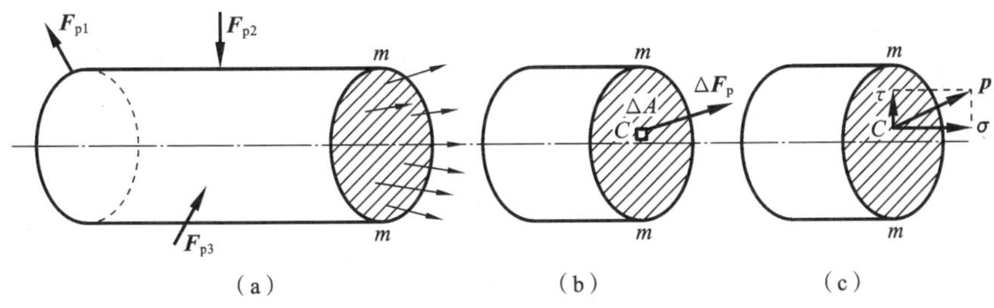

图 4-10　应力示例

4.4.1　应力的概念、正应力与切应力

在图 4-10(b)所示截面 $m—m$ 上任一点 C 附近取一微小面积 ΔA，设 ΔA 上的内力的合力为 ΔF_p，则 ΔF_p 与 ΔA 的比值称为 ΔA 内的平均应力，并用 $\bar{p}$ 表示，即

$$\bar{p}=\frac{\Delta F_p}{\Delta A} \tag{4-1}$$

一般情况下，内力沿截面并非均匀分布，平均应力 $\bar{p}$ 的值及其方向将随所取面积 ΔA 的大小而异。为了精确地描写内力的分布情况，应使 ΔA 趋于零，由此所得平均应力 $\bar{p}$ 的极限值，称为截面 $m—m$ 上 C 点的全应力或总应力，并用 p 表示，即

$$p=\lim_{\Delta A\to 0}\frac{\Delta F_p}{\Delta A}=\frac{dF_p}{dA} \tag{4-2}$$

显然，ΔF_p 的极限方向就是应力 p 的方向。一般可将应力 $\boldsymbol{p}$ 分解成与截面相垂直的法向分量 σ 和与截面相切的切向分量 τ（见图 4-10(c)），并分别称 σ 为正应力，τ 为切应力。显然

$$p^2=\sigma^2+\tau^2$$

在国际单位制中，应力的单位是帕[斯卡]，简称帕(Pa)，1 Pa=1 N/m^2。工程中实用单位为千帕(kPa)、兆帕(MPa)、吉帕(GPa)，其关系为

$$1\ \text{GPa}=10^3\ \text{MPa}=10^6\ \text{kPa}=10^9\ \text{Pa}$$

4.4.2　线应变与切应变的概念

为了研究构件内部各点的变形情况，假想地将构件分成无数个微小正六面体（见图 4-11(a)）。在外力作用下，六面体的棱边 ab 由原长 Δx 变为 $\Delta x+\Delta u$（见图 4-11(b)），Δu 为棱边 ab 的变形量，则 Δu 与 Δx 的比值称为棱边 ab 的平均线应变，并用 $\bar{\varepsilon}$ 表示，即

$$\bar{\varepsilon}=\frac{\Delta u}{\Delta x} \tag{4-3}$$

一般地，ab 各点处的变形程度并不相同，平均线应变的大小将随 ab 的长度

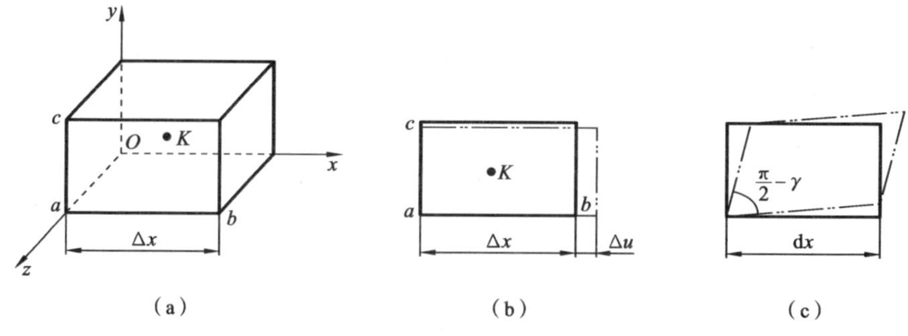

图 4-11　线应变与切应变示例

而改变。为了精确地描写 a 点沿棱边 ab 方向的变形情况，应取一边长为 dx($dx \to 0$)的微小正六面体(称为单元体)，则定义 a 点沿棱边 ab 方向的线应变为

$$\varepsilon = \lim_{\Delta x \to 0} \frac{\Delta u}{\Delta x} = \frac{du}{dx} \tag{4-4}$$

线应变是无单位的量，量纲为“1”。采用类似方法，可以确定 a 点沿任意方向的线应变。

在变形过程中，单元体除棱边长度变化外，相互垂直的棱所夹的直角也发生变化，如图 4-11(c)所示，将直角的改变量称为切应变，并用 γ 表示。切应变是无量纲的量，其单位为弧度(rad)。

综上所述，单元体的变形包括尺寸变形和形状变形两部分，变形程度分别用线应变和切应变来度量。

4.4.3　应力与应变之间的关系

材料的力学性能实验表明，当应力不超过比例极限时，应力与应变之间存在着正比例关系，即

$$\sigma = E\varepsilon \tag{4-5}$$

式(4-5)为单向拉伸(压缩)胡克定律，其中 E 为弹性模量。

$$\tau = G\gamma \tag{4-6}$$

式(4-6)为剪切胡克定律，其中 G 为切变模量。弹性模量 E 与切变模量 G 都表明材料抵抗弹性变形的能力，代表材料的刚度，其单位与应力相同，数值大小由实验确定。几种常用材料的 E 值如表 4-1 所示。

表 4-1　部分材料的弹性模量

弹性模量	钢与合金钢	铝合金	铜	铸铁	木(顺纹)
E/GPa	200～220	70～72	100～120	80～160	8～12

试验表明，对于工程中的绝大多数材料，在一定应力范围内，均符合或近似符合单向拉伸(压缩)胡克定律与剪切胡克定律，因此，单向拉伸(压缩)胡克定律

与剪切胡克定律是一个普遍适用的重要定律。

习　题

简答题

4-1　何谓构件？何谓变形？弹性变形与塑性变形有何区别？

4-2　何谓构件的强度、刚度与稳定性？

4-3　杆件的轴线与横截面之间有何关系？

4-4　材料力学的基本假设是什么？

4-5　均匀性假设与各向同性假设的区别在哪里？

4-6　构件的基本变形有几种形式？

4-7　何谓组合变形？

4-8　集中力与分布力有何区别？动载荷与静载荷有何区别？

4-9　何谓内力？何谓截面法？

4-10　何谓应力？何谓正应力与切应力？应力的单位是什么？

4-11　内力与应力有何区别与联系？

4-12　何谓线应变？何谓切应变？它们的单位是什么？

4-13　如何度量构件内某一点的变形程度？

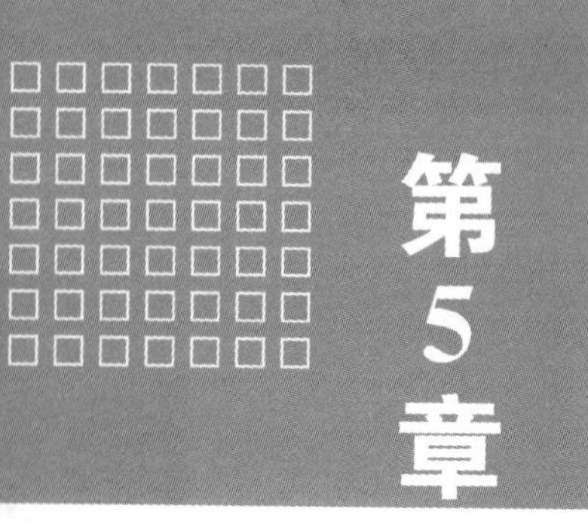

第5章 轴向拉伸与压缩

工程结构中的桅杆、旗杆、活塞杆、悬索桥、斜拉桥、网架式结构中的杆件或缆索，以及桥梁桁架结构中的杆件大都承受沿着杆件轴线方向的载荷，这种载荷称为轴向载荷。

承受轴向载荷的杆件将产生轴向拉伸或压缩变形，这类杆件称为拉压杆。

本章研究拉压杆的内力、应力、变形及材料在拉伸与压缩时的力学性能，并在此基础上分析拉压杆的强度与刚度问题。

5.1 拉压杆的轴力与轴力图

5.1.1 轴力

在轴向载荷 $\boldsymbol{F}$ 作用下(见图 5-1(a)、图 5-2(a))，杆件横截面上的唯一内力分量是沿着轴线的集中力，这个力称为轴力，并以符号 F_N 记之。通常规定轴力垂直横截面向外为正，称为拉力(见图 5-1(b))；轴力垂直横截面向内为负。称为压力(见图 5-2(b))。

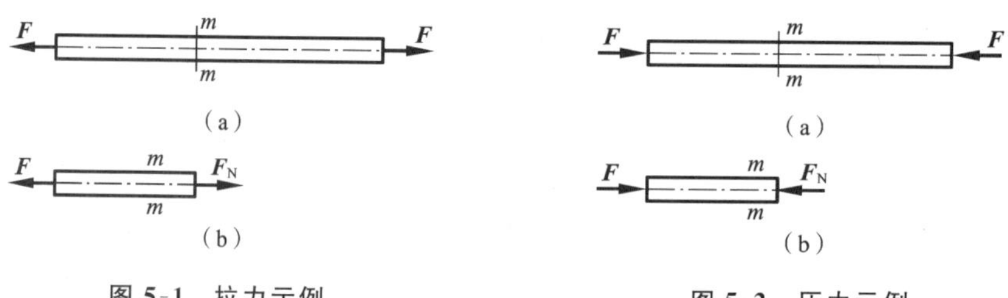

图 5-1 拉力示例

图 5-2 压力示例

5.1.2 轴力计算

为了计算轴力，以外力作用点所在截面为控制面，在相邻两控制面之间的杆件的横截面上的轴力相同，但在控制面两侧的杆件的横截面上的轴力不相同——在控制面上的轴力将发生突变。例如，拉压杆如图 5-3(a)所示，承受三个轴向载荷，由于在横截面 B 处作用有外力，杆件 AB 与 BC 段的轴力将不相同，需分段研究。利用截面法，在 AB 段内任一横截面 1—1 处假想地将整根杆件切开，并选择切开后的左段为研究对象，采用设正法(即假设横截面上的未知内力是正方向的内力)画研究对象的受力图，如图 5-3(b)所示。然后，由平衡方程

$$\sum F_x = 0$$

得
$$-F_1 + F_{N1} = 0$$

解得
$$F_{N1} = F_1$$

5.1.3 轴力图

首先，建立直角坐标系 F_N-x 系。坐标原点与杆件左端对应，x 轴平行于杆件的轴线，F_N 轴垂直于杆件的轴线。在 F_N-x 系中，点的横坐标表示拉压杆的横截面的位置，点的纵坐标表示该截面上的轴力，连接各点所得图像就是拉压杆的轴力图。轴力图是一种内力图，它可以直观显示拉压杆各个横截面上轴力的大小、性质及其变化规律。正确绘制轴力图是研究拉压问题的基本功。

例 5-1 已知阶梯形直杆 AC 受力如图 5-3(a)所示，$F_1 = 20$ kN，$F_2 = 50$ kN。不计杆的自重，试画其轴力图。

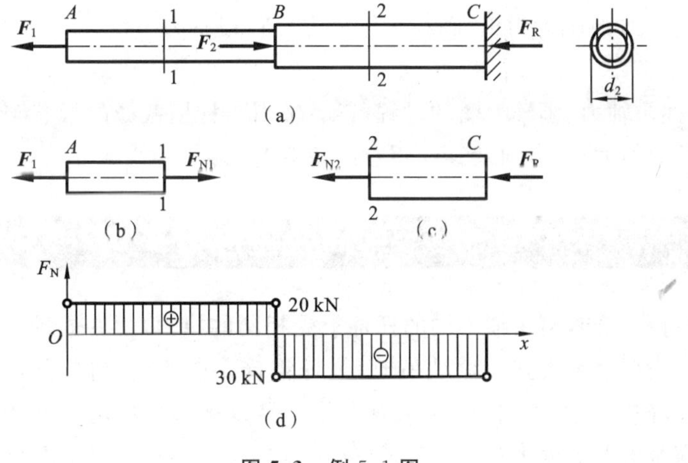

图 5-3 例 5-1 图

解 (1) 求约束反力。取阶梯杆为研究对象，受力如图 5-3(a)所示，列平衡方程

$$\sum F_x = 0, \quad -20 + 50 - F_R = 0$$

解得
$$F_R = 30 \text{ kN}$$

(2) 分段求轴力。以外力作用点为分界点，将杆分为 AB 和 BC 两段杆。应

用截面法，在 AB、BC 二段中分别取横截面处 1—1、2—2，分别将杆件 AC 截开，并且假设截开的横截面上的轴力均为正方向，即为拉力，如图 5-3(b)、图 5-3(c)所示。

AB 段：取任意横截面 1—1 之左段为研究对象，如图 5-3(b)所示，由平衡方程 $\sum F_x = 0$ 得

$$-F_1 + F_{N1} = 0$$

$$F_{N1} = F_1 = 20\ \text{kN}\quad（拉力）$$

BC 段：任取一横截面 2—2 之右段为研究对象，如图 5-3(c)所示，由平衡方程 $\sum F_x = 0$ 得

$$-F_{N2} - F_R = 0$$

$$F_{N2} = -F_R = -30\ \text{kN}\quad（压力）$$

由于在列平衡方程时，已经假设 F_{N1} 与 F_{N2} 为正，故计算结果本身就已表明了轴力是拉力还是压力。结果中 F_{N1} 为正，说明它为拉力；F_{N2} 为负，说明 F_{N2} 的实际方向与假设方向相反，即为压力。这种方法即所谓设正法。在后面求圆轴扭转和梁的弯曲的内力时，仍沿用此方法。

(3) 画轴力图。首先取 F_N-x 坐标系。然后根据上面计算出的数据按比例作图。由于 AB 和 BC 两段各截面上的轴力均为常量，故轴力图为两条平行于 x 轴的直线。AB 段轴力为正，画在 x 轴上方；BC 段轴力为负，画在 x 轴下方(见图 5-3(d))。

由上述求轴力、画轴力图的过程可知：轴力与杆横截面的形状与面积大小无关，仅与外力的大小、方向及其作用点的位置有关。

5.2 轴向拉压应力

两根材料相同，但粗细不同的杆件承受相同的拉力，两者的轴力显然是相等的。可是，当拉力增大到一定数值时，细杆将首先被拉断，粗杆仍可承受更大的拉力而不被破坏。这表明，仅仅用内力是不足以衡量杆件的强度的。我们已经知道，杆横截面上的内力是截面上分布内力的合力。杆的强度不仅与内力的大小有关，而且与内力的分布和变形形式有关。事实上，杆受力后将在危险点首先发生失效。所谓危险点就是最大工作应力所在点。所以，为了准确地判断其强度，需要研究杆件横截面上各点应力的分布规律。虽然应力是看不见的，不能直接测量的，但是变形是可见的，可以测量的，而应力与应变有关。所以，应力在杆件截面上的分布规律，往往要借助于截面上各点的变形规律及其大小来进行研究。

5.2.1 拉压杆横截面上的应力

为了确定拉压杆横截面上的应力分布，取一等截面直杆，如图 5-4(a)所示，试验前，在杆表面画两条垂直于杆的轴线的横线 1—1 与 2—2，然后在杆的两端加一对大小相等、方向相反的轴向载荷 $\boldsymbol{F}$。从试验中观察到：杆受力变形后，横向线 1—1 与 2—2 仍为直线，并且仍垂直于杆件的轴线，只是间距增大，分别平移至图示 1′—1′与 2′—2′的位置。

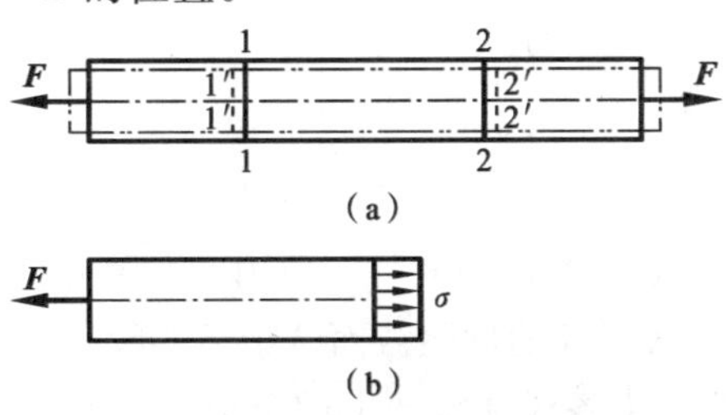

图 5-4 拉压杆横截面上的应力示例

根据此现象，可作如下假设：变形前为平面的横截面，变形后仍为平面，只不过沿杆轴线方向发生了相对平移，称为平面假设。根据这一假设，任意两截面间的各纵向线段都将产生相同的轴向伸长(或缩短)变形。由材料的均匀性假设可知，当变形相同时，受力也必然相同。故横截面上的内力沿杆轴向均匀分布(见图 5-4(b))。由此可知：横截面上各点处仅存在大小相等、方向都垂直于横截面的正应力。

设杆件横截面的面积为 A，轴力为 F_N，则根据上述假设可知，横截面上各点的正应力为

$$\sigma=\frac{F_N}{A} \tag{5-1}$$

显然，正应力 σ 与轴力 F_N 具有相同的正负号，即拉应力为正，压应力为负。试验证明，只要外力合力的作用线沿杆件轴线，在离外力作用面稍远处(离外力作用面 1～2 个杆的横向尺寸)，横截面上的应力分布可视为均匀的，式(5-1)同样适用于横截面为任意形状的等截面直杆。

例 5-2 空气压缩机的活塞杆，其受力如图 5-5(a)所示。设 $F_{p1}=25$ kN，$F_{p2}=35$ kN，$F_p=60$ kN，活塞杆 AB 的直径为 40 mm，CD 的直径为 80 mm。试计算 1—1 与 2—2 横截面上的应力。

解 横截面 1—1 与 2—2 上的轴力分别为

$$F_{N1}=-F_p=-60\ \text{kN},\quad F_{N2}=-F_{p1}=-25\ \text{kN}$$

轴力图如图 5-5(b)所示。

由式(5-1)得 1—1 与 2—2 横截面上的应力分别为

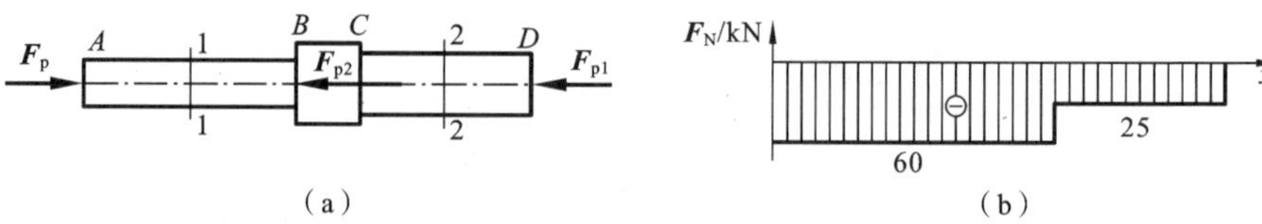

图 5-5　例 5-2 图

$$\sigma_1=\frac{F_{N1}}{A_1}=\frac{-60\times10^3}{\frac{\pi}{4}\times(40\times10^{-3})^2}\ \text{Pa}=-47.5\times10^6\ \text{Pa}=-47.75\ \text{MPa}\quad（压应力）$$

$$\sigma_2=\frac{F_{N2}}{A_2}=\frac{-25\times10^3}{\frac{\pi}{4}\times(80\times10^{-3})^2}\ \text{Pa}=-4.97\times10^6\ \text{Pa}=-4.97\ \text{MPa}\quad（压应力）$$

计算结果表明，AB 段上各横截面的正应力（绝对值）最大，正应力最大的截面称为危险截面。所以活塞杆的危险截面位于 AB 段。

例 5-3　计算例 5-1 中各段横截面上的正应力。已知：AB 段的横截面面积为 $A_1=1\ 000\ \text{mm}^2$，BC 段的横截面面积为 $A_2=2\ 500\ \text{mm}^2$。

解　引用例 5-1 的计算结果

AB 段：　　　　　　$F_{N1}=20\ \text{kN}$

BC 段：　　　　　　$F_{N2}=-30\ \text{kN}$

应用式(5-1)，求得各段横截面上的正应力为

AB 段：

$$\sigma_1=\frac{F_{N1}}{A_1}=\frac{20\times10^3}{1\ 000\times10^{-6}}\ \text{Pa}=20\times10^6\ \text{Pa}=20\ \text{MPa}\quad（拉应力）$$

BC 段：

$$\sigma_2=\frac{F_{N2}}{A_1}=\frac{-30\times10^3}{2\ 500\times10^{-6}}\ \text{Pa}=-12\times10^6\ \text{Pa}=-12\ \text{MPa}\quad（压应力）$$

计算结果表明，该杆的危险截面位于 AB 段。

5.2.2　拉压杆斜截面上的应力、切应力互等定律

沿任意斜截面 k—k 将拉压杆假想地切为两段(见图 5-6(a))。由截面法求得 k—k 斜截面上的轴力为 $F_N=F_p$。

仿照横截面的正应力分布规律的推理过程可知，整个斜截面 k—k 上的应力 p_α 也是均匀分布的，如图 5-6(b)所示。并且

$$p_\alpha=\frac{F_N}{A_\alpha}\tag{5-2}$$

式中：A_α 为 k—k 斜截面面积。若 k—k 斜截面的外法线与 x 轴的夹角为 α(见图 5-6(c))，设横截面面积为 A，则

$$A_\alpha=\frac{A}{\cos\alpha}$$

因此
$$p_\alpha=\frac{F_N}{A}\cos\alpha$$

考虑到为横截面上的正应力 $\sigma=\frac{F_N}{A}$。于是，上式可改写为

$$p_\alpha=\sigma\cos\alpha \tag{5-3}$$

把应力 p_α 分解成垂直于斜截面的正应力 σ_α 和切于斜截面的切应力 τ_α（见图 5-6(c)），则有

$$\left.\begin{aligned}\sigma_\alpha&=p_\alpha\cos\alpha=\sigma\cos^2\alpha\\ \tau_\alpha&=p_\alpha\sin\alpha=\sigma\cos\alpha\sin\alpha=\frac{1}{2}\sigma\sin2\alpha\end{aligned}\right\} \tag{5-4}$$

切应力 τ_α 的符号规定如下：若切应力的方向与截面外法线 n 按顺时针方向转 90°后的方向一致时为正，相反时为负（见图 5-7）。

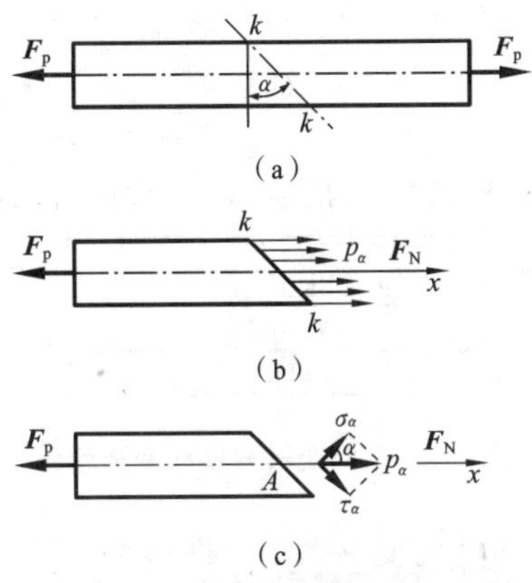

图 5-6 拉压杆斜截面上应力、切应力示例

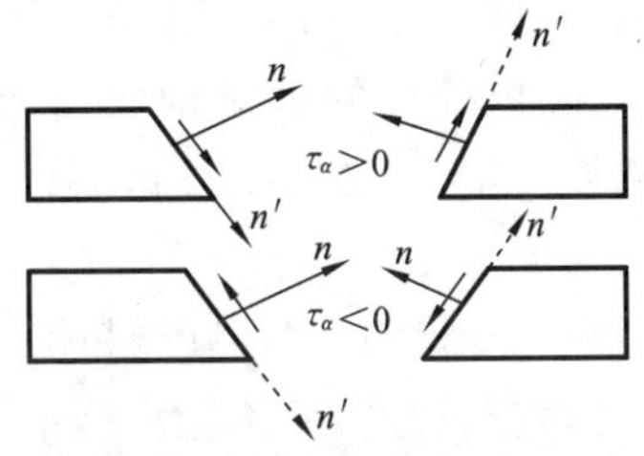

图 5-7 切应力的符号示例

由式(5-4)可知如下结论。

(1) 轴向拉伸(或压缩)时，斜截面上既有正应力 σ_α，又有切应力 τ_α。它们的大小均为夹角 α 的函数，且随斜截面方位的不同而变化。

(2) 当 $\alpha=0°$(即横截面)时，$\sigma_{0°}=\sigma_{max}=\sigma$，$\tau_{0°}=0$。

(3) 当 $\alpha=45°$时，$\sigma_{45°}=\frac{1}{2}\sigma$，$\tau_{45°}=\tau_{max}=\frac{1}{2}\sigma$。

因此，最大正应力作用在横截面上，且横截面上的切应力等于零；最大切应力作用在与横截面呈 45°角的斜截面上，且等于横截面上正应力的一半。

(4) 令 $\beta=\alpha+90°$时，有

$$\sigma_\beta=\sigma_{\alpha+90°}=\sigma\cos^2(\alpha+90°)=\sigma\sin^2\alpha$$

$$\tau_{\alpha+90°}=\frac{1}{2}\sigma\sin(180°+2\alpha)=-\frac{1}{2}\sigma\sin2\alpha=-\tau_\alpha$$

这说明，杆内任一点在互相垂直截面上的切应力大小相等、符号相反。这个

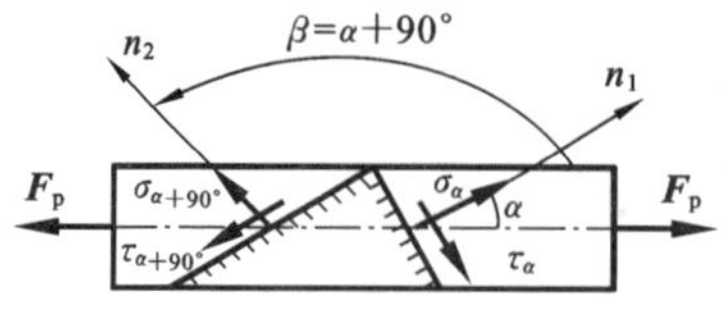

图 5-8　切应力互等示例

结论称为切应力互等定律，其表达式为

$$\tau_\alpha = -\tau_{90°+\alpha} \tag{5-5}$$

符号相反，说明 τ_α 与 $\tau_{90°+\alpha}$ 的矢量箭头同时指向或同时背离两切应力所在截面的交线，如图 5-8 所示。切应力互等定律是变形构件必须遵守的普遍规律。

5.3　轴向拉压应变与伸长量

当杆件承受轴向载荷时，其轴向与横向尺寸均发生变化。杆件沿轴线方向的变形称为轴向变形或纵向变形；垂直于轴线方向的变形称为横向变形。

5.3.1　绝对变形、相对变形与线应变

1. 轴向变形与横向变形

设杆件的原长为 l，原宽度为 b(见图 5-9)，横截面面积为 A。在轴向拉力 $\boldsymbol{F}$ 作用下，杆长变为 l_1，宽度变为 b_1。

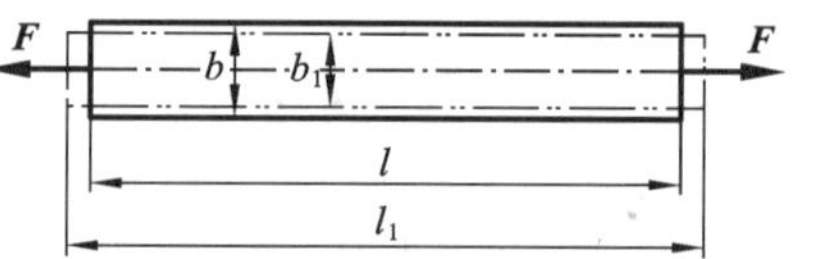

图 5-9　轴向变形与横向变形示例

此时，杆件的绝对轴向变形(也就是轴向伸长量)为 $\Delta l = l_1 - l$，而杆件的绝对横向变形为 $\Delta b = b_1 - b$。

绝对变形 Δl、Δb 只能粗略反应杆件的整体变形程度，而不能准确描写杆件的横截面处的变形大小的情形。

2. 线应变与泊松比 μ

为了反应杆件在某点的轴向变形大小的情况，用绝对变形 Δl 除以杆件的原长 l 所得结果称为相对变形或轴向线应变，并用 ε 表示，即

$$\varepsilon = \frac{\Delta l}{l} \tag{5-6}$$

同样，杆件在该点的横向线应变(或横向正应变)为

$$\varepsilon' = \frac{\Delta b}{b} \tag{5-7}$$

试验表明：轴向拉伸时，杆件沿轴向伸长，其横向尺寸减少；轴向压缩时，杆件沿轴向缩短，其横向尺寸增大。因此，横向线应变 ε′与轴向线应变 ε 恒为异号。试验还表明：在比例极限内，横向线应变 ε′与轴向线应变 ε 成正比。

设横向线应变 ε′与轴向线应变 ε 之比的绝对值用 μ 表示，则

$$\mu = \left| \frac{\varepsilon'}{\varepsilon} \right| = -\frac{\varepsilon'}{\varepsilon}$$

或

$$\varepsilon' = -\mu\varepsilon \tag{5-8}$$

比例系数 μ 称为泊松比。在比例极限内，μ 是一个常数，其值随材料而异，由试验

测定。对于绝大多数各向同性材料，$0<\mu<0.5$，而且同一种材料的弹性模量 E、切变模量 G 与泊松比 μ 之间存在关系，即

$$G=\frac{E}{2(1+\mu)}$$

5.3.2 拉压杆的胡克定律

图 5-9 所示杆件的横截面上的正应力 $\sigma=\frac{F_N}{A}$，考虑到式(5-6)，将它代入式(4-5)得

$$\Delta l=\frac{F_N l}{EA} \tag{5-9}$$

上述关系式仍称为拉压胡克定律。它表明：在一定限度内，杆件的轴向变形 Δl 与轴力 F_N 及杆长 l 成正比，与乘积 EA 成反比。乘积 EA 称为杆截面的拉压刚度。显然，在一定轴向载荷作用下，拉压刚度愈大，杆的轴向变形愈小。

由式(5-9)可知，轴向变形 Δl 与轴力 F_N 具有相同的正负符号，即伸长为正，缩短为负。需要指出的是，式(5-9)只能适用于杆件各处的轴力 F_N、弹性模量 E 及横截面面积 A 均不变的情形。

例 5-4 图 5-10(a)所示为一阶梯形钢杆，已知材料的弹性模量 $E=200$ GPa，AC 段的横截面面积为 $A_{AB}=A_{BC}=500\ \text{mm}^2$，$CD$ 段的横截面面积为 $A_{CD}=200\ \text{mm}^2$，杆各段的长度及受力如图 5-10(a)所示。试求杆件的总伸长量。

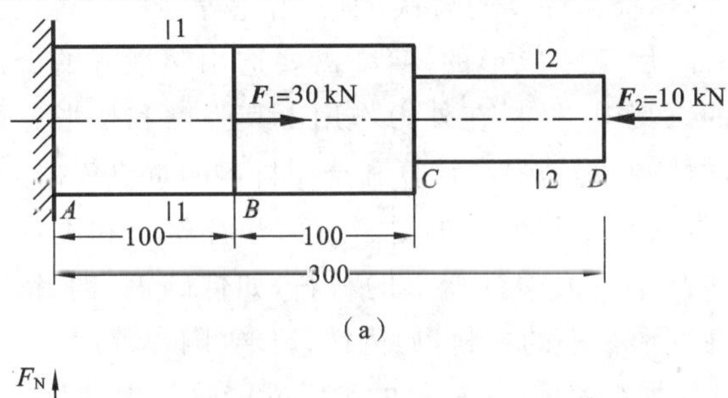

(a)

F_N
20 kN
⊕
⊖
x
10 kN

(b)

图 5-10 例 5-4 图

解 (1) 求各横截面上的内力，画轴力图，如图 5-10(b)所示。

AB 段：$F_{N1}=F_1-F_2=(30-10)\ \text{kN}=20\ \text{kN}$

BC 段与 CD 段：$F_{N2}=-F_2=-10\ \text{kN}$

(2) 因为杆件各段的轴力不等，且横截面面积也不完全相同，因而，先分段计

算各段的变形，然后相加求其总和。

应用式(5-9)计算各段的轴向变形，结果如下。

AB 段：

$$\Delta l_1=\frac{F_{N1}l_1}{EA_1}=\frac{20\times10^3\times100\times10^{-3}}{200\times10^9\times500\times10^{-6}}\ \text{m}=0.02\times10^{-3}\ \text{m}=0.02\ \text{mm}\quad(\text{拉伸})$$

BC 段：

$$\begin{aligned}\Delta l_2&=\frac{F_{N2}l_2}{EA_2}=\frac{(-10)\times10^3\times100\times10^{-3}}{200\times10^9\times500\times10^{-6}}\ \text{m}\\&=-0.01\times10^{-3}\ \text{m}=-0.01\ \text{mm}\quad(\text{压缩})\end{aligned}$$

CD 段：

$$\begin{aligned}\Delta l_3&=\frac{F_{N3}l_3}{EA_3}=\frac{-10\times10^3\times100\times10^{-3}}{200\times10^9\times200\times10^{-6}}\ \text{m}\\&=-0.025\times10^{-3}\ \text{m}=-0.025\ \text{mm}\quad(\text{压缩})\end{aligned}$$

杆件的总伸长量为

$$\Delta l=\Delta l_1+\Delta l_2+\Delta l_3=(0.02-0.01-0.025)\ \text{mm}=-0.015\ \text{mm}\quad(\text{压缩})$$

5.4 工程中常用材料在轴向载荷作用下的力学性能

在设计构件时，合理选用材料是一项不可忽视的工作。例如机床的床身和箱体常选用吸振性好、浇铸性好的铸铁；轴和齿轮等零件常选用强度好的优质碳素钢或合金钢；由冲、压工艺成形的零件，需要选用塑性好的金属材料等。材料的性质是多方面的。其中，材料在外力作用下其强度和变形方面所表现出的性能称为材料的力学性能，它是强度计算和选用材料的重要依据。

在工程中，通常将处于常温下的材料分为塑性材料和脆性材料两类。塑性材料是指断裂前能产生较大塑性变形的材料，如低碳钢、铜、铝等金属。脆性材料是指断裂前塑性变形很小的材料，如铸铁、玻璃、陶瓷等。

在不同的温度和加载速度下，材料的力学性能将发生变化。本节主要介绍低碳钢和铸铁在常温、静载(加载速度缓慢平稳)情况下，拉伸与压缩时的力学性能。

为了了解材料在常温、静载下的力学性能，一般将实验材料按照国家标准做成标准试样，然后在材料试验机上进行拉伸试验。在试验过程中同时自动记录所受到的载荷及相应的变形，进而得到自开始加载到试样破断整个过程的应力-应变曲线，从该曲线上可以得到实验材料的强度指标、塑性指标和弹性指标。

5.4.1 低碳钢拉伸与压缩时的力学性能

1. 低碳钢拉伸的应力-应变图

图 5-11 所示为低碳钢拉伸图。它描述了从开始加载到破坏为止，试样承受

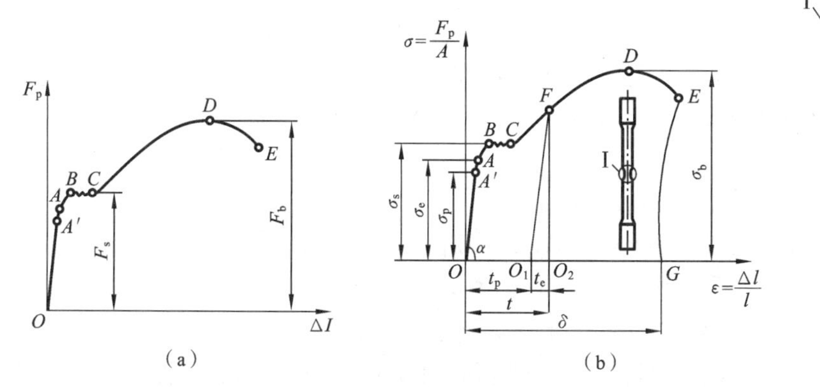

图 5-11　低碳钢拉伸时的应力-应变关系

载荷和变形发展的全过程。

图 5-11(a)中 F_p 与 Δl 的对应关系与试件的原始尺寸有关，因而不能准确表征拉伸时材料的力学性能。为了消除试件尺寸的影响，用 $\sigma=F_p/A$ 为纵坐标，表示材料的受力程度；用 $\varepsilon=\Delta l/l$ 作为横坐标，表示材料的变形程度。于是得到反映应力与应变关系的图线，称为应力-应变图或 σ-ε 图(见图 5-11(b))。

2. 低碳钢拉伸时的力学性能

由 σ-ε 图可以看出，拉伸过程分为四个阶段，每一阶段表现出不同的力学性能。

1) 弹性阶段 OA 与比例极限 σ_p

从 σ-ε 图可以看出，这一阶段的应变值很小。如果将载荷卸去，则加载时产生的变形将全部消失，表明试件的变形完全是弹性变形，该阶段称为弹性阶段。

此阶段分为两部分：斜直线 OA' 和微弯曲线 $A'A$。斜直线 OA' 表示应力与应变成正比变化，即材料服从胡克定律 $\sigma=E\cdot\varepsilon$，故 $E=\sigma/\varepsilon=\tan\alpha$。直线的最高点 A' 所对应的应力称为比例极限，用 σ_p 表示，它是材料服从胡克定律时可能承受的最大应力值。

当超过 A 点后，图线不再是直线，而呈微弯曲线，说明应力与应变不再保持正比关系，但若卸载，变形仍能完全消失，表明此阶段内所产生的变形仍是弹性变形。这时 A 点所对应的应力值是弹性变形阶段的最大应力，称作弹性极限，用 σ_e 表示。弹性极限与比例极限虽然物理意义不同，但数值非常接近，通常不作区分。

2) 屈服阶段 BC 与屈服强度(或称屈服点)σ_s

当应力超过 A 点，σ-ε 曲线渐变弯，到达 B 点后，图形上逐渐出现一条水平波浪线 BC，说明应力几乎不变，而应变却急剧增加，材料好像暂时失去了对变形的抵抗能力。这种现象是低碳钢拉伸过程中的重要特征，称作材料屈服或流动，BC 段称作屈服阶段。屈服阶段的最低应力值称为屈服强度(或称屈服点)σ_s，它代表了材料抵抗屈服的能力，是衡量塑性材料的重要强度指标。

若试件表面经过抛光，屈服时可在其表面上出现一系列与轴线呈 45°的迹线（见图 5-11(c)）。这是因为在与试件成 45°的斜截面上产生了最大切应力，这些切应力使材料的晶粒沿此面发生了滑移，这些迹线称为滑移线。Q235 钢的屈服强度 $\sigma_s=235$ MPa。

3）强化阶段 CD 与抗拉强度 σ_b

试件内所有晶粒都发生了滑移之后，沿晶粒错动面产生了新的阻力，屈服现象终止。要使试件继续变形，必须增加外力，这种现象称为材料的应变硬化。从屈服终止点 C 到曲线最高点这一阶段称作强化阶段。D 点所对应的应力称为抗拉强度，用 σ_b 表示，它是材料完全丧失承载能力的最大应力值，也是材料的重要强度指标。例如 Q235 的抗拉强度 $\sigma_b=273\sim461$ MPa。

4）缩颈阶段 DE

在 D 点之前，试件在标距范围内的变形是沿纵向均匀伸长，沿横向均匀收缩。从 D 点开始，试件的变形将集中在某一局部长度内，此处的横截面将显著缩小（见图 5-11(c)），出现了所谓的“缩颈”现象。由于缩颈处的横截面面积显著减小，使试件继续变形的应力虽然不断增加，但所需的拉力反而逐渐减小，因此，在 σ-ε 图中，用试件原始横截面面积算出的应力值随之下降，直至图线下降到 E 点，试件被拉断为止。

上述每一阶段都是由量变到质变的过程。质变的分界点分别是 σ_p、σ_s 和 σ_b。σ_p 表示材料处于弹性状态的范围；σ_s 表示材料进入塑性变形；σ_b 表示材料对均匀变形的最大抵抗能力。故 σ_s 和 σ_b 是衡量材料强度的重要指标。

3. 塑性指标：伸长率与断面收缩率

试件断裂后，变形中的弹性部分消失，而塑性变形部分则保留下来，称为残余变形。工程上用残余变形表示塑性性能。常用的塑性指标有以下两个。

（1）伸长率 δ　伸长率的公式为

$$\delta=\frac{l_0-l_b}{l_0}\times100\% \tag{5-10}$$

式中：l_0 为试件初始标距；l_b 为破断后的标距。伸长率 δ 表示试件破坏时的残余应变量。

（2）断面收缩率 ψ　断面收缩率的公式为

$$\psi=\frac{A_0-A_b}{A_0}\times100\% \tag{5-11}$$

式中：A_0 为初始横截面面积；A_b 为破断后断口处的横截面面积。

δ 和 ψ 都表示材料拉断时其塑性变形所能达到的最大限度。δ 和 ψ 越大，说明材料的塑性越好；反之，塑性越差，而脆性则越好。一般地，在工程中，$\delta\geqslant5\%$ 者为塑性材料，而 $\delta<5\%$ 者为脆性材料。

表 5-1 列出了工程中常用金属材料的力学性能，其中 δ_5 为 $l_0=5d_0$ 试样的试验结果。

表 5-1　工程中常用金属材料的力学性能

材料名称	牌号	σ_s/MPa	σ_b/MPa	δ_5/(%)
普通碳素钢	Q216	186～216	333～412	31
	Q235	216～235	373～461	25～27
	Q274	255～274	490～608	19～21
优质碳素结构钢	15	225	373	27
	40	333	569	19
	45	353	598	16
普通低合金结构钢	12Mn	274～294	432～441	19～21
	16Mn	274～343	471～510	19～21
	15MnV	333～412	490～549	17～19
	18MnMoNb	441～510	588～637	16～17
合金结构钢	40Cr	785	981	9
	50Mn2	785	932	8
碳素铸钢	ZG200-400	196	392	25
	ZG275-250	274	490	16
可锻铸铁	KTZ450-60	274	441	5
	KTZ270-02	539	687	2
球墨铸铁	QT400-15	294	392	10
	QT450-10	324	441	5
	QT500-7	412	588	2
灰铸铁	HT150	—	98.1～274(压)	—
	HT300	—	255～294(压)	—

4. 卸载定律与冷作硬化

在强化阶段的 σ-ε 曲线上的任一点，如在图 5-11(b)中的 F 点，开始将载荷卸去，在卸载过程中试件的应力、应变并不沿着原来的曲线 $F\rightarrow C\rightarrow B\rightarrow A\rightarrow O$ 恢复到原来的状态，而是沿着与弹性阶段的直线 OA' 平行的路径 FO_1 卸载返回到 O_1 点。这表明，材料在卸载过程中应力与应变呈直线变化，这称为卸载定律。图 5-11(b)中 O_1O_2 所代表的应变完全消失了，属于弹性应变，而 OO_1 所代表的应变存留下来属于塑性应变，即所谓残余应变。

如果对有了残余应变的试件再立即重新加载，则应力、应变又重新按正比关系增加，图线将沿着卸载曲线 O_1F 上升，到达 F 点后，仍沿 FDE 变化，直至断裂为止。这就相当于把经过屈服、强化并卸载的试件，当成一个新的试件进行实验。在此过程中不难发现，在 F 点之前并不产生屈服，而是到了 F 点后，才重新出现塑性变形。这说明，经过强化后的材料的比例极限提高了，但是残余应变由原来的 OG 段变为 O_1G 段，少了 OO_1 这一段，这表明塑性降低了。这种在常温下经加载产生塑性变形后卸载，使材料的比例极限提高、塑性降低的现象称为冷作硬化。在辗压、冲孔等工艺过程中，都会出现冷作硬化现象。工程上常用冷作硬化提高某些构件的强度，例如对起重机的钢丝绳采用冷拔工艺，对某些型钢采用冷轧工艺，均可提高材料的强度。而在冷压成形时，则希望材料具有较大的塑性变形能力，因此，应消除冷作硬化的影响，其办法是进行退火处理。

5. 低碳钢压缩时的力学性能

图 5-12 所示为低碳钢压缩与拉伸时的 σ-ε 曲线，由图可以看出，在屈服阶段以前，低碳钢的拉伸与压缩两条 σ-ε 曲线重合。因此，在压缩时与拉伸时，低碳钢的弹性模量 E、比例极限 σ_p、屈服强度 σ_s 基本相同。在工程实际中，认为碳钢是拉、压强度相等的材料。在进入强化阶段之后，两条曲线逐渐分离，压缩曲线一直在上升。这是因为随着压力的不断增加，试件被越压越扁，横截面面积越来越大，所能承受的压力也随之提高。但是，试件也仅仅产生很大的塑性变形而不断裂。因此，无法测出其压缩时的抗拉强度。一般来说，塑性材料都有上述特点。

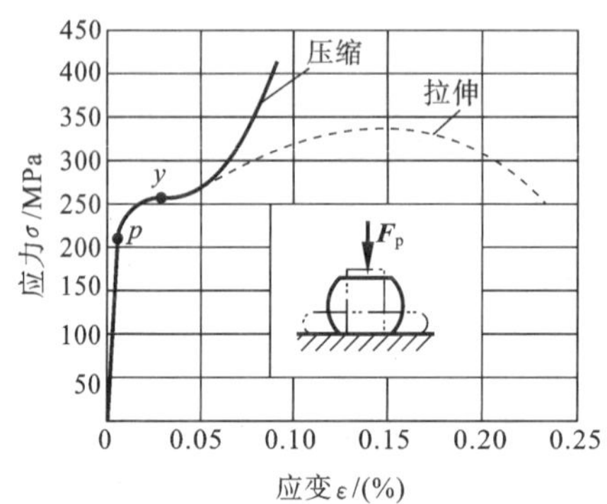

图 5-12　低碳钢压缩时的应力-应变关系

5.4.2　铸铁拉伸与压缩时的力学性能

1. 铸铁拉伸时的力学性能

铸铁是一种常用的脆性材料。图 5-13(c)所示为铸铁试件拉伸时的 σ-ε 曲线，由图可以看出，其力学性能有以下特点。

(1) 从试件开始受力到被拉断，变形很小，断裂时的应变仅为原长的0.4%～0.5%，断口垂直于试件轴线(见图 5-13(b))。

(2) 在拉伸过程中，既无屈服阶段，也无缩颈现象，故只能在拉断时测得抗拉强度 σ_b，其值远低于低碳钢的抗拉强度。

(3) 在应力不大时，应力与应变不成正比关系，即在 σ-ε 曲线中，没有明显的直线阶段。但是在实际使用的应力范围内，σ-ε 曲线的曲率很小，故工程上常以割线(图 4-16(c)中的虚线)代替曲线开始部分，并认为材料近似服从胡克定律，而以割线的斜率表示铸铁的弹性模量 E，即 $E=\tan\alpha$。

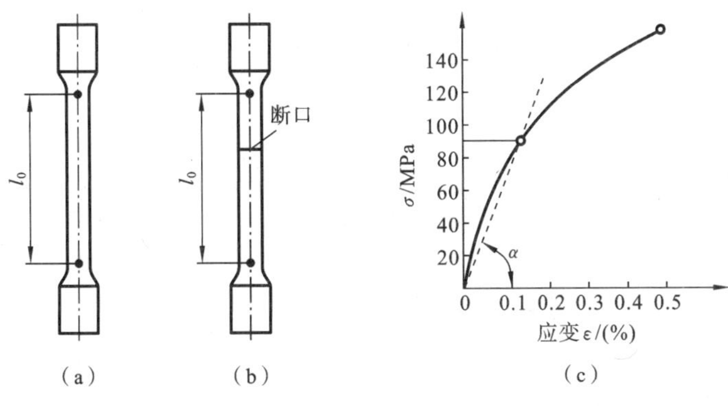

图 5-13　铸铁拉伸时的应力-应变曲线

2. 铸铁压缩时的力学性能

脆性材料压缩时的力学性能与拉伸时有较大差异。图 5-14 所示为铸铁压缩时的应力-应变曲线，由图可见，铸铁压缩时的力学性能有如下特点。

(1) 铸铁压缩时的抗压强度 σ_b 很高，约为其拉伸强度的 3～4 倍。抗压强度远大于抗拉强度，这是铸铁类脆性材料的力学性能的重要特点。

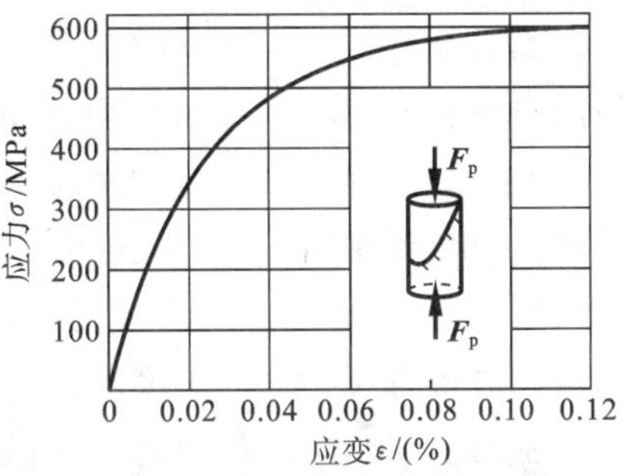

图 5-14　铸铁压缩时的应力-应变曲线

(2) 铸铁压缩破坏是在变形很小时突然发生的，破坏前没有屈服和缩颈现象，破坏断面与轴线大致呈 45°角，这表明，断裂是因最大切应力所致。

为了便于查阅与比较，已将几种常用铸铁材料的力学性能列于表 5-1 中。

5.5　拉压杆的强度设计

前面研究了拉压杆的横截面上的应力，但这不是我们的最终目标。工程师往往借助应力计算来完成下列任务。

(1) 分析已有的或设想中的机器或结构，确定它们在特定载荷条件下的性能。

(2) 设计新的机器或新的结构，使之安全而经济地实现特定的功能。

例如，对于图 5-5(a)中所示的活塞杆，在计算出压杆 AB 和 CD 横截面上的正应力后，就可以解决以下几方面的问题：① 在给定载荷和材料的情形下，怎样判断活塞杆能否安全可靠地工作？② 如果载荷是未知的，在给定杆件截面尺寸和材料的情形下，怎样确定活塞杆所能承受的最大载荷？

诸如此类的问题是强度设计所涉及的问题。

5.5.1 许用应力与安全因数

1. 极限应力

材料丧失正常工作能力时的应力 σ_u 称为极限应力或危险应力，由材料的拉伸实验确定。一般地，对于塑性材料，极限应力 $\sigma_u=\sigma_s$；对于脆性材料，极限应力 $\sigma_u=\sigma_b$。

2. 许用应力与安全因数

为保证构件安全工作，需有足够的安全储备，因此，把极限应力除以大于 1 的系数 n 作为材料的许用应力，记作$[\sigma]$，即

$$[\sigma]=\frac{\sigma_u}{n} \tag{5-12a}$$

式中：n 称为安全因数。

确定许用应力的关键是确定安全因数。安全因数的确定与选择不仅与材料有关，而且还必须考虑杆件的具体工作条件，诸如：对载荷估计得是否准确，杆件尺寸制造精确度高低，材料性质的不均匀程度，力学模型和计算方法的精确性，构件的重要性，等等。安全因数偏大，则许用应力偏低，虽然安全，但不经济；安全因数偏小，许用应力偏高，虽然用料少，经济性好，但偏于危险。因此，必须根据具体情况确定。各国有关部门对各种工作条件下构件的安全因数都有具体规定，应用时应查阅相关的国家规范。

一般地，对于塑性材料，安全因数 n 记作 n_s，于是有

$$[\sigma]=\frac{\sigma_s}{n_s} \tag{5-12b}$$

对于脆性材料，安全因数 n 记作 n_b，于是有

$$[\sigma]=\frac{\sigma_b}{n_b} \tag{5-12c}$$

5.5.2 强度设计

所谓强度设计是指将杆件中的最大应力限制在允许的范围内，以保证杆件正常工作，不仅不发生强度失效，而且还要具有一定的安全裕度，对于拉压杆，也就是杆件中的最大正应力应满足

$$\sigma_{max}=\left(\frac{F_N}{A}\right)_{max}\leqslant[\sigma] \tag{5-13}$$

式(5-13)称为拉压杆的强度设计准则，又称为强度条件。

5.5.3 强度计算中的三类问题

应用强度设计准则，可以解决以下三类强度问题。

1. 强度校核

强度校核是指用危险点的工作应力与许用应力进行比较，若$\sigma_{max}\leqslant[\sigma]$，则强度安全；否则，强度不够。但是，在工程实际中，只要$\frac{\sigma_{max}-[\sigma]}{[\sigma]}\times 100\%\leqslant 5\%$，仍然认为强度是足够的。

2. 设计截面尺寸

当已知杆件所承受的载荷及材料的许用应力时，由式(5-13)可求出所需横截面面积的最小值，即

$$A\geqslant\frac{F_N}{[\sigma]} \tag{5-14}$$

3. 确定许可载荷

当已知杆件的横截面尺寸及材料的许用应力时，由式(5-13)变形可确定杆件可以承受的最大轴力F_{Nmax}，即

$$F_{Nmax}=A[\sigma] \tag{5-15}$$

然后，考虑轴力与外载荷的关系，可以求出杆件能够承受的最大外载荷$[F_p]$，并称之为许可载荷。

例 5-5 用螺栓连接两钢板，如图 5-15 所示。螺栓拧紧后，所受预紧力$F_p=5.5$ kN，$d_1=9$ mm，$d_2=7$ mm，$d_3=8.4$ mm，材料的许用应力$[\sigma]=160$ MPa，试校核螺栓的强度。

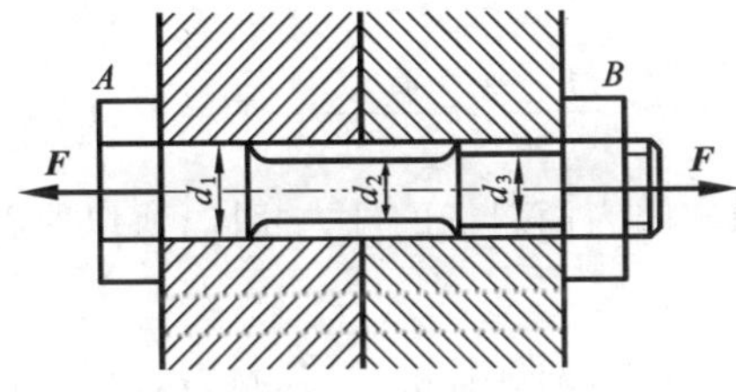

图 5-15 例 5-5 图

解 (1) 求内力并确定危险截面。在预紧力F_p的作用下，各横截面的轴力均为$F_N=F_p=5.5$ kN。

由各已知直径可知，d_2段上任一横截面均为危险截面。

(2) 在危险截面上计算横截面上的最大正应力。由式(5-1)可得

$$\sigma_{max}=\frac{F_{Nmax}}{A_{min}}=\frac{F_p}{\frac{\pi}{4}d_2^2}=\frac{5.5\times10^3\times4}{3.14\times(7\times10^{-3})^2}\ \text{Pa}=143\times10^6\ \text{Pa}=143\ \text{MPa}$$

(3) 应用强度条件进行强度校核。已知$[\sigma]=160$ MPa，而螺栓横截面上的实际最大应力

$$\sigma_{max}=143\ \text{MPa}\leqslant[\sigma]$$

所以，螺栓的强度是安全的。

例 5-6 如图 5-16(a)所示吊环，由圆截面斜杆 AB、AC 与刚性横梁 BC 所组成。已知吊环的最大吊重 $F=500$ kN，斜杆用锻钢制成，其许用应力$[\sigma]=120$ MPa，斜杆与拉杆轴线的夹角 $\alpha=20°$，试确定斜杆的直径。

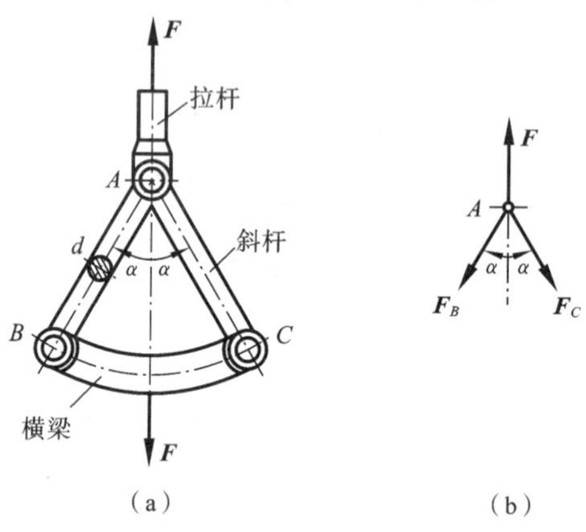

(a) (b)

图 5-16 例 5-6 图

解 (1) 求斜杆所受的外力。以节点 A 为研究对象，受力如图 5-16(b)所示。列平衡方程并求解。

$$\sum F_x=0,\quad -F_B\sin\alpha+F_C\sin\alpha=0$$

$$\sum F_y=0,\quad F-F_C\cos\alpha-F_B\cos\alpha=0$$

$$F_C=F_B=\frac{F}{2\cos\alpha}=\frac{500\times10^3}{2\cos20°}\ \text{N}=2.66\times10^5\ \text{N}$$

(2) 求斜杆的轴力。因为两斜杆的外力相同，所以两斜杆的轴力相同，且 $F_N=2.66\times10^5$ N。

(3) 截面尺寸设计。因为两斜杆的轴力、材料、横截面形状相同，所以两斜杆的横截面面积相同。根据强度条件，斜杆横截面所需面积为

$$A\geqslant\frac{F_N}{[\sigma]}$$

即

$$A=\frac{\pi d^2}{4}\geqslant\frac{F_N}{[\sigma]}$$

所以

$$d\geqslant\sqrt{\frac{4F_N}{\pi[\sigma]}}=\sqrt{\frac{4\times2.66\times10^5}{3.14\times120\times10^6}}\ \text{m}=5.31\times10^{-2}\ \text{m}=53.1\ \text{mm}$$

工程中，可取斜杆的横截面直径为 $d=53$ mm。

例 5-7 如图 5-17(a)所示为钢木结构。AB 杆为木杆，其横截面积 $A_1=1.0\times10^4\ \text{mm}^2$，许用应力$[\sigma_1]=7$ MPa；BC 杆为钢杆，其横截面面积为 $A_2=600\ \text{mm}^2$，许用应力为$[\sigma_2]=160$ MPa。试求在 B 处可吊起的许可载荷$[F_p]$。

解 (1) 求轴力。以节点 B 为研究对象，画出其受力图，如图 5-17(b)所示。

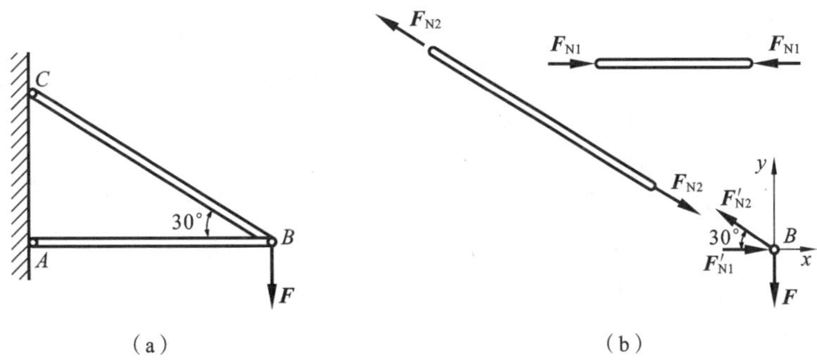

图 5-17 例 5-7 图

$$\sum F_x = 0, \quad F_{N1} - F_{N2}\cos 30^\circ = 0$$

$$\sum F_y = 0, \quad F_{N2}\sin 30^\circ - F_p = 0$$

$$F_{N1} = \sqrt{3}F_p(\text{压力}), \quad F_{N2} = 2F_p(\text{拉力})$$

(2) 应用强度条件确定许用载荷$[F_p]$

对于木杆 AB,有 $$\sigma_1 = \frac{F_{N1}}{A_1} = \frac{\sqrt{3}F_p}{A_1} \leqslant [\sigma_1]$$

$$F_p \leqslant \frac{\sigma_1 A_1}{\sqrt{3}} = \frac{7 \times 1.0 \times 10^4}{\sqrt{3}}\ \text{N} = 40.4\ \text{kN}$$

记作 $$F_{p1} = 40.4\ \text{kN}$$

对于钢杆 BC,有 $$\sigma_2 = \frac{F_{N2}}{A_2} = \frac{2F_p}{A_2} \leqslant [\sigma_2]$$

$$F_p \leqslant \frac{[\sigma_2]A_2}{2} = \frac{160 \times 6 \times 10^2}{2}\ \text{N} = 48\ \text{kN}$$

记作 $$F_{p2} = 48\ \text{kN}$$

为了保证整个结构安全,许可载荷$[F_p]$应取较小值,即

$$[F_p] = F_{p1} = 40.4\ \text{kN}$$

习 题

简答题

5-1 轴向拉伸与压缩的外力有何特点？试举实例说明。

5-2 何谓轴力？轴力的正负号是如何规定的？如何计算轴力？

5-3 何谓许用应力？

5-4 安全因数的大小与构件的经济性有什么关系？

5-5 拉压胡克定律有几种表现形式？该定律的应用条件是什么？何谓拉压刚度？

5-6 低碳钢在拉伸过程中表现为几个阶段？各有何特点？

5-7 何谓比例极限、屈服应力与强度极限？何谓塑性变形与脆性变形？

5-8 何谓塑性材料与脆性材料？如何衡量材料的塑性？试比较塑性材料与脆性材料的力学性能的特点。

5-9 塑性材料经过冷作硬化后，材料的力学性能发生了变化。试判断以下结论哪一个是正确的？(1) 屈服强度提高，弹性模量降低；(2) 屈服强度提高，塑性降低；(3) 屈服强度不变，弹性模量不变；(4) 屈服强度不变，塑性不变。

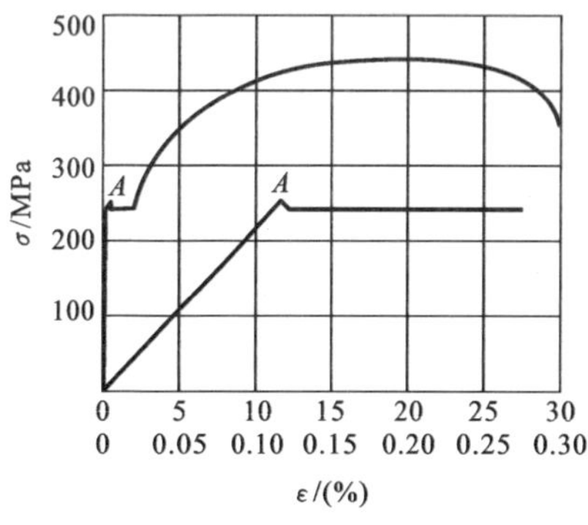

图 5-18 题 5-10 图

5-10 某材料的应力-应变曲线如图 5-18 所示。图中还同时画出了低应变区的详图。试确定材料的弹性模量 E、比例极限 σ_p、屈服极限 σ_s、强度极限 σ_b 与伸长率 δ，并判断该材料属于何种类型（塑性或脆性材料）？

5-11 金属材料试样在拉伸与压缩时有哪几种破坏形式？各与何种应力有关？

5-12 何谓拉压杆的强度条件？利用拉压杆的强度条件可以解决哪些形式的强度问题？

计算题

5-13 试计算图 5-19 所示各杆的轴力，画轴力图，并指出危险截面的位置。

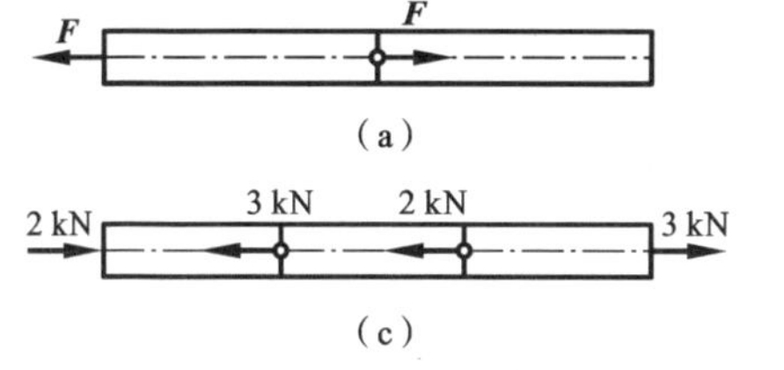

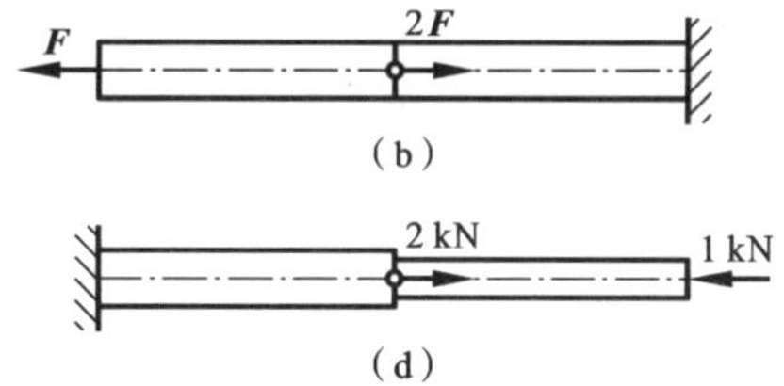

图 5-19 题 5-13 图

5-14 一空心圆截面杆，内径 d=30 mm，外径 D=40 mm，承受轴向拉力 F=40 kN 作用。试求横截面上的正应力。

5-15 图 5-20 所示阶梯形圆截面杆 AC，承受轴向载荷 F_1=200 kN 与 F_2=100 kN，AB 段的直径 d_1=40 mm。如欲使 BC 与 AB 段的正应力相同，试求 BC 段的直径。

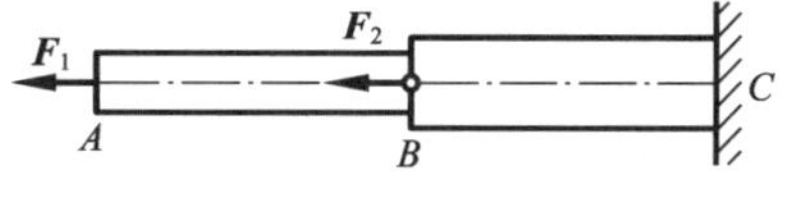

图 5-20 题 5-15 图

5-16 载荷 F=130 kN 悬挂在两根杆上，如图 5-21 所示，AB 是圆截面钢杆，直径 d_1=30 mm，许用应力$[\sigma_1]$=160 MPa；BC 杆是圆截面铝杆，直径 d_2=

40 mm，许用应力$[\sigma_2]=60$ MPa。已知$\alpha=30°$。试校核该结构的强度。

5-17　如图5-22所示桁架，AB杆与AC杆铰接于A点，在A点悬吊重物$F=10$ kN，两根杆材料相同，其许用应力$[\sigma]=100$ MPa，$\alpha=30°$。试设计两杆的直径。

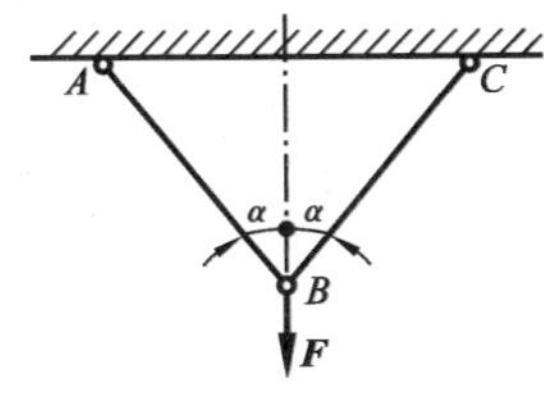

图5-21　题5-16图

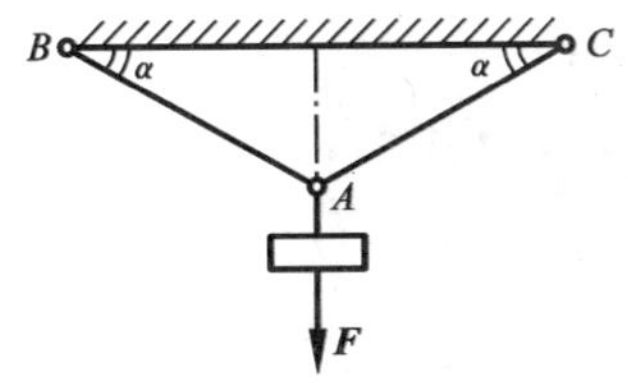

图5-22　题5-17图

5-18　刚体悬挂于钢杆AC、BD上，如图5-23所示。已知：AC杆的横截面积为$A_1=20\ \text{cm}^2$，BD杆的横截面$A_2=10\ \text{cm}^2$；两根杆的材料的许用应力均为$[\sigma]=160$ MPa。试按拉压杆的强度条件确定系统所能承受的最大载荷$[F]$。

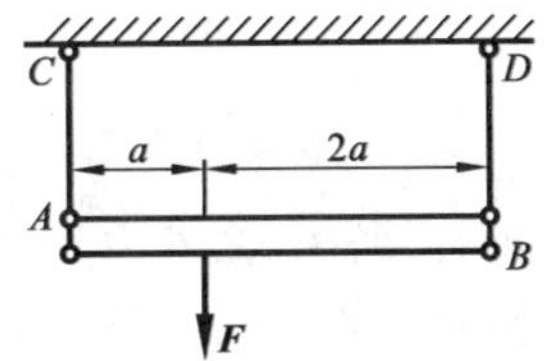

图5-23　题5-18图

5-19　变截面直杆如图5-19(d)所示。其中，左半段杆长$l_1=100$ mm，横截面面积$A_1=8\ \text{mm}^2$；右半段杆长$l_2=100$ mm，横截面面积$A_2=4\ \text{mm}^2$；材料的弹性模量$E=200$ GPa。求杆的总伸长Δl。

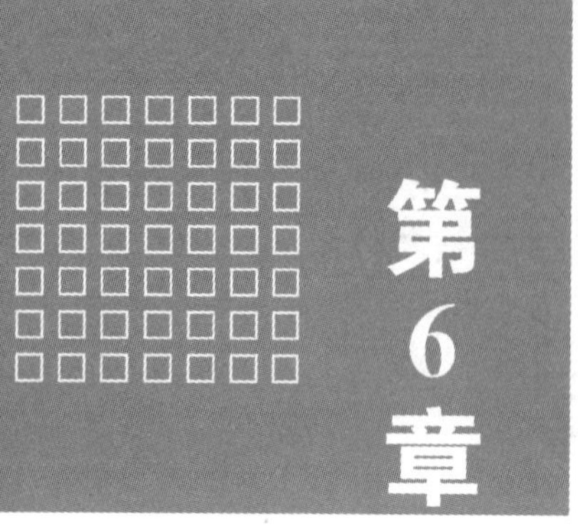

第6章 剪切与挤压

铆钉(见图 6-1(a))、销(见图 6-1(b))、键(见图 6-1(d))、螺栓等是工程中常用的连接件。受外力作用后，连接件的主要变形是剪切与挤压变形。本章仅仅研究连接件剪切与挤压的实用强度计算。

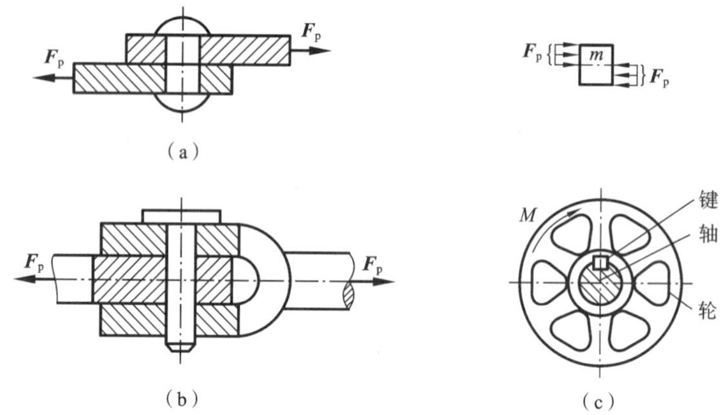

图 6-1　铆钉、销、键连接示例

6.1 剪切强度实用计算

6.1.1 剪切变形的概念

用铆钉连接的两块钢板，如图 6-2(a)所示。在外力 F_p(垂直于铆钉的轴线)的作用下，铆钉的横截面 $m—m$ 将沿着力的作用方向产生相对错动。构件在这样一对大小相等、方向相反、作用线相隔很近的外力作用下，作用力之间的横截面将沿着力的作用方向发生相对错动的变形称为剪切变形。

在剪切变形中，产生相对错动的截面(如 $m—m$)称为剪切面。它位于方向相

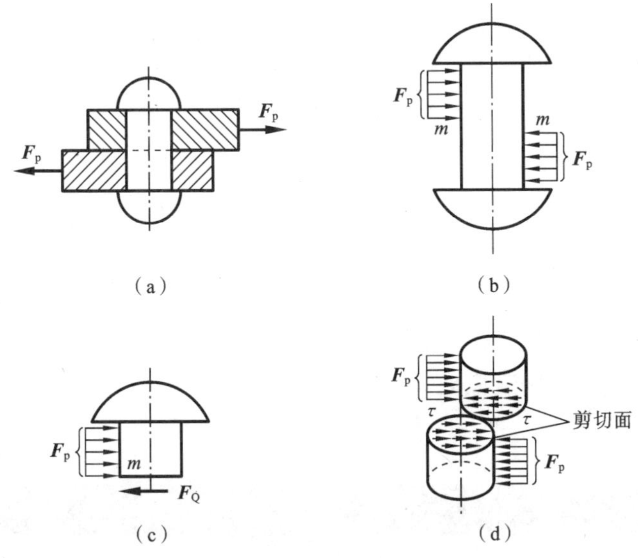

图 6-2 铆钉连接受力示例

反的两个外力作用线之间,且平行于外力作用线。有一个剪切面的剪切变形称为单剪变形;有两个剪切面的剪切变形则称为双剪变形。

6.1.2 剪力

为了对构件进行剪切强度计算,必须先计算剪切面上的内力。受剪面上的内力称为剪力,用符号 F_Q 表示。

铆钉连接钢板如图 6-2(a)所示。取铆钉为研究对象,画受力图,如图 6-2(b)所示。应用截面法,假想将铆钉沿剪切面 $m—m$ 截成两段,任取其中一段为研究对象,受力如图 6-2(c)所示。

根据保留段的平衡条件可知,剪切面上内力的合力必然与外力平行,大小由平衡方程 $\sum F_x = 0$ 确定,即

$$F_p - F_Q = 0$$

有

$$F_Q = F_p$$

6.1.3 剪切强度实用计算

与剪力 F_Q 相对应,受剪面上还有切应力 τ 存在。切应力 τ 在剪切面上的分布情况比较复杂。在工程实际中,通常采用以经验和试验为基础的“实用计算法”来计算。所谓实用计算法就是假设切应力在受剪面内是均匀分布的。因此,受剪面上的切应力为

$$\tau = \frac{F_Q}{A} \tag{6-1}$$

式中：A 为受剪面面积。

切应力分布规律如图 6-2(d)所示。请读者注意，这只是一种近似结果而已。显然，截面上各点都是危险点，处于纯剪切应力状态，故剪切强度条件为

$$\tau=\frac{F_Q}{A}\leqslant[\tau] \tag{6-2}$$

式中：$[\tau]$为剪切许用应力，用剪切试验测出剪切强度极限 τ_u 后，再除以安全因数 n 得到。常用材料的$[\tau]$可以从有关设计手册中查到，也可按以下经验公式确定。

对塑性材料，　　　　$[\tau]=(0.6\sim0.8)[\sigma]$

对脆性材料，　　　　$[\tau]=(0.8\sim1.0)[\sigma]$

式中：$[\sigma]$为材料的许用正应力。上述的计算虽然是近似计算，但计算结果与工程实际基本相符，一般能满足工程要求。

6.2　挤压强度实用计算

6.2.1　挤压变形的概念

如图 6-3(a)所示的螺母与木材之间的相互压紧，就产生了挤压变形。图6-3(c)所示的铆钉与钢板之间的相互压紧也是挤压变形。构件发生剪切变形时，在其受压的表面上，必然伴随着局部受挤压现象。

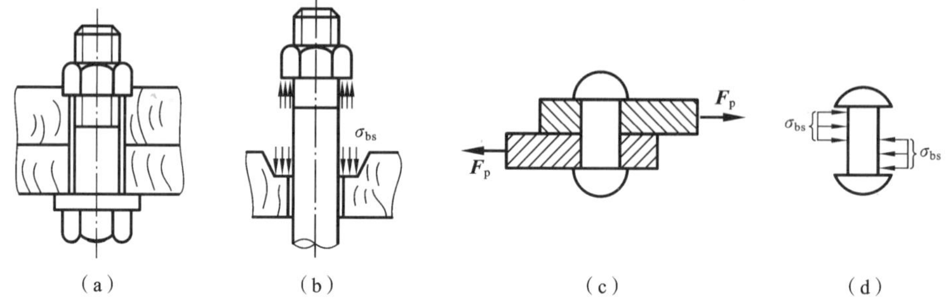

图 6-3　挤压变形示例

构件上产生挤压变形的表面称为挤压面。当挤压面上的挤压力较大时，就可能导致构件在挤压处产生显著塑性变形，甚至被压溃，这种破坏称为挤压破坏(见图 6-3(b))。因此对受剪切的构件，除了进行剪切强度计算外，还应进行挤压强度计算。

6.2.2　挤压强度的实用计算

作用于挤压接触面上的压力称为挤压力，并用 F_{bs} 表示。挤压面单位面积上所受的挤压力习惯上称为挤压应力，用 σ_{bs} 表示(见图 6-3(b)、图 6-3(d))。由于

挤压应力的分布比较复杂，往往也采用“实用计算法”。

在工程中，近似地认为，挤压应力在挤压面上是均匀分布的。因此，挤压面上各点均为危险点，其强度条件为

$$\sigma_{bs}=\frac{F_{bs}}{A_{bs}}\leqslant[\sigma_{bs}] \tag{6-3}$$

式中：A_{bs}为挤压面的计算面积；$[\sigma_{bs}]$为材料的许用挤压应力。

如果接触面为平面（见图 6-4），则该接触平面的面积就是挤压面的计算面积；如果接触面为圆柱面（见图 6-5(a)），则该柱面的正投影面积（见图 6-5(b)）中带点部分的面积为挤压面的计算面积。

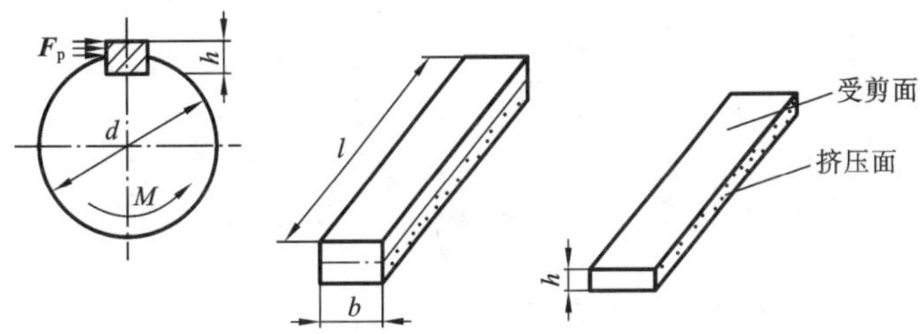

图 6-4　挤压面为平面的计算面积

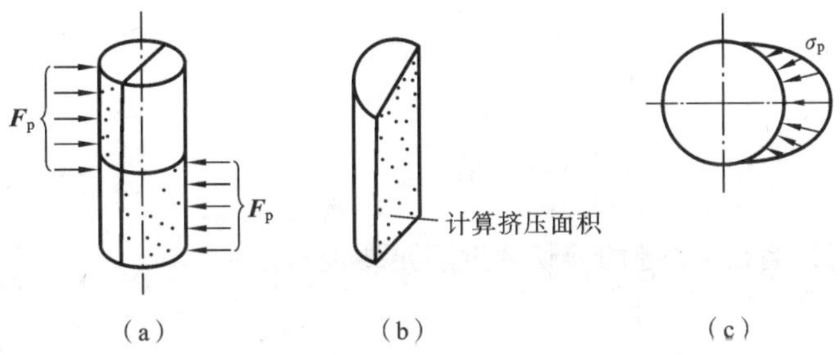

图 6-5　挤压面为圆柱的计算面积

材料的许用挤压应力$[\sigma_{bs}]$可查相关手册得到，也可按以下公式近似确定。

对塑性材料，　　$[\sigma_{bs}]=(1.5\sim2.5)[\sigma]$

对脆性材料，　　$[\sigma_{bs}]=(0.9\sim1.5)[\sigma]$

如果互相挤压的构件材料不同，应按许用应力较低的进行计算。

需要指出的是，挤压应力与压缩应力截然不同。拉压变形中的压缩应力是均匀地分布在整个构件上的，而挤压应力则只分布于两构件接触的表面上。

例 6-1　如图 6-6(a)所示，齿轮用平键与轴连接（图中未画出齿轮）。已知轴的直径 $d=70$ mm。平键的尺寸为 $b=20$ mm、$l=100$ mm、$h=20$ mm。传递的力偶矩 $M=2$ kN·m。平键的许用应力：$[\tau]=60$ MPa，$[\sigma_{bs}]=100$ MPa。试校核平键的强度。

解　平键可能的破坏形式有两种：剪切破坏和挤压破坏，故两种强度均需要校核。

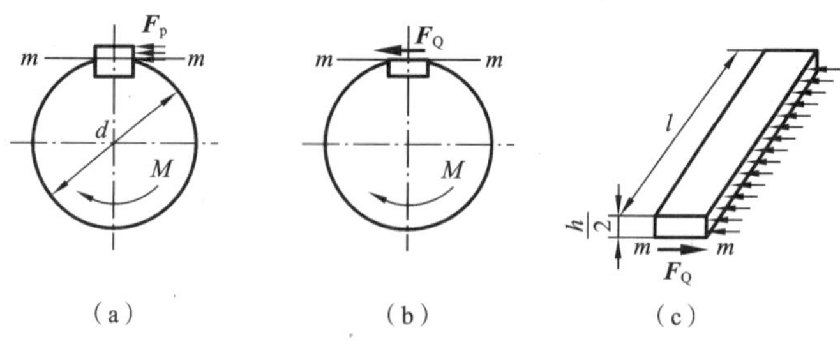

图 6-6　例 6-1 图

(1) 选键与轴为研究对象,求键所受到的力 F_p(见图 6-6(a))。根据平衡条件

$$\sum M_O(F)=0,$$

$$F_p\frac{d}{2}-M=0$$

$$F_p=\frac{2M}{d}=\frac{2\times2\times10^6}{70}\ \text{N}=57\ 100\ \text{N}$$

由图 6-6(b)中可以看出,平键可能沿着 m—m 截面被剪切破坏,而与键槽接触的侧面可能产生挤压破坏。由截面法可得

$$F_Q=F_{bs}=F_p=57\ 100\ \text{N}$$

(2) 剪切强度校核如下。

$$\tau=\frac{F_Q}{A}=\frac{F}{bl}=\frac{57100\text{N}}{20\times100}\ \text{MPa}=28.6\ \text{MPa}<[\tau]=60\ \text{MPa}$$

由计算可以看出,平键的剪切强度满足要求。

(3) 挤压强度校核如下。

$$\sigma_{bs}=\frac{F_{bs}}{A_{bs}}=\frac{F_p}{\frac{h}{2}l}=\frac{57\ 100}{\frac{12}{2}\times100}\ \text{MPa}=96\ \text{MPa}<[\sigma_{bs}]=100\ \text{MPa}$$

由计算可以看出,平键的挤压强度满足要求。

习　　题

填空题

6-1　构件在一对大小______、方向______、作用线相隔______的外力作用下,作用力之间的截面将沿着力的作用方向发生______的变形,称为剪切变形。

6-2　在承受剪切的构件中,发生______的截面称为剪切面;构件在受剪切时,也伴随着发生______现象。

6-3　剪切面在两相邻外力作用线之间,与外力作用线______;挤压面与外力作用线______。(填“平行”或“垂直”)

6-4 受剪面上的内力称为______，常用符号______表示。

6-5 受剪面上有______应力存在，用符号______表示。它在剪切面上的分布情况比较复杂，因此工程中通常采用以试验、经验为基础的“实用计算法”来计算，即假设______应力在受剪面内是______分布的，故受剪面上应力公式为______。

6-6 剪切强度条件为______。

6-7 对受剪切的构件，除了进行剪切强度计算外，还应进行______强度计算。挤压面单位面积上所受的挤压力，习惯上称为______，用______表示。

6-8 在工程中，认为挤压应力在挤压面上______分布。其强度条件为______。

计算题

6-9 如图 6-7 所示的齿轮与轴用平键连接。已知键尺寸 $b\times h\times l=16\ \text{mm}\times 10\ \text{mm}\times 5\ \text{mm}$，轴的直径 $d=50$ mm，传递的力矩为 $M=600\ \text{N}\cdot\text{m}$，键的许用切应力$[\tau]=60$ MPa，许用挤压应力$[\sigma_{bs}]=100$ MPa。试校核平键的强度。

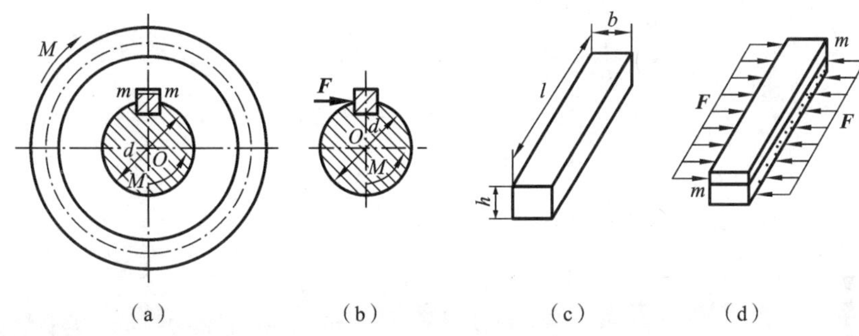

图 6-7 题 6-9 图

6-10 拖车挂钩的销钉连接如图 6-8 所示。已知挂钩厚度 $t=8$ mm，销钉材料的许用切应力$[\tau]=60$ MPa，许用挤压应力$[\sigma_{bs}]=200$ MPa，拖车的牵引力 $F=15$ kN。试确定销钉的直径。

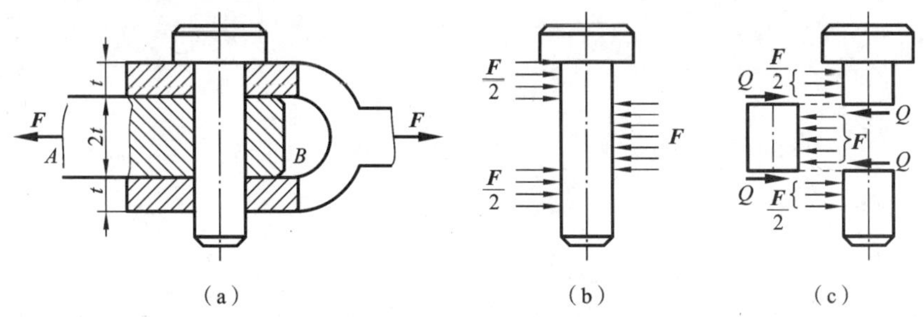

图 6-8 题 6-10 图

6-11 两块厚度 $t=16$ mm 的钢板用三个铆钉连接，如图 6-9 所示。若 $F=50$ kN，许用切应力$[\tau]=100$ MPa，许用挤压应力$[\sigma_{bs}]=280$ MPa。求铆钉的直径。

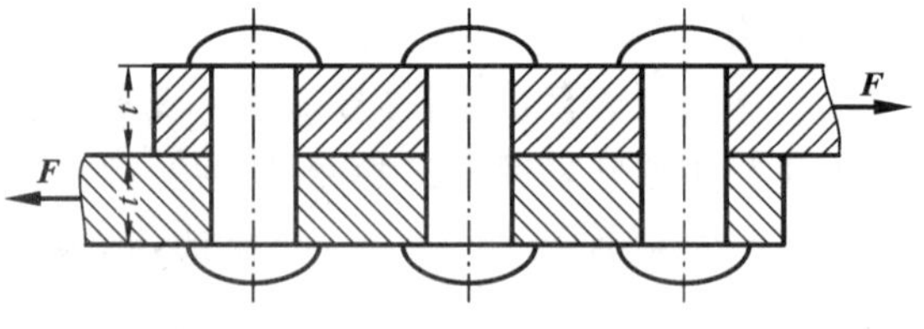

图 6-9　题 6-11 图

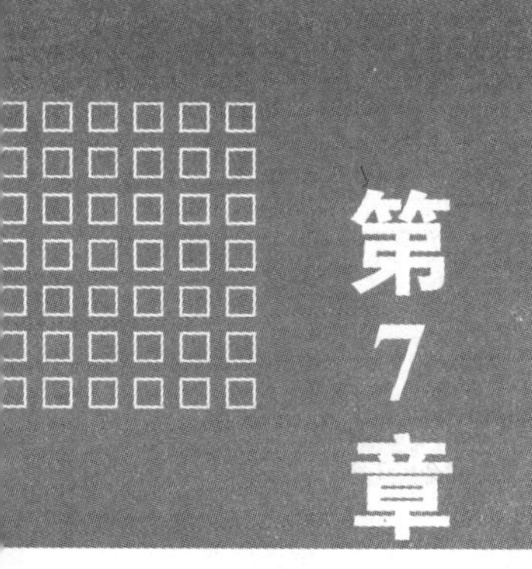

第7章 圆轴扭转

7.1 扭转的概念和实例

首先研究两个扭转变形的实例。汽车转向轴受力如图 7-1 所示，轴的上端受到经由方向盘传来的力偶作用，下端则又受到来自转向器的阻抗力偶作用。加工螺纹时丝锥的受力如图 7-2 所示，通过铰杠把力偶作用于丝锥的上端，丝锥下端则受到工件的阻抗力偶作用。

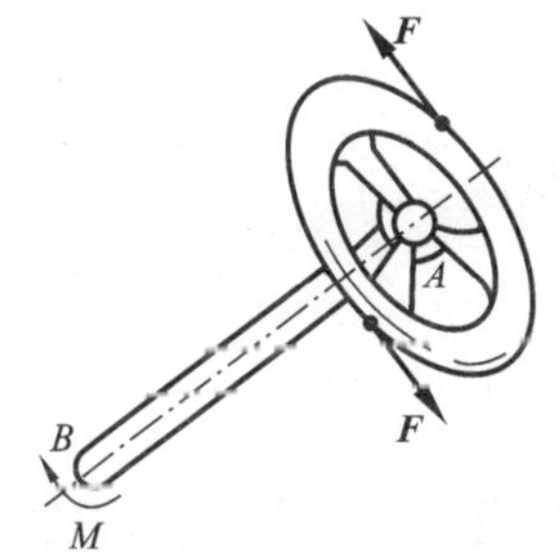

图 7-1 汽车转向轴受力示例

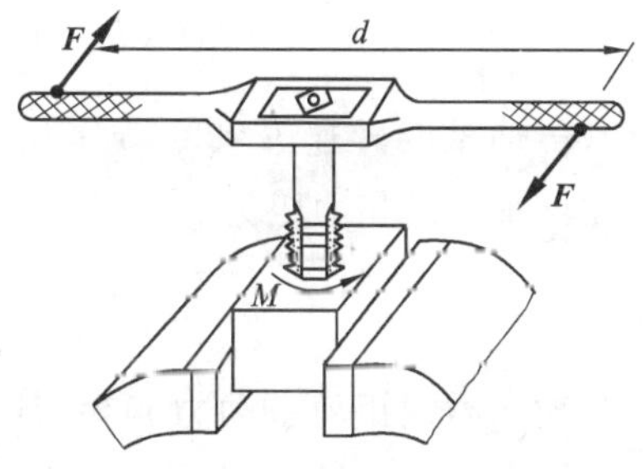

图 7-2 加工螺纹时丝锥受力示例

这些实例都是在杆件的两端作用大小相等、方向相反、且力偶作用平面垂直于杆件轴线的力偶，致使杆件的任意两个横截面绕轴线发生相对转动，这就是扭转变形。使杆件产生扭转变形的外力偶称为扭力偶，其矩称为扭力偶矩或扭力矩。

在工程实际中，有很多构件，如车床的光杆、搅拌机轴、汽车传动轴等，都是受扭构件。杆件承受扭转的变形特点是：各横截面绕轴线发生相对转动，杆件的轴线始终保持直线。杆件任意两横截面间相对转过的角度称为扭转角，用 φ 表示，简称转角，用弧度来度量。如图 7-3 中的 φ_{AB} 就是截面 B 相对于截面 A 的扭转角。

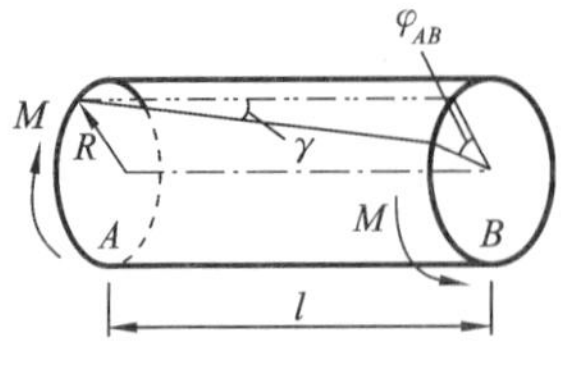

图 7-3　扭转角示例

一般来说，单纯受扭的杆件很少，在扭转的同时会伴随其他变形。一般将以扭转变形为主要变形的构件称为轴。机械工程中的传动轴通常是圆截面轴。本章主要研究圆截面等直轴的扭转，这是工程中最常见的情况，又是扭转中最简单的问题。

7.2　外力偶矩的计算　扭矩和扭矩图

7.2.1　外力偶矩的计算

作用在轴上的外力偶矩往往不是直接给出，而是给出它所传递的功率和转速。这时，可用下面的公式求出作用于轴上的外力偶矩的值：

若已知功率的单位为 kW，转速的单位为 r/min，则扭力矩为

$$M=9\ 550\frac{P}{n}\ (\mathrm{N\cdot m}) \tag{7-1a}$$

若已知功率的单位为马力(1 马力＝0.735 5 kW)，转速的单位为 r/min，则扭力矩为

$$M=7\ 024\frac{P}{n}\ (\mathrm{N\cdot m}) \tag{7-1b}$$

例如，传动轴的转速 $n=300$ r/min，输入功率 $P=10$ kW，则由式(7-1a)可知，作用在该轴上的扭力矩为

$$M=9\ 550\frac{P}{n}=9\ 550\times\frac{10}{300}\ \mathrm{N\cdot m}=318.3\ \mathrm{N\cdot m}$$

通常，输入力偶矩为主动力偶矩，其转向和轴的转向相同；输出力偶矩为阻力偶矩，其转向与轴的转向相反。

7.2.2　扭矩

已知作用于轴上的所有外力偶矩，就可用截面法研究横截面上的内力。如图 7-4(a)所示，一根圆轴在一对大小相等、转向相反的外力偶矩 M 的作用下产生扭转变形。

假想地将圆轴沿 m—m 截面分成两部分，并取左边部分作为研究对象。由于整个轴是平衡的，所以左边部分也处于平衡状态下，这就要求截面 m—m 上的内力系必须是一个内力偶，其力偶矩称为扭矩，用符号 M_{T}(或 T)表示，如图 7-4(b)所示。根据平衡方程 $\sum M_x=0$，有

$$M_T - M = 0$$

$$M_T = M$$

同理,分析右段,如图 7-3(c)所示,可得

$$M'_T = M$$

由图 7-4 可知,由左右两部分分别为研究对象所求出的结果,其大小相等,方向刚好相反。为了将两者统一,即无论以左边还是以右边为研究对象,所求出的扭矩不仅大小相等,而且符号相同,我们采取右手螺旋法则:用右手四指表示扭矩的转向,若拇指的指向离开截面向外时,规定扭矩方向为正,如图 7-5(a)所示;若拇指指向截面向内时,则扭矩方向为负,如图 7-5(b)所示。

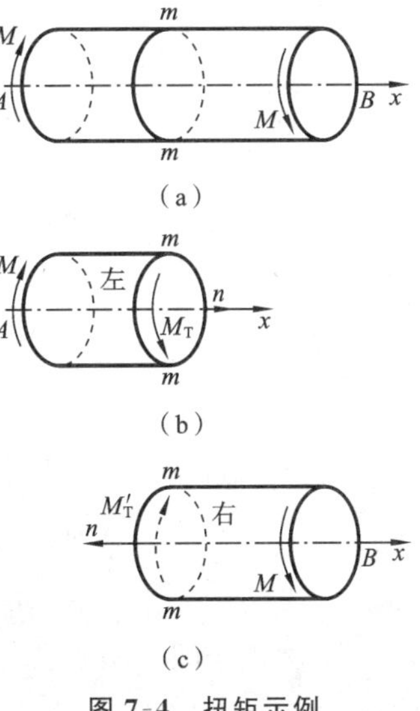

图 7-4 扭矩示例

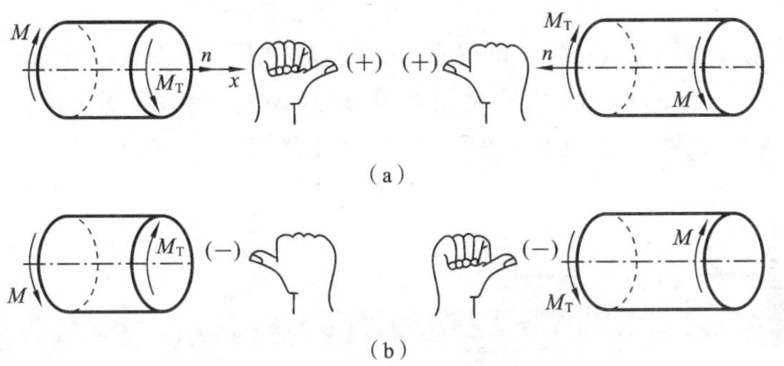

图 7-5 确定扭矩方向(符号)示例

7.2.3 扭矩图

为了直观地表示沿轴线各横截面上扭矩的变化规律,取平行于轴线的横坐标表示横截面的位置,用纵坐标表示扭矩的代数值,画出各截面扭矩的变化图。我们把这样的图称为扭矩图。图中数据表示各截面上扭矩的大小,并用"+"、"−"表示其方向。下面用例题来说明扭矩的计算和扭矩图的绘制。

例 7-1 齿轮轴如图 7-6 所示。已知轴的转速 $n=300$ r/min,齿轮 A 输入功率 $P_A=50$ kW,齿轮 B 和 C 输出功率分别为 $P_B=30$ kW 和 $P_C=20$ kW。试绘制该轴的扭矩图。

解 (1) 计算外力偶矩。由式(7-1a)分别计算 A、B、C 三轮上的外力偶矩。

$$M_A = 9\ 550\ \frac{P_A}{n} = 9\ 550 \times \frac{50}{300}\ \text{N} \cdot \text{m} = 1\ 592\ \text{N} \cdot \text{m}$$

$$M_B = 9\ 550\ \frac{P_B}{n} = 9\ 550 \times \frac{30}{300}\ \text{N}\cdot\text{m} = 955\ \text{N}\cdot\text{m}$$

$$M_C = 9\ 550\ \frac{P_C}{n} = 9\ 550 \times \frac{20}{300}\ \text{N}\cdot\text{m} = 637\ \text{N}\cdot\text{m}$$

(2) 计算各段轴的扭矩。假想沿 1—1 截面把轴截开，取左部分为研究对象，列平衡方程，有

$$\sum M_x = 0, \quad -M_A + M_{T1} = 0$$

解得
$$M_{T1} = M_A = 1\ 592\ \text{N}\cdot\text{m}$$

假想沿 2—2 截面把轴截开，仍取左部分，列平衡方程，有

$$\sum M_x = 0, \quad -M_A + M_B + M_{T2} = 0$$

解得
$$M_{T2} = M_A - M_B = 637\ \text{N}\cdot\text{m}$$

(3) 画扭矩图。根据以上计算结果，按比例画出扭矩图，如图 7-6(c)所示。由图可见，AB 段各截面的扭矩最大为 $M_{T\max} = 1\ 592\ \text{N}\cdot\text{m}$，所以危险截面在 AB 段。

讨论：设计时，如果将 A 轮放在 B、C 两轮之间，如图 7-7(a)所示，相应的扭矩图如图 7-7(b)所示，其最大扭矩降低为 $M_{T\max} = 955\ \text{N}\cdot\text{m}$。显然，从安全的角度来说，图 7-7(a)所示的齿轮布置比图 7-6(a)所示的齿轮布置更为合理。

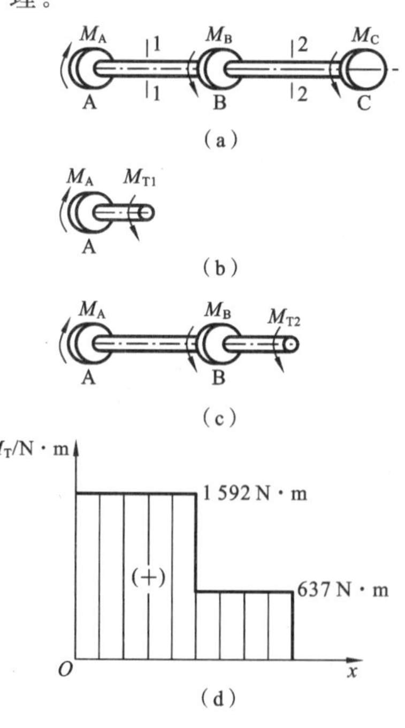

图 7-6　例 7-1 图

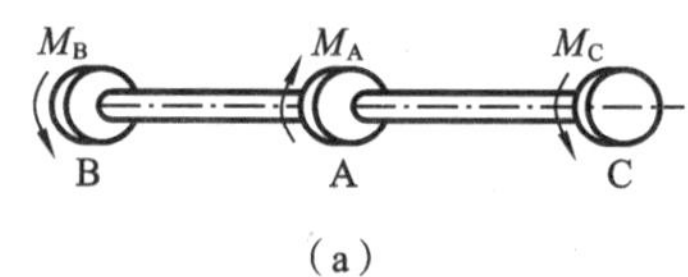

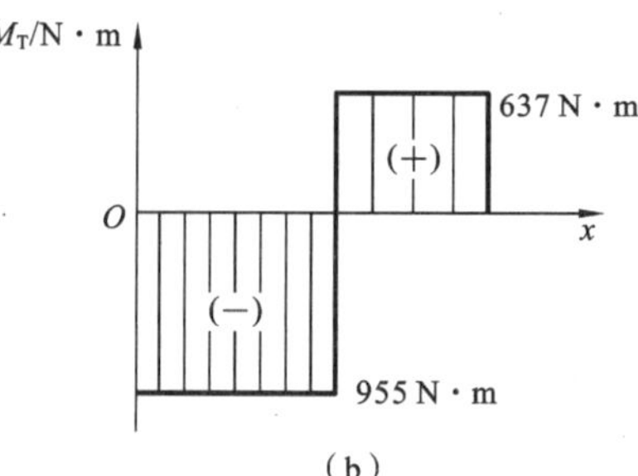

图 7-7　改进后的齿轮布置

7.3 圆轴扭转时的应力

7.3.1 圆轴扭转时的应力

研究圆轴扭转时横截面上的应力，需综合考虑扭转变形的几何关系、物理关系和静力学关系。

1. 变形几何关系

如图 7-8(a)所示，取一圆形截面直杆，在此圆轴的表面各画几条相互平行的圆周线和纵向线。然后，在轴的两端施加一对力偶矩 M，使其产生扭转变形，如图 7-8(b)所示。观察圆轴扭转实验现象。

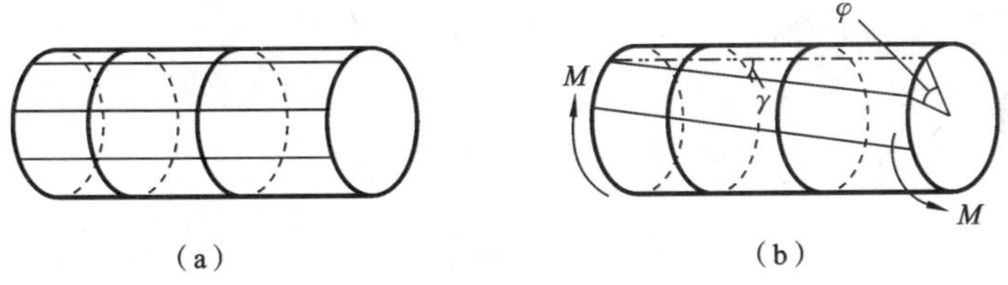

图 7-8 圆轴扭转实验图

在变形微小的情况下，可以观察到如下现象。

(1) 所有纵向线倾斜了相同的角度 γ，原来轴表面上的小矩形变成了平行四边形。

(2) 轴的直径、圆周线的形状和任意两圆周线之间轴向距离均保持不变，只是各圆周线绕轴线旋转了不同的角度。

根据观察到的现象，作下述基本假设：圆轴扭转前的各个横截面在扭转后仍为互相平行的平面，其形状和大小不变，半径仍保持为直线，且相邻两截面间的距离不变。这就是圆轴扭转的平面假设。按照这一假设，在扭转变形中，圆轴的横截面就像刚性平面一样，只是相对绕轴线转过了一个角度。根据实验现象与平面假设，可得下列结论。

(1) 横截面上不存在正应力。

(2) 横截面上存在切应力，且其方向与半径垂直。

在图 7-9 中，取微段 dx，微段的右端截面相对左端截面旋转了一个角度 $d\varphi$，半径 OA 转到了 OA'。于是，表面小矩形发生了微小的错动，错动的距离为

$$\overline{AA'}=R\mathrm{d}\varphi$$

在小变形的条件下有

$$\gamma=\tan\gamma=\frac{R\mathrm{d}\varphi}{\mathrm{d}x} \tag{7-2}$$

这就是圆截面边缘上 A 点的切应变，显然，γ 发生在垂直于半径 OA 的平

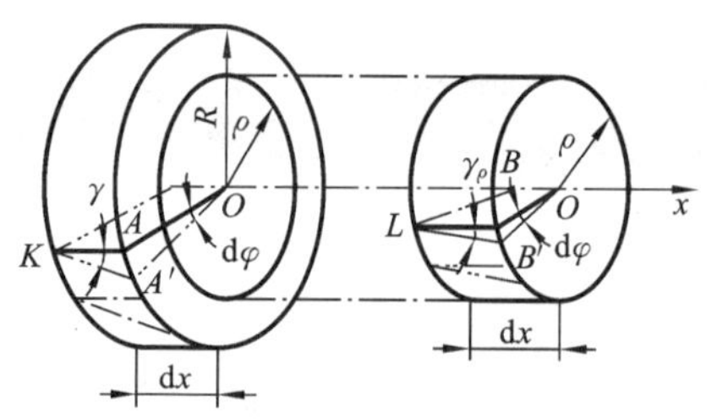

图 7-9　变形几何关系示例

面内。

在图 7-9 中,再从此微段中取出一半径为 ρ 的圆柱体。根据变形后横截面仍为平面,半径仍为直线的假设,用相同的方法可以求得距离圆心为 ρ 处得切应变为

$$\gamma_\rho=\tan\gamma_\rho=\frac{\overline{BB'}}{\overline{LB}}=\frac{\rho\mathrm{d}\varphi}{\mathrm{d}x} \tag{7-3}$$

与式(7-2)中的 γ 一样,γ_ρ 发生在垂直于半径 OA 的平面内。$\frac{\mathrm{d}\varphi}{\mathrm{d}x}$是扭转角沿 x 轴的变化率,所以在同一横截面上$\frac{\mathrm{d}\varphi}{\mathrm{d}x}$是一个常数,因此,各点的切应变与该点到圆心的距离成正比,即 $\gamma_\rho\propto\rho$。

2. 物理关系

考虑剪切胡克定律,可得 $\tau_\rho=G\gamma_\rho$,并代入式(7-3),得

$$\tau_\rho=G\rho\frac{\mathrm{d}\varphi}{\mathrm{d}x} \tag{7-4}$$

这表明,各点的切应力 τ_ρ 与该点到圆心的距离 ρ 成正比。因为 γ_ρ 发生在垂直于半径 OA 的平面内,所以 τ_ρ 也与半径垂直。由此绘出圆轴扭转时横截面上切应力分布图,如图 7-10 所示。图 7-10(a)所示为实心圆截面上的切应力分布图,图 7-10(b)所示为空心圆截面上的切应力分布图。显然,在同一截面上,圆周外边缘上各点的切应力最大。

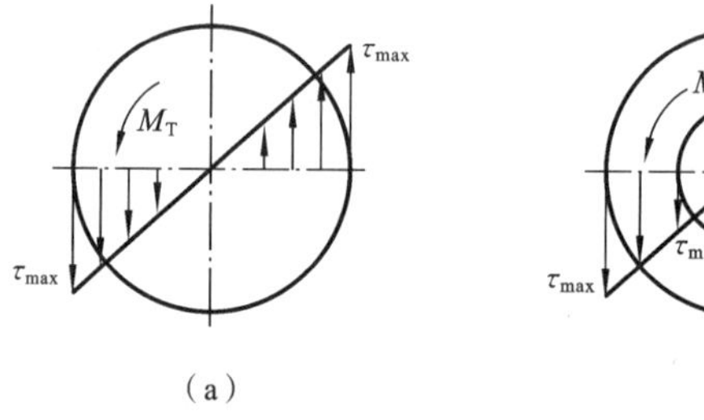

图 7-10　圆轴扭转时的应力分布

因为式(7-4)中$\frac{\mathrm{d}\varphi}{\mathrm{d}x}$尚未求出,所以仍不能用它计算扭转切应力,这就要用静力学关系来解决。

3. 静力学关系

如图 7-11 所示,在横截面上任取一微面积 $\mathrm{d}A$(到圆心的距离为 ρ),则其上的微内力为 $\tau_\rho\mathrm{d}A$,它对圆心的力矩为 $\rho\tau_\rho\mathrm{d}A$。整个截面上所有微力矩之和应等于该截面上的扭矩 M_{T},即

$$M_T = \int_A \rho(\tau_\rho \mathrm{d}A) = \int_A G \frac{\mathrm{d}\varphi}{\mathrm{d}x}\rho^2 \mathrm{d}A = G\frac{\mathrm{d}\varphi}{\mathrm{d}x}\int_A \rho^2 \mathrm{d}A \tag{7-5}$$

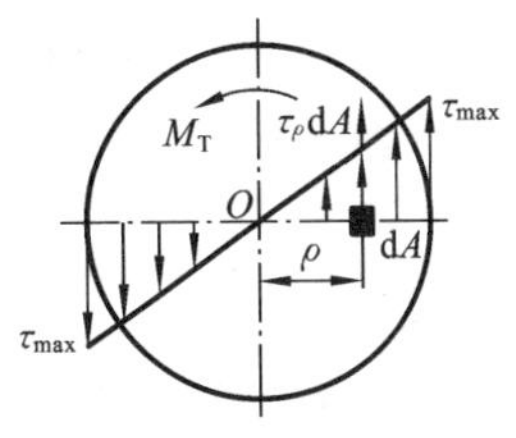

图 7-11 圆轴扭转时静力学关系示例

令 $I_p = \int_A \rho^2 \mathrm{d}A$，$I_p$ 称为横截面对圆心的极惯性矩，国际单位为 m^4，实用单位为 mm^4。将其代入式(7-5)，得

$$M_T = GI_p \frac{\mathrm{d}\varphi}{\mathrm{d}x}$$

即

$$\frac{\mathrm{d}\varphi}{\mathrm{d}x} = \frac{M_T}{GI_p} \tag{7-6}$$

式(7-6)表示单位长度的扭转角与扭矩间的关系。

将式(7-6)代入式(7-4)，得到圆轴横截面上任意点处的切应力公式为

$$\tau_\rho = \frac{M_T \rho}{I_p} \tag{7-7}$$

式中：ρ 为欲求应力的点到圆心的距离，国际单位为 m，实用单位为 mm。

显然，当 $\rho=0$ 时，$\tau=0$；

当 $\rho=D/2=R$ 时，切应力具有最大值，即

$$\tau_{max} = \frac{M_T R}{I_p} = \frac{M_T}{W_p} \tag{7-8}$$

式中：$W_p = I_p/R$ 为抗扭截面系数（或抗扭截面模量），国际单位为 m^3，实用单位为 mm^3。

由此可见，最大切应力 τ_{max} 发生在圆截面外边缘上各点处，且最大切应力 τ_{max} 与横截面上的扭矩 M_T 成正比，与抗扭截面系数 W_p 成反比。可见，抗扭截面系数 W_p 是表征圆轴抵抗破坏能力的几何参数。

需要指出的是：式(7-7)、式(7-8)是在平面假设的基础上并应用了剪切胡克定律推导出来的，故只适用于实心圆轴或空心圆轴，且 τ_{max} 不超过材料的剪切比例极限。

7.3.2 极惯性矩与抗扭截面系数

工程上常采用实心圆轴和空心圆轴，它们的极惯性矩 I_p 与抗扭截面系数 W_p 计算公式如下。

(1) 实心圆截面轴的极惯性矩与抗扭截面系数。若实心圆截面直径为 d，则

极惯性矩为 $$I_p = \frac{\pi d^4}{32} \approx 0.1d^4 \tag{7-9}$$

抗扭截面系数为 $$W_p = \frac{\pi d^3}{16} \approx 0.2d^3 \tag{7-10}$$

(2) 空心圆截面轴的极惯性矩与抗扭截面系数。若空心圆截面的外径为 D，内径为 d，则

极惯性矩为 $$I_p=\frac{\pi D^4}{32}-\frac{\pi d^4}{32}=\frac{\pi D^4}{32}(1-a^4) \tag{7-11}$$

抗扭截面系数为 $$W_p=\frac{2I_p}{D}=\frac{\pi D^3}{16}(1-a^4) \tag{7-12}$$

式中:$a=d/D$ 称为空心圆轴的内外径之比。

例 7-2 如图 7-12 所示为空心圆截面轴,外径 $D=40$ mm,内径 $d=20$ mm,扭矩 $M_T=1$ kN · m,试计算 $\rho=15$ mm 的 A 点处的扭转切应力 τ_A 及横截面上的最大、最小切应力。

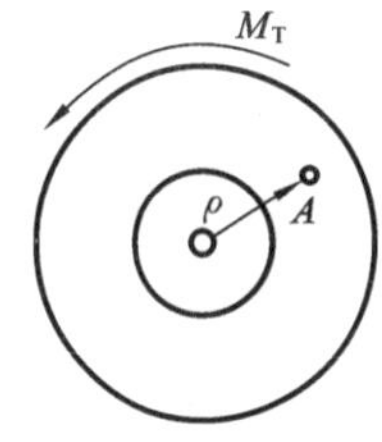

图 7-12 例 7-2 图

解 (1) 计算空心圆截面的极惯性矩。

$$I_p=\frac{\pi D^4}{32}(1-a^4)=\frac{\pi\times 40^4}{32}\cdot\left[1-\left(\frac{20}{40}\right)^4\right]\ \text{mm}^4$$

$$=235\ 600\ \text{mm}^4=2.356\times 10^{-7}\ \text{m}^4$$

(2) 计算切应力。由式(7-7),得

$$\tau_A=\frac{M_T\rho}{I_p}=\frac{1\times 10^3\times 15\times 10^{-3}}{2.356\times 10^{-7}}\ \text{Pa}=6.367\times 10^7\ \text{Pa}$$

$$=63.67\ \text{MPa}$$

$$\tau_{max}=\frac{M_TR}{I_p}=\frac{1\times 10^3\times 20\times 10^{-3}}{2.356\times 10^{-7}}\ \text{Pa}=84.89\times 10^6\ \text{Pa}=84.89\ \text{MPa}$$

$$\tau_{min}=\frac{d/2}{D/2}\cdot\tau_{max}=\frac{20}{40}\times 84.89\ \text{MPa}=42.44\ \text{MPa}$$

7.4 圆轴扭转时的强度计算

7.4.1 危险截面与危险点的位置

等截面圆轴扭转时,绝对值最大的扭矩所在截面是危险截面;而对于变截面的阶梯轴,扭矩与抗扭截面系数之比(即每一个横截面上的 τ_{max})最大的横截面为危险截面。由于圆轴扭转时横截面上的切应力沿半径方向呈线性分布,故危险截面边缘各点均为危险点。

7.4.2 圆轴扭转的强度条件

1. 扭转失效与扭转极限应力

扭转试验是用圆截面试样在扭转试验机上进行的。

试验表明:塑性材料试样在扭转过程中,先是发生屈服,这时,在试样表面的横向与纵向出现滑移线(见图 7-13(a))。如果继续增大扭力矩,试样最后沿横截

面被剪断(见图 7-13(b))。脆性材料试样受扭时,变形始终很小,最后在与轴线呈 45°倾角的螺旋面发生断裂(见图 7-13(c))。

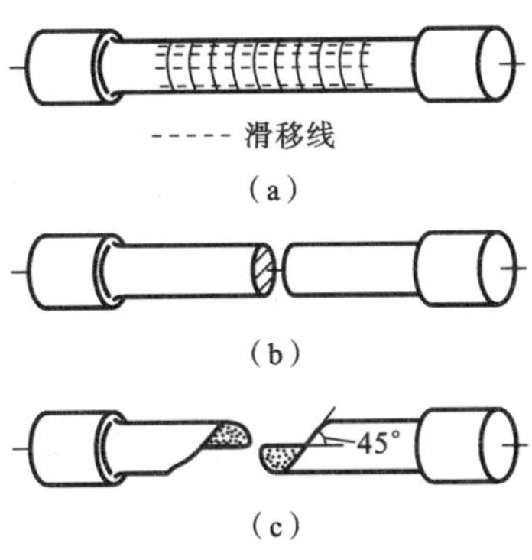

图 7-13 圆轴扭转试验示例

上述情况表明,对于受扭轴,失效标志仍为屈服或断裂。试样扭转屈服时横截面上的最大切应力称为材料的扭转屈服应力,并用 τ_s 表示;试样扭转断裂时横截面上的最大切应力称为材料的扭转强度极限,并用 τ_b 表示。扭转屈服应力 τ_s 与扭转强度极限 τ_b 统称为扭转极限应力,并用 τ_u 表示。

2. 圆轴扭转的强度条件

材料的扭转极限应力 τ_u 除以安全因数 n 为材料的扭转许用切应力,即

$$[\tau]=\frac{\tau_u}{n} \tag{7-13}$$

因此,为了保证圆轴工作时不致因强度不够而破坏,最大扭转切应力 τ_{max} 不得超过材料的扭转许用切应力$[\tau]$,即要求

$$\tau_{max}=\left(\frac{M_T}{W_p}\right)_{max}\leqslant[\tau] \tag{7-14}$$

此即为圆轴扭转强度条件。对于等截面圆轴,式(7-14)简化为

$$\frac{M_{Tmax}}{W_p}\leqslant[\tau] \tag{7-15}$$

理论与试验研究均表明,材料纯剪切时的许用切应力$[\tau]$与材料的许用正应力$[\sigma]$之间存在下述关系。

对于塑性材料, $[\tau]=(0.5\sim0.577)[\sigma]$

对于脆性材料, $[\tau]=(0.8\sim1.0)[\sigma]$

另外,圆轴扭转的许用切应力$[\tau]$可查有关手册。

应用式(7-14),可解决强度校核、截面设计、确定许可载荷等三类强度设计问题。

例 7-3 一阶梯钢轴如图 7-14(a)所示,已知材料的许用切应力$[\tau]=80$ MPa。外力偶矩为:$M_1=10$ kN·m,$M_2=7$ kN·m,$M_3=3$ kN·m。AB 段的直径 $d_1=100$ mm,BC 段的直径 $d_2=60$ mm。试校核该轴的强度。

解 (1) 计算扭矩,画扭矩图,如图 7-14(b)所示。

(2) 计算切应力,并进行强度校核。

对 AB 段: $|M_{T1}|=10$ kN·m

$$W_{p1}=\frac{\pi d_1^3}{16}=\frac{\pi\times100^3}{16}\ \text{mm}^3=0.196\times10^6\ \text{mm}^3$$

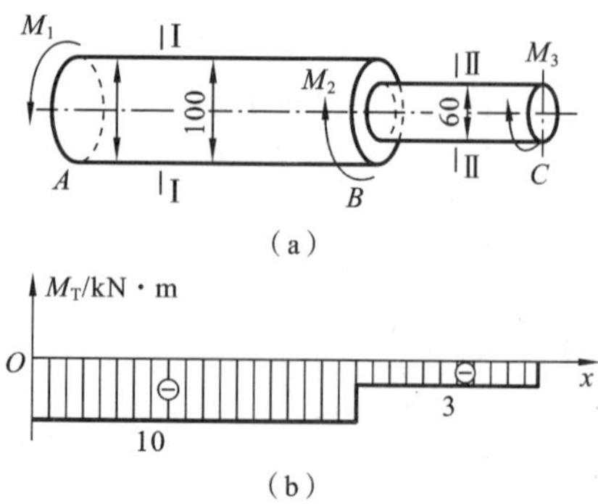

图 7-14　例 7-3 图

$$\tau_{max}=\frac{|M_{T1}|}{W_{p1}}=\frac{10\times10^6}{0.196\times10^6}\ \text{MPa}=50.9\ \text{MPa}\leqslant[\tau]$$

对 BC 段：

$$M_{T2}=3\ \text{kN}\cdot\text{m}$$

$$W_{p2}=\frac{\pi d_2^3}{16}=\frac{\pi\times60^3}{16}\ \text{mm}^3=4.2\times10^4\ \text{mm}^3$$

$$\tau_{max}=\frac{M_{T2}}{W_{p2}}=\frac{3\times10^6}{4.2\times10^4}\ \text{MPa}=72\ \text{MPa}<[\tau]$$

因此，该轴满足强度要求。

由计算可知，危险截面为 BC 段上的任一横截面。

例 7-4　图 7-15 所示的实心轴与空心轴通过牙嵌式离合器连接而传递扭矩。已知轴的速 $n=96$ r/min，传递的功率 $P=7.5$ kW，材料的许用切应力$[\tau]=40$ MPa，空心轴的内径 d 与外径 D_1 之比 $a=d/D_1=0.5$。试计算实心轴的直径 D 和空心轴的外径 D_1。

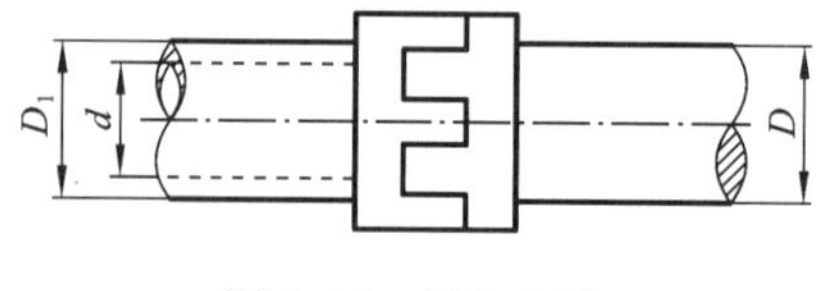

图 7-15　例 7-4 图

解　(1) 计算扭力矩及扭矩。

$$M_T=M=9\ 550\ \frac{P}{n}=9\ 550\times\frac{7.5}{96}\ \text{N}\cdot\text{m}=746.1\ \text{N}\cdot\text{m}$$

(2) 根据强度条件设计轴的直径。

由 $\tau_{max}=\frac{M_T}{M_p}\leqslant[\tau]$得

$$W_p\geqslant\frac{M_T}{[\tau]}$$

对实心轴：

$$W_p=\frac{\pi D^3}{16}\geqslant\frac{M_T}{[\tau]}$$

$$D\geqslant\sqrt[3]{\frac{16M_T}{\pi[\tau]}}=\sqrt[3]{\frac{16\times746.1}{3.14\times40\times10^6}}\ \text{m}=0.045\ 6\ \text{m}=45.6\ \text{mm}$$

对空心轴：

$$D_1 \geqslant \sqrt[3]{\frac{16M_T}{\pi\times(1-a^4)\times[\tau]}}=\sqrt[3]{\frac{16\times746.1\times10^3}{3.14\times(1-0.5^4)\times40\times10^6}}\ \mathrm{m}$$

$$=0.0466\ \mathrm{m}=46.6\ \mathrm{mm}$$

依据上述结果，在机械工程中，常取 $D=46$ mm，$D_1=48$ mm。

例 7-5 已知空心圆轴的外径为 $D_1=76$ mm，壁厚 $t=2.5$ mm，传递的扭力矩 $M=1.98$ kN·m，材料的许用切应力$[\tau]=100$ MPa。求：(1) 校核轴的强度；(2) 如改为实心轴，且其强度不变，试设计其直径 D。

解 (1) 校核轴的强度。

$$M_T=M=1.98\ \mathrm{kN\cdot m}$$

$$a=\frac{D_1-2t}{D_1}=\frac{76-2\times2.5}{76}=0.934$$

$$I_p=\frac{\pi D_1^4}{32}(1-a^4)=\frac{3.14\times76^4}{32}(1-0.934^4)\ \mathrm{mm^4}=780\times10^3\ \mathrm{mm^4}$$

$$W_p=\frac{2I_p}{D}=\frac{2\times780\times10^3}{76}\ \mathrm{mm^3}=20.5\times10^3\ \mathrm{mm^3}$$

$$\tau_{max}=\frac{M_T}{W_p}=\frac{1.98\times10^6}{20.5\times10^3}\ \mathrm{MPa}=96.6\ \mathrm{MPa}<[\tau]$$

故该轴满足强度要求。

(2) 设计实心轴的直径。

实心轴与空心轴的强度相等是指两轴的最大切应力相等，即

$$\tau'_{max}=\tau_{max}$$

设实心轴的抗扭截面系数为 W'_p，则

$$\tau'_{max}=\frac{M_T}{W'_p}$$

故

$$W'_p=\frac{\pi D^3}{16}=\frac{M_T}{\tau_{max}}$$

所以

$$D=\sqrt[3]{\frac{16M_T}{\pi\tau_{max}}}=\sqrt[3]{\frac{16\times1.98\times10^6}{3.14\times96.6}}\ \mathrm{mm}=47.1\ \mathrm{mm}$$

现在讨论在强度不变的情况下，若长度相等的两轴重量之比等于其横截面积之比，则

$$\frac{G_K}{G_S}=\frac{A_K}{A_S}=\frac{\frac{\pi}{4}(76^2-71^2)}{\frac{\pi}{4}\times47.1^2}=0.331$$

可见，空心轴的重量仅为实心轴重量的 33.1%。故在工程实际中，重要的轴多采用空心轴结构，不仅节约材料，还可减轻自重。

7.5 圆轴扭转时的变形和刚度计算

7.5.1 圆轴扭转时的变形

如图 7-9 所示，轴的扭转变形可用两横截面间绕轴线的相对扭转角来衡量。由式(7-6)可知，相距 $\mathrm{d}x$ 的两截面间的扭转角为

$$\mathrm{d}\varphi=\frac{M_{\mathrm{T}}}{GI_{\mathrm{p}}}\mathrm{d}x$$

因此，相距为 l 的两截面间的扭转角为

$$\varphi=\int\mathrm{d}\varphi=\int\frac{M_{\mathrm{T}}}{GI_{\mathrm{p}}}\mathrm{d}x$$

若在圆轴的 l 长度内的 M_{T}、G、I_{p} 均为常数，则

$$\Delta\varphi=\frac{M_{\mathrm{T}}l}{GI_{\mathrm{p}}} \tag{7-16}$$

式中：$\Delta\varphi$ 称为相距为 l 的两横截面间扭转角，基本单位为弧度(rad)，其正负号与扭矩 M_{T} 的正负号一致，表示不同的扭转方向。

由式(7-16)可知，GI_{p} 越大，在相同的扭矩作用下扭转角 $\Delta\varphi$ 就越小。因此，它反映了圆轴抵抗扭转变形的能力，称为圆轴的抗扭刚度。

用符号 θ 表示圆轴单位长度扭转角，则

$$\theta=\frac{\mathrm{d}\varphi}{\mathrm{d}x}=\frac{M_{\mathrm{T}}}{GI_{\mathrm{p}}} \tag{7-17}$$

式(7-17)中 θ 的单位为弧度/米(rad/m)。

工程上，单位长度扭转角的许用值(即$[\theta]$)的单位常用度/米((°)/m)，即

$$\theta=\frac{M_{\mathrm{T}}}{GI_{\mathrm{p}}}\times\frac{180^\circ}{\pi}\ (^\circ)/\mathrm{m} \tag{7-18}$$

7.5.2 圆轴扭转时的刚度条件

圆轴扭转时，除了应满足强度条件外，还应满足刚度条件。工程上通常限制圆轴的最大单位长度扭转角 $\theta_{\max}$ 不超过规定的单位长度许用扭转角$[\theta]$，即

$$\theta_{\max}=\left(\frac{M_{\mathrm{T}}}{GI_{\mathrm{p}}}\times\frac{180^\circ}{\pi}\right)_{\max}\leqslant[\theta] \tag{7-19}$$

式(7-19)是圆轴扭转的刚度条件。

单位长度许用扭转角$[\theta]$的取值大致如下：

精密机器、仪器的轴：$[\theta]=0.25^\circ\sim0.50^\circ/\mathrm{m}$。

一般传动轴：$[\theta]=0.5^\circ\sim1.0^\circ/\mathrm{m}$。

精度要求不高的传动轴：$[\theta]=2.0^\circ\sim4.0^\circ/\mathrm{m}$。

工程实际中，通常采用首先按强度设计圆轴，再校核其刚度的方法。

例 7-6　传动轴如图 7-16(a)所示，已知轴的直径 $d=45$ mm，转速 $n=300$ r/min。主动轮 A 输入的功率 $P_A=36.7$ kW；从动轮 B、C、D 输出的功率分别为 $P_B=14.7$ kW，$P_C=P_D=11$ kW。轴材料的剪切弹性模量 $G=80$ GPa，许用切应力$[\tau]=40$ MPa，单位长度的许用扭转角$[\theta]=1.5°/\text{m}$，试校核轴的强度和刚度。

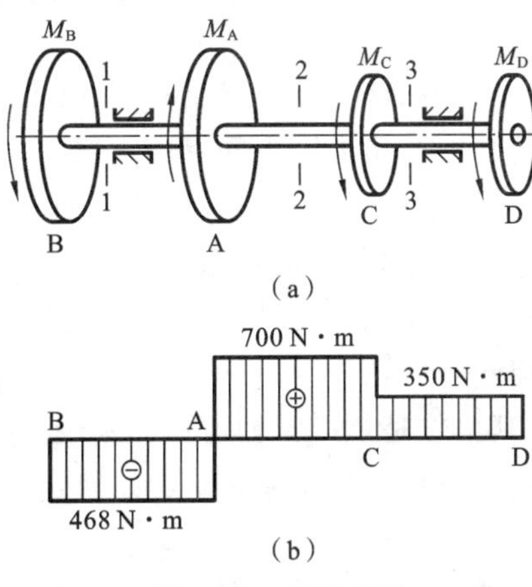

图 7-16　**例** 7-6 **图**

解　(1) 计算外力偶矩。

$$M_A=9\ 550\frac{P_A}{n}=1\ 168\ \text{N}\cdot\text{m}$$

同理

$$M_B=468\ \text{N}\cdot\text{m}$$

$$M_C=M_D=350\ \text{N}\cdot\text{m}$$

(2) 绘制扭矩图。

用截面法求 1—1 截面的扭矩：

$$M_{T1}=-M_B=-468\ \text{N}\cdot\text{m}$$

2 2 截面的扭矩为

$$M_{T2}=-M_B+M_A=(-468+1\ 168)\ \text{N}\cdot\text{m}=700\ \text{N}\cdot\text{m}$$

3—3 截面的扭矩为

$$M_{T3}=M_C=350\ \text{N}\cdot\text{m}$$

绘出的扭矩图如图 7-16(b)所示。显然 AC 段扭矩最大，由于是等截面圆轴，故危险截面在 AC 段内。

(3) 强度校核。

$$\tau_{max}=\frac{M_{Tmax}}{W_p}=\frac{700\times16}{3.14\times45^3\times10^{-9}}\ \text{Pa}=3.84\times10^7\ \text{Pa}=38.4\ \text{MPa}<[\tau]=40\ \text{MPa}$$

所以，该轴满足强度条件。

(4) 刚度校核。

$$\theta_{max}=\frac{M_{Tmax}}{GI_p}\times\frac{180°}{\pi}=\frac{700\times32}{80\times10^9\times\pi\times45^4\times10^{-12}}\times\frac{180°}{\pi}=1.23\ °/\text{m}<[\theta]=1.5\ °/\text{m}$$

所以，该轴满足刚度条件。

因为同时满足强度条件和刚度条件，所以该传动轴是安全的。

习　题

简答题

7-1　扭转的外力与变形各有何特点？试举一扭转的实例。

7-2　轴的转速、所传功率与扭力矩之间有何关系？

7-3　何谓扭矩？扭矩的正负号是如何规定的？如何计算扭矩？

7-4　扭转切应力公式的应用条件是什么？

7-5　金属材料圆轴扭转破坏有几种形式？如何确定扭转的许用切应力？圆轴扭转强度条件是如何建立的？

7-6　何谓扭转角？其单位是什么？如何计算圆轴的扭转角？

7-7　何谓抗扭刚度？圆轴扭转刚度条件是如何建立的？应用该条件时应注意什么？

7-8　如图 7-17 所示的扭转切应力分布是否正确？为什么？

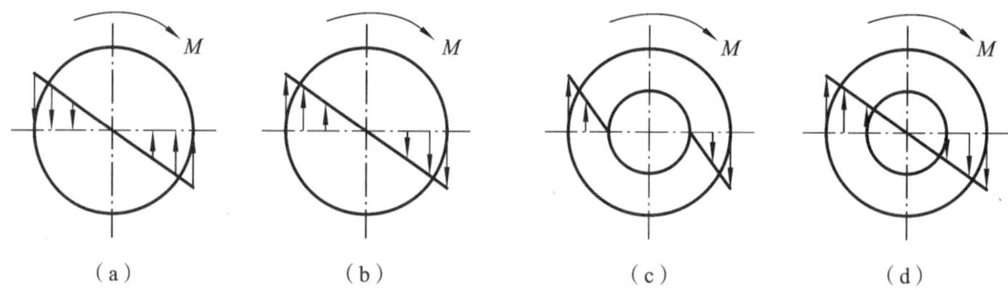

图 7-17　**题** 7-8 **图**

计算题

7-9　传动轴如图 7-18 所示，主动轮 A 输入功率 $P_A=72$ kW，从动轮 B、C、D 的输出功率分别为 $P_B=P_C=20$ kW、$P_D=32$ kW，转速 $n=300$ r/min。试绘制轴的扭矩图。

7-10　传动轴如图 7-19 所示，转速 $n=500$ r/min，主动轮 A 输入功率 $P_A=10$ kW，从动轮 B、C 的输出功率分别为 $P_B=6$ kW、$P_C=4$ kW。试绘制轴的扭矩图。

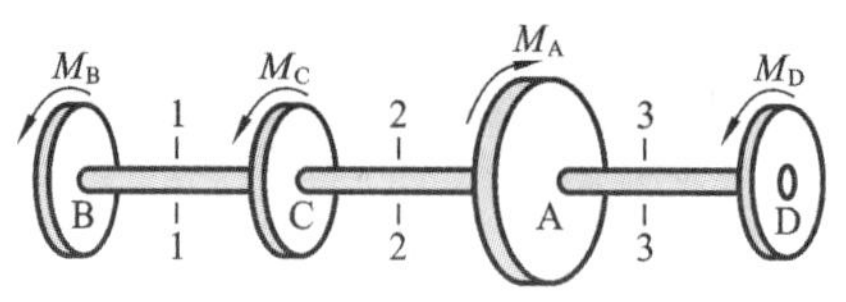

图 7-18　**题** 7-9 **图**

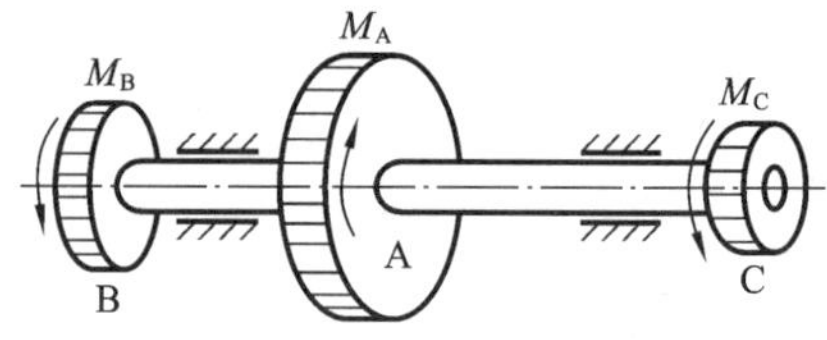

图 7-19　**题** 7-10 **图**

7-11　某实心圆轴扭转，已知直径 $d=50$ mm，扭矩 $M_T=1$ kN·m。试求距圆心 $\rho_A=12.5$ mm 处 A 点的切应力 τ_A 及横截面上的最大切应力 τ_{max}。

7-12　如图 7-20 所示，圆轴 AB 的 AC 段为空心，CB 段为实心。已知：$D=3$ cm，$d=2$ cm；圆轴传递的功率 $P=7.5$ kW，转速 $n=360$ r/min。试求 AC 及 CB 段的最大与最小切应力。

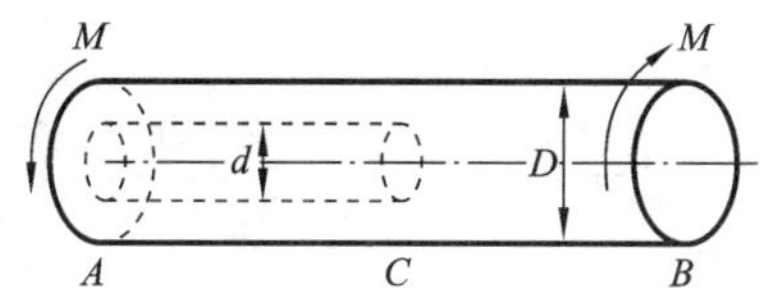

图 7-20　题 7-12 图

7-13　阶梯轴如图 7-21 所示，AB 段的直径 $d_1=80$ mm，BC 段的直径 $d_2=50$ mm，外力偶矩 $M_1=5$ kN·m，$M_2=3.2$ kN·m，$M_3=1.8$ kN·m，材料的许用切应力$[\tau]=60$ MPa。试校核该轴强度。

7-14　如图 7-22 所示，某汽车传动主轴由无缝钢管制成。已知：轴的外径 $D=90$ mm，壁厚 $\delta=2.5$ mm，工作时所承受的最大外力偶矩 $M=1.5$ kN·m，材料为 45 钢，许用切应力$[\tau]=60$ MPa。试校核此轴的扭转强度。如把传动轴改为实心轴，要求它与原来的空心轴强度相同，试确定其直径，并比较实心轴和空心轴的重量。

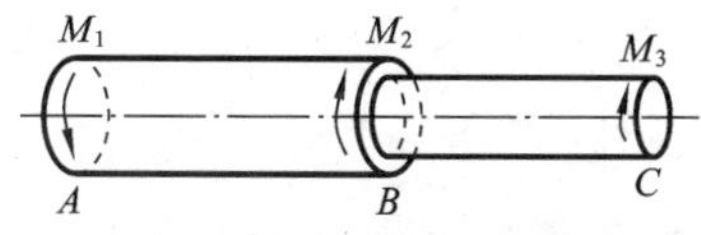

图 7-21　题 7-13 图

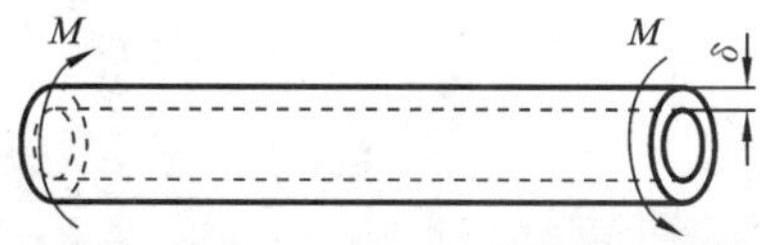

图 7-22　题 7-14 图

7-15　阶梯形圆轴如图 7-23 所示，$d_1=40$ mm，$d_2=60$ mm；由轮 3 输入的功率 $P_3=60$ kW，轮 1 输出的功率 $P_1=24$ kW；轴作匀速转动，转速 $n=300$ r/min，材料的许用切应力$[\tau]=70$ MPa。试校核轴的强度。

7-16　如图 7-24 所示，已知某传动轴传递的功率 $P=5$ kW，额定转速 $n=200$ r/min，材料为 45 钢，其许用切应力$[\tau]=40$ MPa。试按强度条件设计其直径 d。

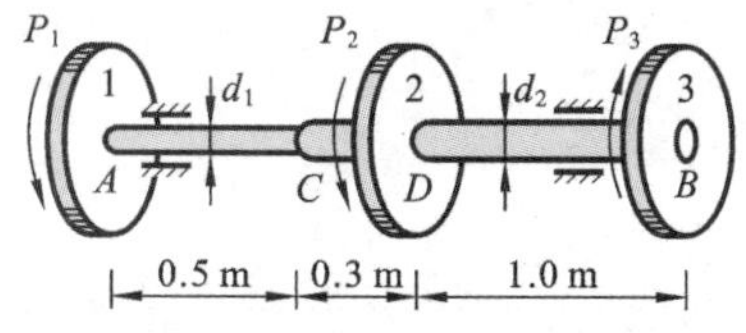

图 7-23　题 7-15 图

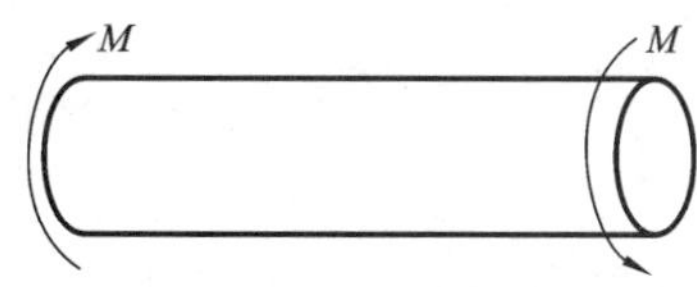

图 7-24　题 7-16 图

7-17　如图 7-25 所示，圆轴 AC 承受外力偶作用，已知 $M_A=80$ N·m，$M_B=320$ N·m，$M_C=140$ N·m；$l=2$ m，$I_p=3.0\times10^5$ mm^4，$G=80$ GPa。试计算

该轴的总扭转角 $\Delta\varphi$。

7-18 如图 7-26 所示，已知：传动轴的转速 $n=300$ r/min；主动轮输入功率 $P_C=30$ kW，从动轮输出功率 $P_A=5$ kW，$P_B=10$ kW，$P_D=15$ kW；材料的切变模量 $G=80$ GPa，许用切应力 $[\tau]=40$ MPa；轴的单位长度许用扭转角 $[\theta]=1°/\text{m}$。试按扭转强度条件设计此轴直径，并按扭转刚度条件校核。

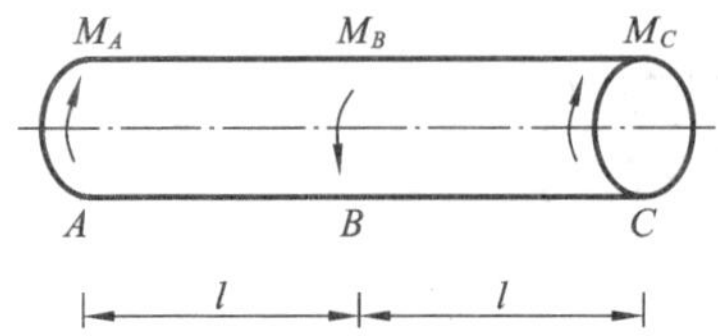

图 7-25 题 7-17 图

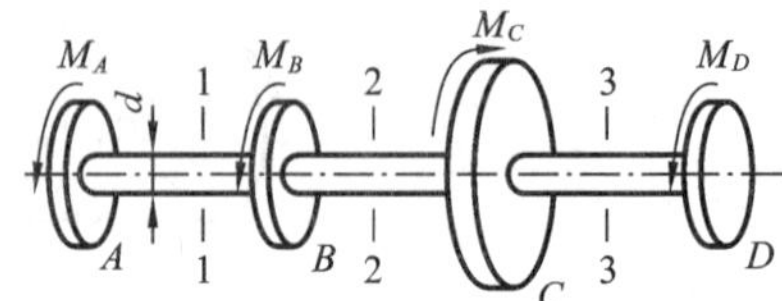

图 7-26 题 7-18 图

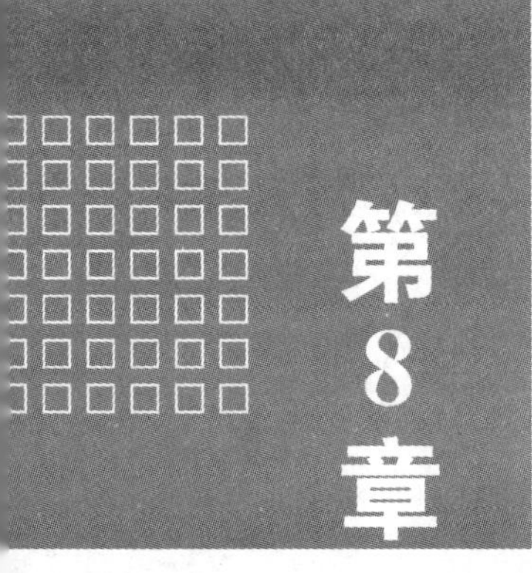

第8章 梁的弯曲

8.1 弯曲的概念和实例

8.1.1 平面弯曲

杆件受到垂直于其轴线的外力作用或在纵向平面内受到力偶作用时(见图8-1),其轴线由直线变成曲线,这种变形称为弯曲变形。以弯曲变形为主要变形的杆件称为梁。轴线是直线的梁称为直梁。弯曲变形是工程中最常见的一种变形。如图8-2所示的火车轮轴,在车厢压力作用下产生的变形就是弯曲变形。

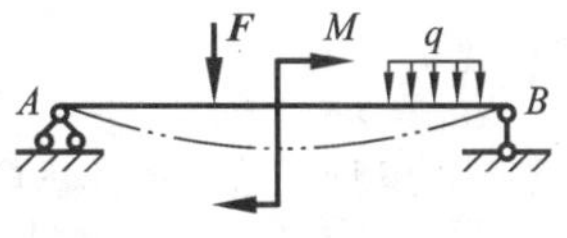

图8-1 弯曲变形示例

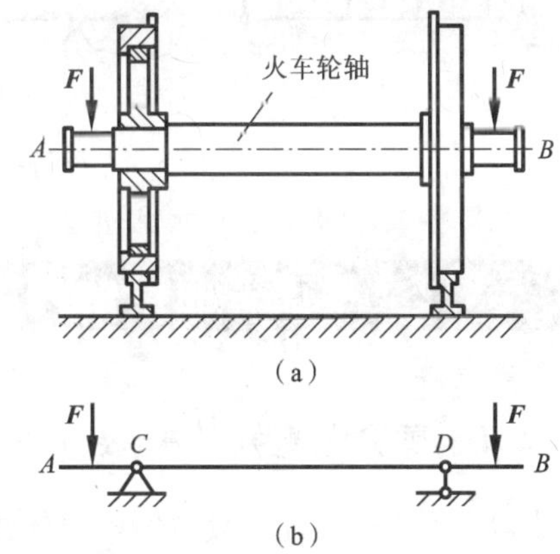

图8-2 火车轮轴受力导致的变形

工程问题中,绝大部分受弯杆件的横截面都有一根对称轴(图8-3中的 y 轴),因而整个杆件有一个包含轴线的纵向对称面(图8-3中 xy 平面)。当作用于杆件上的所有外力都在纵向对称面内时,弯曲变形后的轴线也将是位于这个对称面内的一条曲线,这种弯曲称为平面弯曲。在分析计算时,通常用轴线代替梁，例如对图 8-2(a)所示火车轮轴所示梁的计算简图即如图 8-2(b)所示。平面弯曲是弯曲梁的最基本问题，也是工程中最常见的弯曲现象。本章主要讨论直梁的平面弯曲。

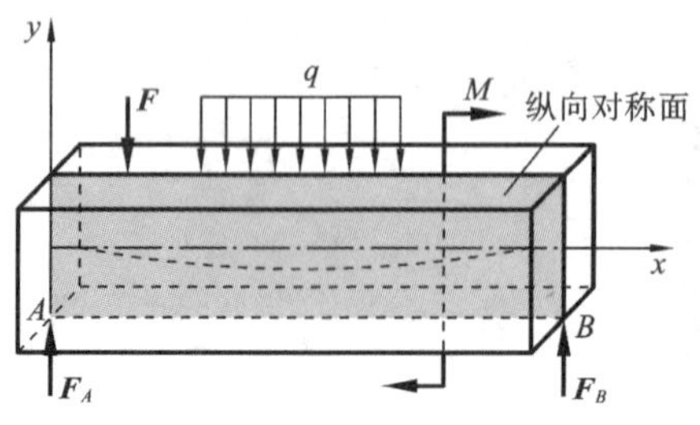

图 8-3　平面弯曲示例

8.1.2　静定梁的基本形式

在工程实际中，梁的形式是多种多样的。根据梁的支座的不同情况，静定梁可以分成以下三种基本形式。

(1) 简支梁　梁的支座一端是固定铰支座，另一端是活动铰支座，如图 8-4(a)所示。

(2) 外伸梁　梁的支座与简支梁相同，只是梁的一端或两端伸出在支座之外，如图 8-4(b)所示。

(3) 悬臂梁　梁的一端是固定端支座，另一端自由，如图 8-4(c)所示。

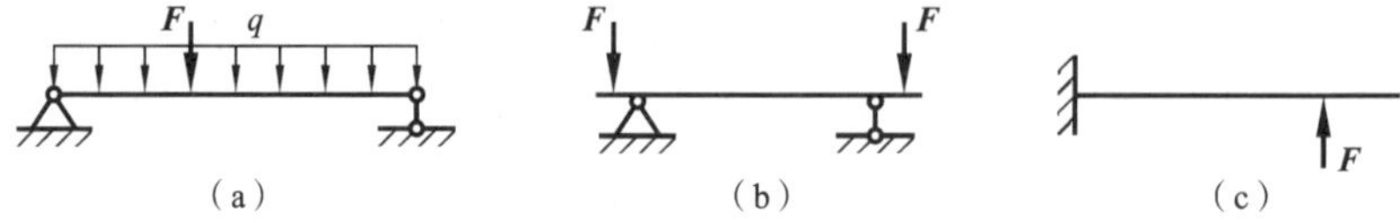

图 8-4　静定梁的基本形式

8.2　平面弯曲梁的内力、内力方程与内力图

8.2.1　剪力与弯矩的概念

以图 8-5(a)所示简支梁为例。用任意截面 $m—m$ 假想地将简支梁截成左、右两部分，以左段部分为研究对象(见图 8-5(b))。在该段梁上除作用有支反力 F_{RA}外，还有截面右段对左段的内力作用。为保持平衡状态，在 $m—m$ 截面上必定存在一个与 F_{RA}大小相等、方向相反的切向内力 F_Q，F_Q 称为剪力；同时 F_{RA}与 F_Q 形成一对力偶(其力偶矩为 $F_{RA}\cdot x$，使梁左段有顺时针转动的趋势)，在该截面上必然存在与它平衡的内力偶矩 M，M 称为弯矩。

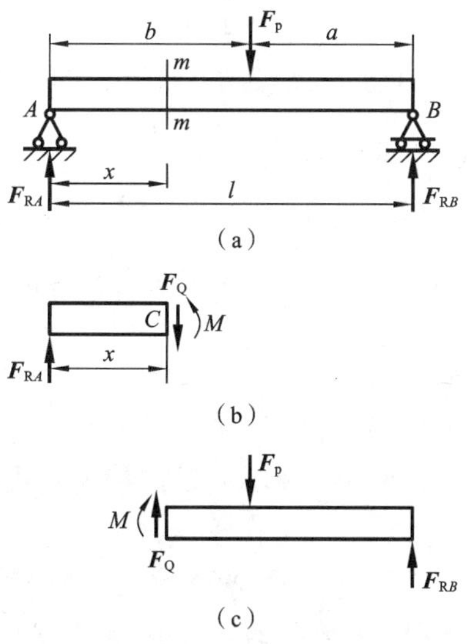

图 8-5 简支梁的研究方法示例

8.2.2 剪力与弯矩的大小及其正负号的规定

剪力与弯矩的大小可由保留段的平衡方程确定。在图 8-5 中，取 $m—m$ 截面左段为研究对象，则有

$$\sum F_y = 0,\quad F_{RA} - F_Q = 0$$

$$F_Q = F_{RA} = \frac{a}{l}F_p$$

$$\sum M_C(F) = 0,\quad M - F_{RA} \cdot x = 0$$

$$M = F_{RA} \cdot x = \frac{a \cdot x \cdot F_p}{l}$$

当然，也可以取右段为研究对象，请读者自己验证这里的作用力与反作用力关系。

为了使保留左段或保留右段来研究时，同一截面上的弯曲内力不仅大小相等，而且正负号相同，对剪力与弯矩的正负号规定如下。

(1) 剪力的符号　剪力对梁保留段内任意点的力矩为顺时针方向时为正，反之为负，如图 8-6(a)、图 8-6(b)所示。

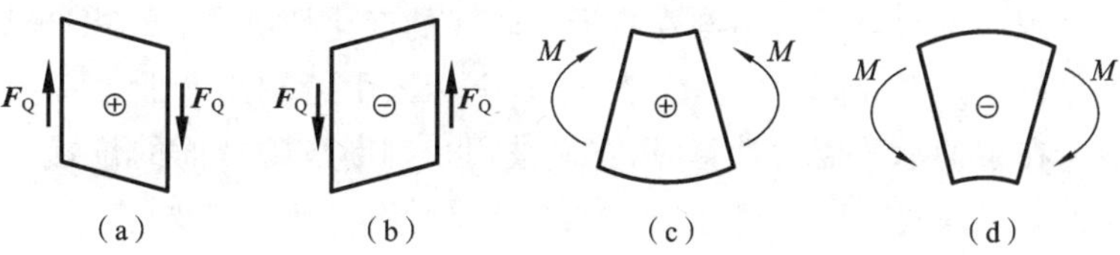

图 8-6 确定剪力和弯矩的符号示例

(2) 弯矩的符号　使其弯曲呈上凹下凸变形的弯矩为正,反之为负(或者梁顶部受压、底部受拉时弯矩为正;反之为负)如图 8-6(c)、图 8-6(d)所示。

8.2.3 剪力方程与弯矩方程

1. 剪力方程与弯矩方程的概念

一般来说,梁的各横截面上的剪力与弯矩是沿梁的轴线变化的,因此,它们都是横截面所在位置的函数。

为了描述梁上各截面的剪力与弯矩沿梁轴线变化的情况,在沿梁的轴线建立坐标轴 x 轴(原点与梁的左端对齐,向右为 x 轴的正方向),用坐标 x 表示横截面的位置,并分别建立剪力、弯矩与坐标 x 的解析表达式,即

$$F_Q = F_Q(x) \tag{8-1}$$

$$M = M(x) \tag{8-2}$$

式(8-1)、式(8-2)分别称为剪力方程、弯矩方程。

2. 用截面法确定剪力方程与弯矩方程

建立剪力方程与弯矩方程,实际上就是用截面法写出任一横截面上的剪力与弯矩的表达式。这是确定剪力方程与弯矩方程的根本方法。其步骤是:求支反力→根据外力分段→在各梁段上取代表性横截面→截取研究对象→画受力图→建立平衡方程→求解平衡方程得内力方程。这一计算过程相当烦琐。

3. 用简捷法确定剪力方程与弯矩方程

用截面法确定剪力方程与弯矩方程的过程非常烦琐。根据它的计算过程和结论,总结得到求剪力方程与弯矩方程的简捷法。

$$F_Q(x) = \text{该截面左(或右)侧部分所有外力的代数和} \tag{8-3}$$

式(8-3)中,外力指的是“集中力”和“分布力”形式的外力而不包括“外力偶”。在这里规定:外力左上右下为正,反之为负。

$$M(x) = \text{该截面左(或者右)侧部分所有外力对截面形心之矩的代数和} \tag{8-4}$$

式(8-4)中,外力包括“集中力”、“分布力”和“外力偶”形式的外力。在这里规定:外力矩左顺右逆为正,反之为负。

8.2.4 剪力图与弯矩图

为了直观形象地表示剪力与弯矩沿梁轴线的变化情况,在 F_Q-x 坐标系中绘制出剪力方程的图形,称为剪力图;在 M-x 坐标系中绘制出弯曲方程的图形,称为弯矩图。在梁的承载能力计算时,它们被用来判断危险截面的位置,以便计算危险点应力。

绘制剪力图与弯矩图有以下两种方法。

第一种方法的步骤如下。

步骤 1　建立坐标系。取 x 轴平行于杆的轴线来表示截面位置(原点与梁的左端对齐、向右为 x 轴的正方向)，纵轴表示内力的大小。

步骤 2　确定内力图的分段界限。根据载荷及约束反力的作用位置，确定控制面(这里的控制面是指集中力作用点、集中力偶作用处，或者分布载荷的起始位置与终止位置所在的截面)，从而确定要分几段来计算内力。

步骤 3　确定内力方程与各段控制面的内力值。求出各段梁上剪力方程、弯矩方程，确定各控制面上的内力值(包括正负号)，并将控制面上的剪力、弯矩值标在坐标系中，得到若干相应的点。

步骤 4　确定内力图的形状。根据内力方程中 x 的幂次，确定该段内力图的形状。

步骤 5　连线成图。将各控制面之间的点连接起来，所得图即为内力图。

步骤 6　标注正负号及数据。在所绘内力图中标明正、负号及各控制面上的点的内力值，并确定绝对值最大的内力值及其所在截面的位置，以供强度计算时使用。

第二种方法是：先完成第一种方法中的步骤 1、步骤 2、步骤 3，然后在坐标系中标出控制面上点的剪力、弯矩值，再根据内力图的规律来确定控制面之间的剪力图与弯矩图的形状，并直接得到剪力图、弯矩图，最后用突变规律验证剪力图与弯矩图。这种方法的好处在于无须建立剪力方程与弯矩方程。

下面举例说明绘制剪力、弯矩图的方法与过程。

例 8-1　试画出图 8-7(a)所示在集中力 F_p 作用下的简支梁的剪力图与弯矩图。

解　(1) 求支座反力。

$$F_{RA}=\frac{bF_p}{l},\quad F_{RB}=\frac{aF_p}{l}$$

(2) 分两段建立剪力方程与弯矩方程。

AC 段：$F_Q=\dfrac{bF_p}{l}\quad(0<x_1<a)$　①

$M_1=F_{RA}\cdot x_1=\dfrac{bF_p}{l}x_1\quad(0\leqslant x_1\leqslant a)$　②

CB 段：

$F_Q=\dfrac{bF_p}{l}-F_p=-\dfrac{aF_p}{l}\quad(a<x_2<l)$　③

$$\begin{aligned}M_2&=F_{RA}\cdot x_2-F_p(x_2-a)\\&=\frac{aF_p}{l}(l-x_2)\quad(a\leqslant x_2\leqslant l)\end{aligned}$$　④

(3) 画剪力图与弯矩图。

由方程①、方程③可知，AC 段和 CB 段的

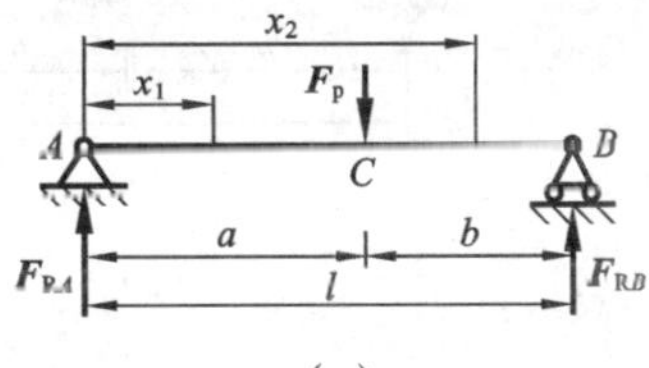

(a)

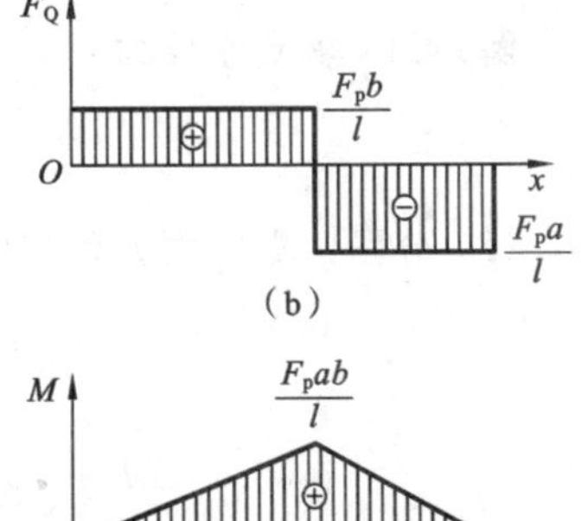

(b)

(c)

图 8-7　例 8-1 图

剪力方程均为常数,故它们的剪力图均为水平直线;由方程②、方程④可知:AC和CB段的弯矩方程均为x的一次函数,故它们的弯矩图均为倾斜直线。只要确定各控制面上的内力值及其正负号(见表8-1),就可画出内力图。根据这些数据便可画出此梁的剪力图与弯矩图,如图8-7(b)、图8-7(c)所示。

表8-1　控制面上的剪力值和弯矩值

区　　段	AC段		CB段	
控制面	A^+	C^-	C^+	B^-
剪力 F_Q	$\frac{b}{l}F_p$	$\frac{b}{l}F_p$	$-\frac{a}{l}F_p$	$-\frac{a}{l}F_p$
弯矩 M	0	$\frac{ab}{l}F_p$	$\frac{ab}{l}F_p$	0

讨论:横截面C(集中力作用处)上的弯矩最大,其值为$|M|_{max}=\frac{ab}{l}F_p$。若$C$点可在$AB$之间移动,当且仅当$a=b=\frac{l}{2}$时,$|M|_{max}$最大,此时,$|M|_{max}=\frac{F_p \cdot l}{4}$。

例8-2　图8-8(a)所示为一受集中力偶M作用的简支梁,试画出其剪力图与弯矩图。

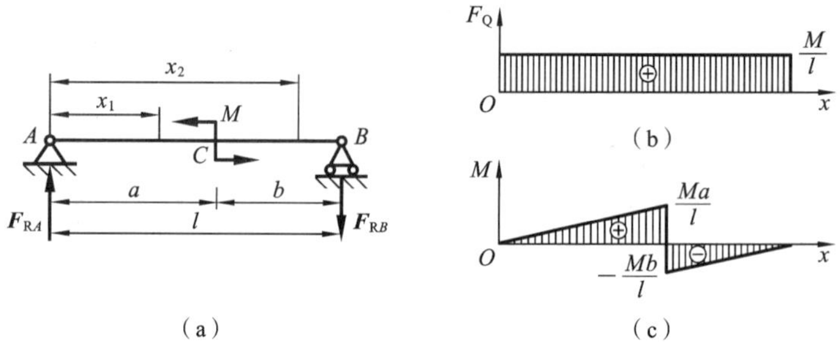

图8-8　例8-2图

解　(1) 求支座反力。

$$F_{RA}=F_{RB}=\frac{M}{l}$$

(2) 分段建立剪力方程与弯矩方程。

AC段:

$$F_Q=F_{RA}=\frac{M}{l}\quad(0<x_1<a)\qquad ①$$

$$M_1=F_{RA}\cdot x_1=\frac{M}{l}x_1\quad(0\leqslant x_1<a)\qquad ②$$

BC段:

$$F_Q=F_{RB}=\frac{M}{l}\quad(a<x_1<l)\qquad ③$$

$$M_2=-F_{RB}\cdot(l-x_2)\quad(a<x_2\leqslant l)\qquad ④$$

(3) 画剪力图与弯矩图。

由方程①、方程③可知：AC 和 CB 两段的剪力方程均为常数，故剪力图为一条水平直线；由方程②、方程④可知：AC 和 CB 两段的弯矩方程均为 x 的一次函数，故知它们的弯矩图均为倾斜直线。确定各控制面上的内力值及其正负号(见表 8-2)，画出各段的剪力图与弯矩图(见图 8-8(b)、图 8-8(c))。

表 8-2　控制面上的剪力值和弯矩值

区　段	AC 段		CB 段	
控制面	A^+	C^-	C^+	B^-
剪力 F_Q	M/l	M/l	M/l	M/l
弯矩 M	0	$\frac{Ma}{l}$	$-\frac{Mb}{l}$	0

当 $a>b$ 时，$|M|_{\max}=\frac{M}{l}a$ 位于外力偶 M 作用处的左极限截面位置。

例 8-2 弯矩图中的两条斜直线是平行的，为什么？请读者自己解答。

例 8-3　如图 8-9(a)所示，载荷集度为 q 的均布载荷作用于简支梁上。试画出梁的剪力图与弯矩图。

解　(1) 求支座反力。

$$F_{RA}=F_{RB}=\frac{1}{2}ql$$

(2) 建立剪力方程与弯矩方程。从距梁左端为 x 的任意截面处将梁截开，保留左段为研究对象，则有

$$F_Q=\frac{1}{2}ql-qx \quad (0<x<l) \qquad ①$$

$$M=\frac{1}{2}qlx-\frac{1}{2}qx^2 \quad (0\leqslant x\leqslant l) \qquad ②$$

(3) 画剪力图与弯矩图。由①式可知，剪力方程为 x 的一次函数，故剪力图是一条倾斜直线；弯矩方程为 x 的二次函数，故弯矩图为二次抛物线，需知道三点才能大致画出弯矩图。通常，选择控制面上的点和抛物线的极值点来画抛物线。由数学知识可知，在 $\frac{\mathrm{d}M(x)}{\mathrm{d}x}=0$(即剪力 $F_Q=0$)的点，弯矩取得极值(本例在 $x=l/2$ 处)。确定各控制面的内力值(见表 8-3)，画出内力图，如图 8-9(b)、图 8-9(c)所示。

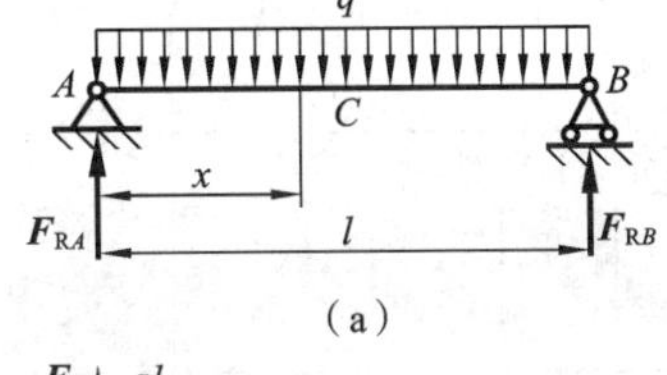

(a)

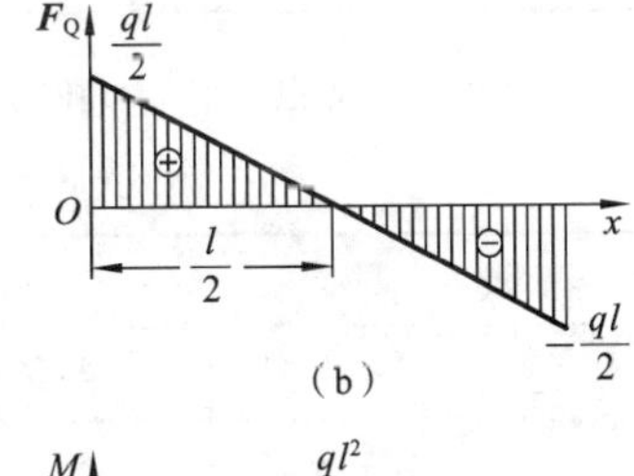

(b)

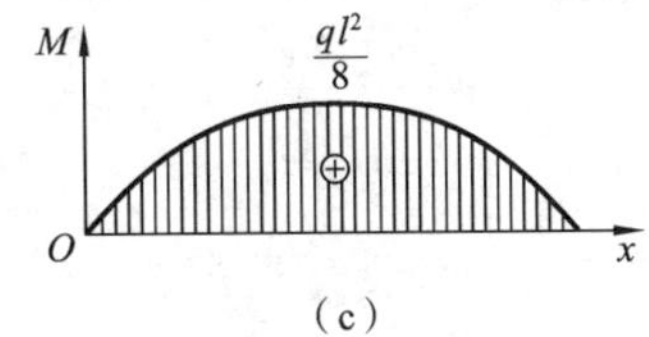

(c)

图 8-9　例 8-3 图

表 8-3　控制面上的剪力值和弯矩值

控　制　面	$A^{+}(x=0)$	$C\left(x=\dfrac{l}{2}\right)$	$B^{-}(x=l)$
F_Q	$\dfrac{1}{2}ql$	0	$-\dfrac{1}{2}ql$
M	0	$\dfrac{ql^2}{8}$	0

抛物线开口的确定方法：若均布载荷箭头向下（即 $q<0$），则抛物线开口朝下；若均布载荷箭头向上即（$q>0$），则抛物线开口朝上。

由上述各例归纳出绘制弯曲内力图图线的一般规律如下。

(1) 线形规律　内力图的线形可以根据梁上各梁段上的载荷集度的情况直接判断，见表 8-4。

表 8-4　剪力图和弯矩图的线形规律

项目		无均布载荷作用的梁段($q=0$)		有均布载荷作用的梁段($q\neq0$)		
		线形	斜率及示例	线形	斜率及示例	
内力图	F_Q 图	水平直线	$q=0$	斜直线	$q>0$	$q<0$
	M 图	斜直线	$F_Q>0$ $F_Q<0$	抛物线	开口向上的抛物线	开口向下的抛物线

(2) 突变规律　内力图的突变可依据外力的情况来直接判断，见表 8-5。

表 8-5　剪力图和弯矩图的突变规律

项　　目		集中力作用处	集中力偶作用处
F_Q 图	突变方向	与集中力方向相同	剪力图无突变
	突变数值	等于集中力的大小	
M 图	突变方向	弯矩图无突变，但有拐折	顺时针方向的集中力偶使弯矩图由下向上突变；反之，向下突变
	突变数值		等于集中力偶矩的数值

例 8-4　图 8-10(a)所示组合梁由梁 AC 与梁 CD 用铰链 C 连接而成，集中力 F 作用于铰链 C 上。试画出其剪力图和弯矩图。

解　(1) 计算支座反力。

梁 AC 与梁 CD（带铰链 C）的受力如图 8-10(b)所示，由平衡方程求得

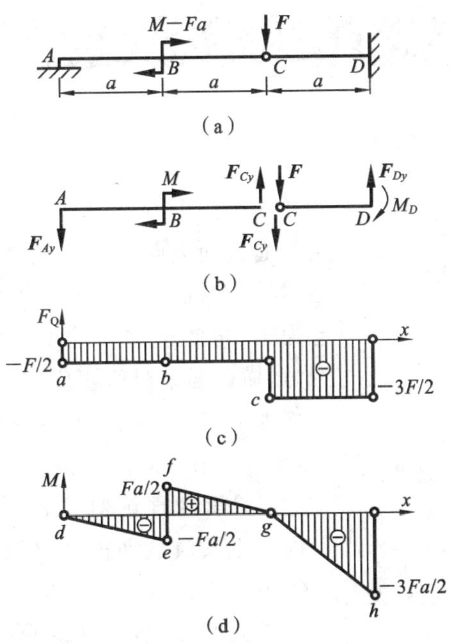

图 8-10　例 8-4 图

$$F_{Ay}=F_{Cy}=\frac{F}{2},\quad F_{Dy}=\frac{3F}{2},\quad M_D=\frac{3Fa}{2}$$

(2) 确定各控制面上的剪力、弯矩(见表 8-6)。

表 8-6　控制面上的剪力值和弯矩值

控制面	A^+	B^-	B^+	C^-	C^+	D^-
F_Q	$\frac{-F}{2}$	$\frac{-F}{2}$	$\frac{-F}{2}$	$\frac{-F}{2}$	$\frac{-3F}{2}$	$\frac{-3F}{2}$
M	0	$\frac{-Fa}{2}$	$\frac{Fa}{2}$	0	0	$\frac{-3Fa}{2}$

(3) 各段图线形状见表 8-7,例 8-4 中全梁段上的载荷集度 $q=0$。

(4) 分别在 F_Q-x 坐标系与 M-x 坐标系中标注各控制面上的剪力与弯矩,并连点成线得 F_Q 图与 M 图(见图 8-10(c)、图 8-10(d))。

表 8-7　各梁段上的内力图的线形

区　段	AB 段	BC 段	CD 段
F_Q 图	水平直线	水平直线	水平直线
M 图	斜直线	斜直线	斜直线

8.3 平面弯曲时梁横截面上的正应力

8.3.1 纯弯曲的概念

如图 8-11 所示，在梁的 AC 和 DB 段内，梁横截面上既有弯矩也有剪力，因而横截面上既有正应力也有切应力，这种情况称横力弯曲；在梁 CD 段的各横截面上剪力值为零，弯矩值是一常数，内力只有弯矩而无剪力，横截面上只有正应力而无剪应力，这种弯曲称为纯弯曲。纯弯曲的情况在不考虑梁的自重影响时是可以得到的。

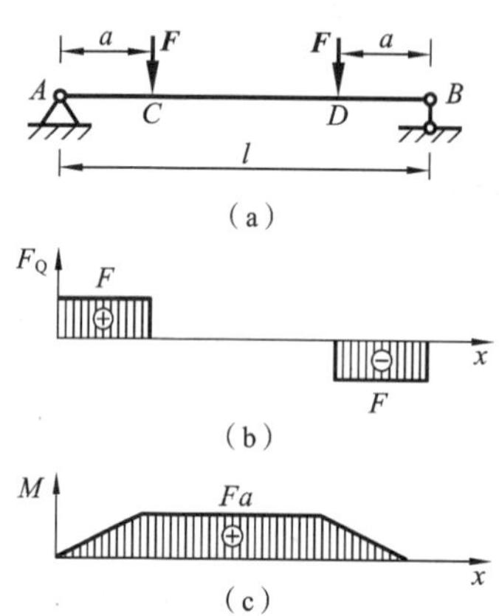

图 8-11　横力弯曲与纯弯曲示例

试验与理论研究表明，当平面梁的跨度远远大于其横截面的高度时，弯矩是影响梁强度的主要因素，而剪力的影响可以忽略。因此，为了研究的方便，先从纯弯曲梁横截面上的正应力研究起，再将所得结论推广到横力弯曲梁的情形。

8.3.2 纯弯曲时梁横截面上的正应力

分析纯弯曲时梁横截面上的正应力，必须考虑梁的几何、物理与静力学关系。

1. 纯弯曲时梁横截面的变形(几何关系)

在图 8-12(a)所示的梁表面画上与其轴线平行的纵向线和垂直于轴线的横向线，在梁的纵向对称面内施加等值、反向的力偶，使之发生纯弯曲(见图 8-12(b))。可观察到如下现象。

(1) 变形后横向线仍为直线，仍与轴线垂直，只是横线间存在相对转动。

(2) 纵向线都弯成圆弧线。靠近底部的伸长，靠近上部的缩短，而位于中间的一条纵向线 $o—o$ 既不伸长，也不缩短。

(3) 矩形平面 $aabb$ 变成上窄下宽的 $a'a'b'b'$。

根据上述现象，对梁的内部变形与受力作出如下的假设：变形前为平面的横截面，变形后仍为平面且仍垂直于梁的轴线，只是绕截面内的某轴旋转了一个角度，称为纯弯曲的平面假设。如果设想，梁由无数条纵向纤维所组成，每条纵向纤维仅承受轴向拉应力或压应力。而中间一层 $o—o$ 既不伸长，也不缩短，称作中性层。中性层与横截面的交线称为中性轴(见图 8-12(c))。在平面弯曲时，中性轴垂直于梁的纵向对称面。

由于梁的材料是均匀连续的，所以纵向纤维由伸长到缩短也是连续变化的。

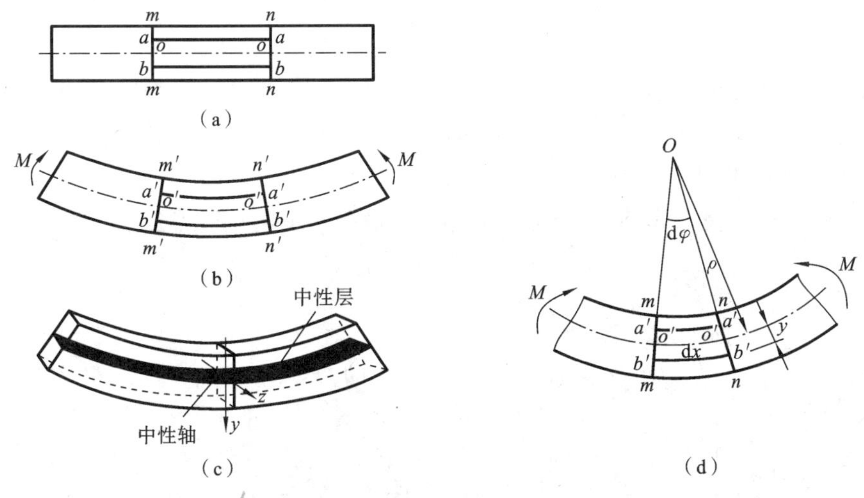

图 8-12　纯弯曲时梁、横截面上的变形(几何关系)

由图 8-12(d)可知,距中性层为 y 处的纵向纤维的线应变为

$$\varepsilon=\frac{(y+\rho)\mathrm{d}\varphi-\rho\mathrm{d}\varphi}{\rho\mathrm{d}\varphi}=\frac{y}{\rho} \tag{8-5}$$

式中:ρ 为中性层的曲率半径。

式(8-5)表明,线应变随 y 按线性规律变化。

2. 纯弯曲时横截面上的正应力分布规律(物理关系)

由于每条纵向纤维都只受拉伸或压缩作用,而无挤压作用,所以横截面上只有正应力,而无切应力。由拉压胡克定律可知,

$$\sigma=E\varepsilon=E\frac{y}{\rho} \tag{8-6}$$

式中:E 为材料的弹性模量。

可见,横截面上的正应力沿横截面高度呈线性分布,横截面上同一高度各点的正应力相等;距中性轴最远点有最大拉应力或最大压应力;中性轴上各点正应力为零。横截面上的正应力分布如图 8-13 所示。

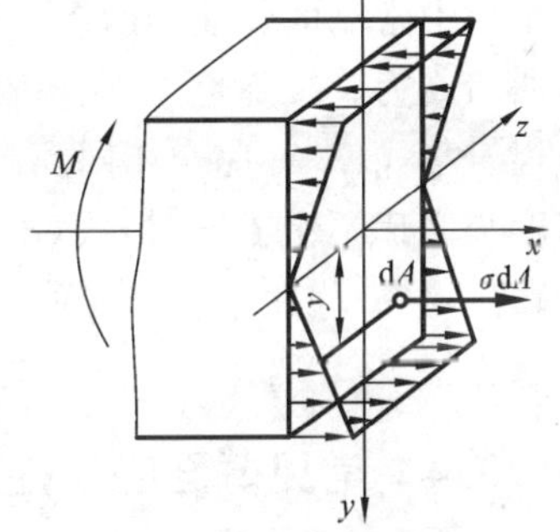

图 8-13　纯弯曲时横截面上的正应力分布规律(物理关系)

8.3.3　纯弯曲正应力公式

运用横截面上静力关系可以确定中性轴的位置与轴线的曲率半径(推导过程从略)。在弹性范围内时,梁横截面的中性轴必过横截面的形心。只要确定了形心的位置,也就确定了中性轴的位置。

中性轴的曲率为

$$\frac{1}{\rho}=\frac{M}{EI_z} \tag{8-7}$$

式中:M 为作用在该截面上的弯矩;I_z 为该横截面对中性轴的惯性矩,仅与截面形状和尺寸有关,单位是 m^4 或 mm^4;乘积 EI_z 称为抗弯刚度。惯性矩 I_z 综合反映了横截面的形状与尺寸对弯曲变形的影响。

将式(8-7)代入式(8-6)可得梁纯弯曲时横截面上的正应力公式,即

$$\sigma=\frac{My}{I_z} \tag{8-8}$$

式中:y 为横截面上的点到中性轴距离。

特别的,对于位于横截面的上、下边缘的点,$|y|=|y|_{max}$,引入 $W_z=\frac{I_z}{|y|_{max}}$,则

$$\sigma_{max}=\frac{M}{W_z} \tag{8-9}$$

式中:W_z 称为抗弯截面系数(或抗弯截面模量),仅与截面形状和尺寸有关,单位是 m^3 或 mm^3。抗弯截面系数 W_z 综合反映了横截面的形状与尺寸对弯曲正应力的影响。

计算时,M_z 和 y 均以绝对值代入。至于弯曲正应力是拉应力还是压应力,则由所求点处于受拉侧还是受压侧来判断。受拉侧的弯曲正应力为正,受压侧的弯曲正应力为负。

工程中常见的弯曲问题多为横力弯曲。这时,梁横截面上除有正应力外,还有弯曲切应力。按弹性力学分析的结果表明,在有些情况下,横力弯曲正应力的分布规律与式(8-8)完全相同。有些情况下虽略有差异,但当梁的跨度 l 与横截面高度 h 之比不小于 5 时,式(8-8)的误差也非常微小。所以,把纯弯曲的正应力计算公式(8-8)用于横力弯曲正应力的计算已有足够的精度,可以满足工程上的要求。

8.3.4 常见截面的惯性矩和抗弯截面模量的计算

1. 中性轴的位置

在平面弯曲时,横截面的中性轴垂直于梁的纵向对称面,而且中性轴通过横截面的形心。简单图形的形心位置均为已知,可查手册得到;组合截面形心位置可通过组合法求得。

2. 常见截面对中性轴的惯性矩 I_z 和抗弯截面模量 W_z

如果用 z 轴表示中性轴,那么,横截面对中性轴的惯性矩被定义为

$$I_z=\int_A y^2\,\mathrm{d}A \tag{8-10}$$

抗弯截面模量为

$$W_z=\frac{I_z}{|y|_{max}} \tag{8-11}$$

根据式(8-10)和式(8-11)，就可以求出各种不同形状的截面对中性轴的惯性矩和抗弯截面模量。常用截面对中性轴的惯性矩和抗弯截面模量见表 8-8。

表 8-8　常见截面的惯性矩和抗弯截面模量

图　　形	形心位置	惯　性　矩	抗弯截面模量
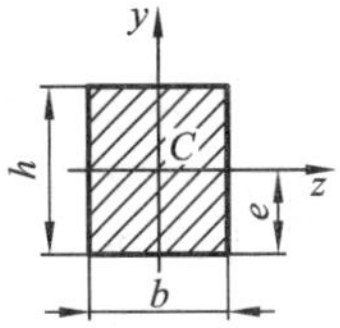 矩形截面（b×h）	$e=\frac{h}{2}$	$I_z=\frac{bh^3}{12}$ $I_y=\frac{hb^3}{12}$	$W_z=\frac{bh^2}{6}$
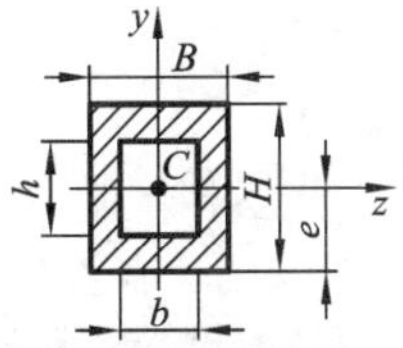 空心矩形截面（B×H，内 b×h）	$e=\frac{H}{2}$	$I_z=\frac{BH^3-bh^3}{12}$ $I_y=\frac{HB^3-hb^3}{12}$	$W_z=\frac{2I_z}{H}$
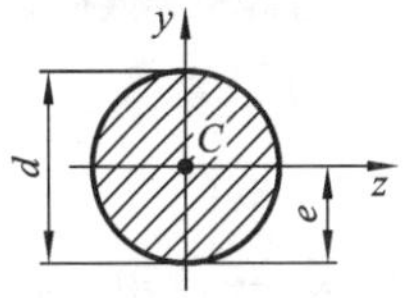 圆形截面（d）	$e=\frac{d}{2}$	$I_z=I_y=\frac{\pi d^4}{64}$	$W_z=\frac{\pi d^3}{32}$
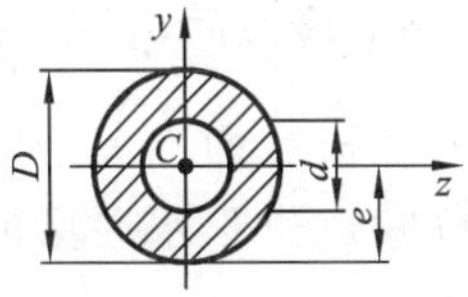 圆环截面（D，d）	$e=\frac{D}{2}$	$I_z=I_y=\frac{\pi(D^4-d^4)}{64}$	$W_z=\frac{\pi D^3(1-\alpha^4)}{32}$ 其中 $\alpha=\frac{d}{D}$

例 8-5　矩形截面悬臂梁如图 8-14 所示，$F_p=1$ kN。试计算 1—1 截面上 A、B、C、D 四点的正应力，并说明是拉应力还是压应力。

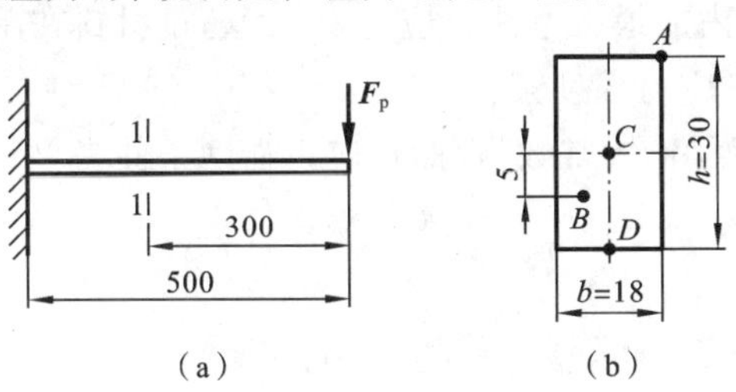

图 8-14　例 8-5 图

解　(1) 求 1—1 截面的弯矩。由截面法得

$$M_1=-1\times10^3\times300\times10^{-3}\ \text{N}\cdot\text{m}=-300\ \text{N}\cdot\text{m}$$

(2) 计算截面惯性矩。

$$I_z=\frac{bh^3}{12}=\frac{18\times30^3}{12}\ \text{mm}^4=4.05\times10^4\ \text{mm}^4$$

(3) 计算各点的应力。

A 点：

$$y_A=15\ \text{mm}$$

$$\sigma_A=\frac{M_1 y_A}{I_z}=\frac{300\times15\times10^{-3}}{4.05\times10^4\times10^{-12}}\ \text{Pa}=111\ \text{MPa}\quad(\text{拉应力})$$

B 点：

$$y_B=5\ \text{mm}$$

$$\sigma_B=\frac{M_1 y_B}{I_z}=\frac{300\times5\times10^{-3}}{4.05\times10^4\times10^{-12}}\ \text{Pa}=37.0\ \text{MPa}\quad(\text{压应力})$$

C 点：

$$\sigma_C=0$$

D 点：

$$y_D=15\ \text{mm}$$

$$\sigma_D=\frac{M_1 y_D}{I_z}=\frac{300\times15\times10^{-3}}{4.05\times10^4\times10^{-12}}\ \text{Pa}=111\ \text{MPa}\quad(\text{压应力})$$

8.4 平面弯曲梁的正应力强度设计

8.4.1 危险截面与危险点的位置

对于等截面直梁，最大弯矩(绝对值)所在截面是危险截面，其位置可由弯矩图直接确定。但对于变截面梁，最大弯矩所在截面不一定是危险截面，要看$\frac{M}{W_z}$的比值，比值最大的横截面才是危险截面。由于弯曲正应力在横截面上关于中性轴呈线性分布，故危险点为离中性轴最远的点，也就是，危险点位于水平梁的横截面的上、下边缘处。

8.4.2 弯曲正应力强度条件

平面弯曲时，梁内的最大弯曲正应力 σ_{max} 不超过材料在单向受力时的许用应力$[\sigma]$，这称为弯曲正应力强度条件。

对于等截面直梁，W_z＝常数，弯曲正应力强度条件为

$$\left.\begin{aligned}\sigma_{max}&=\frac{M_{max}y_{max}}{I_z}\leqslant[\sigma]\\ \sigma_{max}&=\frac{M_{max}}{W_z}\leqslant[\sigma]\end{aligned}\right\}\tag{8-12}$$

对于变截面梁，由于 $W_z\neq$常数，弯曲正应力强度条件则为

$$\sigma_{max}=\left(\frac{M}{W_z}\right)_{max}\leqslant[\sigma]\tag{8-13}$$

特别的，脆性材料(如铸铁)的许用压应力远大于许用拉应力，材料的抗拉、抗压强度不相等，则应按拉应力与压应力分别进行强度计算。

$$\sigma_{\mathrm{tmax}}=\frac{My_1}{I_z}=\frac{M}{W_{z1}}\leqslant[\sigma_t] \tag{8-14a}$$

$$\sigma_{\mathrm{cmax}}=\frac{My_2}{I_z}=\frac{M}{W_{z2}}\leqslant[\sigma_c] \tag{8-14b}$$

式中：$[\sigma_t]$与$[\sigma_c]$分别为材料的许用拉应力与许用压应力；y_1 与 y_2 分别为受拉侧与受压侧的危险点到中性轴的距离；W_{z1} 与 W_{z2} 分别为受拉侧与受压侧的危险点所对应的抗弯截面模量。

在一般细长的非薄壁截面梁中，最大弯曲正应力远大于最大弯曲切应力。因此，对于一般细长的非薄壁截面梁，通常只需按弯曲正应力强度条件进行分析即可。

应用弯曲正应力强度条件可以解决三类问题，即强度校核、设计截面尺寸及确定许可载荷。

例 8-6　空心矩形截面悬臂梁受均布载荷作用（见图 8-15(a)），已知：$l=1.2$ m，均布载荷 $q=20$ kN/m，$H=120$ mm，$B=60$ mm，$h=80$ mm，$b=30$ mm，材料的许用正应力$[\sigma]=120$ MPa。试校核该梁的强度。

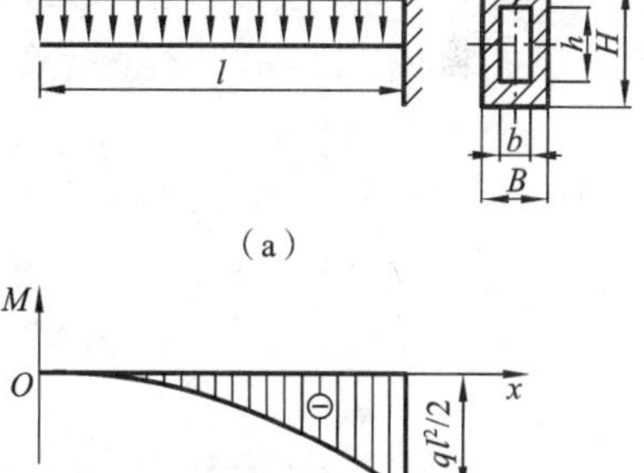

图 8-15　例 8-6 **图**

解　(1) 画弯矩图，如图 8-15(b)所示。固定端的左极限截面是危险截面，该截面上的弯矩为

$$M_{\max}=\frac{1}{2}ql^2=14.4\ \mathrm{kN\cdot m}$$

(2) 求 I_z 与 W_z。

$$I_z=\frac{1}{12}(BH^3-bh^3)=(60\times120^3-30\times80^3)\ \mathrm{mm}^4=7.36\times10^6\ \mathrm{mm}^4$$

$$W_z=\frac{I_z}{y_{\max}}=\frac{7.36\times10^6}{60}\ \mathrm{mm}^3=1.227\times10^5\ \mathrm{mm}^3$$

(3) 强度校核。最大正应力在固定端横截面上、下边缘处，为

$$\sigma_{\max}=\frac{M_{\max}}{W_z}=\frac{14.4\times10^3}{1.227\times10^5\times10^{-9}}\ \mathrm{Pa}=117.4\ \mathrm{MPa}<[\sigma]=120\ \mathrm{MPa}$$

可见，梁的弯曲正应力强度足够。

例 8-7　一吊车梁由 45a 工字钢制造（见图 8-16(a)），梁的跨度为 $l=10.5$ m，材料为 Q235 钢，许用应力$[\sigma]=140$ MPa，电动葫芦重 $G=15$ kN，梁的自重不计。求该梁能承受的最大载荷$[F_p]$。

解　(1) 求 $M_{\max}$。吊车梁简化为受集中力(F_p+G)作用的简支梁（见图8-16(b)），当电葫芦位于梁的中点位置时，梁的跨中截面出现最大弯矩（详见例8-1），且

$$M_{\max}=\frac{(F_p+G)l}{4}$$

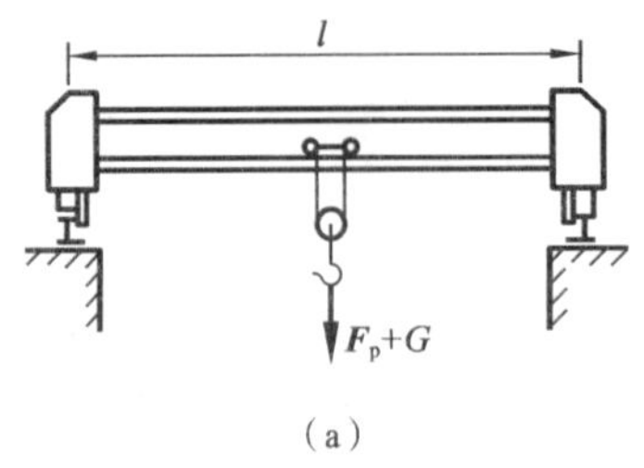

（a）

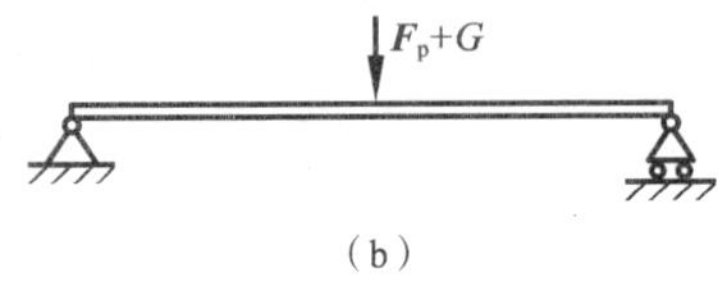

（b）

图 8-16　例 8-7 图

（2）求许可载荷$[F_p]$。

$$\sigma_{max}=\frac{M_{max}}{W_z}\leqslant[\sigma]$$

$$M_{max}\leqslant[\sigma]W_z$$

查型钢表（附录 C），得 45a 工字钢的抗弯截面模量为

$$W_z=1\ 430\ \text{cm}^3$$

$$M_{max}=[\sigma]W_z=140\times1\ 430\times10^3\ \text{N}\cdot\text{mm}$$
$$=200\ \text{kN}\cdot\text{m}$$

$$[F_p]=\frac{4M_{max}}{l}-G=\left(\frac{4\times200}{10.5}-15\right)\ \text{kN}$$
$$=61.3\ \text{kN}$$

例 8-8　矩形截面的外伸梁，尺寸和载荷如图 8-17（a）所示，材料的弯曲许用应力$[\sigma]=100$ MPa，试校核梁的强度。

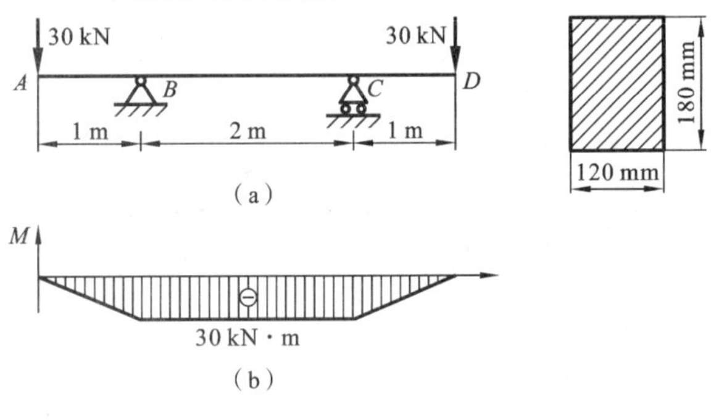

图 8-17　例 8-8 图

解　（1）作梁的弯矩图，如图 8-17（b）所示。

$$M_{max}=30\ \text{kN}\cdot\text{m}$$

（2）计算矩形截面的抗弯截面系数。

$$W_z=\frac{120\times180^2}{6}\ \text{mm}^3=6.48\times10^5\ \text{mm}^3$$

（3）计算梁的最大正应力。

$$\sigma_{max}=\frac{M_{max}}{W_z}=\frac{30\times10^3}{6.48\times10^5\times10^{-9}}\ \text{Pa}=46.3\ \text{MPa}<[\sigma]$$

因此，该梁满足弯曲正应力强度条件。

例 8-9　如图 8-18（a）所示的简支梁是工字钢，作用有均布载荷，$q=10$ kN/m，其弯曲许用应力$[\sigma]=170$ MPa。试选择工字钢的型号。

解　（1）作梁的弯矩图，如图 8-18（b）所示。

$$M_{max}=\frac{1}{8}ql^2=45\ \text{kN}\cdot\text{m}$$

(2) 校核弯曲正应力强度条件。

$$\sigma_{max}=\frac{M_{max}}{W_z}\leqslant[\sigma]$$

$$W_z\geqslant\frac{M_{max}}{[\sigma]}=\frac{45\times10^3}{170\times10^6}\ \text{m}^3=264.7\ \text{cm}^3$$

查型钢表(附录 C),选 22a 工字钢。

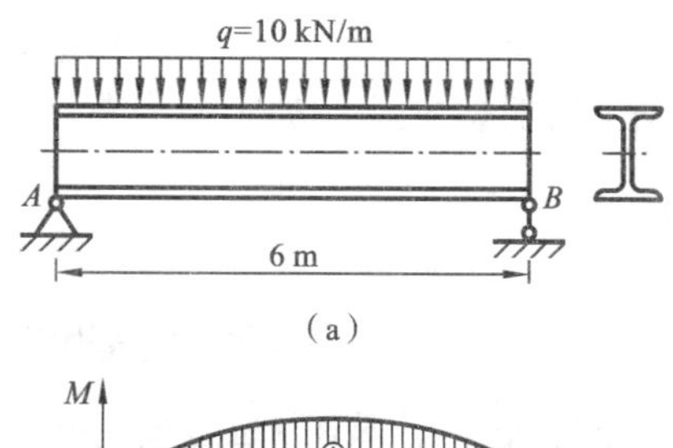

图 8-18　例 8-9 图

必须指出,弯矩最大的截面不一定就是危险截面。真正的危险截面应该是危险点所在截面。由于危险点的应力值不仅取决于内力的大小,还与截面的形状、尺寸有关,而且在判断危险点的强度时,还需考虑材料的性质,所以确定危险点时应综合考虑这些因素。

8.5　弯曲切应力及强度条件

横力弯曲的梁横截面上既有弯矩又有剪力,所以横截面上既有正应力又有切应力。下面讨论几种常见截面梁的弯曲切应力。

8.5.1　矩形截面梁的弯曲切应力

矩形截面梁横截面上的切应力的分布符合以下两个假定。

(1) 切应力 τ 的方向与剪力 F_Q 的方向平行。

(2) 切应力 τ 沿横截面宽度方向均匀分布,即距中性轴等远处各点的切应力值相等。

可以证明,承受任意载荷的矩形截面梁,梁横截面上任意点处的弯曲切应力计算公式为

$$\tau=\frac{F_Q S_z^*}{I_z b} \tag{8-15a}$$

式中:F_Q 为横截面个上的剪力;S_z^* 为横截面上过纵坐标为 y 的点的横线以外部分的面积(图 8-19 中的阴影区域)对中性轴 z 的静矩;b 为横截面的宽度;I_z 为整个横截面对中性轴 z 的惯性矩。

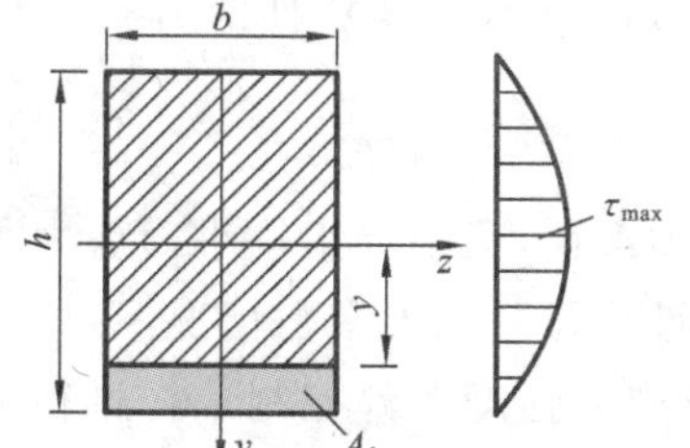

图 8-19　矩形截面梁的弯曲切应力分布

这里的静矩为

$$S_z^*=\frac{b}{2}\left(\frac{h^2}{4}-y^2\right)$$

可得

$$\tau=\frac{F_Q}{2I_z}\left(\frac{h^2}{4}-y^2\right) \tag{8-15b}$$

矩形截面梁的弯曲切应力分布如图 8-19

所示，沿横截面高度方向，弯曲切应力的大小按照抛物线的规律变化；在上下边缘处，弯曲切应力为零；在中性轴上的各点处，弯曲切应力最大，即

$$\tau_{max}=\frac{F_Q h^2}{8I_z}=\frac{3F_Q}{2bh}=\frac{3F_Q}{2A} \tag{8-15c}$$

8.5.2 其他常见截面梁的弯曲切应力

工程中常见的工字梁及圆形和薄壁圆环形截面梁的切应力的最大值也发生在中性轴上，如图 8-20 所示。

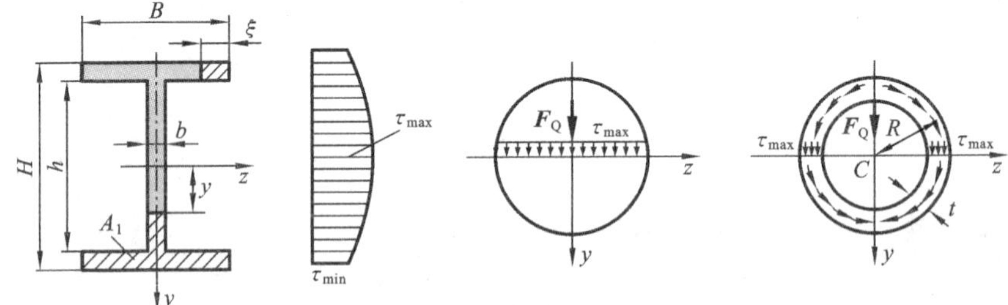

图 8-20 几种常见截面梁的弯曲切应力分布

(1) 工字形截面 有

$$\tau_{max}=\frac{F_Q S_{zmax}^*}{bI_z} \tag{8-16a}$$

(2) 圆形截面梁 有

$$\tau_{max}=\frac{4F_Q}{3A} \tag{8-16b}$$

(3) 薄壁圆环形截面 有

$$\tau_{max}=\frac{2F_Q}{3A} \tag{8-16c}$$

8.5.3 梁的弯曲切应力强度条件

梁的弯曲切应力的最大值一般发生在截面的中性轴上。由于中性轴上点的正应力为零，因此中性轴上的点受到纯剪切，弯曲切应力的强度条件即为

$$\tau_{max}=\frac{F_{Qmax} S_{zmax}^*}{bI_z}\leqslant[\tau] \tag{8-17}$$

只有在梁的跨度较短，支座附近有较大的集中载荷，梁中弯矩较小而剪力很大的情况下，梁的弯曲切应力强度条件才起决定性作用。在大多数情况下，梁的弯曲正应力比切应力大得多，所以梁的强度由正应力强度条件控制。在进行梁截面设计时，往往根据正应力强度条件设计截面，再对切应力强度条件进行校核。

例 8-10 图 8-21 所示为起重设备简图。已知起重量(包含电葫芦自重)$F=$

30 kN,跨长 $l=5$ m。梁 AB 由牌号为 20a 的工字钢制成,许用应力$[\sigma]=170$ MPa,$[\tau]=100$ MPa。试校核梁的强度。

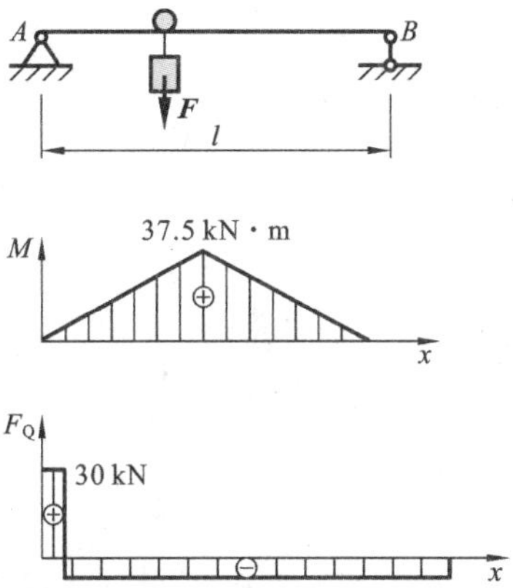

图 8-21　例 8-10 图

解　(1) 弯曲正应力强度校核。

$$M_{max}=37.5\ \text{kN}\cdot\text{m}$$

查型钢表(附录 C),得 20a 工字钢的抗弯截面模量为

$$W_z=237\ \text{cm}^3=2.37\times10^{-4}\ \text{m}^3$$

$$\sigma_{max}=\frac{M_{max}}{W_z}=\frac{37.5\times10^3}{2.37\times10^{-4}}\ \text{Pa}$$

$$=1.58\times10^8\ \text{Pa}=158\ \text{MPa}\leqslant[\sigma]$$

所以梁的弯曲正应力强度条件是满足要求的。

(2) 校核弯曲切应力强度。

$$F_{Qmax}=30\ \text{kN}$$

查型钢表(附录 C),得

$$\frac{I_z}{S_{zmax}^*}=17.2\ \text{cm},\quad b=7.0\ \text{mm}$$

$$\tau_{max}=\frac{F_{Qmax}S_{zmax}^*}{bI_z}=\frac{30\times10^3}{17.2\times10^{-2}\times7.0\times10^{-3}}\ \text{Pa}=24.9\ \text{MPa}\leqslant[\tau]$$

$$\tau_{max}=\frac{F_{Smax}S_{zmax}^*}{I_zb_1}=\frac{30\times10^3}{17.2\times10^{-2}\times7.0\times10^{-3}}\ \text{Pa}=24.9\ \text{MPa}<[\tau]$$

所以梁的弯曲切应力强度条件是满足要求的。

因为梁的弯曲正应力强度条件和弯曲切应力强度条件均能满足,故梁是安全的。

8.6　提高梁弯曲强度的措施

由于影响梁弯曲强度的主要因素是弯曲正应力强度条件。所以弯曲正应力的强度条件 $\sigma_{max}=\dfrac{M_{max}}{W_z}\leqslant[\sigma]$往往是设计梁的主要依据。由这个条件不难看出,要提高梁的承载能力,应该从两方面考虑:一方面是采用合理的截面形状,以提高梁的抗弯截面模量 W_z;另一方面,则要合理安排梁的受力情况,以降低梁的最大弯矩 M_{max}。

8.6.1　选择梁的合理截面

梁的合理截面就是在截面积相同的情况下,得到最大的抗弯截面模量。如图 8-22(a)、图 8-22(b)所示的矩形截面,竖放和平放两种方案显然有不同的抗弯

截面模量,竖放的矩形截面较平放合理。因此,房屋和桥梁等建筑物中的矩形截面梁一般都是竖放的。

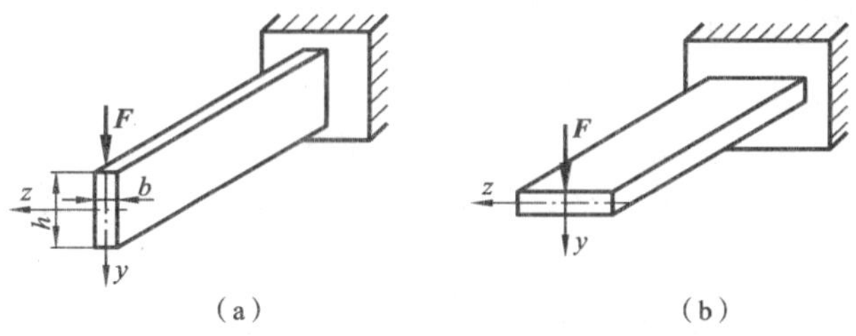

图 8-22 矩形截面梁的平放与竖放

截面的形状不同,其抗弯截面模量 W_z 也就不同。下面比较具有同样高度 h 的矩形、圆形和工字形(或槽形)截面的 W_z/A 值。

对高 h、宽 b 的矩形截面,有 $\dfrac{W_z}{A}=\dfrac{bh^2/6}{bh}=0.167h$

对直径为 h 的圆形截面,有 $\dfrac{W_z}{A}=\dfrac{\pi h^3/32}{\pi h^2/4}=0.125h$

对高 h 的工字形、槽形截面,有 $\dfrac{W_z}{A}=(0.27\sim0.31)h$

抗弯截面模量越大,梁能承受载荷越大;横截面积越小,梁使用的材料越少。综合考虑梁的安全性与经济性,可知,W_z/A 值越大,梁截面就越合理。因此,这三种截面的合理顺序是:① 工字形与槽形截面;② 矩形截面;③ 圆形截面。所以桥式起重机的大梁及其他钢结构中的抗弯杆件,经常采用工字形截面、槽形截面或箱形截面等。从正应力的分布规律来看,这是极其容易理解的:因为弯曲时梁横截面上的点离中性轴越远,正应力就越大。为了充分利用材料,应尽可能把材料放置到离中性轴较远处。

对于塑性材料,其抗拉强度和抗压强度相等,宜采用中性轴为截面对称轴的截面,使最大拉应力与最大压应力相等,如矩形、工字形、圆形和圆环形等截面形式(见图 8-23)。

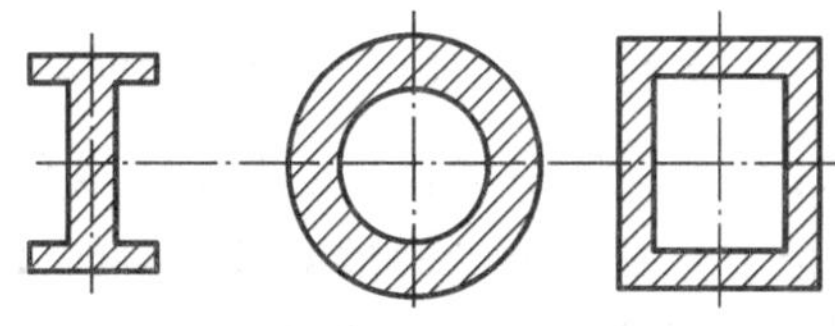

图 8-23 截面形式示例

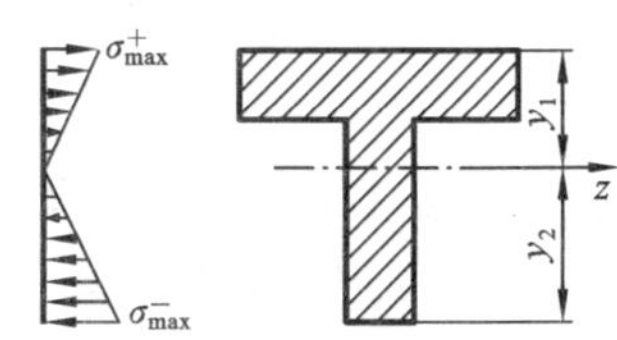

图 8-24 T 形截面及应力分布

对于脆性材料,其抗压强度大于抗拉强度,宜采用中性轴不是对称轴的截面,如 T 形截面,如图 8-24 所示,使中性轴靠近受拉侧。在这种情形下,最理想的状态是:截面上的拉应力危险点和压应力危险点分别达到各自的许用应力,即

$$\frac{\sigma_{\mathrm{tmax}}}{\sigma_{\mathrm{cmax}}}=\frac{y_1}{y_2}=\frac{[\sigma_{\mathrm{t}}]}{[\sigma_{\mathrm{c}}]}$$

8.6.2 合理安排载荷,降低梁的最大弯矩

改善梁的受力情况,尽量降低梁内最大弯矩,相对地说,也就是提高了梁的强度。首先应合理布置梁的支座。如图 8-25(a)、图 8-25(b)所示,显然后者比前者的承载能力提高了四倍。

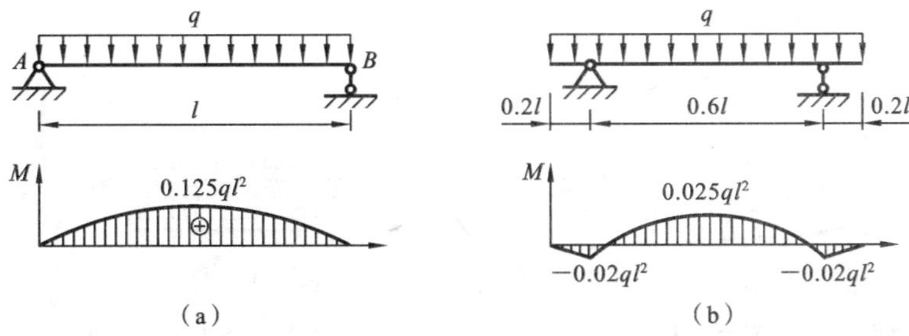

图 8-25 支座的位置对应力分布的影响

其次,合理布置载荷,也可以收到降低最大弯矩的效果。如图 8-26 所示。可见,合理安排约束和加载方式可以减小梁内的最大弯矩。

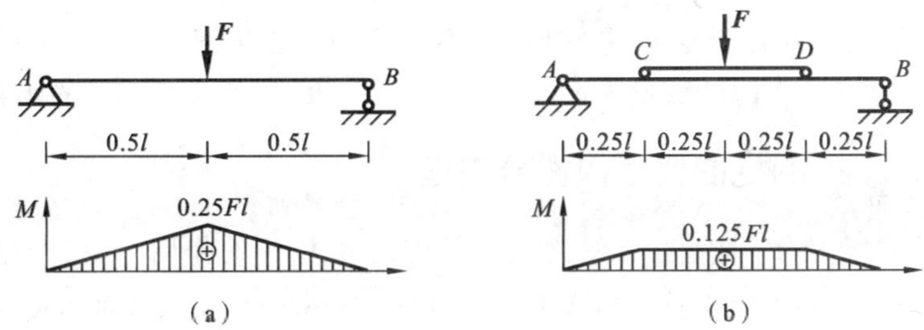

图 8-26 载荷的布置对弯矩的影响

8.6.3 采用变截面梁

前面讨论的都是等截面梁,它是按全梁最大弯矩值进行截面设计的,但在弯矩较小的截面处,材料强度并未得到充分利用。为了节省材料,减轻构件自重,梁的截面应随弯矩的变化而变化。在弯矩较大处,采用较大的截面;在弯矩较小处,采用较小的截面。这种梁称为变截面梁。最合理的变截面梁是等强度梁,即全梁所有横截面上的最大弯曲正应力均相同,并且等于许用应力$[\sigma]$,有

$$\sigma_{\max}=\frac{M(x)}{W(x)}=[\sigma]$$

例如图 8-27(a)所示的悬臂梁,自由端作用有集中力 $\boldsymbol{F}$。下面讨论该梁的等强度梁截面形状。

悬臂梁的弯矩方程为 $M(x)=Fx$。选取梁截面为矩形,宽度为常量 b,高度

可变，设为 $h(x)$，则 $W(x)=\frac{1}{6}b[h(x)]^2$。于是 $h(x)=\sqrt{\frac{6Fx}{b[\sigma]}}$。所以，截面高度沿轴线按抛物线规律变化，如图 8-27(b)所示。

按梁弯曲正应力强度条件设计梁截面，等强度梁是理想状态。考虑到生产工艺，工程实际中常采用的是近似等强度梁，如图 8-28 所示的汽车板簧即为应用实例。

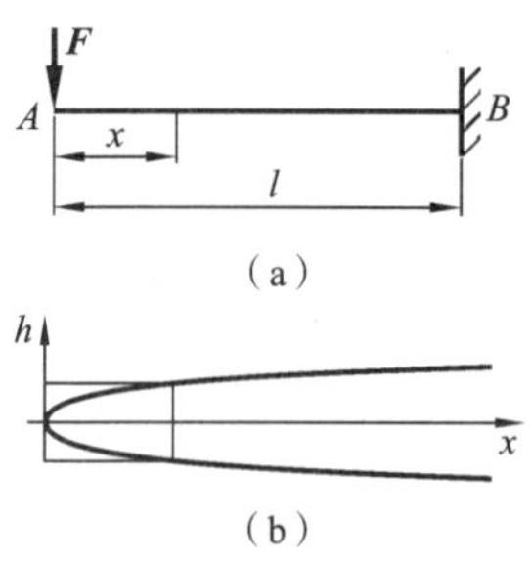

图 8-27　截面高度示例

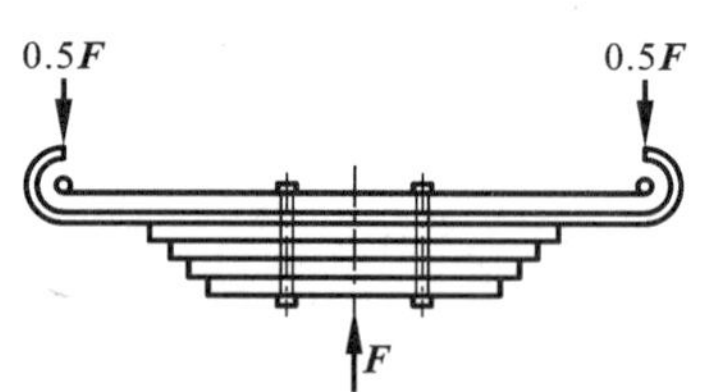

图 8-28　汽车板簧示例

8.7　平面弯曲梁的变形与刚度计算

梁在外载荷作用下会产生变形，梁不但要满足强度条件，还要满足刚度条件，即要求梁在工作时的变形不能超过一定范围，否则，就会影响梁的正常工作。

8.7.1　梁的挠曲线近似微分方程

如图 8-29 所示，悬臂梁在纵向对称面内的外力 F 的作用下，将产生平面弯曲，变形后梁的轴线将变为一条光滑的平面曲线，这称为梁的挠曲线。挠曲线上横坐标为 x 的任意点的纵坐标用 y 表示，它代表坐标为 x 的横截面的形心沿 y 方向的位移，这称为挠度。这样，挠曲线方程可以写成

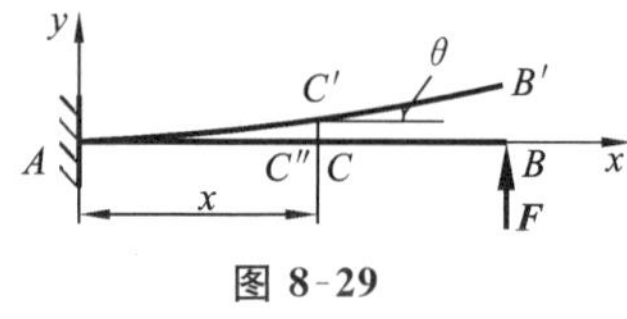

图 8-29

$$y=f(x) \tag{8-18}$$

在弯曲变形中，梁的横截面对其原来位置转过的角度 θ 称为截面转角。小变形时，转角 θ 很小，则有

$$\theta\approx\tan\theta=y'=\frac{\mathrm{d}y}{\mathrm{d}x} \tag{8-19}$$

由此可知，只要知道梁的挠曲轴线方程 $y=f(x)$，就可求出挠度和转角。挠度和转角的正负号的规定：与 y 轴正方向同向的挠度为正，反之为负；以逆时针方向转动的转角为正，反之为负。

弯曲变形时，存在

$$\frac{1}{\rho(x)}=\frac{M(x)}{EI}$$

又曲线 $y=f(x)$ 的曲率为

$$\frac{1}{\rho(x)}=\pm\frac{y''}{(1+y'^2)^{3/2}}$$

考虑到 y'^2 是二阶小量，与 1 相加时可以省略，故挠曲线近似微分方程可以写成

$$y''=\pm\frac{M(x)}{EI}$$

下面讨论微分方程弯矩 M 与曲线的二阶导数 y'' 的正负号关系。如图 8-30(a)所示，梁的挠曲轴线是一下凸曲线，梁的下侧纤维受拉，弯矩 $M>0$，曲线的二阶导数 $y''>0$；如图 8-30(b)所示，梁的挠曲轴线是一上凸曲线，梁的下侧纤维受压，弯矩 $M<0$，曲线的二阶导数 $y''<0$。两种情况下弯矩与曲线的二阶导数均同号，微分方程式应取正号，即挠曲线近似微分方程为

$$y''=\frac{M(x)}{EI} \tag{8-20}$$

该方程适用于梁的变形是线弹性的小变形。

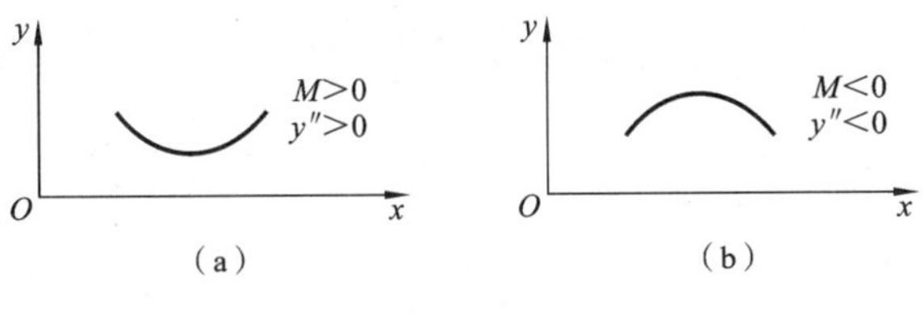

图 8-30

8.7.2 积分法求梁的挠度与转角

对梁的挠曲线近似微分方程式积分，积分一次得转角方程，即

$$\theta=y'=\int\frac{M(x)}{EI}\mathrm{d}x+C \tag{8-21}$$

积分二次得挠度方程，即

$$y=\iint\frac{M(x)}{EI}\mathrm{d}x\cdot\mathrm{d}x+Cx+D \tag{8-22}$$

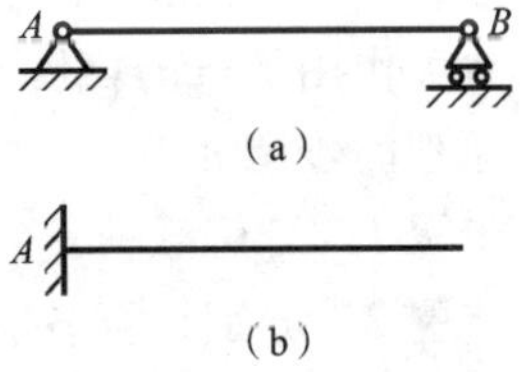

式中：积分常数 C、D 由边界条件和变形连续条件确定。如图 8-31(a)所示的简支梁，其边界条件为 $y_A=0$，$y_B=0$；如图 8-31(b)的悬臂梁，其边界条件为 $\theta_A=0$，$y_A=0$。由边界条件、变形连续条件可确定积分常数，通过式(8-21)与式(8-22)可计算梁任一截面的转角与挠度，这种方法称为积分法。

(a)

(b)

图 8-31　简支梁与悬臂梁的边界条件示例

例 8-11　如图 8-32 所示简支梁，跨度为 l，受均布载荷 q 作用，梁的抗弯曲刚度 EI 已知，求跨中截面 C 的挠度及截面 A 处的转角。

解　梁的弯矩方程为

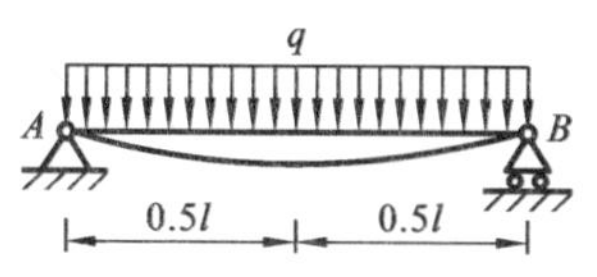

图 8-32　例 8-11 图

$$M(x)=\frac{1}{2}qlx-\frac{1}{2}qx^2$$

梁的挠曲线近似微分方程为

$$y''=\frac{M(x)}{EI}=\frac{1}{2EI}(qlx-qx^2)$$

将上式积分一次得转角方程为

$$\theta=\frac{1}{EI}\left(\frac{1}{4}qlx^2-\frac{1}{6}qx^3\right)+C$$

再次积分,可得挠度方程为

$$y=\frac{1}{EI}\left(\frac{1}{12}qlx^3-\frac{1}{24}qx^4\right)+Cx+D$$

边界条件:$x=0$ 时,$y_0=0$;$x=l$,$y_l=0$,有

$$C=-\frac{ql^3}{24EI},\quad D=0$$

$$\theta=\frac{1}{EI}\left(\frac{1}{4}qlx^2-\frac{1}{6}qx^3-\frac{ql^3}{24}\right)$$

$$y=\frac{1}{EI}\left(\frac{1}{12}qlx^3-\frac{1}{24}qx^4-\frac{ql^3}{24}x\right)$$

故有

$$y_C=-\frac{5ql^4}{384EI}(\downarrow)$$

$$\theta_A=-\frac{ql^3}{24}(\text{顺时针})$$

8.7.3　叠加法求梁的弯曲变形

当梁为小变形时,梁的挠度和转角均是载荷的线性函数,可以使用叠加法来计算梁的转角和挠度,即梁在几个载荷同时作用下产生的挠度和转角等于各个载荷单独作用下梁的挠度和转角的叠加和,这就是计算梁弯曲变形的叠加原理。叠加原理的步骤如下。

步骤 1　分解载荷。

步骤 2　分别计算各载荷单独作用时梁的变形。

步骤 3　叠加得最后结果。

梁在简单载荷作用下的变形,可查梁的挠度与转角表(附录 B)。

例 8-12　悬臂梁 AB 上作用有均布载荷 q,自由端作用有集中力 $F=ql$,梁的跨度为 l,抗弯刚度为 EI,如图8-33(a)所示。试求截面 B 的挠度和转角。

解　(1) 分解载荷。梁上载荷可分解成均布载荷 q(见图 8-33(b))与集中力 F(见图 8-33(c))的叠加。

(2) 查梁的挠度与转角表(附录 B),可得这两种情况下截面 B 的挠度和转角。

$$y_{Bq}=-\frac{ql^4}{8EI}$$

$$y_{BF}=-\frac{Fl^3}{3EI}=-\frac{ql^4}{3EI}$$

$$\theta_{Bq}=-\frac{ql^3}{6EI}$$

$$\theta_{BF}=-\frac{Fl^2}{2EI}=-\frac{ql^3}{2EI}$$

(3) 叠加得截面 B 的挠度和转角。

$$y_B=y_{Bq}+y_{BF}=-\frac{ql^4}{8EI}-\frac{ql^4}{3EI}=-\frac{11ql^4}{24EI}(\downarrow)$$

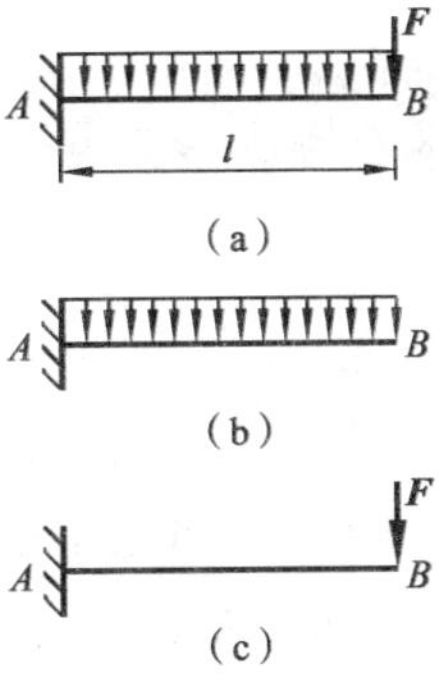

图 8-33　例 8-12 **图**

$$\theta_B=\theta_{Bq}+\theta_{BF}=-\frac{ql^3}{6EI}-\frac{ql^3}{2EI}=-\frac{2ql^3}{3EI}\text{(顺时针)}$$

8.7.4 梁的刚度计算

在梁的设计中，不仅要求梁有足够的强度，还要求梁有足够的刚度，即要求梁的变形控制在工程许可的范围内。在土木工程中，通常要对梁的挠度加以限制，例如对房屋的楼板梁不能有过大的弯曲变形；桥梁挠度过大，在车辆通过时会发生很大的震动等；此时梁并未发生破坏，但已经影响了梁的正常使用。

设梁的最大挠度和最大转角分别为 $y_{\max}$ 和 $\theta_{\max}$，$[f]$和$[\theta]$分别为挠度的许用值和转角的许用值，则梁的刚度条件为

$$y_{\max}\leqslant[f] \tag{8-23}$$

$$\theta_{\max}\leqslant[\theta] \tag{8-24}$$

跨度为 l 的梁，挠度的许用值通常为$[f]=\left(\frac{1}{1\,000}\sim\frac{1}{200}\right)l$。在安装齿轮或滑动轴承处，轴的$[\theta]=0.001$ rad。根据梁的不同用途，其许用挠度和许用转角可在相关手册中查得。

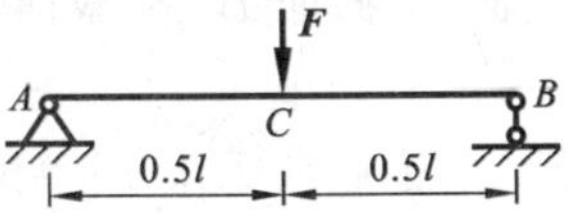

图 8-34　例 8-13 **图**

例 8-13　如图 8-34 所示简支梁，选用 32a 工字钢，跨中作用有集中力 $F=20$ kN，跨度为 $l=8.86$ m，弹性模量 $E=210$ GPa，梁的许用挠度$[f]=l/500$。试校核梁的刚度。

解　查型钢表(附录 C)，可得 32a 工字钢的惯性矩为 $I_z=11\,100\ \text{cm}^4$。

查梁的挠度与转角表(附录 B)，可得梁的跨中挠度为

$$y=\frac{Fl^3}{48EI}=\frac{20\times10^3\times8.86^3}{48\times210\times10^9\times11\,100\times10^{-8}}\ \text{m}$$

$$=1.24\times10^{-2}\ \text{m}<[f]=l/500=1.77\times10^{-2}\ \text{m}$$

故该梁满足刚度条件。

习　　题

计算题

8-1　如图 8-35 所示，受集中力 F 和集中力偶 $M=Fl$ 的作用，试计算截面 1—1、2—2、3—3 上的剪力与弯矩。其中，1—1 截面无限接近于 A 截面，2—2 截面无限接近于 B 截面，3—3 截面无限接近于 C 截面。

8-2　如图 8-36 所示外伸梁 AC 承受 10 kN 的集中力和 20 kN·m 的集中力偶的作用，试求横截面 A^+、D^- 与 D^+ 的剪力和弯矩。其中，A^+ 代表距无限近 A 并位于其右侧的截面、D^- 与 D^+ 则分别代表距 D 无限近并位于其左侧与右侧的截面。

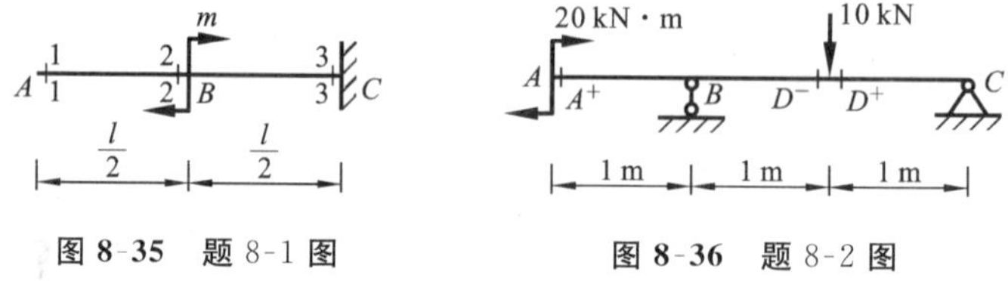

图 8-35　题 8-1 图　　图 8-36　题 8-2 图

8-3　如图 8-37 所示，一简支梁在 CD 段内受均布载荷 $q=12.5\times10^6$ N/m 作用。试求跨中截面 E 的弯矩和 C 截面的剪力。

8-4　如图 8-38 所示，一悬臂梁在一半长度上受均布载荷 $q=2$ kN/m 作用。试求 1—1、2—2 和 3—3 截面上的内力。

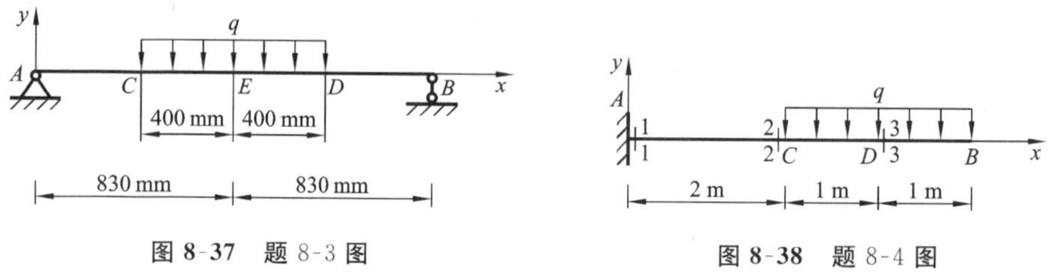

图 8-37　题 8-3 图　　图 8-38　题 8-4 图

8-5　一外伸梁所受载荷如图 8-39 所示。试求截面 C、截面 B^- 和截面 B^+ 的剪力和弯矩。

8-6　如图 8-40 所示，简支梁 AB 在截面 C 处受到集中载荷 F 作用。试建立梁的剪力方程和弯矩方程，并作剪力图和弯矩图。

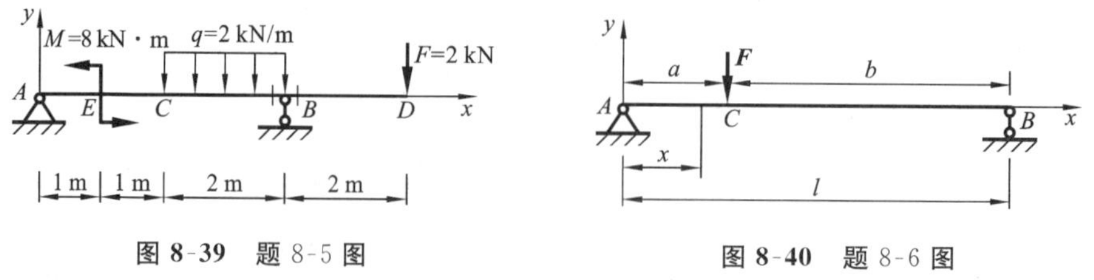

图 8-39　题 8-5 图　　图 8-40　题 8-6 图

8-7 如图 8-41 所示简支梁，承受载荷集度为 q 的均布载荷作用，试建立梁的剪力方程和弯矩方程，并作剪力图和弯矩图。

8-8 如图 8-42 所示悬臂梁，承受均布载荷 q 作用，试列出梁的剪力方程和弯矩方程，并作梁的剪力图和弯矩图。

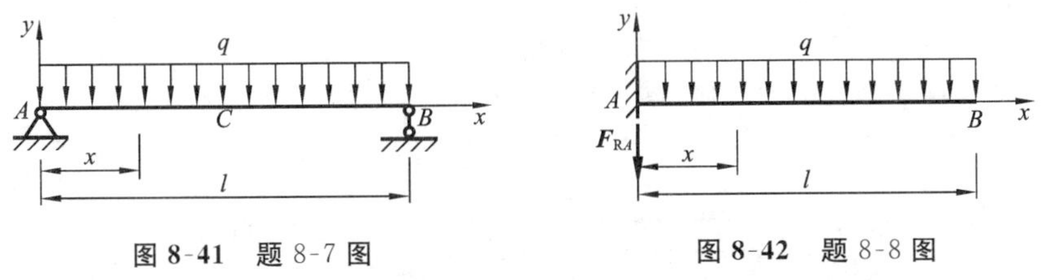

图 8-41 题 8-7 图　　**图 8-42** 题 8-8 图

8-9 如图 8-43 所示简支梁，在 C 截面处承受矩为 M 的集中力偶作用，试建立梁的剪力方程和弯矩方程，并作剪力图和弯矩图。

8-10 如图 8-44 所示悬臂梁，已知均布载荷集度为 q，集中力偶矩 $M=qa^2$。试作其剪力图和弯矩图。

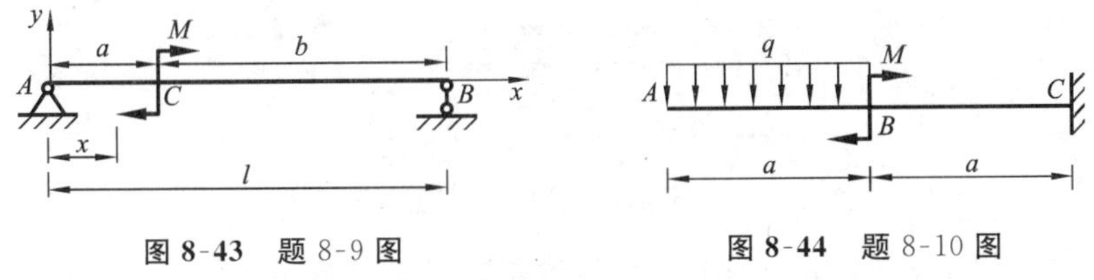

图 8-43 题 8-9 图　　**图 8-44** 题 8-10 图

8-11 如图 8-45 所示简支梁，在横截面 B 和 C 处各作用一集中载荷 F。试作其剪力图和弯矩图。

8-12 如图 8-46 所示外伸梁，在 C 处作用一矩 $M=12\ \text{kN}\cdot\text{m}$ 的集中力偶，在 BD 段上作用集度 $q=4\ \text{kN/m}$ 的均布载荷。试作其剪力图和弯矩图。

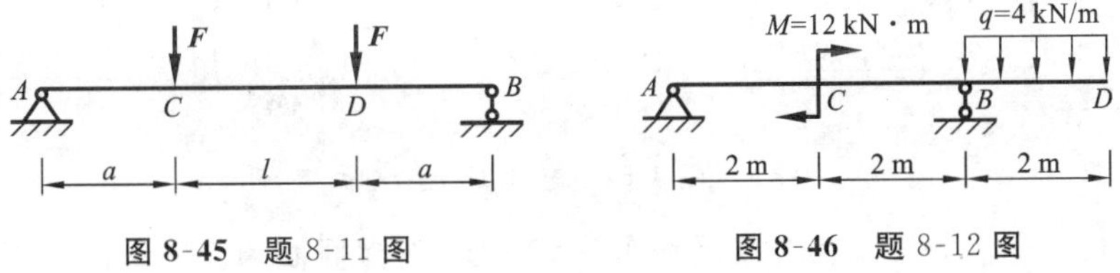

图 8-45 题 8-11 图　　**图 8-46** 题 8-12 图

8-13 如图 8-47 所示外伸梁，在 C 处作用一集中载荷 $F=3$ kN，在 AB 段作用均布载荷 $q=2$ kN/m。试绘制其剪力图与弯矩图。

8-14 试求如图 8-48 所示，矩形截面梁固定端右极限截面上 a、b、c、d 四点处的正应力。图中截面尺寸单位为 mm。

8-15 如图 8-49 所示大梁由 50a 工字钢制成，跨中作用一集中力 $F=140$ kN。试求梁危险截面上的最大正应力 $\sigma_{\max}$ 及翼缘与腹板交界处 a 点的正应力。

8-16 图 8-50 所示悬臂梁用工字钢制作。已知 $F=40$ kN，材料的许用应力 $[\tau]=150$ MPa。试根据正应力强度条件确定工字钢型号。

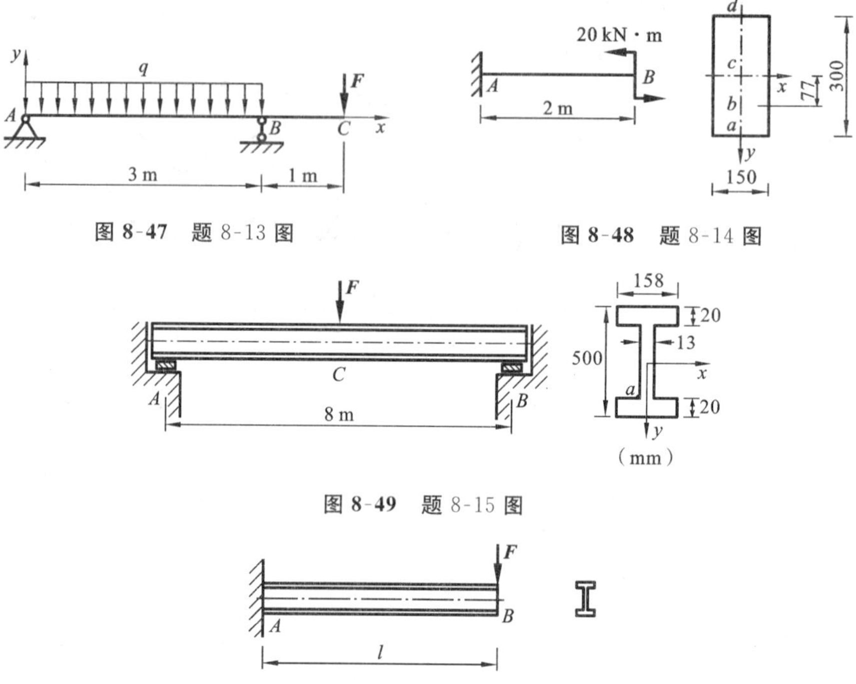

图 8-47　题 8-13 图

图 8-48　题 8-14 图

图 8-49　题 8-15 图

图 8-50　题 8-16 图

8-17　如图 8-51 所示槽形截面铸铁梁。已知截面的 $y_1=77$ mm、$y_2=120$ mm、$I_z=526$ cm^4，铸铁的许用拉应力$[\sigma_t]=30$ MPa、许用压应力$[\sigma_c]=90$ MPa。试确定此梁的许可载荷。

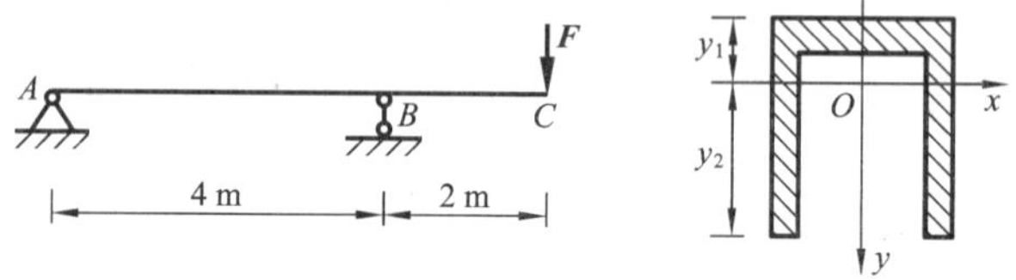

图 8-51　题 8-17 图

8-18　钢制等截面简支梁受均布载荷 q 作用，横截面为 $h=2b$ 的矩形，如图 8-52 所示。已知 $l=2$ m，$q=50$ kN/m，材料的许用应力$[\sigma]=120$ MPa。试求：

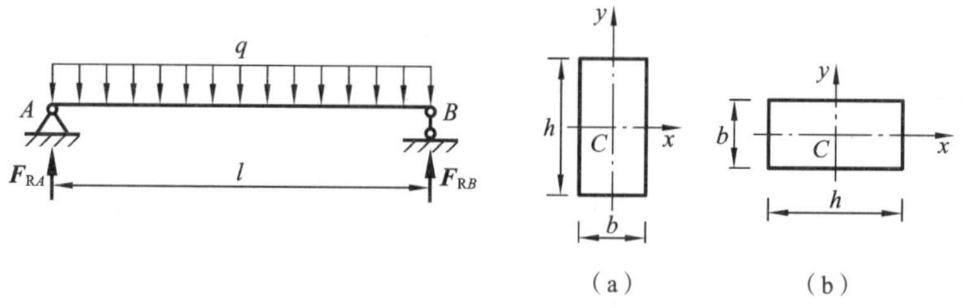

图 8-52　题 8-18 图

(1)梁按图 8-52(a)所示放置时的截面尺寸;(2)梁按图 8-52(b)所示放置时的截面尺寸。

8-19　如图 8-53 所示矩形截面钢梁,已知 $F=10\ \mathrm{kN}$,$q=5\ \mathrm{kN/m}$,$l=1\ \mathrm{m}$,材料的许用正应力$[\sigma]=160\ \mathrm{MPa}$,许用切应力$[\tau]=80\ \mathrm{MPa}$。若规定梁横截面的高宽比 $h:b=2$,试按强度条件设计梁的横截面尺寸。

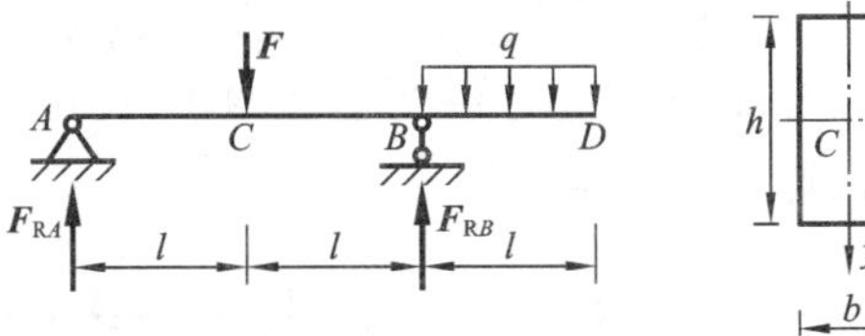

图 8-53　**题** 8-19 **图**

8-20　某工作平台的横梁是由 18 号工字钢制成,受力如图 8-54 所示。已知材料的许用正应力$[\sigma]=170\ \mathrm{MPa}$,许用切应力$[\tau]=100\ \mathrm{MPa}$。试校核此梁强度。

8-21　如图 8-55 所示工字形截面外伸梁,已知材料的许用正应力$[\sigma]=170\ \mathrm{MPa}$,许用切应力$[\tau]=100\ \mathrm{MPa}$,试选择工字钢型号。

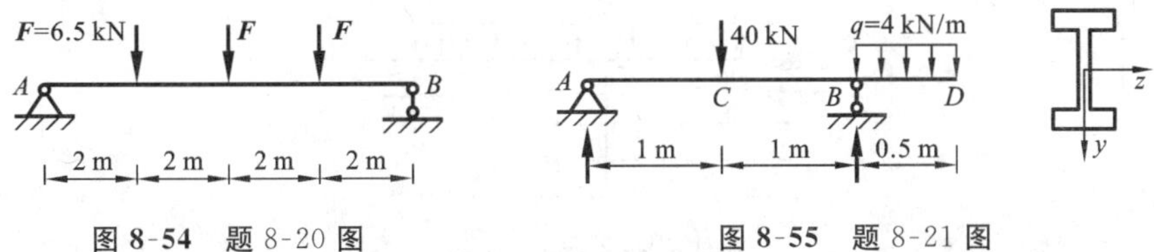

图 8-54　**题** 8-20 **图**　　**图 8-55**　**题** 8-21 **图**

8-22　如图 8-56 所示悬臂梁,自由端承受集中力 F 作用。试建立梁的转角方程和挠曲线方程,并计算最大挠度和最大转角。设弯曲刚度 EI 为常数。

8-23　受均布载荷作用的简支梁如图 8-57 所示,已知抗弯刚度 EI 为常数。试求此梁的最大挠度及截面 A 的转角。

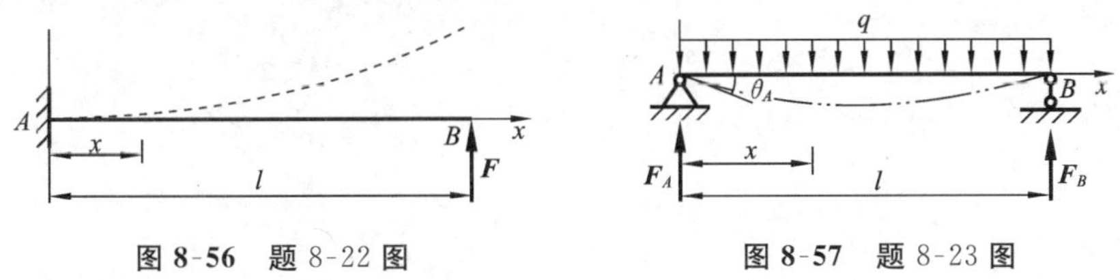

图 8-56　**题** 8-22 **图**　　**图 8-57**　**题** 8-23 **图**

8-24　如图 8-58 所示悬臂梁,同时承受集中载荷 $\boldsymbol{F}_1$ 和 $\boldsymbol{F}_2$ 的作用。设梁的弯曲刚度为 EI,试用叠加法计算截面 C 的挠度。

8-25　变形截面梁如图 8-59 所示,试求自由端 C 的挠度。设梁的弯曲刚度 EI 为常数。

8-26　如图 8-60 所示外伸梁,在 C 处受一集中力 $\boldsymbol{F}$ 的作用,梁的 EI、l、a 均为已知。试用叠加法计算截面 C 的挠度和转角。

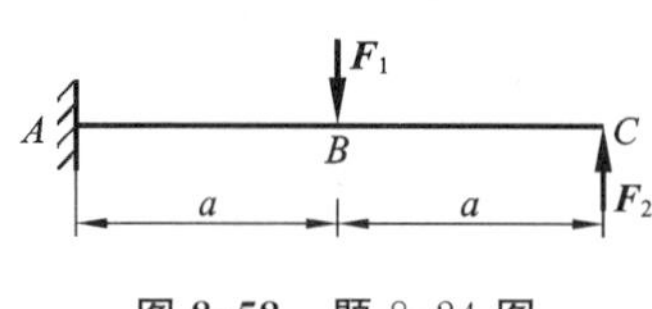

图 8-58　题 8-24 图

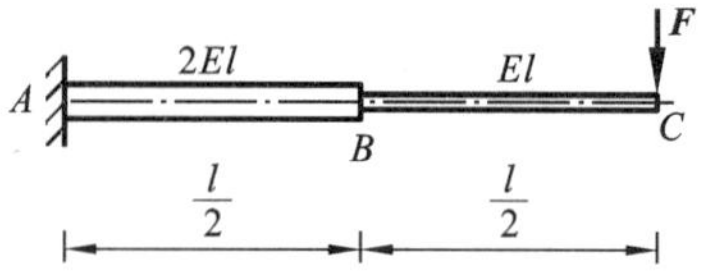

2EI　EI　F
A　B　C
$\frac{l}{2}$　$\frac{l}{2}$

图 8-59　题 8-25 图

8-27　用工字钢制成的简支梁如图 8-61 所示，在跨度中点承受集中力 $\boldsymbol{F}$。已知 $F=35$ kN，跨度 $l=4$ m，许用应力$[\sigma]=160$ MPa，许用挠度$[f]=l/500$，弹性模量 $E=200$ GPa。试选择工字钢型号。

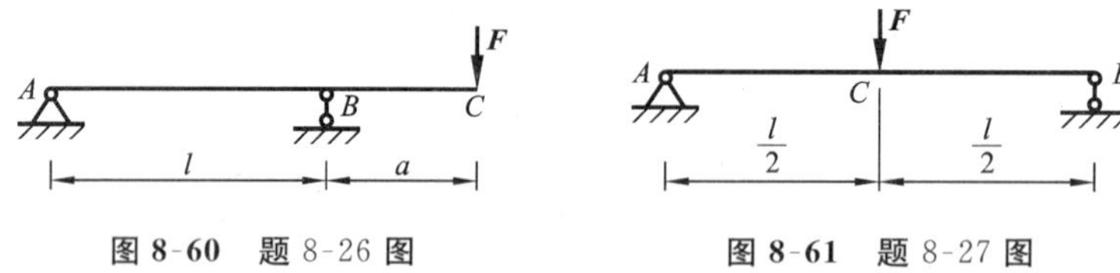

图 8-60　题 8-26 图　　　　图 8-61　题 8-27 图

8-28　图 8-62 所示简支梁由 18 号工字钢制成，长度 $l=3$ m，受 $q=24$ kN/m的均布载荷作用。材料的弹性模量 $E=210$ GPa，许用应力$[\sigma]=150$ MPa，梁的许用挠度$[f]=l/400$。试对梁的强度和刚度进行校核。

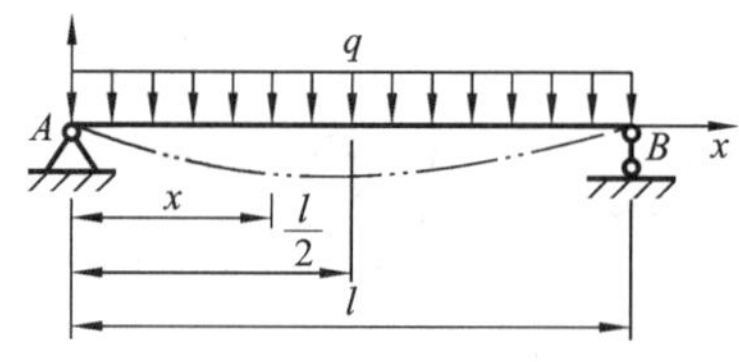

图 8-62　题 8-28 图

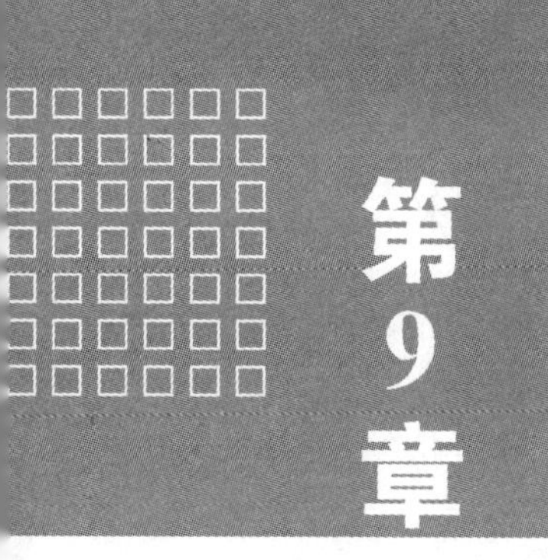

第9章 组合变形

9.1 概 述

在前面分别讨论了杆件的拉压、剪切、扭转和弯曲等基本变形。在工程实际中，杆件在外力的作用下往往会同时发生两种或两种以上的基本变形，这种复杂的变形方式称为组合变形。例如：图 9-1(a)中车刀同时发生压缩变形与弯曲变形，图 9-1(b)中钻床立柱的偏心拉压，图 9-1(c)中齿轮传动轴同时发生扭转变形和弯曲变形等。

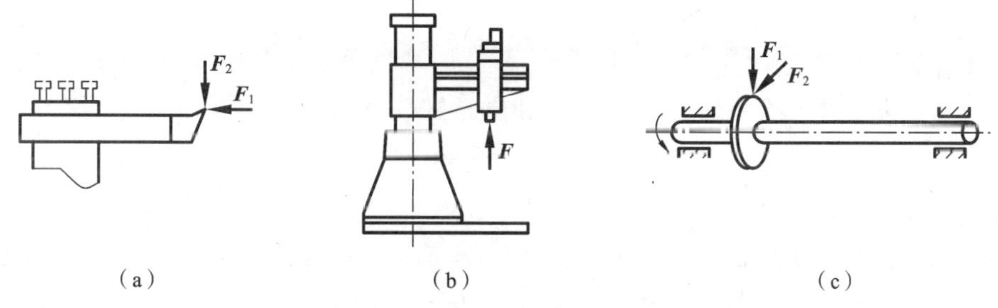

图 9-1 组合变形的工程示例

本章主要研究工程实际中常遇到的拉伸(或压缩)与弯曲的组合，以及扭转与弯曲的组合变形。

解决组合变形强度计算问题的基本方法是运用叠加原理。其具体步骤如下。

步骤 1 外力分析。将杆件所受到的载荷进行分解或简化，使分解或简化的每一种结果只产生一种基本变形，从而确定杆件组合变形的类型。

步骤 2 内力分析。画出组合变形中每一种基本变形的内力图，根据内力图综合确定危险截面。

步骤 3 应力分析。根据各种基本变形横截面上的应力分布规律，确定危险截面上的危险点。

步骤 4 强度计算。分析危险点的应力状态和杆件的材料特性，选择合适的强度理论进行强度计算。

运用叠加原理需要满足以下条件。

(1) 保证上述线性关系的条件是材料为线弹性的，加载在弹性范围内，即服从胡克定律。

(2) 必须是小变形，保证能按构件初始形状或尺寸进行分解与叠加计算，且能保证与加载次序无关。

9.2 拉伸(或压缩)与弯曲变形的组合

横向力与轴向力共同作用下的拉弯组合变形在实际情况中多见，下面以悬臂梁在斜向外力 $\boldsymbol{F}$ 的作用下为例，分析拉伸(或压缩)与弯曲组合变形问题。如图 9-2(a)所示，在梁的纵向对称平面内，梁的自由端受到集中力 $\boldsymbol{F}$ 作用，其与轴线的夹角为 φ。

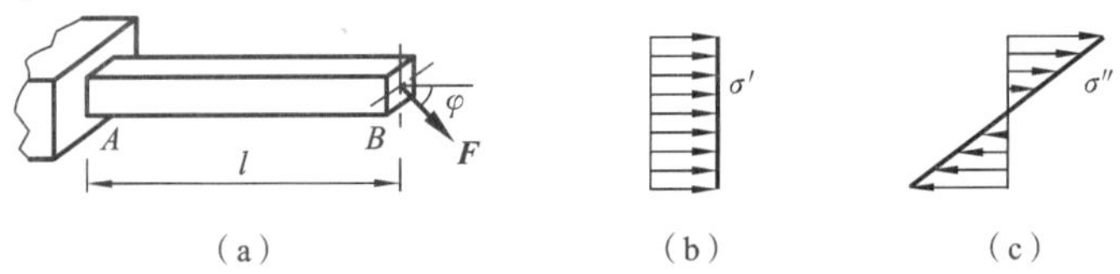

图 9-2 拉伸(或压缩)与弯曲组合变形示例

(1) 外力分析 将外力 $\boldsymbol{F}$ 沿轴线和垂直轴线方向进行分解，得

$$F_x = F\cos\phi$$

$$F_y = F\sin\phi$$

其中：F_x 对应着使悬臂梁产生轴向拉压变形，而 F_y 则对应着使悬臂梁产生弯曲变形，因此，可以判定悬臂梁将产生轴向拉伸(或压缩)与弯曲的组合变形，简称为拉弯组合变形。

(2) 内力分析 固定端右极限截面为危险截面，该截面上的内力为

$$F_{\mathrm{N}} = F\cos\phi$$

$$M_{\max} = Fl\sin\phi$$

(3) 应力分析 梁产生轴向拉伸变形时，各横截面上的正应力 σ' 均匀分布(见图 9-2(b))；梁产生弯曲变形时，固定端右极限截面上正应力 σ'' 呈线形分布(见图 9-2(c))。它们的应力分别为

$$\sigma' = \frac{F_{\mathrm{N}}}{A}$$

$$\sigma''=\frac{M_{\max}y}{I_z}$$

根据叠加原理，固定端右极限截面的上边缘各点具有最大拉应力，下边缘各点具有最大压应力，其正应力最大值与最小值分别为

$$\sigma_{\max}=\frac{F_N}{A}+\frac{M_{\max}}{W_z} \tag{9-1}$$

$$\sigma_{\min}=\frac{F_N}{A}-\frac{M_{\max}}{W_z} \tag{9-2}$$

可见，梁的危险点为固定端右极限截面的上边缘各点。

(4) 强度计算　危险点处于单向应力状态，其相应的强度准则为

$$\sigma_{\max}=\frac{F_N}{A}+\frac{M_{\max}}{W_z}\leqslant[\sigma] \tag{9-3}$$

若 F_x 不是拉力，而是压力，则固定端右极限横截面上下边缘各点处的应力分别为

$$\sigma_{\max}=-\frac{F_N}{A}-\frac{M_{\max}}{W_z} \tag{9-4}$$

$$\sigma_{\min}=-\frac{F_N}{A}+\frac{M_{\max}}{W_z} \tag{9-5}$$

可见，固定端右极限截面下边缘各点具有最大的压应力。梁的最危险点就是固定端横截面的下边缘各点。其相应的强度准则为

$$\sigma_{\max}=\left|-\frac{F_N}{A}-\frac{M_{\max}}{W_z}\right|\leqslant[\sigma] \tag{9-6}$$

例 9-1　简易吊车如图 9-3(a)所示。梁 AB 由 22a 工字钢制成，材料的许用应力$[\sigma]=100$ MPa。已知最大吊重 $W=25$ kN，$\theta=30°$。试校核梁 AB 的强度。

解　(1) 受力分析。按最不利情况来分析：吊重 W 位于 B 端时为最不利的情况，受力如图 9-3(b)所示。

由 $\sum M_A(F)=0$，有

$$F=\frac{3W}{2\sin\theta}=\frac{3\times25}{2\sin30°}=75\ \text{kN}$$

分解得

$$F_x=F\cos\theta=65\ \text{kN}$$

$$F_y=F\sin\theta=37.5\ \text{kN}$$

F_x 对应着使梁的 AC 段产生轴向压缩变形，而 F_y 对应着使梁 AB 产生弯曲变形，故梁的 AC 段产生拉弯组合变形。

(2) 画内力图，确定危险截面。弯矩图如图 9-3(c)所示，截面 C 上出现最大弯矩；轴力图如图 9-3(d)所示，截面 C 左侧的梁段上才有轴力。所以，截面 C^- 是危险截面。在截面 C^- 上有

$$M_{\max}=25\ \text{kN}\cdot\text{m}$$

$$F_N=65\ \text{kN}$$

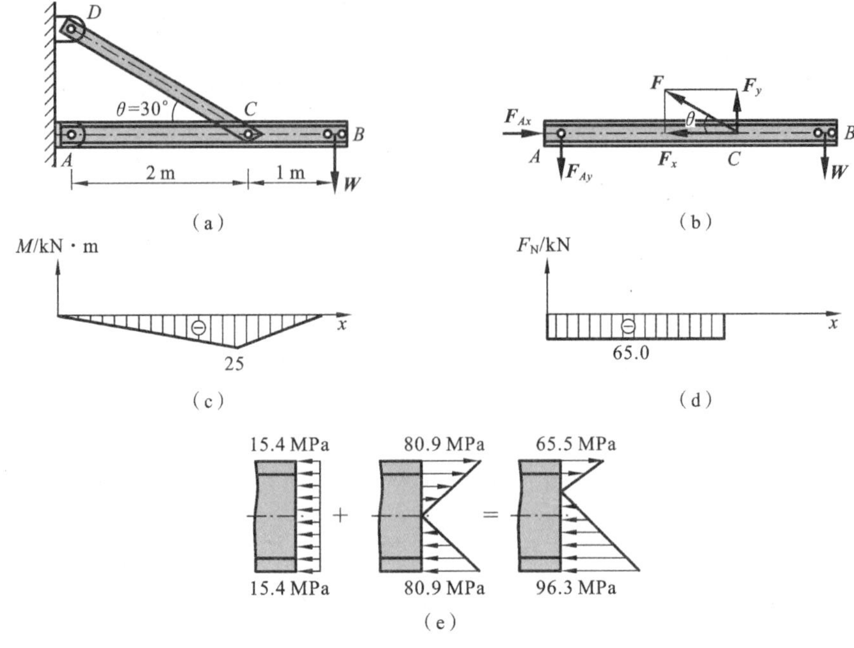

图 9-3　例 9-1 图

(3) 计算危险点的应力。应力分布规律如图 9-3(e)所示,危险点位于截面 C^- 的下边缘。由型钢表(附录 C),得

$$A=42.128\times10^{-4}\ \text{m}^2$$

$$W_z=309\times10^{-6}\ \text{m}^3$$

$$\sigma_{\max}=\frac{F_N}{A}+\frac{M_{\max}}{W_z}=\left(\frac{65\times10^3}{42.128\times10^{-4}}+\frac{25\times10^3}{309\times10^{-6}}\right)\ \text{Pa}$$

$$=96.3\times10^6\ \text{Pa}=96.3\ \text{MPa}\quad(\text{压应力})$$

(4) 强度校核。

$$\sigma_{\max}=96.3\ \text{MPa}\leqslant[\sigma]=100\ \text{MPa}$$

所以,梁 AB 满足强度条件。

9.3　扭转与弯曲变形的组合

工程中有些材料在载荷作用下发生扭转变形的同时,还发生弯曲变形。当杆件发生扭转与弯曲的组合变形时,杆件内的危险点不再处于单向应力状态,而是处于复杂应力状态,需用强度理论对杆件进行强度计算。

如图 9-4(a)所示为处于水平位置的直角曲拐。作用在 C 端的集中力 $\boldsymbol{F}$ 向 AB 杆的 B 截面的形心平移,得到一个力 $\boldsymbol{F}$ 和作用于 B 截面的附加力偶 $M=Fa$,如图 9-4(b)所示。M 对应着使 AB 杆产生扭转变形,而 F 对应着使 AB 杆

产生弯曲变形。所以可以判定 AB 杆发生扭转和弯曲的组合变形，简称为弯扭组合变形。

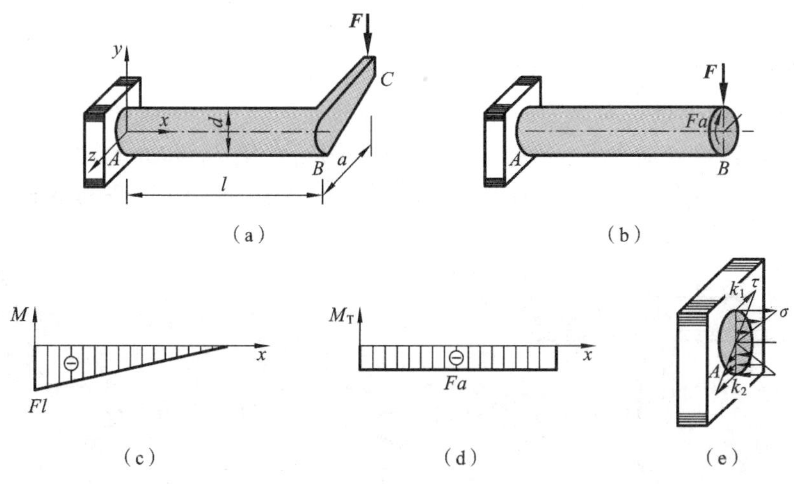

图 9-4　直角曲拐

AB 杆的弯矩图和扭矩图如图 9-4(c)和图 9-4(d)所示。由此可知，固定端右极限截面(即 A^+ 截面)为危险截面，其上必存在弯曲正应力和扭转切应力。对应于扭转变形，A^+ 截面边缘圆周各点具有最大切应力，其值为 $\tau_{\max}=\dfrac{M_T}{W_p}$。对应于弯曲变形，$A^+$ 截面上、下边缘处两点 k_1、k_2 具有最大正应力，其值为 $\sigma_{\max}=\dfrac{M_{\max}}{W_z}$。切应力与正应力不能直接相加减，其应力分布规律如图 9-4(e)所示。综合分析可见，k_1、k_2 两点为危险点。

因为截面危险点既有切应力，又有正应力，其单元体属于二向应力状态，所以既不能用单向应力的强度条件，也不能按照纯剪切状态建立强度准则。工程实际中，往往采用第三强度理论(也称为最大切应力理论)建立弯扭组合的强度准则。其表达式为

$$\sigma_{r3}=\sqrt{\sigma^2+4\tau^2}\leqslant[\sigma] \tag{9-7}$$

或者采用第四强度理论(也称为形状改变比能理论)建立弯扭组合的强度准则。其表达式为

$$\sigma_{r4}=\sqrt{\sigma^2+3\tau^2}\leqslant[\sigma] \tag{9-8}$$

特别的，圆轴产生弯扭组合变形时，考虑到 $W_p=2W_z$，按照第三强度理论的强度条件，有

$$\sigma_{r3}=\frac{\sqrt{M^2+M_T^2}}{W_z}\leqslant[\sigma] \tag{9-9}$$

按照第四强度理论的强度条件，有

$$\sigma_{r4}=\frac{\sqrt{M^2+0.75M_T^2}}{W_z}\leqslant[\sigma] \tag{9-10}$$

应当注意：式(9-9)、式(9-10)只适用于圆截面轴。

例 9-2 如图 9-5(a)所示，皮带轮传动轴的 B 端受集中力偶 M 作用，在传动轴 AB 的跨中点 C 处装有一个皮带轮，皮带轮的直径 $D=0.5$ m，皮带拉力为铅垂方向，其值分别为 $F_1=8$ kN，$F_2=4$ kN，圆轴直径 $d=90$ mm，轴承与带轮的间距 $a=500$ mm。若轴材料的许用应力$[\sigma]=50$ MPa，试按第三强度理论校核轴的强度。

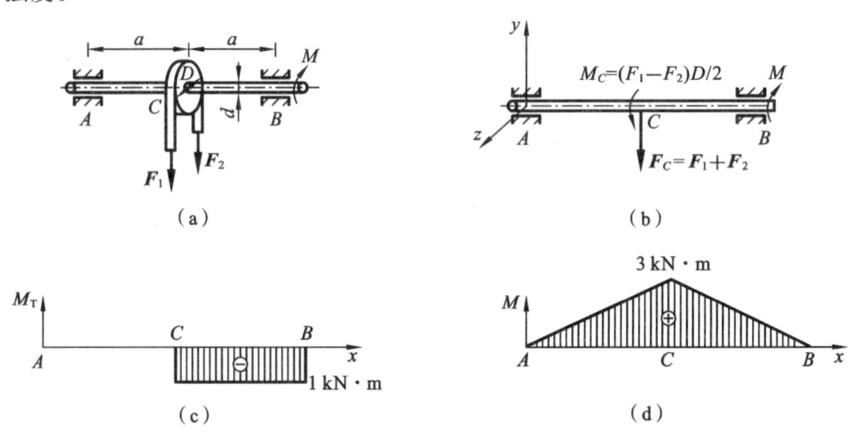

图 9-5 皮带轮传动轴的弯扭组合变形分析

解 (1) 外力分析。将皮带的拉力 F_1、F_2 向轮心 C 平移，将平移结果合成后，得到一个作用力 $F_C=F_1+F_2$ 和附加集中力偶 M_C（见图 9-5(b)）。其中

$$F_C=F_1+F_2=12\ \text{kN}$$

$$M_C=\frac{(F_1-F_2)D}{2}=\frac{(8-4)\times0.5}{2}\ \text{N}\cdot\text{m}=1\times10^3\ \text{N}\cdot\text{m}$$

传动轴 AB 发生弯曲与扭转组合变形。

(2) 内力分析。分别画出传动轴的扭矩图（见图 9-5(c)）和弯矩图（见图 9-5(d)），由内力图可以看出，C 截面上具有最大的扭矩与弯矩，故 C 截面为危险截面。其值分别为

$$M_T=M_C=1\ \text{kN}\cdot\text{m}$$

$$M_{max}=\frac{F_C\times2a}{4}=\frac{12\times2\times0.5}{4}\ \text{kN}\cdot\text{m}=3\ \text{kN}\cdot\text{m}$$

(3) 强度校核。采用第三强度理论，由式(9-3)得

$$\sigma_{r3}=\frac{\sqrt{M^2+M_T^2}}{W_z}=\frac{\sqrt{(3\times10^3)^2+(1\times10^3)^2}}{\frac{3.14}{32}\times90^3\times10^{-9}}\ \text{Pa}=43.4\times10^6\ \text{Pa}=43.4\ \text{MPa}\leqslant[\sigma]$$

故传动轴的强度足够。

习　　题

计算题

9-1　简易吊车受力如图 9-6 所示，AB 横梁为工字钢。若最大吊重 $W=10$ kN，材料的许用应力$[\sigma]=100$ MPa。试选择工字钢型号。

9-2　图 9-7 所示为简支梁为 22a 工字钢。已知 $F=100$ kN，$l=1.2$ m，材料的许用应力$[\sigma]=160$ MPa。试校核梁的强度。

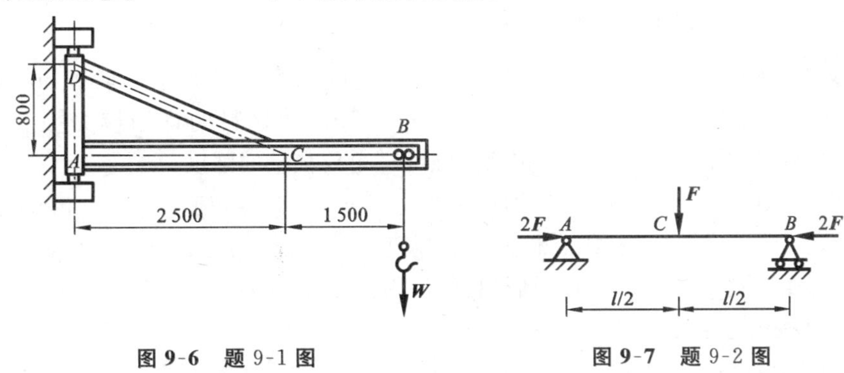

图 9-6　**题** 9-1 **图**　　　　**图 9-7**　**题** 9-2 **图**

9-3　某传动轴如图 9-8 所示。电动机通过联轴器作用在截面 A 上的外力偶矩 $M=1$ kN·m，皮带紧边和松边的拉力分别为 F_1 和 F_2，且 $F_1=2F_2$，轴承间的距离为 $l=500$ mm，皮带轮的直径 $D=200$ mm，轴材料的许用应力$[\sigma]=160$ MPa。试按第三强度理论设计轴的直径 d。

9-4　某减速器中的中间轴如图 9-9 所示。已知：轴的转速 $n=194$ r/min，传递的功率 $P=5$ kW；直齿圆柱齿轮 D 的分度圆直径 $d_1=150$ mm，直齿圆柱齿轮 C 的分度圆直径 $d_2=120$ mm，齿轮压力角 $\alpha=20°$，轴材料许用应力$[\sigma]=80$ MPa。试分别按第三强度理论和第四强度理论设计中间轴的直径。

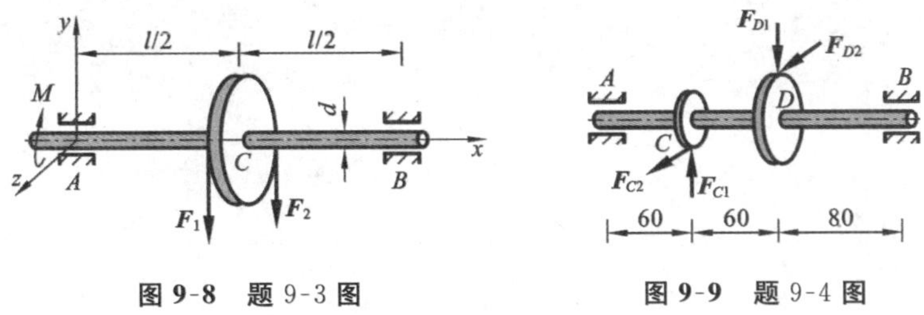

图 9-8　**题** 9-3 **图**　　　　**图 9-9**　**题** 9-4 **图**

9-5　如图 9-10 所示折杆的 AB 段为圆截面，$AB\perp CB$。已知：杆 AB 直径 $d=100$ mm，材料的许用应力$[\sigma]=80$ MPa。试按第三强度理论，由杆 AB 的强度条件确定许用载荷$[F]$。

9-6　装在外径 $D=60$ mm 空心圆柱上的铁道标志牌如图 9-11 所示所受最

大风载 $p=2$ kPa，柱材料的许用应力$[\sigma]=60$ MPa。试按第四强度理论选择圆柱的内径 d。

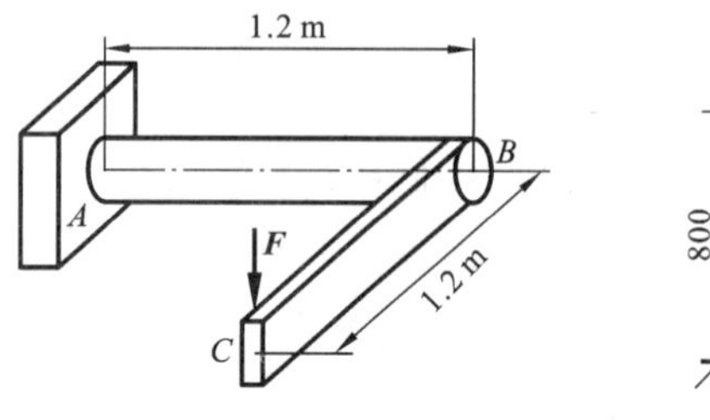

图 9-10　题 9-5 图

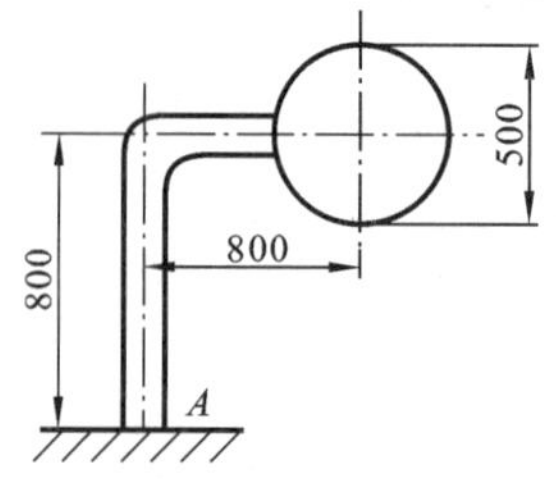

图 9-11　题 9-6 图

9-7　如图 9-12 所示，传动轴 ABC 传递的功率 $P=2$ kW，转速 $n=100$ r/min，带轮直径 $D=250$ mm，带张力 $F_T=2F_t$，轴材料的许用应力$[\sigma]=80$ MPa，轴的直径 $d=45$ mm。试按第三强度理论校核轴的强度。

9-8　如图 9-13 所示，传动轴传递的功率 $P=8$ kW，转速 $n=50$ r/min，轮 A 带的张力沿水平方向，轮 B 带的张力沿竖直方向，两轮的直径均为 1 m，重力均为 $G=5$ kN，带张力 $F_T=3F_t$，轴材料的许用应力$[\sigma]=90$ MPa，轴的直径 $d=70$ mm。试按第三强度理论校核轴的强度。

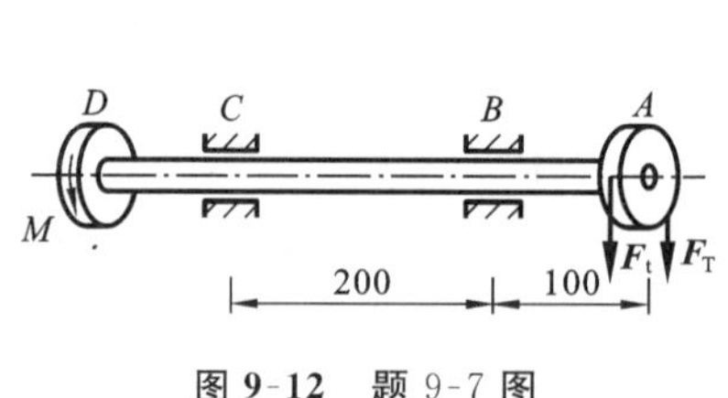

图 9-12　题 9-7 图

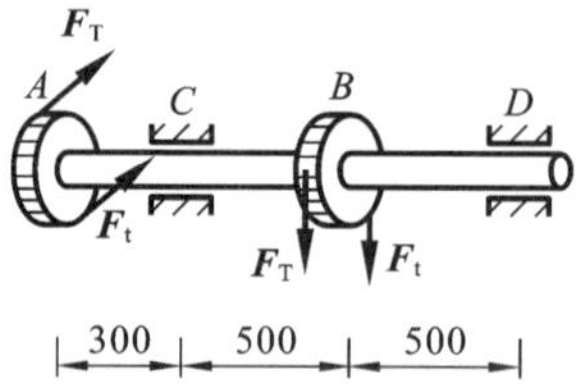

图 9-13　题 9-8 图

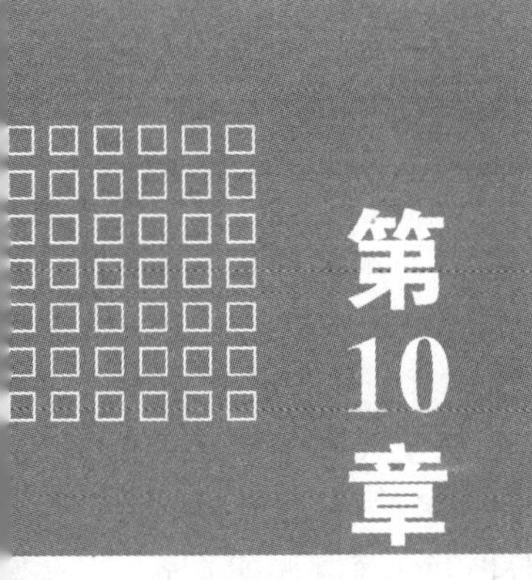

第10章 压杆稳定

前面研究了构件的强度和刚度问题。本章将研究受压构件的稳定性问题。稳定性问题和强度、刚度问题一样，是材料力学所研究的基本问题之一，特别是对于细长的压杆，必须给予足够的重视。例如，一根宽 30 mm、厚 5 mm 的矩形截面松木杆，对其施加轴向压力，如图 10-1 所示。设材料的抗压强度极限 $\sigma_b=40$ MPa，由实验可知，当杆很短时（设高为 30 mm），如图 10-1(a)所示，将杆压坏所需的压力为

$$p=\sigma_b A=40\times10^6\times5\times10^{-3}\times30\times10^{-3}\ \text{N}=6\times10^3\ \text{N}=6\ \text{kN}$$

若杆长为 1 m，则只需 30 N 的压力，杆就会变弯，压力若再增大，杆将产生显著的弯曲变形而失去工作能力（见图 10-1(b)）。这说明：细长压杆丧失工作能力不是强度不够，而是由于其轴线不能维持原有直线形状的平衡状态所致。这种现象称为丧失稳定，简称失稳。在本章以前，我们在计算受压杆件的截面尺寸时，都是以强度条件$\dfrac{F_N}{A}\leqslant[\sigma]$为依据的，但这对粗而短的杆件是正确的，而对细而长的杆件，这样计算却不一定能保证其安全工作。因此，对受压的细长杆件，必

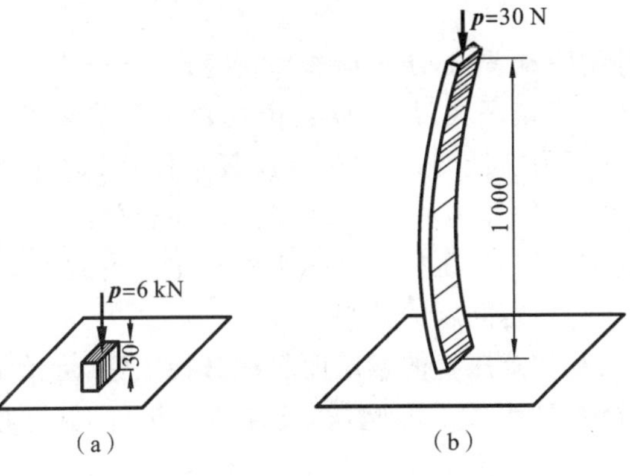

图 10-1　压杆稳定示例

须从保证稳定的角度出发，建立合理的计算方法。

10.1 压杆稳定的概念

取一细长直杆(见图 10-2(a))，将其两端用铰链支座连接(图中未画出)，沿着直杆的轴线施加一个逐渐增大的压力 p。当 p 力很小时，直杆仍保持着直线的形状，如果杆有变形，也只是其长度略为缩短了一些(见图 10-2(a))。这时，如果我们以很小的横向力 Q(水平干扰力)作用于杆的中部，就会使杆发生微小的弯曲变形。但这种弯曲只是暂时的，当 Q 去掉后，杆经过若干次摆动，仍能恢复其原来的直线形状(见图 10-2(b))。这表明，受压杆件这时仍有保持其原始直线形状的能力。我们把杆件原来的直线形状的平衡状态称为稳定平衡。

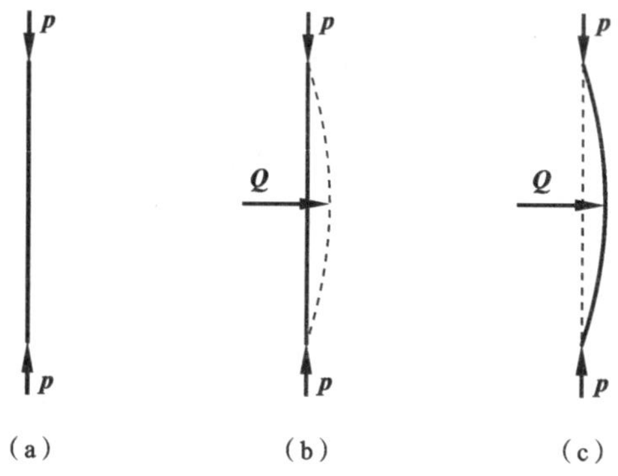

图 10-2 压杆受力示例

当作用在杆上的轴向压力 p 超过某一限度时，只要受外界干扰(以 Q 力轻轻地推一下杆)，杆就不能恢复到原来的直线形状而在弯曲形状下保持新的平衡(见图 10-2(c))。此时，称杆原来的直线形状的平衡状态为不稳定平衡。压杆的稳定性问题就是针对受压杆件能否保持它原来的直线形状的平衡状态而言的。

通过上面的分析不难看出，压杆能否保持稳定，与压力 p 的大小有着密切的关系。随着压力 p 的逐渐增大，压杆就会由稳定平衡状态过渡到不稳定平衡状态。这就是说，轴向压力的量变，必将引起压杆平衡状态的质变。压杆从稳定平衡过渡到不稳定平衡时的压力称为临界力或临界载荷，以 p_{cr} 表示。显然，当压杆所受的外力达到临界值时，压杆即开始丧失稳定。由此可见，掌握压杆临界力的大小，将是解决压杆稳定问题的关键。

在工程实际中，只注意压杆的强度而忽视其稳定性，会给工程结构带来极大的危害，甚至造成严重的事故。因此，在设计这类构件时，进行稳定计算是非常必要的。例如，螺旋千斤顶的丝杠(见图 10-3)及托架中的压杆(见图 10-4)，当其过于细长时，就必须进行稳定计算。

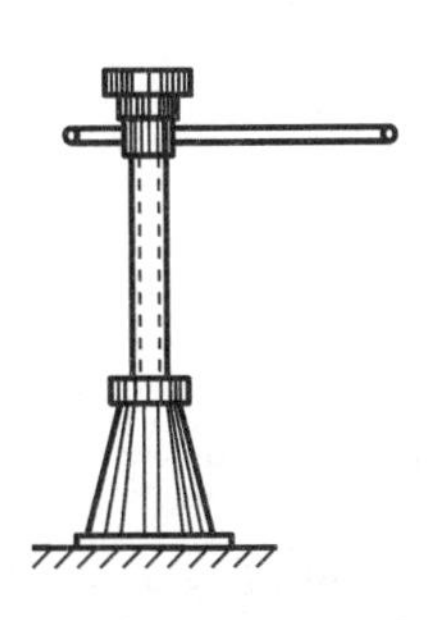

图 10-3　千斤顶示例

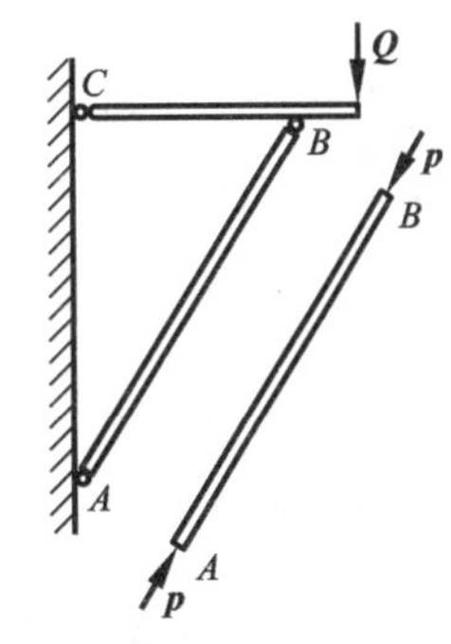

图 10-4　托架中的压杆示例

10.2　临　界　力

10.2.1　欧拉公式

当作用在杆上的压力 $p=p_{cr}$时，杆在干扰力作用后变弯。在杆的变形不大，杆内应力不超过比例极限的情况下，根据弯曲变形的理论可求出临界力的大小，即

$$p_{cr}=\frac{\pi^2 EI}{(\mu l)^2} \tag{10-1}$$

式中：I 为杆横截面对中性轴的惯性矩；μ 为长度系数，代表支座对临界力的影响，其值见表 10-1；l 为杆的长度，而 μl 为相当长度。

式(10-1)称为欧拉公式。由式(10-1)可以看出，临界力与材质的种类、截面的形状和尺寸、杆件的长度和两端的支承情况等方面的因素有关。

表 10-1　不同支座情况下的长度系数

杆端约束情况	两端铰支	一端固定一端自由	两端固定	一端固定一端铰支
挠曲线形状	p_{cr}, l	p_{cr}, l	p_{cr}, $\frac{l}{4}$, $\frac{l}{2}$, $\frac{l}{4}$, l	p_{cr}, $0.7l$, l
μ	1	2	0.5	0.7

10.2.2 临界应力与柔度

压杆在临界力作用下,横截面上的应力称为临界应力,以 σ_{cr} 表示。

根据计算临界力的欧拉公式,可以求得临界应力为

$$\sigma_{cr}=\frac{p_{cr}}{A}=\frac{\pi^2 EI}{A(\mu l)^2}$$

式中:σ_{cr} 为压杆的临界应力;A 为压杆的横截面面积。

上式中的比值 $\frac{I}{A}$ 仅与截面的形状和尺寸有关,可以令 $i=\sqrt{\frac{I}{A}}$,并代入上式,得

$$\sigma_{cr}=\frac{\pi^2 E}{\left(\frac{\mu l}{i}\right)^2}=\frac{\pi^2 E}{\lambda^2} \tag{10-2}$$

式中:i 称为截面的惯性半径;$\lambda=\frac{\mu l}{i}$ 称为压杆的长细比,它是一个无量纲的量。不难看出,λ 值愈大,则杆件愈细长;λ 值愈小,则杆件愈短粗。因此,又可把 λ 称为柔度。显然,λ 值越大,杆越易丧失稳定,其临界力就越小;反之,λ 值越小,杆件就越不易丧失稳定,其临界力就越大。所以,柔度 λ 是压杆稳定计算的一个重要参数。

10.2.3 欧拉公式的适用范围

欧拉公式因为是在材料服从胡克定律的条件下导出的,故必须在临界应力小于比例极限的条件下才能应用,即

$$\frac{\pi^2 E}{\lambda^2}\leqslant\sigma_p$$

由此可以求得对应于比例极限的柔度 λ_p 为

$$\lambda_p=\pi\sqrt{\frac{E}{\sigma_p}} \tag{10-3}$$

这样,就可用 λ_p 来表示欧拉公式的适用范围。显然,只有当压杆的实际柔度 $\lambda\geqslant\lambda_p$ 时,欧拉公式才能适用。$\lambda\geqslant\lambda_p$ 的杆件称为大柔度杆或细长杆。分别将 Q235 钢、铸铁、木材的弹性模量及比例极限代入式(10-3)后,即可求得:对于 Q235 钢,$\lambda\geqslant\lambda_p=100$;对于铸铁,$\lambda\geqslant\lambda_p=80$;对于木材,$\lambda\geqslant\lambda_p=110$。

由临界应力公式(10-2)可知,压杆的临界应力是柔度的函数。若以临界应力 σ_{cr} 为纵坐标,柔度 λ 为横坐标,按式(10-2)可画出如图 10-5 所示的曲线 AB,其又称为欧拉双曲线。欧拉公式的适用范围可在此图上直观地显现。曲线上的实线部分 BC 是适用部分;由于应力已超过了比例极限,故虚线部分 AC 为无效部分。对应于 C 点的柔度即为 λ_p。

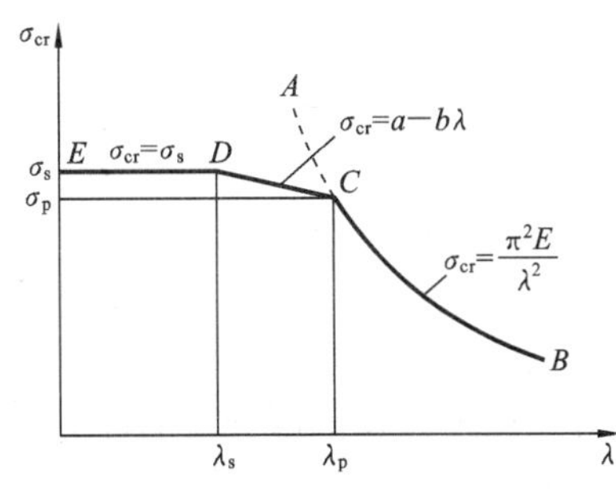

图 10-5　压杆的临界应力-柔度曲线

10.2.4　中柔度压杆的经验公式

对于不能应用欧拉公式计算临界应力的压杆，即当压杆内的工作应力大于比例极限但小于屈服极限(塑性材料)时，可应用在实验基础上建立的经验公式。经验公式有直线公式和抛物线公式等。其中直线公式比较简单，应用方便，其形式为

$$\sigma_{cr}=a-b\lambda \tag{10-4}$$

式中：a 和 b 是与材料性质有关的常数，其单位为 Pa 或 MPa。一些常用材料的 a 和 b 值列于表 10-2 中。

表 10-2　中长杆的参数

材　　料	a/MPa	b/MPa	λ_p	λ_s
Q235 钢	304	1.14	100	60
45 钢	589	3.82	100	60
铸铁	338.7	1.483	80	—
木材	29.3	0.194	110	40

式(10-4)也有一个适用范围。例如，对塑性材料制成的压杆，要求其临界应力不得超过材料的屈服极限 σ_s，即

$$\sigma_{cr}=a-b\lambda<\sigma_s$$

或

$$\lambda>\frac{a-\sigma_s}{b}$$

若把使用经验公式的最小柔度极限值表示为 λ_s，则有

$$\lambda_s=\frac{a-\sigma_s}{b} \tag{10-5}$$

综上所述，可以确定式(10-4)适用的范围应是

$$\lambda_s<\lambda<\lambda_p$$

由式(10-5)可以确定各种材料的 λ_s 值。如对于 Q235 钢，其 $\sigma_s=235$ MPa，$a=$

304 MPa,b=1.14 MPa。将这些值代入式(10-5),得

$$\lambda_s=\frac{a-\sigma_s}{b}=\frac{304-235}{1.14}=60$$

一些常用材料的 λ_s、λ_p 值也列于表 10-2 中。

一般将柔度介于 λ_s 和 λ_p 之间的压杆称为中柔度杆或中长杆,柔度小于 λ_s 的压杆称为小柔度杆或短粗杆。

根据以上分析,可将各类柔度压杆的临界应力计算公式归纳如下。

(1) 对于细长杆($\lambda \geqslant \lambda_p$),用欧拉公式

$$\sigma_{cr}=\frac{\pi^2 E}{\lambda^2}$$

(2) 对于中长杆($\lambda_s<\lambda<\lambda_p$),用经验公式

$$\sigma_{cr}=a-b\lambda$$

(3) 对于短粗杆($\lambda \leqslant \lambda_s$),用压缩强度公式

$$\sigma_{cr}=\sigma=\frac{F_N}{A}$$

例 10-1 有一长 l=300 mm,矩形截面宽 b=2 mm、高 h=10 mm 的压杆,两端铰接,材料为 Q235 钢,E=200 GPa。试计算压杆的临界应力和临界力。

解 (1) 求惯性半径 i。因采用矩形截面,如果失稳必在刚度较小的平面内产生微弯曲,故应求出最小惯性半径。

$$i_{min}=\sqrt{\frac{I_{min}}{A}}=\sqrt{\frac{hb^3}{12}\times\frac{1}{bh}}=\frac{b}{\sqrt{12}}=\frac{2}{3.46}\ \text{mm}=0.578\ \text{mm}$$

(2) 求柔度。因两端铰接,长度系数 μ=1,故

$$\lambda=\frac{\mu l}{i}=\frac{1\times300}{0.578}=519>\lambda_p=100$$

(3) 用欧拉公式计算临界应力。

$$\sigma_{cr}=\frac{\pi^2 E}{\lambda^2}=\frac{3.14^2\times200\times10^9}{519^2}\ \text{Pa}=7.32\times10^6\ \text{Pa}=7.32\ \text{MPa}$$

(4) 计算临界力 p_{cr}。

$$p_{cr}=\sigma_{cr}A=7.32\times10^6\times2\times10\times10^{-6}\ \text{N}=146\ \text{N}$$

10.3 压杆的稳定计算

为了使压杆具有足够的稳定性,不仅要使作用在压杆上的工作压力小于临界力,而且还应有一定程度的稳定储备,即

$$n_w=\frac{p_{cr}}{p}=\frac{\sigma_{cr}}{\sigma} \tag{10-6}$$

式中:p_{cr}是压杆的临界力;p 是压杆的工作压力;n_w 称为压杆的工作稳定安全系

数，它反映了压杆稳定储备的实际程度。

在工程中，对构件的稳定安全储备都有一定的要求，常以$[n_w]$表示要求受压构杆必须达到的稳定储备程度，称为规定的稳定安全系数。

杆件具有足够的稳定性，就必须是工作稳定安全系数大于规定的稳定安全系数，即

$$n_w=\frac{p_{cr}}{p}=\frac{\sigma_{cr}}{\sigma}\geqslant[n_w] \tag{10-7}$$

式(10-7)称为压杆的稳定条件。

确定规定的稳定安全系数$[n_w]$涉及的因素较多，是一个既复杂又重要的问题。$[n_w]$值在有关的设计规范中都有明确规定，一般情况下$[n_w]$可采用如下数值。

钢：　　$[n_w]=1.8\sim3.0$

铸铁：　　$[n_w]=5.0\sim5.5$

木材：　　$[n_w]=2.8\sim3.2$

按式(10-7)进行稳定计算的方法称为安全系数法。下面举例说明其应用。

例 10-2　螺旋千斤顶如图 10-6(a)所示，丝杠的长度 $l=375$ mm，直径 $d=40$ mm，材料为 45 钢，最大起重量为 80 kN，规定的稳定安全系数$[n_w]=4$。试校核丝杠的稳定性。

解　(1) 计算柔度。丝杠可简化为下端固定、上端自由的压杆(见图 10-6(b))，故长度系数 $\mu=2$。因

$$i=\sqrt{\frac{I}{A}}=\sqrt{\frac{\pi d^4/64}{\pi d^2/4}}=\frac{d}{4}=\frac{40}{4}\text{ mm}=10\text{ mm}$$

故

$$\lambda=\frac{\mu l}{i}=\frac{2\times375}{10}=75$$

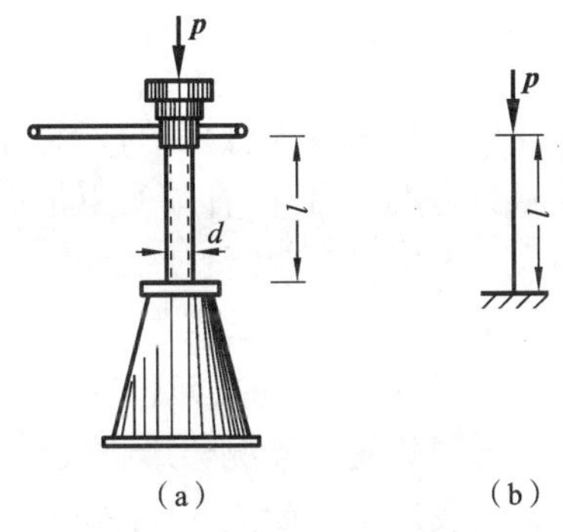

图 10-6　例 10-2 图

(2) 计算临界力。因 $\lambda<\lambda_p=100$，$\lambda>\lambda_s=60$，故此丝杠为中长杆，应采用经验公式计算临界应力。由表 10-2 查得：$a=589$ MPa，$b=3.82$ MPa。

根据式(10-4)，得

$$\sigma_{cr}=a-b\lambda=(589-3.82\times75)\text{ MPa}=303\text{ MPa}$$

于是可得临界压力

$$p_{cr}=\sigma_{cr}A=303\times10^6\times3.14\times40^2\times10^{-6}\div4\text{ N}=3.81\times10^5\text{ N}=381\text{ kN}$$

(3) 校核压杆的稳定性。

$$n_w=\frac{p_{cr}}{p}=\frac{381}{80}=4.76\geqslant[n_w]=4$$

所以，千斤顶丝杠是稳定的。

10.4 提高压杆稳定性的措施

压杆的临界力大，其稳定性就高；压杆的临界力小，其稳定性就差。这表明，临界力的大小是衡量压杆稳定性高低的重要依据。所以，提高临界力或临界应力，就成为提高压杆稳定性的关键。临界应力$\left(\sigma_{cr}=\frac{\pi^2 E}{\lambda^2}\right)$与材料的力学性质有关，还与压杆的柔度$\left(\lambda=\frac{\mu l}{i}\right)$有关，而柔度又受到压杆长度、支承情况以及截面惯性半径的影响。因此，我们可以根据这几方面的因素，采取适当的措施来提高压杆的稳定性。

1. 减小压杆的长度

减小压杆的长度，可以降低压杆的柔度，从而提高压杆的稳定性。所以，在条件允许的情况下，应尽量减小压杆的长度。在压杆的中间增加支座或支撑，也可起到减小压杆长度的作用。

2. 选择合理的截面形状

在截面面积和其他条件相同的情况下，选择合理的截面形状能使临界应力提高。合理的截面形状是指在截面面积相同时，具有较大的轴惯性矩 I，这样，就会使惯性半径$\left(i=\sqrt{\frac{I}{A}}\right)$增大，而柔度 λ 减小，使临界应力得到提高。显然，材料远离中性轴是较为合理的，所以空心圆管的临界力要比截面积相同的实心圆杆的临界力大。另外，杆端约束情况在各个方向上相同时，压杆首先在 I_{min} 的方向上失稳。所以，应尽量使截面对任一形心轴的惯性矩相同，从而使压杆在各个方向上都具有相同的稳定性。

3. 改善杆端的支承情况

不同的支承情况会影响长度系数 μ。由表 10-1 看出，杆端约束的刚度愈强，压杆的长度系数就愈小，相应柔度就越低，稳定性就越高。固定端约束的刚度最高，铰接次之，而自由端的刚度最低。所以，应尽量加强杆端支承的刚度，使其稳定性得到提高。

4. 合理选用材料

对于大柔度杆，用欧拉公式计算临界应力，因 $\sigma_{cr}=\frac{\pi^2 E}{\lambda^2}$，故 σ_{cr} 与材料的弹性模量成正比，而与材料的强度指标无关。所以对于 E 值大致相同的材料，就不必选用高强度的。如各种钢的 E 值相差不大，用高强度钢并不能提高临界应力，不如用普通钢来得经济。

对于中小柔度杆，由经验公式 $\sigma_{cr}=a-b\lambda$ 可知，临界应力与材料的强度有关，所以采用高强度钢可以提高其稳定性。

另外，在条件允许的情况下，可以将压杆（见图 10-7(a)）改为拉杆（见图10-7(b)），以彻底解决失稳问题。

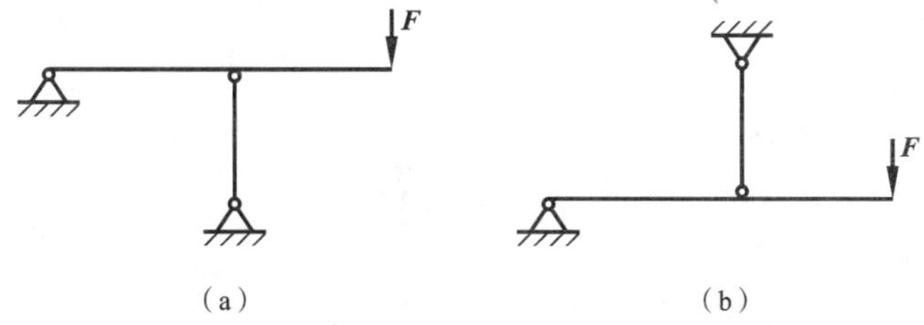

图 10-7 压杆及拉杆示例

习 题

简答题

10-1 为什么说大柔度杆的临界应力与材料的强度指标无关，而中小柔度杆的临界应力与材料的强度指标有关？

10-2 为什么计算临界力时必须首先计算柔度？

10-3 两端为球铰的压杆，当其横截面为图 10-8 所示的不同形状时，试问压杆会在哪个平面内失稳？

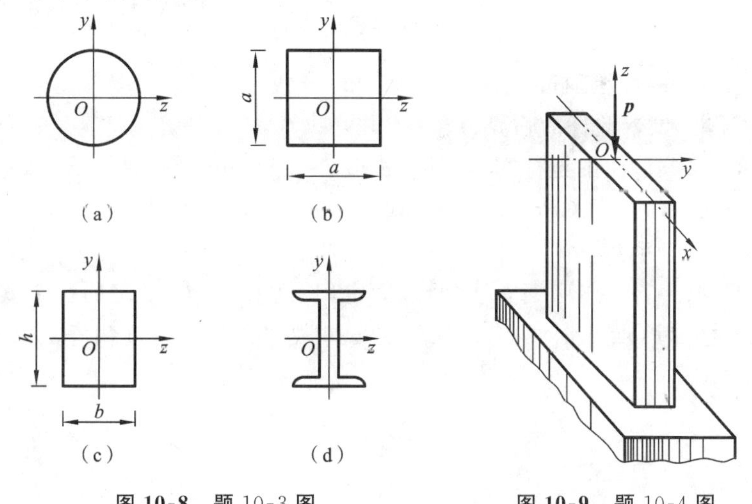

图 10-8 题 10-3 图

图 10-9 题 10-4 图

计算题

10-4 一压杆如图 10-9 所示，在计算其临界力 p_{cr}时，如考虑在 Oyz 平面内失稳，应该用对哪根轴的惯性矩 I 和惯性半径 i 来计算？

10-5 图 10-10 所示各压杆的材料和截面尺寸均相同，试问哪种情况承受的压力最大？哪种情况承受的压力最小？

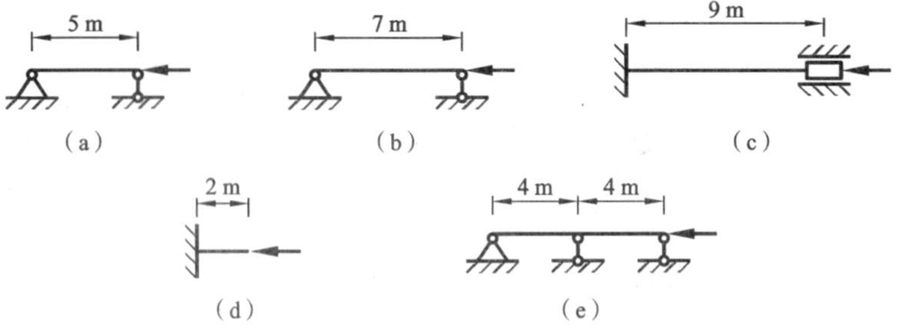

图 10-10 题 10-5 图

10-6 图 10-11 所示压杆的材料为 Q235 钢，$E=200$ GPa，在图 10-11(a)的平面内，两端为铰支，在图 10-11(b)的平面内，两端固定。试求此杆的临界力。

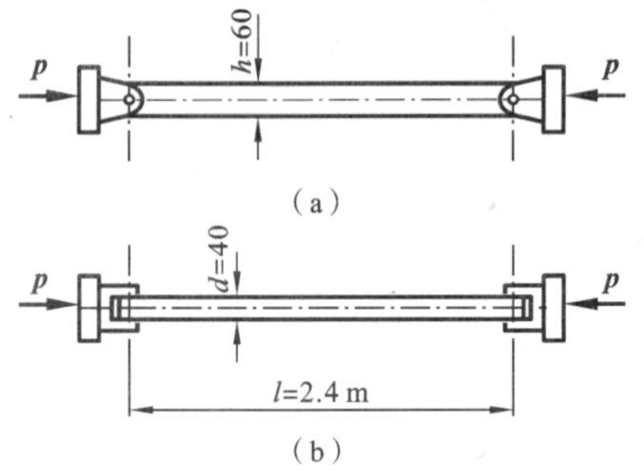

图 10-11 题 10-6 图

10-7 已知铸铁压杆的直径 $d=50$ mm，长度 $l=1$ m，一端固定、一端自由，$E=180$ GPa。试求此杆的临界力。

10-8 某柴油机的挺杆两端铰接，长度 $l=257$ mm，圆形横截面的直径 $d=8$ mm，钢材的 $E=210$ GPa，$\sigma_p=240$ MPa。挺杆所受的最大压力 $p=1.76$ kN，规定的稳定安全系数$[n_w]=2.5$。试校核挺杆的稳定性。

10-9 某一 25a 工字钢支柱，两端固定，长度 $l=7$ m，规定的稳定安全系数$[n_w]=2$，材料为 Q235 钢，$E=210$ GPa。试求支柱的安全许可载荷。

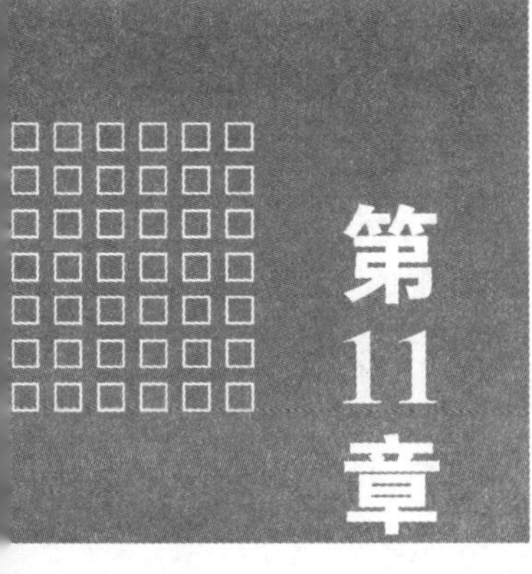

疲劳失效与抗疲劳设计

本章的主要内容是介绍交变应力与疲劳失效的有关概念，分析构件产生疲劳失效的原因及影响构件疲劳极限的主要因素，并提出提高构件疲劳强度的主要措施。

11.1 交变应力与疲劳失效

11.1.1 交变应力

工程中有许多构件在受载荷作用后，将产生随时间作周期性变化的应力，这种应力称为交变应力。有的构件内的交变应力是受到随时间而变化的载荷（称为交变载荷）作用而引起的。如图 11-1(a)所示齿轮传动中的轮齿，在啮合传动的过程中，其根部产生的应力，从进入啮合时零值逐渐增大到最大值，然后又从最大逐渐减小为零，齿轮每转一周，每个轮齿就循环一次。有的构件所承受的载荷虽然不变，但由于构件本身作周期性运动，也会引起起交变应力，例如，如图 11-2(a)所示运行中的火车车轮轴，虽然车厢载重作用在车轴上的力 $\boldsymbol{F}$ 是不变的，但因车轴随车轮在转动，车轴横截面上任一点处的弯曲应力却随时间交替变化。如中间截面上的 C 点，每运动一周，其位置由 1 开始经 2、3、4 后又回到 1（见

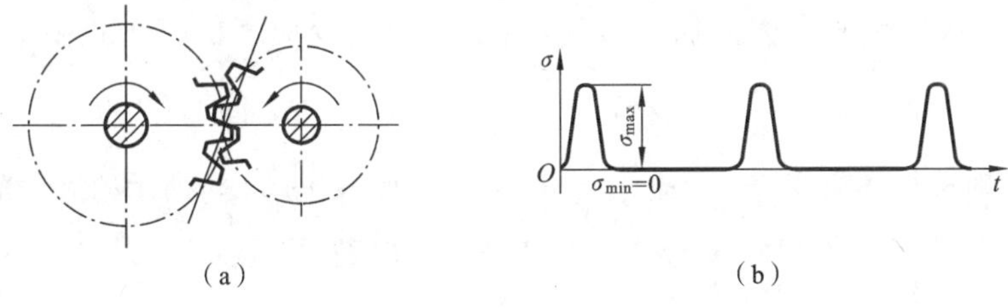

图 11-1 齿轮传动的交变应力

图 11-2(b)),其应力值变化为:$\sigma_{max} \to 0 \to \sigma_{min} \to 0 \to \sigma_{max}$。车轴不停地转动,$C$ 点的应力就不断地重复以上变化,其应力变化曲线如图 11-2(c)所示。应力变化重复一次的过程称为一个应力循环,重复变化的次数称为应力循环次数 N。

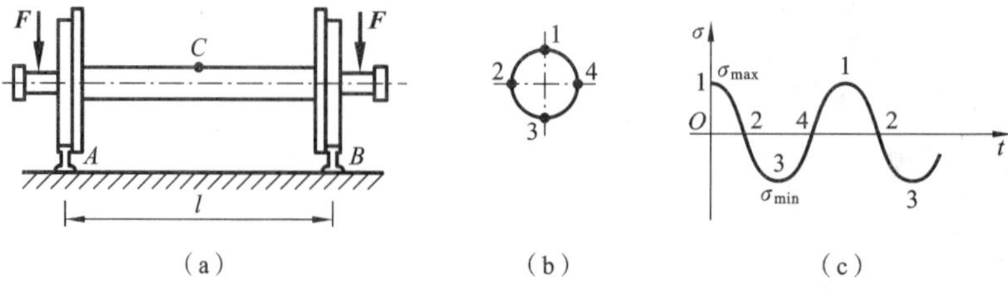

图 11-2 火车车轮轴的交变应力

在一个应力循环中(见图 11-3),代数值最大的应力称为最大应力 σ_{max},最小的称为最小应力 σ_{min},它们的平均值称为平均应力 σ_m,即

$$\sigma_m = \frac{\sigma_{max} + \sigma_{min}}{2}$$

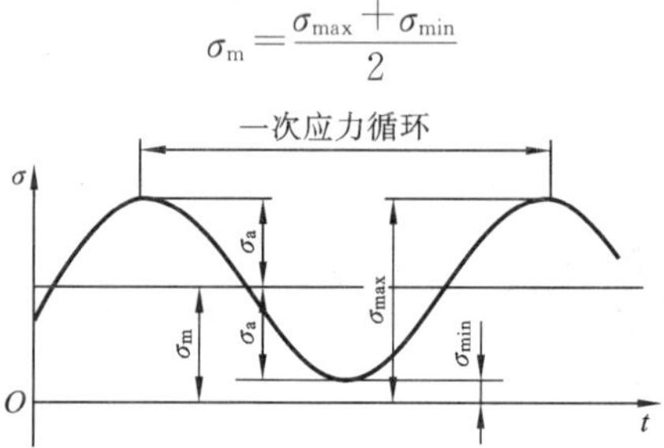

图 11-3 非对称循环应力示例

平均应力表示了应力循环中应力不变的部分,相当于静应力部分。σ_{max} 与 σ_{min} 代数差的一半称为应力幅,即

$$\sigma_a = \frac{\sigma_{max} - \sigma_{min}}{2}$$

应力幅表示了应力从平均应力变动到最大或最小应力的幅度,相当于交变应力中的动应力部分。交变应力的变化特点用应力比,即最小应力 σ_{min} 与最大应力 σ_{max} 代数值的比值 r 来表示,即

$$r = \frac{\sigma_{min}}{\sigma_{max}} \tag{11-1}$$

式中:r 又称为交变应力的循环特征,它是表示交变应力的一个重要参数。当 $|\sigma_{max}| \leqslant |\sigma_{min}|$ 时,取 $r = \frac{\sigma_{max}}{\sigma_{min}}$。这样,$r$ 始终在 $+1$ 与 -1 之间变化。

(1) 对称循环交变应力　$\sigma_{max} = -\sigma_{min}$,$r = -1$。如图 11-2 所示的火车车轮轴。

(2) 脉动循环交变应力　$\sigma_{min} = 0$,$\sigma_{max} > 0$(或 $\sigma_{max} = 0$,$\sigma_{min} < 0$),$r = 0$。如图 11-1 所示的齿轮传动中的轮齿。

(3) 不变应力(即静应力)　$\sigma_{max} = \sigma_{min}$,$r = +1$。

在交变应力中，除 $r=-1$ 时称为对称循环应力外，其余的均称为非对称循环应力(见图 11-3)。脉动循环应力也属于非对称循环应力(见图 11-1)。

11.1.2　疲劳失效及原因简析

由交变应力所引起的构件失效称为疲劳失效，而构件抵抗疲劳失效的能力称为疲劳强度。大量实例证明，构件的疲劳失效与静载荷作用下的失效是截然不同的，其特点是：在交变应力下，其最大应力经一定的循环后，会在工作应力大大低于抗拉强度(甚至低于屈服点)的情况下，发生突然的脆性断裂失效；即使是塑性材料，断裂时也无明显的塑性变形，且断口一般都存在两个不同的区域：光滑区和粗糙区(见图 11-4)。

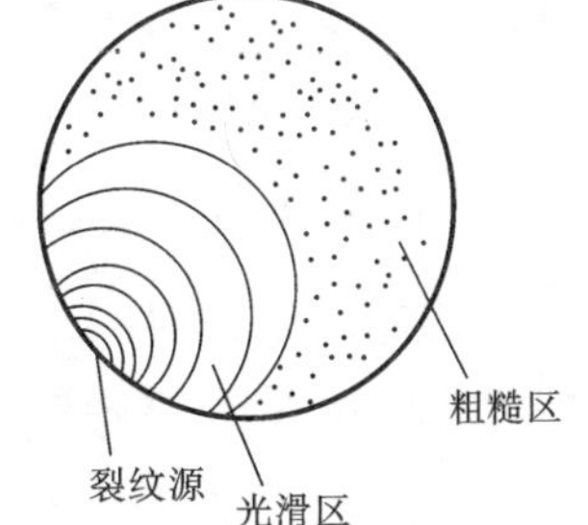

图 11-4　断口的两个不同区域

早期人们对交变应力作用下构件这种低应力脆性断裂失效的原因解释为：经过长期应力循环后，材质因“疲劳”致使脆化，因而，称为疲劳失效。后来经过大量实验研究，否定了此观点，而认为疲劳失效是由于构件外形尺寸突变处或材质不均匀有缺陷处，易形成局部的高应力区，在长期的应力循环下，这些部位首先产生细微裂纹，成为裂纹源。裂纹源处应力集中，促使细微裂纹逐步扩展形成宏观裂纹。由于应力的交替变化，裂纹处材料时而压紧，时而张开，裂纹面发生“研磨”从而形成光滑区。随着应力循环次数的不断增加，裂纹进一步扩展，构件有效横截面面积不断减小，应力亦随之增大。当有效截面积削弱到不足以承受外载时，便突然发生脆性断裂。疲劳失效过程就是在交变应力作用下，构件内从裂纹的产生到形成细微裂纹再不断扩展成宏观裂纹，直至突然断裂的过程。

在许多场合下工作的构件需要考虑疲劳失效，如飞机、发动机、火车、汽车、化工容器等。它们的很多构件都要受到交变应力的作用，如果其疲劳强度不够，就会产生疲劳失效。如 1954 年英国的两架“慧星号”飞机连续发生灾难性事故，英国政府组织了调查团进行调查研究，最后得出的结论是由于气密舱的疲劳失效而导致了机毁人亡。其原因是：在地面上，气密舱的内外压力相等，而在高空，空气稀薄，机舱需要增压，这样机舱就产生了内外压差，随着飞机的不断起降，气密舱就受到了交变应力的作用，当其疲劳强度不够时，就产生了疲劳失效。

11.2　材料的疲劳极限

前面已经提到，构件在交变应力作用下，即使其最大应力低于材料在静载荷时的屈服点，但经过长期运转后仍有可能发生疲劳失效。所以，屈服点或抗拉强

度等强度指标已不能适用于交变应力的情况。要建立构件在交变应力下的强度条件，首先必须确定交变应力下材料的极限应力。材料在交变应力作用下的极限应力是由试验测定的，最常用的试验是旋转弯曲疲劳试验。

先准备一组(6～10根)材料相同、表面磨光、直径为6～10 mm的标准小试样。试验时，将试样装夹在疲劳试验机上(见图11-5)进行对称循环弯曲疲劳试验。在载荷作用下，试样中部为纯弯曲，当电动机经软轴带动夹头与试样一起旋转时，试样横截面上各点将承受对称循环的交变应力。于是，试样每旋转一周，其内任一点处的材料即经历一次对称循环的交变应力。试验一直进行到试样断裂为止。同时，根据试样的尺寸和砝码的重量，按弯曲最大正应力公式 $\sigma_{max}=\dfrac{M}{W_z}$ 求出试样横截面边缘处的最大正应力 σ_{max}。试验中，由计数器读出试样断裂时所旋转的总圈数 N，也就是试样所经历的应力循环次数 N，即为试样的疲劳寿命。

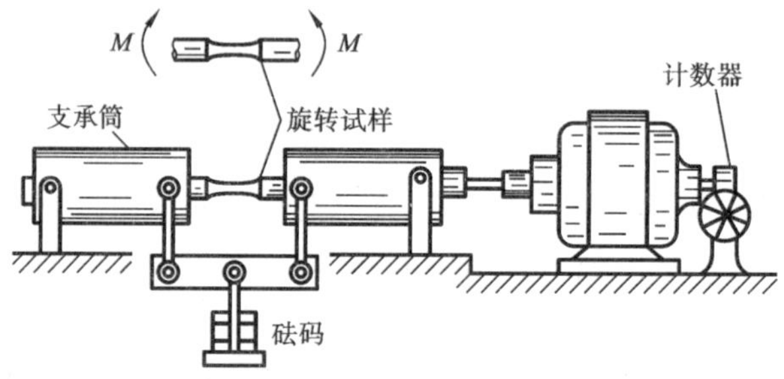

图 11-5　疲劳试验机及疲劳试验

将同组标准试样施加不同数值的载荷，按上述方法逐根进行试验，将得到一组关于 σ_{max} 与相应应力循环次数 N 的数据。以 σ_{max} 为纵坐标，N 为横坐标，根据所得数据绘出 σ_{max} 与 N 的关系曲线，该曲线称为材料的应力-循环次数曲线或应力-寿命曲线，简称 S-N 曲线。例如，图11-6所示为钢的 S-N 曲线，图11-7所示为铸钢与铸铁的 S-N 曲线。

由图11-6和图11-7可以得出以下结论。

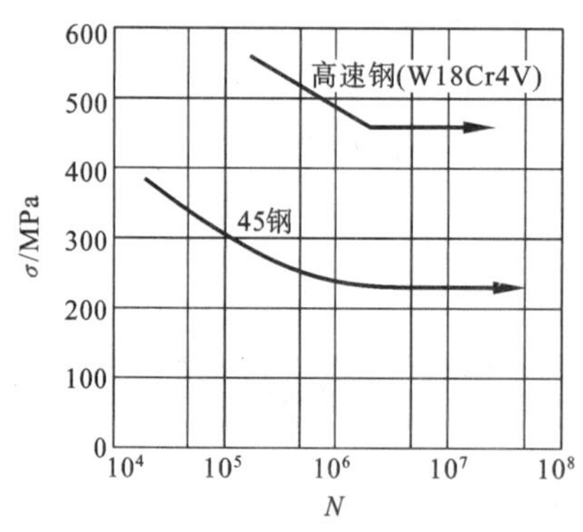

图 11-6　钢的 S-N 曲线

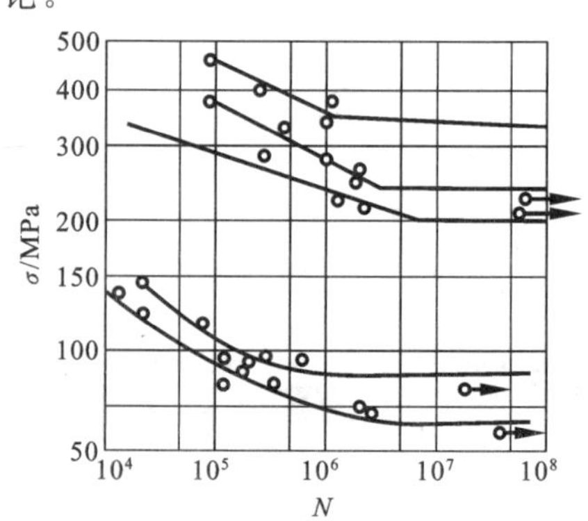

图 11-7　铸钢与铸铁的 S-N 曲线

(1) 各种金属材料随着 $\sigma_{\max}$ 值的减小，其疲劳断裂时的应力循环次数 N 增加。

(2) 对于一般钢和铸铁材料，随着 $\sigma_{\max}$ 的减小，其 S-N 曲线最后逐渐趋近于水平，其水平渐近线所对应的纵坐标即为材料的疲劳极限(亦称持久极限)。或者说，能经受无数次应力循环而不发生疲劳失效的最高应力值称为材料的疲劳极限，用 σ_r 表示，下标 r 为循环特征，如对称循环交变应力下材料的疲劳极限用 σ_{-1} 表示。由于这些材料的 S-N 曲线在 $N=10^7$ 时均已趋近于水平线，所以在疲劳试验中，通常以经 $N=10^7$ 次应力循环仍不断裂时的最大应力值作为该试验材料的疲劳极限。

(3) 对于有色金属及其合金的 S-N 曲线(见图 11-8)一般不存在水平渐近线，即无真正的疲劳极限。对于这些材料，工程上常采用"条件疲劳极限"来代替其疲劳极限。"条件疲劳极限"是指在规定的应力循环次数 N_0(例如 10^7～10^9)下，不发生疲劳失效的最大应力值。

在非对称循环的情况下，对于给定的循环特征 r 进行疲劳试验，同样可以得到相应的 S-N 曲线。如图 11-9 所示，图中给出了三种 r 值所对应的 S-N 曲线。试验表明，同一种材料在不同的循环特征 r 下的疲劳极限，以对称循环下的 σ_{-1} 为最小。

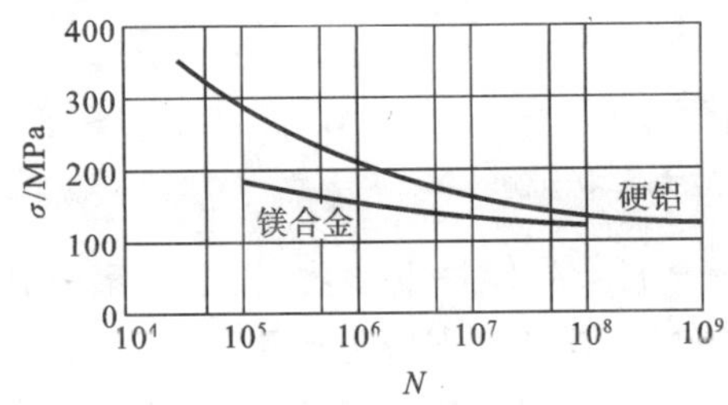

图 11-8 有色金属及其合金的 S-N 曲线

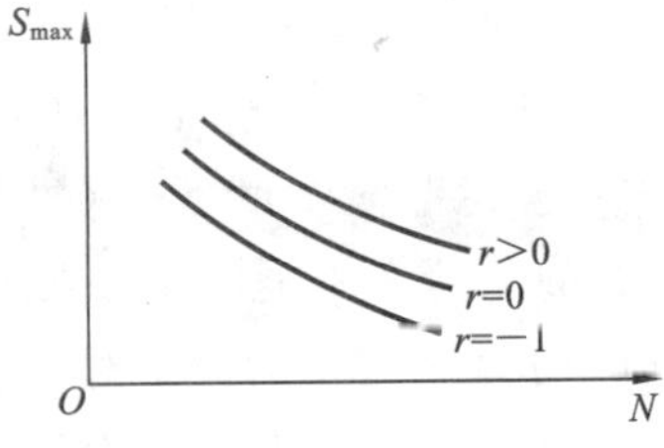

图 11-9 非对称循环的 S-N 曲线

通过试验发现，钢材的疲劳极限与其静抗拉强度 σ_b 之间存在下述近似乎关系。

$$\sigma_{-1}^{\text{弯曲}} \approx (0.4 \sim 0.5)\sigma_b$$

$$\sigma_{-1}^{\text{拉压}} \approx (0.33 \sim 0.59)\sigma_b$$

$$\sigma_{-1}^{\text{扭转}} \approx (0.23 \sim 0.29)\sigma_b$$

上述关系表明，材料在交变应力作用下抵抗失效的能力明显降低。

11.3 影响构件疲劳极限的主要因素

11.2 节讨论的是表面磨光、横截面尺寸无突变且直径为 6～10 mm 的标准小试件的疲劳极限。而工程实际中的构件，其截面尺寸、形状和表面加工质量等方面与标准试件有差别。试验表明，这些因素明显地降低了构件的疲劳极限，所以材料的疲劳极限不能直接用于构件的疲劳强度计算。下面讨论这些因素对构件疲劳极限的影响。

11.3.1 构件外形的影响

由于使用和工艺上的要求，构件常带有台肩、小孔、键槽等，这些将使构件外形尺寸发生突变，从而在截面突变处出现应力局部增大的现象，即应力集中。如带有圆孔的受拉板(见图 11-10(a))，其截面在圆孔处突然变化，在远离孔的横截面 $A—A$ 上，拉伸正应力均匀分布(见图 11-10(b))，而在有孔的截面 $B—B$ 上，由于圆孔使板的截面发生突变，孔的边缘处应力急剧增大，拉应力不再均匀分布(见图 11-10(c))，而是产生应力集中。

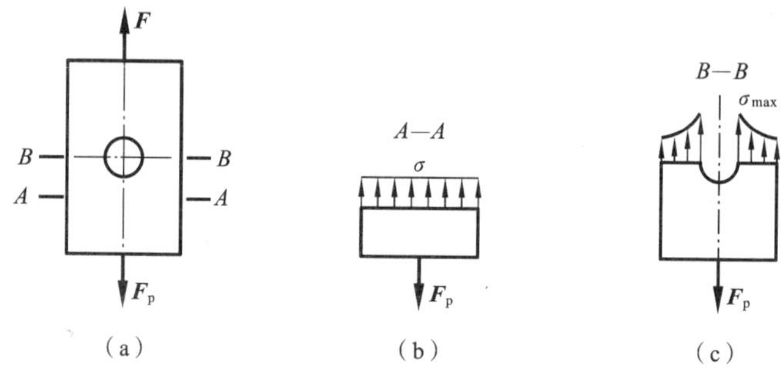

图 11-10 应力集中示例

在静载荷作用下的塑性材料，由于材料产生塑性变形，可使应力集中到缓和，故一般不考虑应力集中对其强度的影响。而在交变应力作用下，应力集中的影响则很大，它是各种影响中最主要的因素。大量实例和试验证明，疲劳失效就是由应力集中处产生裂纹并逐渐扩展而引起的。前面介绍的“慧星号”空难事故就是在气密舱铆钉孔处出现裂纹而发生的。

应力集中对构件疲劳极限的影响，一般用有效应力集中因数 K_σ 或 K_τ 来表示，其定义为光滑试样的疲劳极限与同尺寸但有应力集中的试样的疲劳极限的比值。它是一个大于 1 的系数，具体数据可以查有关手册。

11.3.2 构件截面尺寸的影响

材料的疲劳极限是利用小试样($d=6\sim10$ mm)测得的。当构件尺寸增大时，相应的材质增多，其中的缺陷、杂质也相应增多，形成疲劳裂纹源的概率就会增大，构件的疲劳极限也就会降低。下面用应力梯度来解释这一情况。

如图 11-11 所示，一大试样在弯矩作用下，横截面上的正应力是按直线规律分布的：上半部分为压应力，下半部分为拉应力。图 11-11 中 θ 角的正切，即 $\tan\theta$ 称为应力梯度，它表明应力沿截面高度变化的情况。应力梯度愈大，应力沿截面高度变化就愈显著；反之，亦然。现有一小试样与大试样同轴线，并且在一定弯矩作用下，使其产生的最大正应力与大试样相同，由图 11-11 中可以看出，虽然两试样的最大正应力相同，但小试样的应力梯度较大。比较一下它们的高应力区，大试样的高应力区比小试样厚，那么，大试样的高应力区就有较多的晶粒受到高应力的作用。对疲劳强度来说，只有在一定数量的晶粒达到某一应力极限时，才能产生疲劳裂纹。这样，大试样比小试样产生疲劳裂纹的可能性就大。

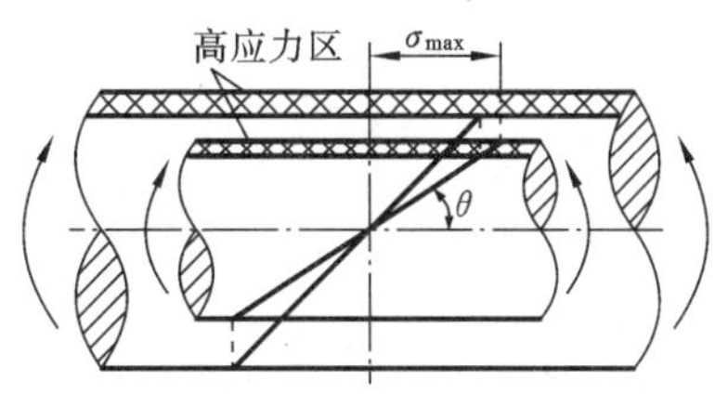

图 11-11　应力梯度示例

另外，高强度钢的晶粒较细小，在尺寸相同的情况下，它所包含的晶粒就多，因此，高强度钢较低强度钢出现疲劳裂纹的可能性大。也就是说，材料的静强度愈高，截面尺寸的大小对构件疲劳极限的影响就愈大。

截面尺寸对构件疲劳极限的影响，可以用尺寸因数 ε_σ 或 ε_τ 表示，分别定义为光滑大尺寸试样的疲劳极限与光滑小试样疲劳极限的比值。对于截面尺寸大于标准试样的构件，其 $\varepsilon_\sigma<1$，具体数值可以查相关手册。对于轴向拉压对称循环的疲劳极限，由于受尺寸影响不大，因而可取 $\varepsilon_\sigma\approx1$。

11.3.3　构件表面加工质量的影响

通过大量的试验表明，表面加工质量对构件的静强度没有影响，但对疲劳强度影响很大。这是由于当构件表面质量较差时，例如有刀痕、擦伤等缺陷，容易引起不同程度的应力集中，降低构件的疲劳极限。

表面加工质量对构件疲劳极限的影响程度可用表面质量因数 β 来表示，它定义为某种方法加工的构件的疲劳极限与光滑小试样疲劳极限的比值。当构件表面质量低于标准试样时，$\beta<1$；若构件表面经强化处理后，则 $\beta>1$。具体数值可查阅相关手册。

由试验还可知，材料的抗拉强度 σ_b 愈高，表面加工质量对构件疲劳极限的影响也愈大。这说明，如果使用高强度材料，若没有注意到表面加工质量，其疲劳极限不但没有提高，相反还有可能降低。当然，在使用高强度材料时，不一定要对构件整个表面进行精加工，只要在危险截面处进行精加工就可以取得明显的效果。

在工程中，可能有许多因素影响构件的疲劳极限，但在通常的情况下，仍以上述三个因素作为主要影响因素。综合考虑这三个因素，就可以得到在对称循环应力作用下构件弯曲或拉压的疲劳极限 σ_{-1}^0，以及构件扭转的疲劳极限 τ_{-1}^0。

它们分别为

$$\sigma_{-1}^{0}=\frac{\varepsilon_{\sigma}\beta}{K_{\sigma}}\sigma_{-1} \tag{11-2}$$

$$\tau_{-1}^{0}=\frac{\varepsilon_{\tau}\beta}{K_{\tau}}\tau_{-1} \tag{11-3}$$

式中：σ_{-1}、τ_{-1}分别为光滑小试样在对称循环应力作用下的疲劳极限。

除上述三种主要影响因素外，构件的工作环境，如在腐蚀介质或高温条件下工作等，均会明显降低构件的疲劳极限。这些因素的影响也可用一些修正因数来表示，其值可查阅有关手册。

11.4 提高构件疲劳强度的措施

提高构件疲劳强度的关键是搞高构件的疲劳极限，也就是要从影响构件疲劳极限的主要因素着手，来寻求提高构件疲劳强度的途径。

11.4.1 合理设计构件形状以减缓应力集中

应力集中是疲劳失效的主要原因，在设计构件外形时，应尽量避免出现截面的突然变化。如在阶梯轴截面突变处，采用较大的圆角过渡；若因结构上的原因，不允许制成圆角（或加大圆角半径），可以在直径较大的轴段开减荷槽（见图11-12(a)）或设置退刀槽（见图11-12(b)）。在紧配合的轮毂与轴的配合边缘处，在轮毂上开出减荷槽，并加粗轴的配合部分（见图11-13），以缩小轮毂与轴之间的刚度差异；将必要的孔或沟槽配置在构件的低应力区；等等。

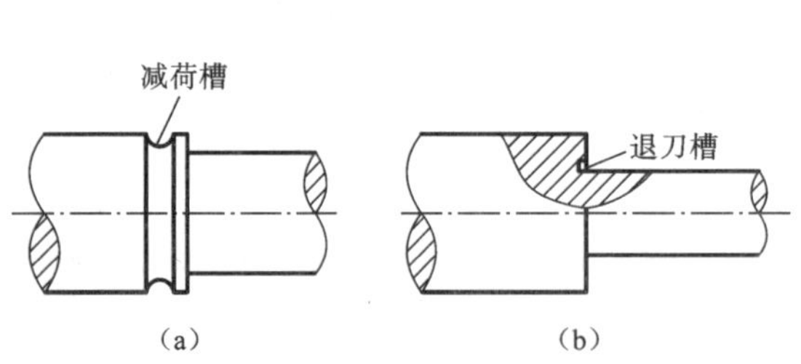

图 11-12 提高构件疲劳强度的措施之一

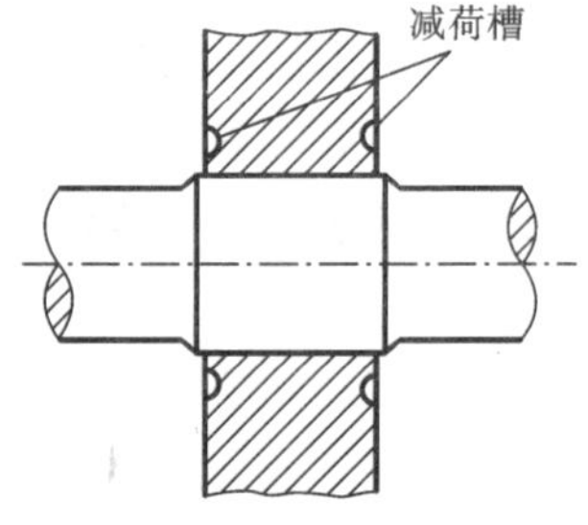

图 11-13 提高构件疲劳强度的措施之二

轴上的键槽采用盘铣刀加工（见图11-14(b)）比用指状铣刀铣出的键槽（见图11-14(a)）应力集中小。在角焊缝处，采用坡口焊接（见图11-15(a)）的应力集中程度比无坡口焊接（见图11-15(b)）要改善很多。

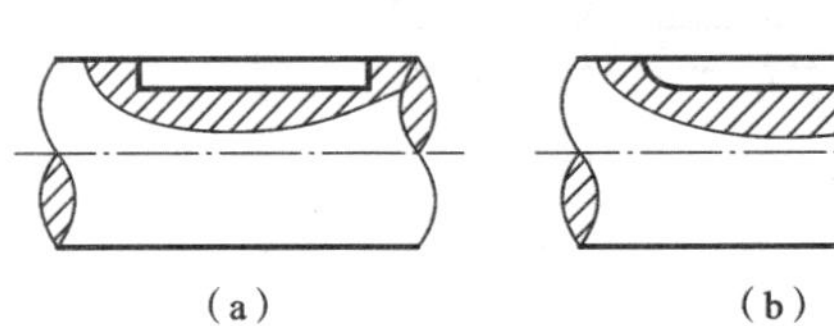

图 11-14　提高构件疲劳强度的措施之三

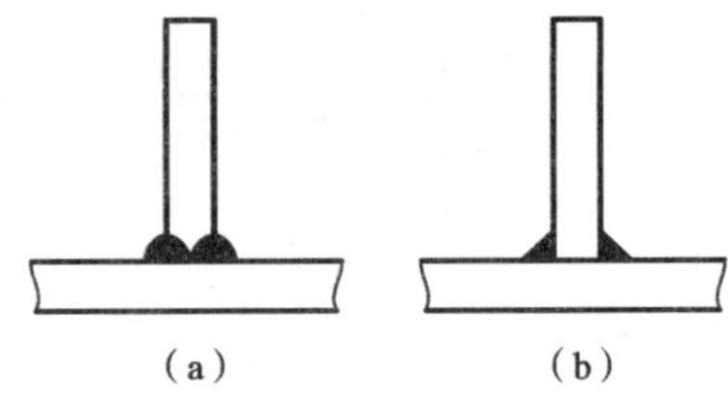

图 11-15　提高构件疲劳强度的措施之四

11.4.2　提高表面质量和进行表面强化处理

对于承受交变应力作用的构件，应尽可能地降低其表面粗糙度值，以提高其表面加工质量。这是因为构件表层的应力一般都较大，若表面加工粗糙，易产生刀痕或加工缺陷，这样，就会在高应力区产生较大的应力集中，从而形成疲劳裂纹，并最终导致疲劳失效。尤其对于高强度钢(其对应力集中更为敏感)制成的承受交变应力的构件，采用精加工有利于发挥其同强度性能。

由于疲劳裂纹大多起源于构件表面，因此，提高构件表层材料的强度、改善表层的应力状况，例如进行渗碳、渗氮、高频淬火和喷丸等表面强化处理，都是提高构件疲劳强度的重要措施。

习　题

简答题

11-1　何谓疲劳破坏？有何特点？疲劳破坏是如何形成的？

11-2　何谓均应力与应力幅？它们之间有何关系？

11-3　何谓交变应力的循环特征？

11-4　何谓对称循环交变应力？其循环特征是什么？

11-5　何谓脉动循环交变应力？其循环特征是什么？

11-6　什么叫应力集中？在静应力和交变应力两种情况下，应力集中对塑性材料和脆性材料分别有什么影响？

11-7　材料的疲劳极限与构件的疲劳极限有何区别？材料的疲劳极限与抗拉强度有何区别？

11-8　提高构件疲劳强度的措施有哪些？

计算题

11-9　如图 11-16 所示的四根材质相同的轴，其尺寸或运动方式不同，试指出哪一根轴能承受的载荷 F 最大？哪一根轴能承受的载荷 F 最小？为什么？

250
F
φ50
F
250
轴不动
(a)
250
F
φ50
F
250
轴转动
(b)
250
F
φ60
F
φ50
250
r_3
轴不动
(c)
250
F
φ60
F
φ50
250
r_3
轴转动
(d)

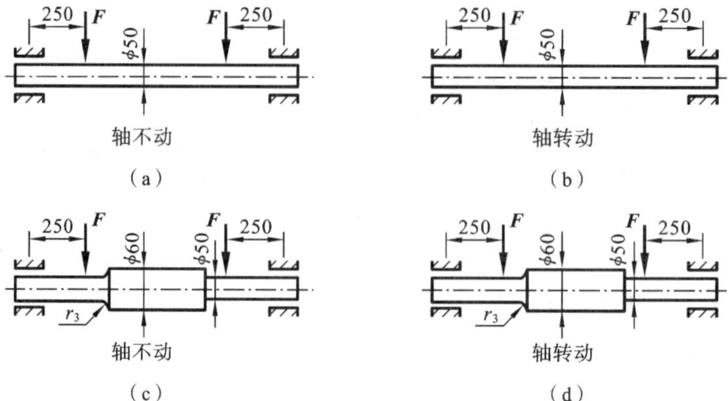

图 11-16 题 11-9 图

第3篇

简单运动力学

引　　言

前面各章节分别介绍了刚体、变形体在平衡状态下的受力、变形及承载能力问题。现在将研究物体运动规律及运动与受力之间的关系。

物体在平衡力系的作用下处于平衡状态。如果作用于物体的力系不满足平衡条件，则物体便失去平衡，其运动状态将发生变化。运动学是从几何的观点研究物体在空间的位置随时间的变化，而动力学则研究物体运动状态的变化与作用在物体上的力及物体惯性之间的关系。因此，运动学无疑是动力学的基础。当然，运动学本身也有其重要的实际应用，例如在设计各种机器的机构时，首先需要分析运动的转换与传递，这是单纯的运动学问题。

物体在空间的位置只能相对地确定，即描述一个物体的运动必须指明是相对于哪个物体的，这后一个物体称为参照物。显然，同一物体对于不同的参照物的运动是不同的，例如，在车厢内走动的旅客，其运动的路线、快慢、方向，相对于车厢和相对于地面是完全不同的，这就是运动的相对性。因此，运动总是指相对于某一确定的参照物而言的。固连于参照物的坐标系称为参考坐标系，简称参考系。参考系在实质上是参照物的数学抽象与定量描述。在以后的叙述中，若不加说明，都是以固连于地球的坐标系作为参考系（即所谓惯性参考系）。

在运动分析中，将要经常用到瞬时和时间间隔的概念。瞬时是指物体运动过程中的某一时刻，它对应的是运动的瞬时状态；而时间间隔为在物体运动过程中的某一瞬时到另一瞬时所经过的时间。如飞机 7 时起飞，10 时降落，7 时和 10 时为起飞与降落的瞬时，飞行时间间隔为 3 小时。

在运动分析中，实际对象被抽象为质点和质点系（包括刚体）等理想模型。质点是具有一定质量且几何形状和尺寸大小可以忽略不计的物体。因为运动学中不涉及质量，所以称为“点”或“动点”。事实上，只要本身的几何尺度与其运动范围相比是微不足道时，任何物体都可简化为质点。例如，当研究地球或其他行星环绕太阳运行的规律，就可把地球或其他行星作为质点。有限个或无限个质点的集合称为质点系。任意物体（固态、液态、气态）都可看成质点系。任意两质点间距离始终保持不变的质点系就是刚体。

动力学是研究物体的机械运动与作用力之间关系的科学。例如：在各种机械的研究和设计过程中都需要进行动力分析与动力计算的问题，电机功率的计算问题，振动与均衡的问题，运动构件的强度计算问题等，这些都是动力学的课题。本书虽然不可能对这些问题都进行讨论，但是动力学的基本知识却是了解和处理这些问题的基础。因此，学习动力学的基本理论有着十分重要的意义。

经典力学的动力学是以牛顿定律为基础的。现代科学成果表明，当宏观物体以远小于光速的速度运动时，经典力学的结论是正确的。而在工程实际问题中，我们面临的机械运动一般都是宏观物体的低速运动，应用经典力学的规律去解决问题是足够精确的。所以，无论是在一般技术还是在新的技术领域中，研究经典力学的规律，仍然是十分必要的。

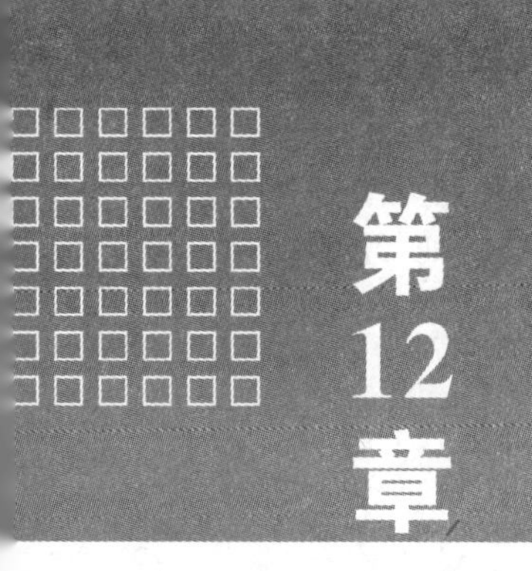

点的平面曲线运动

点在空间运动时所经过的路线称为点的运动轨迹。按轨迹是直线还是曲线，点的运动轨迹有点的直线运动和曲线运动之分。当点的运动轨迹是一条平面曲线时，这种运动就是平面曲线运动。例如：人造卫星的轨迹是椭圆曲线；火车沿直线轨道行驶时，车轮只滚动不滑动，轮缘上某点的轨迹是一条摆线曲线；等等。点的直线运动可看成是曲率半径$\rho=+\infty$的曲线运动。动点在空间的位置随时间的变化规律可以用运动方程来描述。

本章讨论点为平面曲线运动时，点的运动方程、点的运动轨迹，以及点的速度和加速度。

12.1 直角坐标法描述点的运动

12.1.1 点的运动方程

在工程中，有时不能预知点的平面运动轨迹。此时，往往采用直角坐标法研究点的运动。

设点M在平面内作曲线运动，如图12-1所示。取坐标系Oxy，在任意瞬时t，点的位置可用坐标x和y来确定。当点运动时，它的坐标x和y是时间的单值连续函数，即

$$\begin{cases}x=f_1(t)\\y=f_2(t)\end{cases}\tag{12-1}$$

这组方程称为点的直角坐标运动方程。

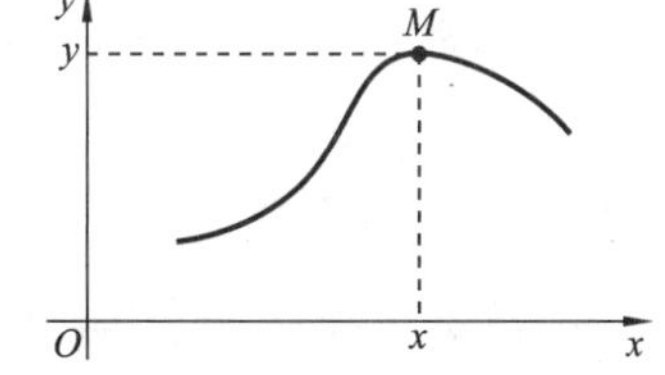

图12-1　点的平面曲线运动示例

从式(12-1)中消去时间t，得点的轨迹方程为

$$y=F(x) \tag{12-2}$$

12.1.2 点的速度

点的速度是描述点的运动的快慢和方向的物理量。设点 M 在平面内作曲线运动，如图 12-2(a)所示。在任意瞬时 t，设动点在 $M_0(x_0,y_0)$ 处，经过 Δt 后，动点运动到 $M_1(x_1,y_1)$ 处。因此，在 Δt 时间内，动点的位移为 $\overline{M_0M_1}$，则动点在该瞬时的速度为

$$v=\lim_{\Delta t\to 0}\frac{\overline{M_0M_1}}{\Delta t}=\lim_{\Delta t\to 0}\frac{\Delta x}{\Delta t}\boldsymbol{i}+\lim_{\Delta t\to 0}\frac{\Delta y}{\Delta t}\boldsymbol{j}=\frac{\mathrm{d}x}{\mathrm{d}t}\boldsymbol{i}+\frac{\mathrm{d}y}{\mathrm{d}t}\boldsymbol{j} \tag{12-3a}$$

式中：$\boldsymbol{i}$ 为 x 轴上单位正矢量；$\boldsymbol{j}$ 为 y 轴上单位正矢量。

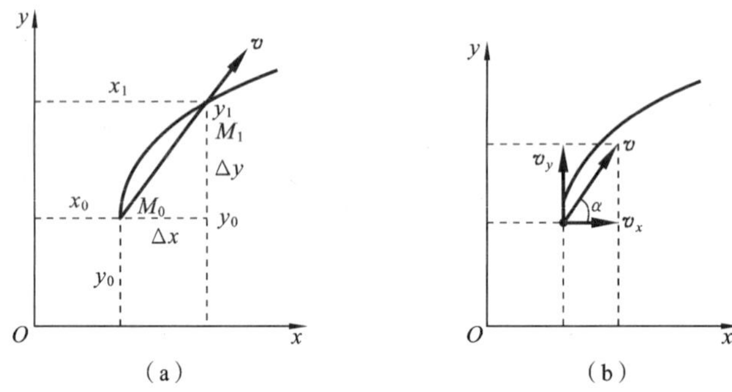

图 12-2　点的平面曲线运动速度示例

于是可得动点在 x、y 轴方向的速度投影 v_x、v_y 分别为

$$\begin{cases} v_x=\dfrac{\mathrm{d}x}{\mathrm{d}t} \\ v_y=\dfrac{\mathrm{d}y}{\mathrm{d}t} \end{cases} \tag{12-3b}$$

因此，动点的速度在直角坐标轴上的投影等于动点的相应坐标对时间的一阶导数。

如果已知动点的速度在直角坐标轴上的投影，可以确定动点的速度 v 的大小和方向余弦，如图 12-2(b)所示，即

$$v=\sqrt{v_x^2+v_y^2} \tag{12-4}$$

$$\begin{cases} \cos(v,\boldsymbol{i})=\dfrac{v_x}{v} \\ \cos(v,\boldsymbol{j})=\dfrac{v_y}{v} \end{cases} \tag{12-5}$$

12.1.3 点的加速度

点的加速度是描述点的速度大小和方向随时间变化的物理量。同样的方法

可用于分析加速度。如图 12-3 所示，动点的加速度在直角坐标轴上的投影可表示为

$$\begin{cases} a_x = \dfrac{\mathrm{d}v_x}{\mathrm{d}t} = \dfrac{\mathrm{d}^2 x}{\mathrm{d}t^2} \\ a_y = \dfrac{\mathrm{d}v_y}{\mathrm{d}t} = \dfrac{\mathrm{d}^2 y}{\mathrm{d}t^2} \end{cases} \tag{12-6}$$

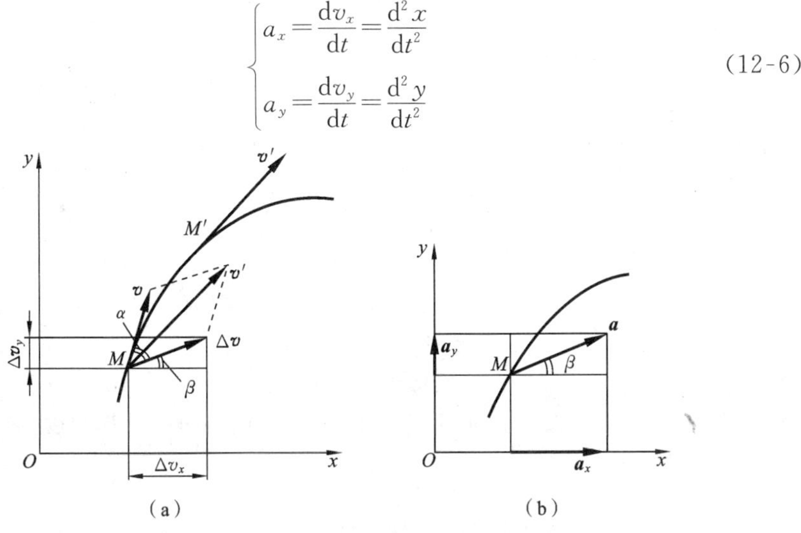

图 12-3 点的平面曲线运动加速度示例

因此，动点的加速度在直角坐标轴上的投影，等于动点的速度在相应坐标轴上的投影对时间的一阶导数，等于动点的相应坐标对时间的二阶导数。

如果已知动点的加速度在直角坐标轴上的投影，可以确定动点的加速度 $\boldsymbol{a}$ 的大小和方向余弦，如图 12-3(b)所示，即

$$a = \sqrt{a_x^2 + a_y^2} \tag{12-7}$$

$$\begin{cases} \cos(\boldsymbol{a}, \boldsymbol{i}) = \dfrac{a_x}{a} \\ \cos(\boldsymbol{a}, \boldsymbol{j}) = \dfrac{a_y}{a} \end{cases} \tag{12-8}$$

例 12-1 如图 12-4 所示机构中，曲柄 OB 沿逆时针方向转动，并带动杆 AC，该杆上的 A 点在水平滑槽内运动。已知：$AB = OB = 20$ cm，$BC = 40$ cm，曲柄 OB 与铅垂线的夹角 $\varphi = \omega t$（t 以秒计），其中 ω 为常数。试分析杆 AC 上 C 点的运动轨迹，并计算当 $\varphi = \pi/2$ 时，C 点的速度和加速度。

解 以 C 点为研究对象，建立图 12-4 所示直角坐标系 Oxy。依题意可知：在任意瞬时 t，曲柄 OB 与 y 轴间的夹角 $\varphi = \omega t$，且△AOB 是等腰三角形，$\angle BAO = \angle BOA = \dfrac{\pi}{2} - \varphi$，由几何关系得 C 点的运动方程为

$$x = AC\cos\left(\frac{\pi}{2} - \varphi\right) - (AB + OB)\cos\left(\frac{\pi}{2} - \varphi\right) = 20\ \sin\omega t$$

$$y = AC\sin\left(\frac{\pi}{2} - \varphi\right) = 60\cos\omega t$$

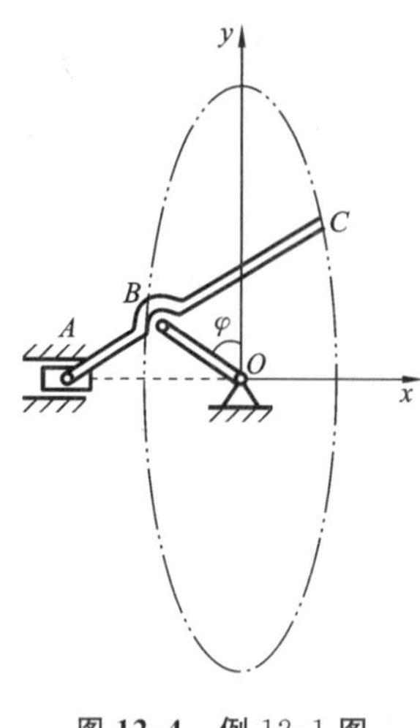

图 12-4 例 12-1 图

消去时间 t，得到其轨迹方程为

$$\frac{x^2}{20^2}+\frac{y^2}{60^2}=1$$

可见 C 点的轨迹为椭圆。

将运动方程对时间求导，可得 C 点的速度，即

$$v_x=20\omega\cos\omega t$$

$$v_y=-60\omega\sin\omega t$$

将速度对时间求导，可得 C 点的加速度，即

$$a_x=-20\omega^2\sin\omega t$$

$$v_y=-60\omega^2\cos\omega t$$

当 $\varphi=\pi/2$ 时

$$v_x=0,\quad v_y=-60\omega,\quad a_x=-20\omega^2,\quad a_y=0$$

即当 $\varphi=\pi/2$ 时，C 点的速度及加速度为

$$v=\sqrt{v_x^2+v_y^2}=60\omega(\downarrow)$$

$$a=\sqrt{a_x^2+a_y^2}=20\omega^2(\leftarrow)$$

12.2 自然法描述点的运动

利用点的运动轨迹建立弧坐标及自然轴系坐标，并用它们来描述和分析点的运动的方法称为自然法。在许多工程实际问题中，动点的运动轨迹是已知的。例如火车运动的线路即为已知的轨迹。这时，用自然法分析点的运动往往非常容易。

12.2.1 点的运动方程与自然坐标系

已知动点的轨迹如图 12-5(a)所示，某瞬时动点位于轨迹上的 M 点。为表示动点的位置，在轨迹上任选一点 O 为原点，沿轨迹量取从 O 点到 M 点的弧长，并规定原点的某一侧弧长取正值，另一侧弧长取负值。这种冠以正负号的弧长称为弧坐标，记为 s。当动点 M 运动时，弧坐标随时间而变化，它是时间的单值连续函数，即

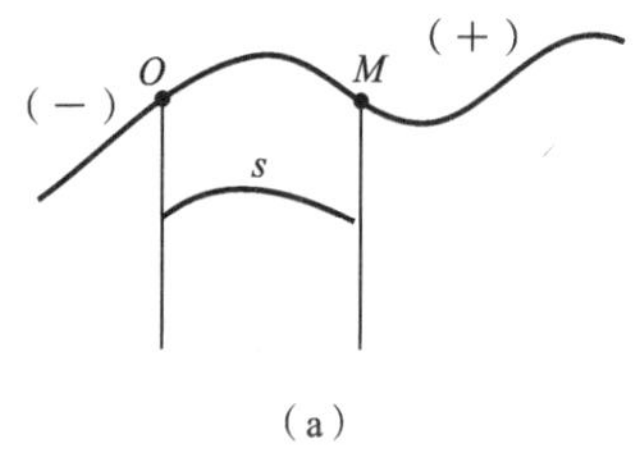

(a)

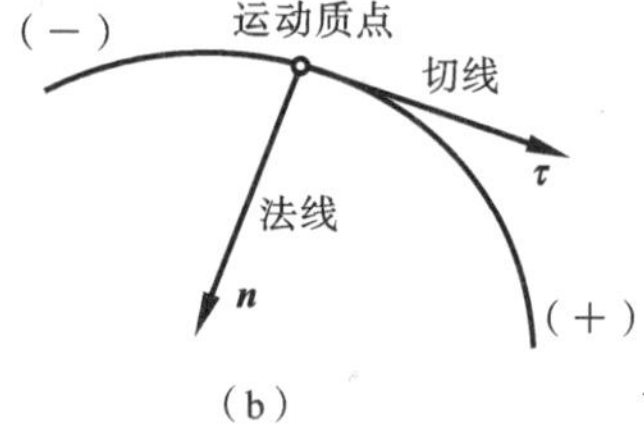

(b)

图 12-5 点的运动方程与自然坐标系示例

$$s=f(t) \tag{12-9}$$

式(12-9)称为以弧坐标表示的点的运动方程。

当动点的运动轨迹及沿此轨迹的运动方程已知时，在平面内的动点在任意瞬时的位置便可以完全确定。这种用轨迹本身及动点沿轨迹的运动方程表示动点运动的方法，称为描述点的运动的自然法。

动点在平面内作曲线运动，如图 12-5(b)所示，过动点的运动轨迹上任意一点作曲线的切线，单位矢量为 $\boldsymbol{\tau}$，正方向与动点的运动方向一致。过该点作切线的垂线，单位矢量为 $\boldsymbol{n}$，正方向指向曲率中心(即指向曲线的内凹侧)，称为曲线的主法线。这样建立起来的与轨迹密切相关的坐标系称为自然坐标系。明显地，$\boldsymbol{\tau}$ 与 $\boldsymbol{n}$ 均为方向不断改变的单位矢量。

12.2.2 点的速度

设动点作平面曲线运动，从瞬时 t 到瞬时 $t+\Delta t$，沿轨迹从 M 运动到 M_1 位置，如图 12-6(a)所示。动点在 Δt 时间内的位移为 Δr，对应的弧坐标的增量为 Δs。

当 $\Delta t \to 0$ 时，$\Delta r \approx \Delta s$，因此，点的瞬时速度大小为

$$v=\lim_{\Delta t \to 0}\frac{\Delta r}{\Delta t}=\lim_{\Delta t \to 0}\frac{\Delta s}{\Delta t}=\frac{\mathrm{d}s}{\mathrm{d}t} \tag{12-10}$$

综上所述，动点沿已知轨迹运动的速度的代数值等于弧坐标对时间的一阶导数，速度的方向沿切线的正方向。

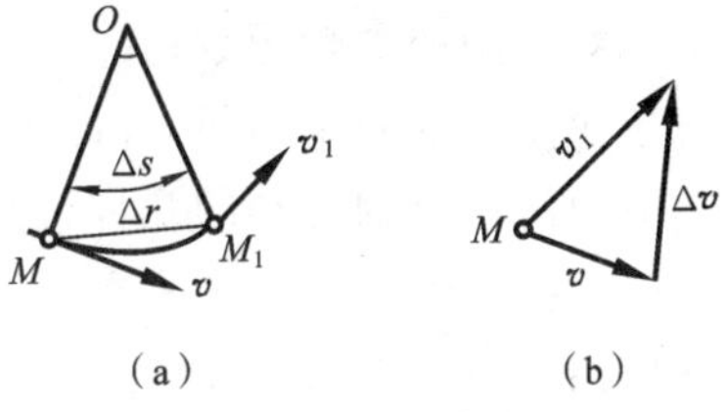

图 12-6 运动分析

12.2.3 点的加速度

设动点在瞬时 t 的速度为 v，在瞬时 $t+\Delta t$ 的速度为 v_1，在 Δt 时间内速度的变化量为 Δv，如图 12-6(b)所示，则当 $\Delta t \to 0$ 时，点的瞬时加速度为

$$\boldsymbol{a}=\lim_{\Delta t \to 0}\frac{(\Delta v)\boldsymbol{\tau}}{\Delta t}=\frac{\mathrm{d}v}{\mathrm{d}t}\boldsymbol{\tau}+v\frac{\mathrm{d}\boldsymbol{\tau}}{\mathrm{d}t} \tag{12-11}$$

这表明，加速度由两个矢量合成：式(12-11)右端第一项矢量 $\frac{\mathrm{d}v}{\mathrm{d}t}\boldsymbol{\tau}$ 是速度的代数值对时间的变化率，反映速度的大小随时间变化的情况，该矢量沿轨迹切线，称为切向加速度，其大小记为

$$a_\tau=\frac{\mathrm{d}v}{\mathrm{d}t}=\frac{\mathrm{d}^2 s}{\mathrm{d}t^2} \tag{12-12}$$

式(12-11)右端第二项矢量 $v\frac{\mathrm{d}\boldsymbol{\tau}}{\mathrm{d}t}$ 是单位矢量 $\boldsymbol{\tau}$ 随时间的变化情况，它表明速度方向的变化，该矢量的方向垂直 $\boldsymbol{\tau}$，且指向曲线内凹的一侧，即与主法线单位矢量的方向相同，称为法向加速度，记为

$$\boldsymbol{a}_{\mathrm{n}}=v\frac{\mathrm{d}\boldsymbol{\tau}}{\mathrm{d}t} \tag{12-13a}$$

可以证明,法向加速度的大小为

$$a_{\mathrm{n}}=\frac{v^2}{\rho} \tag{12-13b}$$

综合以上关于点的加速度大小与方向的分析,并引入前面已经定义的主法线的单位矢量 $\boldsymbol{n}$,动点的加速度可表示为

$$\boldsymbol{a}=\boldsymbol{a}_{\tau}+\boldsymbol{a}_{\mathrm{n}}=\frac{\mathrm{d}v}{\mathrm{d}t}\boldsymbol{\tau}+\frac{v^2}{\rho}\boldsymbol{n} \tag{12-14}$$

$$a=\sqrt{a_{\tau}^2+a_{\mathrm{n}}^2} \tag{12-15a}$$

$$\tan(\boldsymbol{a}\widehat{,}\boldsymbol{n})=\frac{|a_{\tau}|}{a_{\mathrm{n}}} \tag{12-15b}$$

动点的加速度 $\boldsymbol{a}$ 也称为动点的全加速度,$(\boldsymbol{a}\widehat{,}\boldsymbol{n})$为全加速度与法线方向的夹角。

由前面的讨论可得,当点作平面曲线运动时,加速度由两部分组成:其一,动点的加速度在切线上的投影等于其速度的代数值对时间的一阶导数,或等于其弧坐标对时间的二阶导数;其二,加速度在主法线上的投影等于其速度的平方除以轨迹在该点的曲率半径,且恒为正值。

下面讨论点的运动的几种特殊情况。

(1) 直线运动　在这种情况下,曲率半径 $\rho\to\infty$,加速度仅有切向分量,$\boldsymbol{a}=\boldsymbol{a}_{\tau}$,加速度沿着运动的直线方向。

(2) 匀速曲线运动　在这种情况下,$v=\frac{\mathrm{d}s}{\mathrm{d}t}=$常数,有 $\boldsymbol{a}_{\tau}=\boldsymbol{0}$,$\boldsymbol{a}=\boldsymbol{a}_{\mathrm{n}}$,加速度仅有法向分量,加速度沿着运动轨迹的主法线方向。

(3) 匀变速曲线运动　在这种情况下,$a_{\tau}=\frac{\mathrm{d}v}{\mathrm{d}t}=$常数,此时加速度既有切向分量也有法向分量。动点沿轨迹运动的有关公式可积分求得。

$$\begin{cases} v=v_0+a_{\tau}t \\ s=s_0+v_0t+\dfrac{1}{2}a_{\tau}t^2 \\ s-s_0=\dfrac{v^2-v_0^2}{2a} \end{cases} \tag{12-16}$$

式(12-16)是匀变速曲线运动的三个常用公式,s_0、v_0 分别表示 $t=0$ 时动点的弧坐标和速度。

例 12-2　如图 12-7(a)所示为曲柄导杆机构,曲柄 OA 绕 O 轴转动,并带动套筒 A 在导杆 O_1B 上滑动,从而带动 O_1B 绕 O_1 轴转动。设 $OA=OO_1=10$ cm,$O_1B=20$ cm,$\varphi=\frac{\pi t}{5}$(φ 的单位为 rad,t 以 s 计)。试求端点 B 的运动方程、速度及加速度。

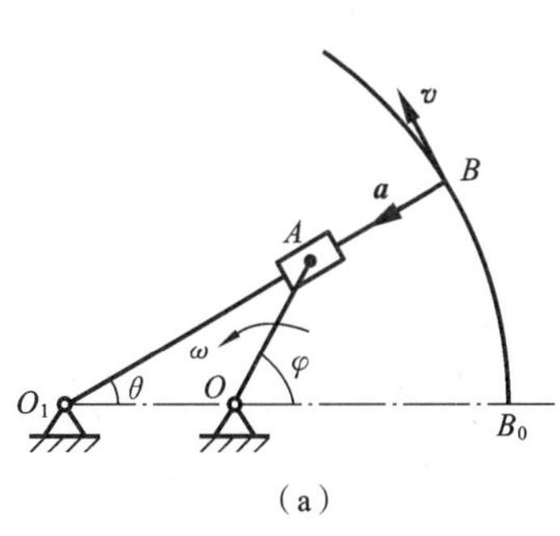

(a)

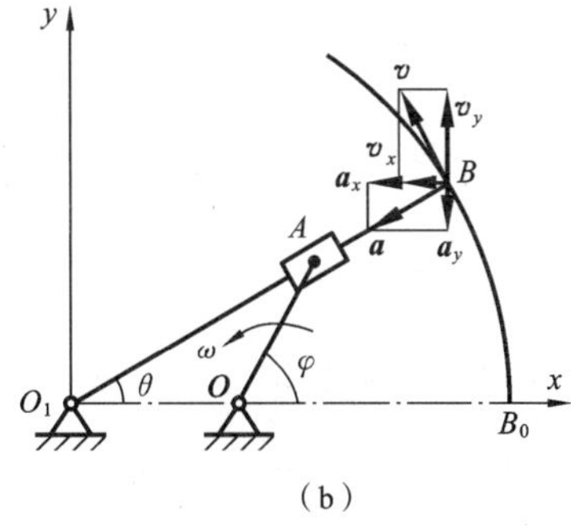

(b)

图 12-7　例 12-2 图

解法一　自然法。B 点的运动轨迹是已知的：以 O_1 为圆心，O_1B 为半径的圆弧。宜采用自然法求解该问题。首先建立弧坐标，取 $t=0$ 时，B 点所在处的 B_0 为弧坐标原点，并以逆时针为正向，如图 12-7(a)所示，则 B 点的弧坐标为 $s=\widehat{B_0B}=\overline{O_1B}\theta$，$s$ 的单位为 cm。由于$\triangle OAO_1$ 是等腰三角形，则 $\varphi=2\theta$，故 B 点的运动方程为

$$s=\overline{O_1B}\frac{\varphi}{2}=20\times\frac{\pi t}{2\times 5}=2\pi t$$

B 点的速度为

$$v=\frac{\mathrm{d}s}{\mathrm{d}t}=2\pi=6.28\ \mathrm{cm/s}$$

B 点的加速度为

$$a_\tau=\frac{\mathrm{d}v}{\mathrm{d}t}=0$$

$$a_\mathrm{n}=\frac{v^2}{O_1B}=\frac{4\pi^2}{20}=1.97\ \mathrm{cm/s^2}$$

所以，加速度 $a=a_\mathrm{n}=1.97\ \mathrm{cm/s^2}$，其方向沿法线，如图 12-7(a)所示。

解法二　直角坐标法 。建立坐标系，如图 12-7(b)所示，B 点的运动方程为

$$\begin{cases} x=O_1B\cos\theta=O_1B\cos\dfrac{\varphi}{2}=20\cos\dfrac{\pi}{10}t \\ y=O_1B\sin\theta=O_1B\sin\dfrac{\varphi}{2}=20\sin\dfrac{\pi}{10}t \end{cases} \qquad ①$$

B 点的速度在 x、y 轴上的投影为

$$\begin{cases} v_x=\dfrac{\mathrm{d}x}{\mathrm{d}t}=-2\pi\sin\dfrac{\pi}{10}t \\ v_y=\dfrac{\mathrm{d}y}{\mathrm{d}t}=2\pi\cos\dfrac{\pi}{10}t \end{cases} \qquad ②$$

设 B 点的速度 v 与 x 轴所夹锐角为 α，则速度大小和方向为

$$\begin{cases} v=\sqrt{v_x^2+v_y^2}=2\pi=6.28\ \mathrm{cm/s} \\ \tan\alpha=\left|\dfrac{v_y}{v_x}\right|=\cot\dfrac{\pi}{10}t=\cot\dfrac{\varphi}{2}=\cot\theta,\quad \alpha=90^\circ-\theta \end{cases} \qquad ③$$

显然,速度沿轨迹的切线。考虑到 v_x 为负值,v_y 为正值,故 v 应在第二象限,B 点的速度 v 的方向如图 12-7(b)所示。

B 点的加速度在 x、y 轴上的投影由式②求导可得

$$a_x=\frac{\mathrm{d}v_x}{\mathrm{d}t}=-\frac{\pi^2}{5}\cos\frac{\pi}{10}t$$

$$a_y=\frac{\mathrm{d}v_y}{\mathrm{d}t}=-\frac{\pi^2}{5}\sin\frac{\pi}{10}t$$

设 B 点的加速度 $\boldsymbol{a}$ 与 x 轴所夹锐角为 β,则 B 点的加速度 $\boldsymbol{a}$ 的大小和方向为

$$a=\sqrt{a_x^2+a_y^2}=\frac{\pi^2}{5}=1.97\ \mathrm{cm/s^2}$$

$$\tan\beta=\left|\frac{a_y}{a_x}\right|=\tan\frac{\pi}{10}t=\tan\frac{\varphi}{2}=\tan\theta,\quad \beta=\theta$$

考虑到 a_x、a_y 均为负值,B 点的加速度 $\boldsymbol{a}$ 的方向沿 O_1B 指向 O_1 点,如图 12-7(b)所示。

显然,自然法和直角坐标法求得的结果完全相同,但由解题过程可见,当动点的运动轨迹已知时,选用自然法求解比较简便。

习　题

简答题

12-1　点在运动时,若某瞬时速度 $v=0$,该瞬时加速度是否必为零?

12-2　自然法的切向加速度、法向加速度的大小和方向如何表示?它们的物理意义是什么?

12-3　$a_\tau=0,a_n=0\rightarrow a_\tau=0,a_n\neq0\rightarrow a_\tau\neq0,a_n=0\rightarrow a_\tau\neq0,a_n\neq0$,动点作什么性质的运动?

12-4　如图 12-8 所示,点沿螺旋线自外向内运动,其运动方程为 $s=kt$(k 为常数)。问此点的加速度是越来越大,还是越来越小?此点是越跑越快,还是越跑越慢?

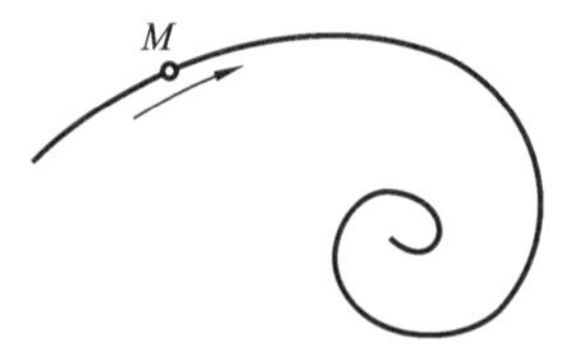

图 12-8　题 12-4 图

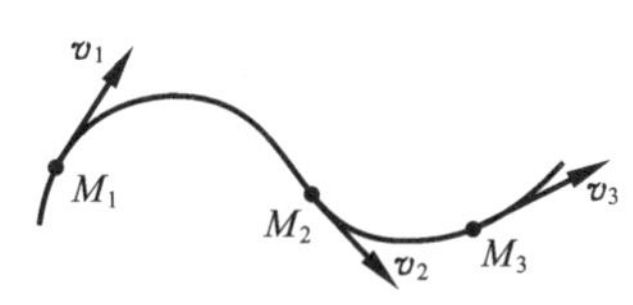

图 12-9　题 12-5 图

12-5　如图 12-9 所示,点作曲线运动,试就下列三种情况画出加速度的方向。

(1) 点 M_1 作匀速运动。

(2) 点 M_2 作加速运动，M_2 点为拐点。

(3) 点 M_3 作减速运动。

计算题

12-6　如图 12-10 所示，雷达在距火箭发射台 b 处，观察铅垂上升的火箭发射，测得 θ 角的规律为 $\theta=kt$（k 为常数）。试写出火箭的运动方程并计算 $\theta=\pi/6$ 和 $\theta=\pi/3$ 时火箭的速度和加速度。

12-7　如图 12-11 所示，偏心凸轮半径为 R，绕 O 轴转动，转角 $\varphi=\omega t$（ω 为常量），偏心距 $OC=e$，凸轮带动顶杆 AB 沿铅垂直线往复运动。试求顶杆的运动方程和速度。

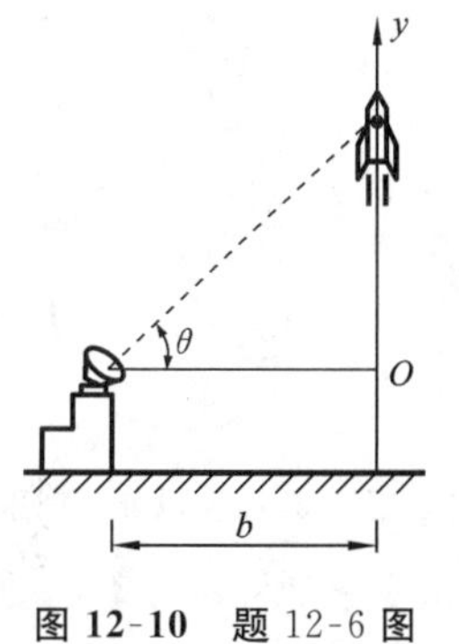

图 12-10　**题** 12-6 **图**

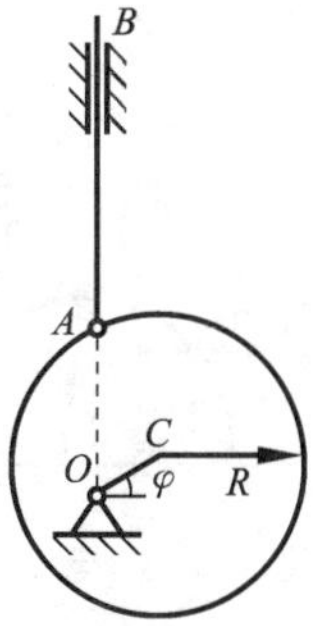

图12-11　**题** 12-7 **图**

12-8　如图 12-12 所示，摇杆机构的滑杆 AB 以等速 v 向上运动，试建立插杆 OC 上 C 点的运动方程，并求此点在 $\varphi=\dfrac{\pi}{4}$ 时的速度大小。假定初始瞬时 $\varphi=0$，摇杆长 $OC=a$，l 为已知。

12-9　如图 12-13 所示，在曲柄摇杆机构中，曲柄 $O_1A=10$ cm，摇杆 $O_2B=24$ cm，$O_1O_2=10$ cm。如曲柄以 $\varphi=\dfrac{\pi}{4}t$ 的运动规律绕 O_1 轴转动，运动开始时曲柄铅直向上，试求点 B 的运动方程及速度、加速度。

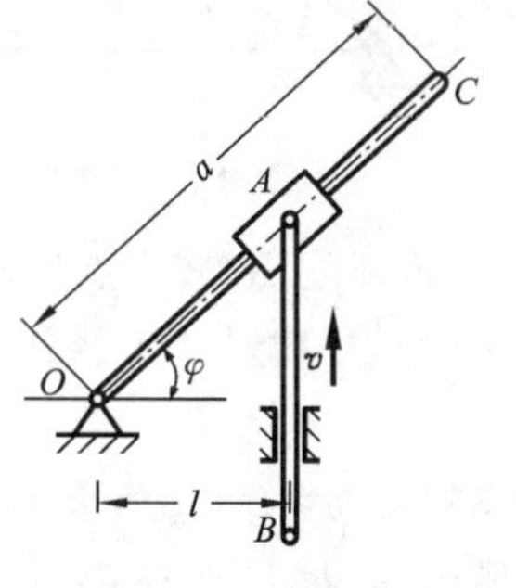

图 12-12　**题** 12-8 **图**

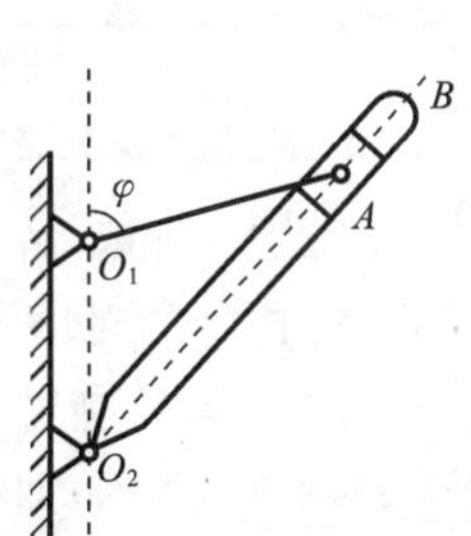

图 12-13　**题** 12-9 **图**

12-10　一质点作曲线运动，其运动方程为 $x=t$，$y=\sin^2 t$（x、y 以 cm 计，t 以

s 计）。求：(1) 质点通过 Ox 轴时的速度及加速度的大小和方向；(2) 质点在轨迹最高点处的速度。

12-11　电车沿直线轨道行驶时，位移与时间的立方成正比，在头半分钟内电车走过 90 m。求在 $t=10$ s 时，电车的速度与加速度。

12-12　半圆形凸轮以等速 $v_0=1$ cm/s 沿水平方向向左运动，而活塞杆 AB 沿铅垂方向运动，如图 12-14 所示。当运动开始时，活塞杆 A 端在凸轮的最高点上。如凸轮的半径 $R=8$ cm。求活塞 B 的运动方程和速度。

12-13　偏心轮的半径为 r，偏心转轴到轮心的偏心距 $OO_1=a$，坐标轴 Ox 如图 12-15 所示，求从动杆 AB 的运动规律。已知 $\varphi=\omega t$，ω 为常数。

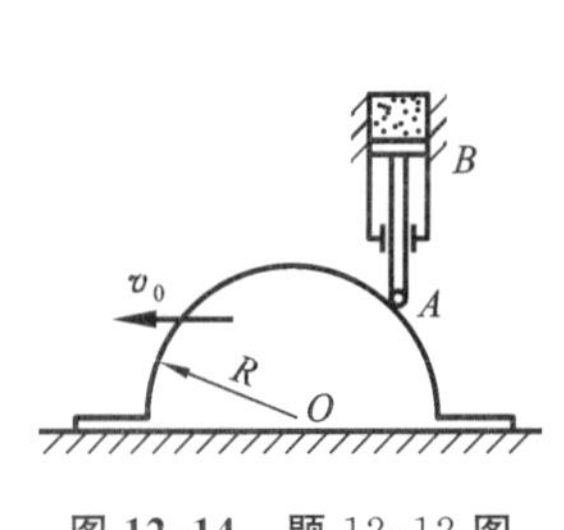

图 12-14　题 12-12 图

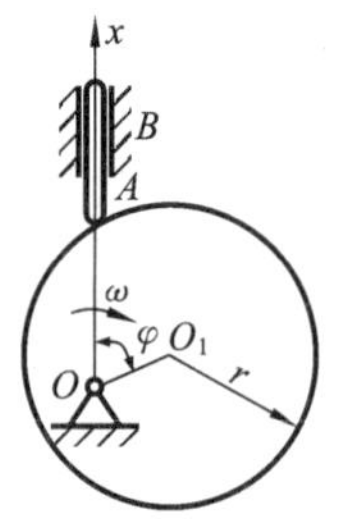

图 12-15　题 12-13 图

12-14　机车沿直线轨道以等速 $v=20$ m/s 行驶，机车的车轮半径为 $R=1$ m，车轮只滚动不滑动，如图 12-16 所示。试求轮缘上点 M 的直角坐标运动方程与初始瞬时该点的速度与加速度。取 M 点最初接地时的位置为坐标原点，轨道为 x 轴。

12-15　曲柄连杆机构 $r=l=60$ cm，$MB=\frac{1}{3}l$，$\varphi=4t$（t 以 s 计），如图 12-17 所示。求连杆上 M 点的轨迹，并求当 $t=0$ 时，该点的速度与加速度。

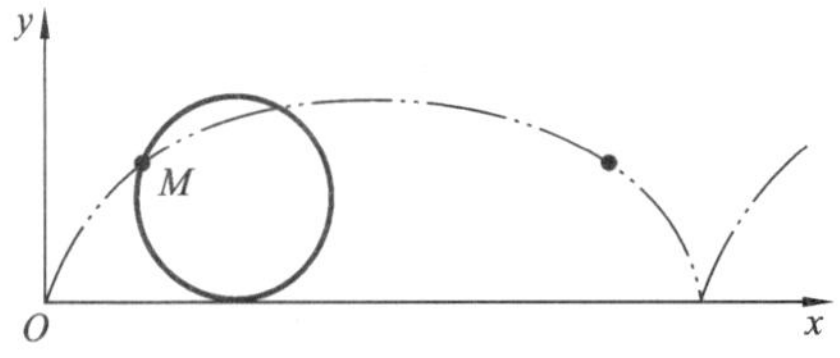

图 12-16　题 12-14 图

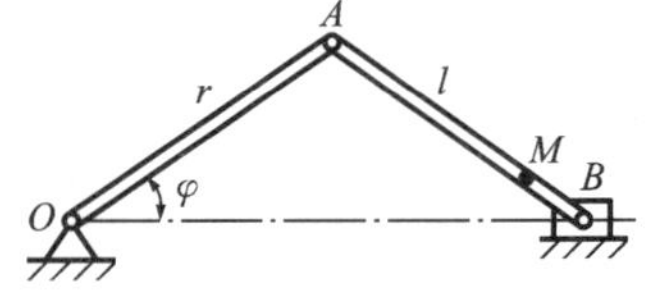

图 12-17　题 12-15 图

12-16　如图 12-18 所示，杆 AB 长 l，以等角速度 ω 绕 B 点转动，其转动方程为 $\varphi=\omega t$。而与杆连接的滑块 B 按 $s=a+b\sin\omega t$ 规律沿水平线作谐振动，其中 a 和 b 均为常数。求 A 点轨迹。

12-17　如图 12-19 所示，曲柄 OB 以匀角速度 $\omega=2$ rad/s 绕 O 轴顺时针转动，并带动杆 AD。杆 AD 上 A 点在水平滑槽内运动，C 点在铅直滑槽内运动。已知 $AB=OB=BC=CD=12$ cm。求 D 点的运动方程和轨迹，以及当 $\varphi=45^\circ$ 时 D 点的速度。

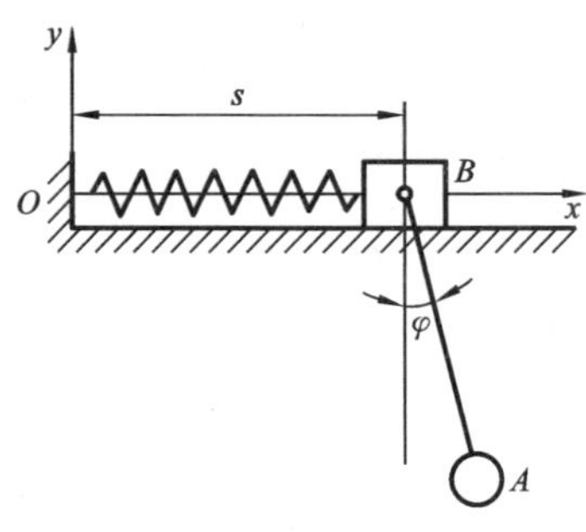

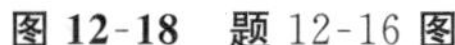
图 12-18　题 12-16 图

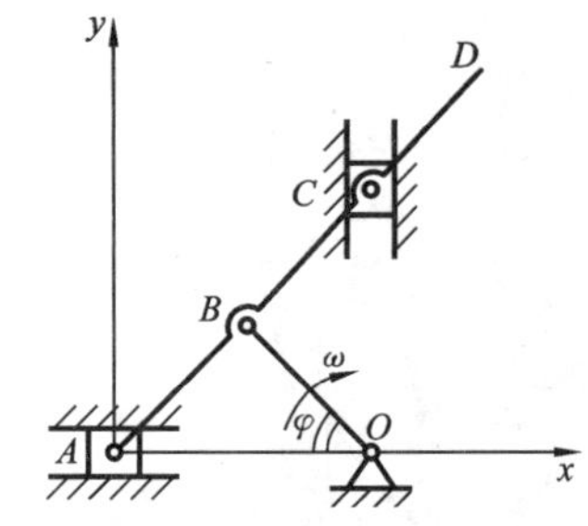

图 12-19　题 12-17 图

12-18　杆 AB 以等角速度 ω 绕 A 点转动，并带动套在水平杆 OC 上的小环 M 运动，如图 12-20 所示，运动开始时，杆 AB 在铅直位置，设 $OA=h$。求：(1) 小环 M 沿杆 OC 滑动的速度；(2) 小环 M 相对于杆 AB 运动的速度。

12-19　摇杆机构如图 12-21 所示，当摇杆 OD 绕固定轴 O 转动时，通过滑块 A 上的销钉，带动滑块在滑槽 BC 内运动。试写出以 θ 角作为参数表示的滑块运动方程。若当 $\theta=30°$时，摇杆的角速度 $\frac{\mathrm{d}\theta}{\mathrm{d}t}=3\ \mathrm{rad/s}$，求此时滑块 A 的速度 v_A。已知 O 点到 BC 的距离为 30 cm。

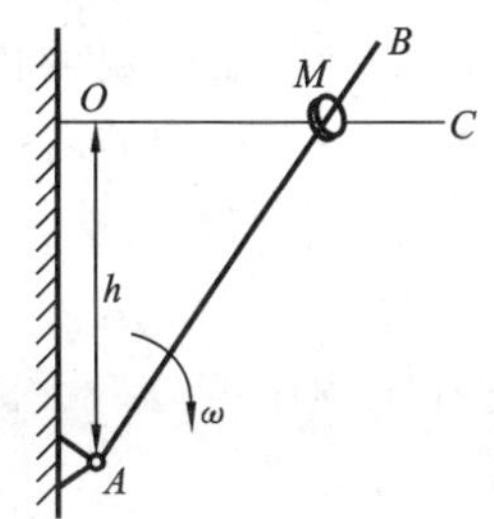

图 12-20　题 12-18 图

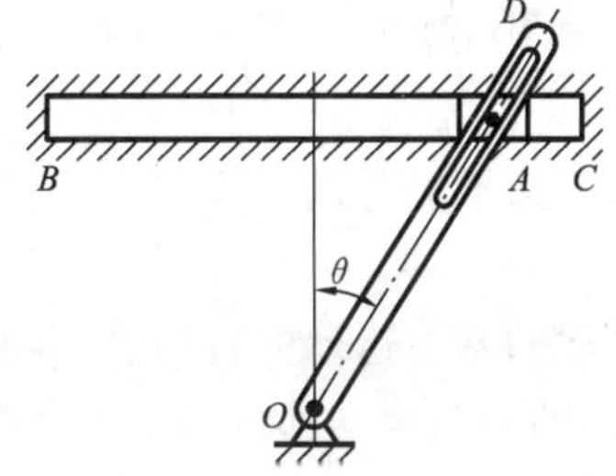

图 12-21　题 12-19 图

12-20　如图 12-22 所示，光源 A 以等速 v 沿铅直线下降。桌上有一高为 h 的立柱，它与上述铅直线的距离为 b。试求该立柱上端的影子 M 沿桌面的速度和加速度的大小(将它们表示为光源高度 y 的函数)。

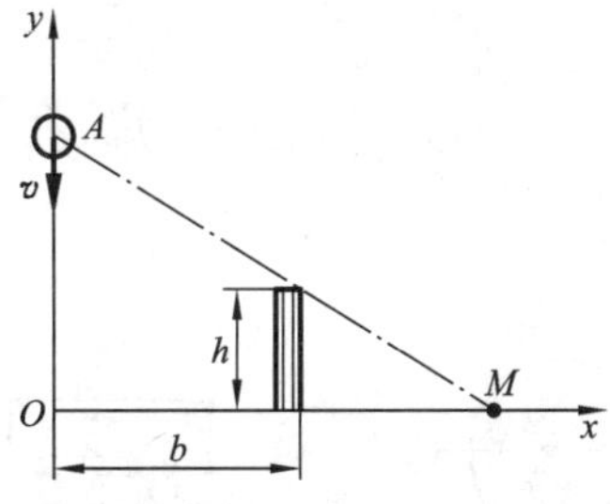

图 12-22　题 12-20 图

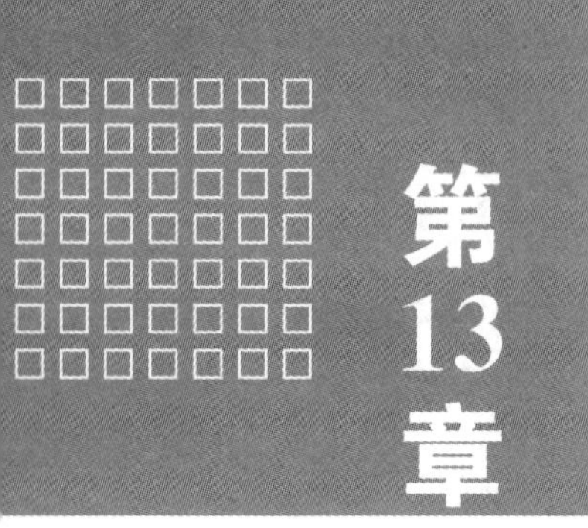

刚体的基本运动

工程中的零部件可以看成是由无数多个质点组成的刚体，但一般情况下刚体内各质点的运动规律是不一样的。如图13-1所示的曲柄连杆滑块机构，连杆 AB 中与曲柄 OA 相连的 A 点做圆周运动，而与滑块相连的 B 点做水平直线运动，但因为这两点属于同一个刚体，因而必定存在一定的内在联系。对整个刚体，可以通过研究刚体的运动规律找出刚体内各点运动的内在联系。

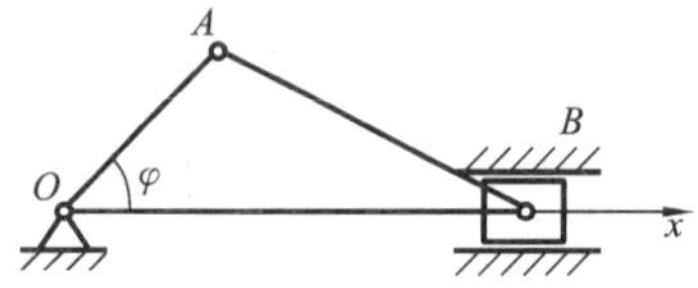

图 13-1　圆周运动与直线运动

刚体的最简单的运动形式是平行移动和定轴移动。它们被称为刚体的基本运动。

研究刚体的基本运动的目的：一方面是因为它在工程中有着广泛的应用；另一方面，刚体的平面运动都可归结为这两种基本运动的组合。

13.1　刚体的平动

13.1.1　刚体平动的定义

刚体运动时，如果其上任一直线永远平行于其初始位置，这种运动称刚体的平行移动，简称平动。如图 13-2(a)所示的摆式筛砂机的筛子 AB 和图 13-2(b)

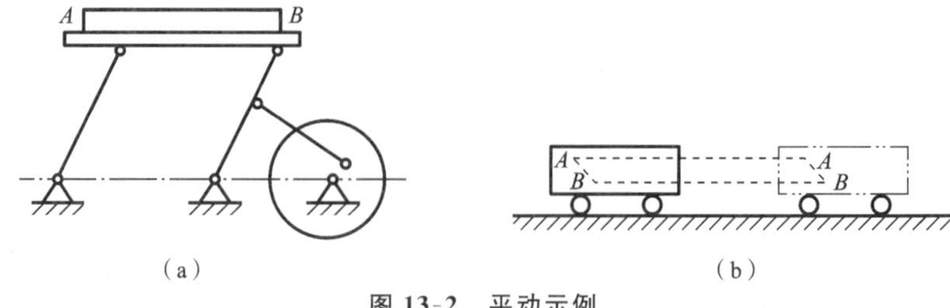

图 13-2　平动示例

中直线轨道上车厢的运动等都具有上述特点，属于平动。根据刚体内各点运动轨迹不同，平动可分为直线平动和曲线平动。

13.1.2　刚体平动的运动特点

根据刚体平动的特点，可得到如下结论：刚体平动时，刚体内各点的运动轨迹相同；在每一个瞬时，各点的速度相同，加速度也相同，如在图 13-3 中，$v_A = v_B$，$a_A = a_B$。因此，研究刚体平动时，可以用刚体上任一点（例如质心）的运动代表刚体的运动。于是，研究平移刚体的运动可归结为研究点的运动。

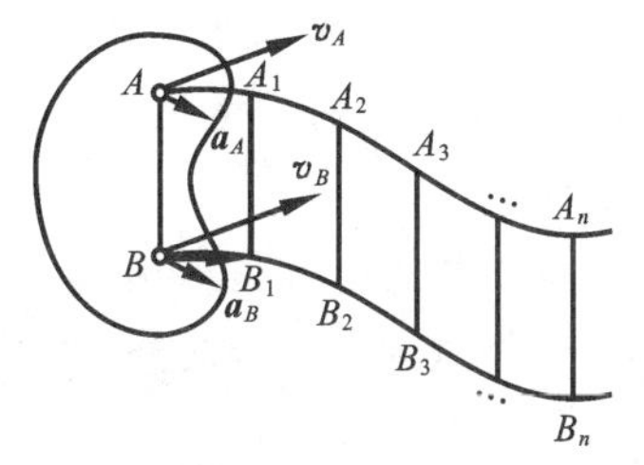

图 13-3　刚体平动的运动特点示例

13.2　刚体的定轴转动

刚体运动时，若其上（或其扩展部分）有一条直线始终保持不动，则称这种运动为定轴转动。这条固定的直线称为转轴（见图 13-4）。电动机转子、机床主轴和传动轴等的运动都是定轴转动的例子。刚体做定轴转动时，固定转轴上各点的速度和加速度恒为零，其余各点都在垂直于转轴的平面内做圆周运动，因此先研究刚体整体的运动，再研究刚体内各点的运动。

13.2.1　转动方程

设有一刚体绕定轴转动，如图 13-4 所示。为确定刚体在任一瞬时的位置，可通过转轴 z 设定两个平面；平面 Ⅰ 固定不动，称为定平面；平面 Ⅱ 与刚体固连，随刚体一起转动，称为动平面。

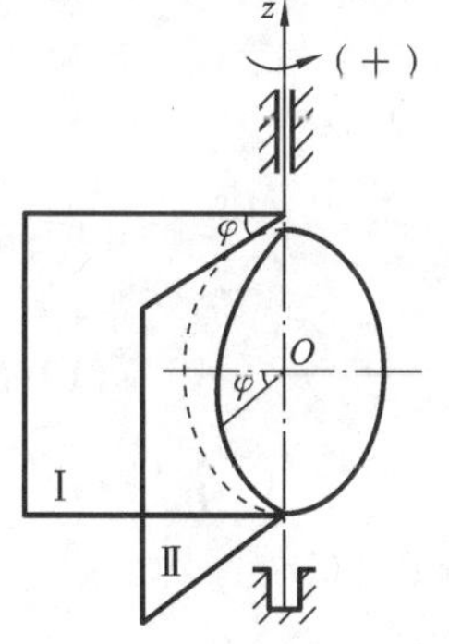

图 13-4　定轴转动示例

任一瞬时刚体的位置，可以由动平面 Ⅱ 与定平面 Ⅰ 的夹角 φ 确定。φ 称为转角，单位是 rad，为代数量。其正负号的规定如下：从正对着转轴的正向来看，逆时针方向为正；反之为负。当刚体转动时，转角 φ 随时间 t 变化，它是时间的单值连续函数，即

$$\varphi = f(t) \tag{13-1}$$

式(13-1)称为刚体定轴转动的转动方程，它确定了刚体绕定轴转动的规律，如果已知函数 $f(t)$，则刚体任一瞬时的位置即可确定。

13.2.2　角速度

为度量刚体随时间转动的快慢和转动方向，这里引入角速度的概念，记为 ω。设在时间间隔 Δt 内，刚体转角的改变量为 $\Delta\varphi$，则刚体的瞬时角速度为

$$\omega=\lim_{\Delta t\to 0}\frac{\Delta\varphi}{\Delta t}=\frac{\mathrm{d}\varphi}{\mathrm{d}t}=f'(t) \tag{13-2}$$

因此,刚体转动的角速度等于转角对时间的一阶导数。ω 是代数量,当 $\omega>0$ 时,表明转角随时间的增加而增加,刚体逆时针转动;反之,当 $\omega<0$ 时,刚体顺时针转动。

角速度的单位是 rad/s。工程中常用转速 n 表示转动的快慢,转速的单位是 r/min,角速度与转数之间的关系为

$$\omega=\frac{2\pi n}{60}=\frac{n\pi}{30} \tag{13-3}$$

13.2.3 角加速度

为度量角速度随时间的变化的快慢和方向,这里引入角加速度的概念,记为 α。在时间间隔 Δt 内,转动刚体角速度的变化量是 $\Delta\omega$,则刚体的瞬时角加速度为

$$\alpha=\lim_{\Delta t\to 0}\frac{\Delta\omega}{\Delta t}=\frac{\mathrm{d}\omega}{\mathrm{d}t}=\frac{\mathrm{d}^2\varphi}{\mathrm{d}t^2}=f''(t) \tag{13-4}$$

因此,刚体的角加速度等于角速度对时间的一阶导数,或等于转角对时间的二阶导数。显然,角加速度也是代数量,当 $\alpha>0$ 时,角加速度为逆时针方向;当 $\alpha<0$时,角加速度为顺时针方向。若 α 与 ω 同向,刚体为加速转动;反之,刚体为减速转动。

当角速度 ω 为常量时,刚体为匀速转动,则有

$$\varphi=\varphi_0+\omega t \tag{13-5}$$

当角加速度 α 为常量时,刚体为匀变速转动,则有

$$\omega=\omega_0+\alpha t \tag{13-6a}$$

$$\varphi=\varphi_0+\omega t+\frac{1}{2}\alpha t^2 \tag{13-6b}$$

$$\varphi-\varphi_0=\frac{\omega^2-\omega_0^2}{2\alpha} \tag{13-6c}$$

式中:φ_0 为初始角;ω_0 为初始角速度。

13.2.4 定轴转动刚体内各点的速度

刚体绕定轴转动时,体内各点都在垂直于转轴的平面内做圆周运动。在刚体上任取一点 M,如图 13-5 所示,该点在垂直于转轴的平面内做圆周运动。圆心 O 是圆周平面与转轴的交点,半径 R 是 M 点到转轴的垂直距离,半径 R 称为转动半径。对此,宜采用自然法研究 M 点的运动。取 M 点的初始位置 M_0 为弧坐标的原点,弧坐标的正向与 φ 角的正向一致,则动点 M 的轨迹方程为

$$s=R\varphi$$

由自然法可知，M 点速度为

$$v=\frac{\mathrm{d}s}{\mathrm{d}t}=R\frac{\mathrm{d}\varphi}{\mathrm{d}t}=R\omega \tag{13-7}$$

式(13-7)表明，转动刚体上任一点的速度等于该点的转动半径与刚体角速度的乘积，其方向沿圆周的切线方向，指向与刚体角速度的转向一致。

由式(13-7)可以看出：在同一瞬时，转动刚体内任一点速度的大小与该点至转轴的距离成正比；转轴上各点的速度为零，离转轴愈远的点速度愈大；在径向直线上，各点的速度呈线性规律分布；如图 13-6 所示。

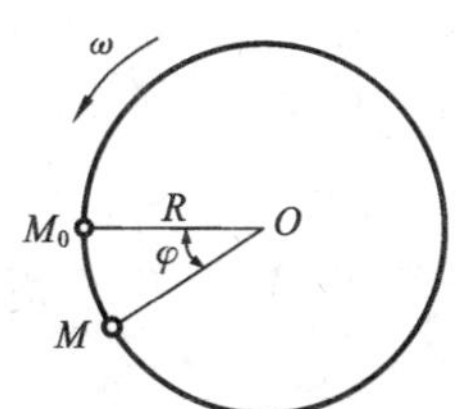

图 13-5　定轴转动刚体内各点速度示例

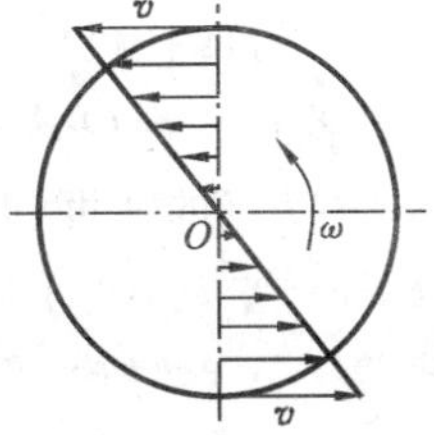

图 13-6　定轴转动刚体内各点速度分布示例

13.2.5　定轴转动刚体内各点的加速度

由于点做圆周运动，其加速度等于切向加速度与法向加速度的矢量和。由自然法可知，M 点的切向加速度为

$$a_{\tau}=\frac{\mathrm{d}v}{\mathrm{d}t}=R\alpha \tag{13-8}$$

式(13-8)表明，转动刚体上任一点的切向加速度等于该点的转动半径与刚体角加速度的乘积，方向垂直于转动半径，而指向由刚体的角加速度 α 的正负号来确定，如图 13-7 所示。

M 点的法向加速度为

$$a_{\mathrm{n}}=\frac{v^2}{\rho}=\frac{(R\omega)^2}{R}=R\omega^2 \tag{13-9}$$

方向沿半径指向转轴，如图 13-7 所示。

M 点的全加速度的大小和方向为

$$\begin{cases} a=\sqrt{a_{\tau}^2+a_{\mathrm{n}}^2}=R\sqrt{\alpha^2+\omega^4} \\ \theta=\arctan\dfrac{|a_{\tau}|}{a_{\mathrm{n}}}=\arctan\dfrac{|\alpha|}{\omega^2} \end{cases} \tag{13-10}$$

式中：θ 为全加速度与转动半径的夹角。式(13-10)表明，任意瞬时，定轴转动刚体内任一点的全加速度的大小与转动半径成正比，方向与转动半径的夹角 θ 都相同，且小于 90°，如图 13-8(a)所示。与各点的速度分布相似，各点的加速度分布如图 13-8(b)所示。

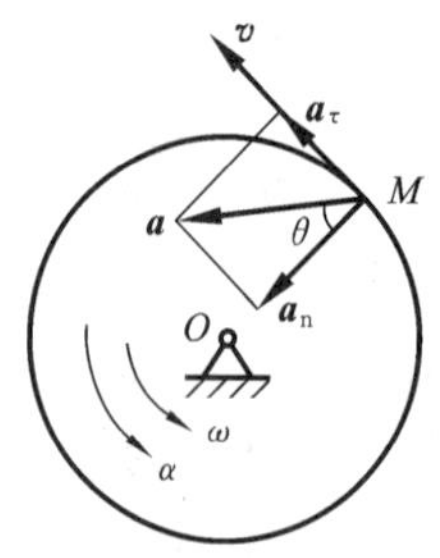

图 13-7　定轴转动刚体各点加速度示例

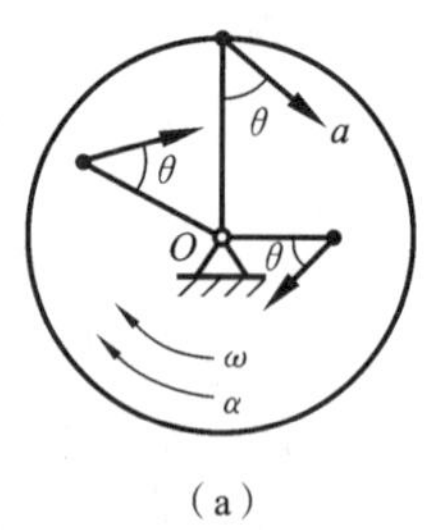

(a)

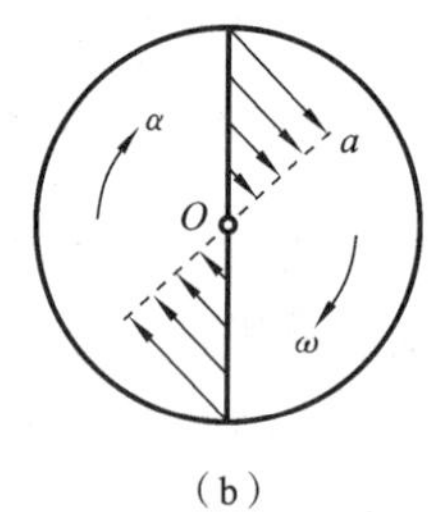

(b)

图 13-8　定轴转动刚体各点加速度分布示例

例 13-1　平行四杆机构如图 13-9 所示，$O_1A=O_2B=0.2\ \text{m}$，$AM=0.2\ \text{m}$，$O_1O_2=AB=0.6\ \text{m}$。若 O_1A 按 $\varphi=15\pi t$ 的规律运动，其中 φ 以 rad 计，t 以 s 计。求 $t=0.8\ \text{s}$ 时，M 点的速度和加速度。

解　AB 杆作平动，O_1A 杆作定轴转动。在任一瞬时，M 点和 A 点具有相同的速度、加速度。A 点绕 O_1 作圆周运动。

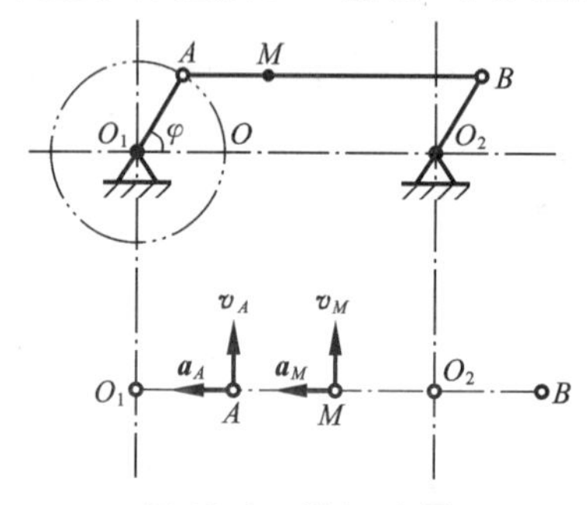

图 13-9　例 13-1 图

$$\omega=\frac{\mathrm{d}\varphi}{\mathrm{d}t}=15\pi\ (\text{rad/s})$$

$$v_A=O_1A\cdot\omega=3\pi\ (\text{m/s})$$

$$v_M=v_A=3\pi\ (\text{m/s})$$

$$\alpha=\frac{\mathrm{d}\omega}{\mathrm{d}t}=0$$

$$a_{A\tau}=0$$

$$a_{An}=O_1A\cdot\omega^2=45\pi^2\ (\text{m/s}^2)$$

$$a_M=a_A=a_{An}=45\pi^2\ (\text{m/s}^2)$$

当 $t=0.8\ \text{s}$ 时，$\varphi=15\pi t=12\pi$，此时 AB 杆正好第六次回到起始的水平位置。v_M、a_M 的方向如图 13-9 所示。

例 13-2　如图 13-10 所示，卷扬机鼓轮半径 $r=160\ \text{mm}$，绕轴 O 转动的规律为 $\varphi=0.1t^3$（φ 以 rad 计，t 以 s 计）。求 $t=3\ \text{s}$ 时轮缘上一点 M 及重物 A 的速度和加速度。设缆绳不可伸长。

解　鼓轮作定轴转动，求 M 点和重物 A 的运动，需首先分析鼓轮的运动。

(1) 鼓轮的运动分析：根据题意，知鼓轮的角速度为

$$\omega=0.3t^2$$

角加速度为

$$\alpha=\frac{\mathrm{d}^2\varphi}{\mathrm{d}t^2}=0.6t$$

当 $t=3\ \text{s}$ 时，鼓轮的角速度和角加速度分别为

$$\omega=0.3\times3^2\ \text{rad/s}=2.7\ \text{rad/s}$$

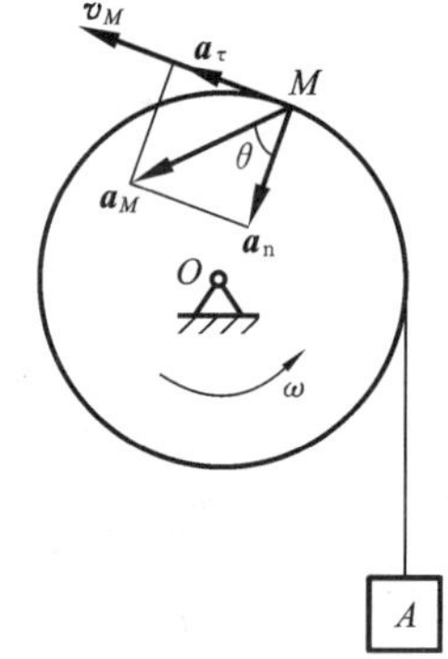

图 13-10　例 13-2 图

$$\alpha=0.6\times3\ \mathrm{rad/s^2}=1.8\ \mathrm{rad/s^2}$$

ω 与 α 的代数值均为正，说明鼓轮为逆时针加速转动。

（2）M 点的运动分析：点 M 绕 O 作圆周运动，则

$$v_M=r\omega=0.16\times2.7\ \mathrm{m/s}=0.432\ \mathrm{m/s}$$

$$a_M=r\sqrt{\alpha^2+\omega^4}=0.16\times\sqrt{1.8^2+2.7^4}\ \mathrm{m/s}=1.2\ \mathrm{m/s}$$

$$\theta=\arctan\frac{|\alpha|}{\omega^2}=\arctan\frac{1.8}{2.7^2}=0.247\ \mathrm{rad}$$

v_M 和 a_M 的方向如图 13-10 所示。

（3）重物 A 的运动分析：由于缆绳不可伸长，因此，A 点速度和 M 点速度大小相等，A 点的加速度与 M 点的切向加速度大小相等，即

$$v_A=v_M=0.432\ \mathrm{m/s}$$

$$a_A=a_M^{\tau}=0.16\times1.8=0.288\ \mathrm{m/s^2}$$

v_A 和 a_A 的方向均铅垂向上。

习　　题

计算题

13-1　在输送散状物品的摆动式运输机中，$O_1A=O_2B=AM=r=0.1$ m，$O_1O_2=AB$，如图 13-11 所示。如曲柄绕 O_1 轴按 $\varphi=30\pi t$ 的规律转动（φ 以 rad 计，t 以 s 计）。求当 $t=0.5$ s 时，AB 槽上 M 点的速度和加速度。

13-2　图 13-12 所示的搅拌机构，已知：$O_1A=O_2B=R$，$O_1O_2=AB$，O_1A 转速 n 为常量。试分析 BAM 上一点 M 的轨迹及其速度和加速度。

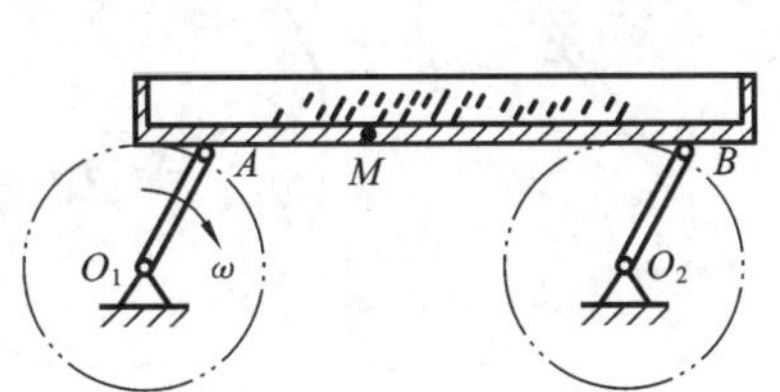

图 13-11　题 13-1 图

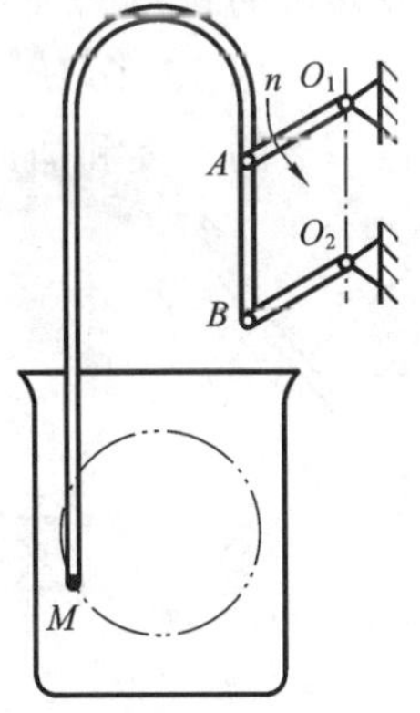

图 13-12　题 13-2 图

13-3　下列说法是否正确？

（1）刚体作平动时，各点的轨迹一定是直线或平面曲线。

（2）刚体绕定轴转动时，转动轴一定通过刚体本身。

(3) 刚体绕定轴转动时,各点的轨迹一定是圆。

(4) 刚体作匀速转动时,$\alpha=0$,所以刚体上各点的加速度也都等于零。

(5) 刚体绕定轴转动时,$\alpha>0$,表示加速转动;$\alpha<0$,表示减速转动。

13-4 机构如图 13-13 所示,已知 OA 与 CB 平行且相等,试画出构件 ABM 上 M 点的轨迹、速度的方向和加速度的方向。

13-5 提升重物的钢绳绕在起重机的鼓轮上,当重物上升(或下降时),绳上的 A_1、A_2 分别与轮上的 B_1、B_2 点相接触,如图 13-14 所示。试问绳与轮相接触点的速度,加速度是否相同?

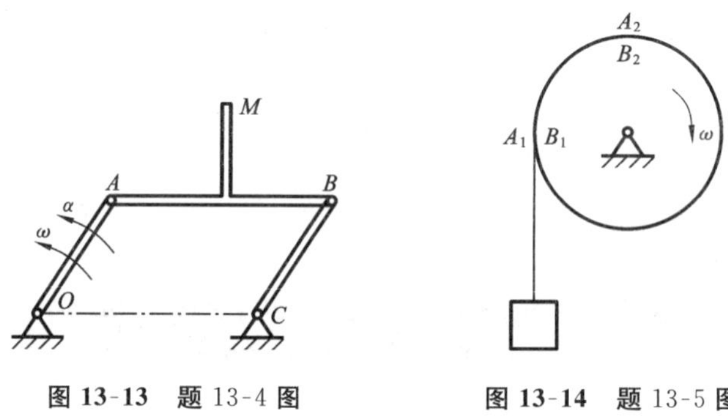

图 13-13 题 13-4 图　　**图 13-14** 题 13-5 图

13-6 如图 13-15 所示,若已知曲柄 OA 的角速度为 ω,角加速度为 α。试分析刚体上 A、B 两点的速度、加速度的大小和方向。

13-7 为了稳定轧辊在轧钢时的转速,通常装有飞轮。已知飞轮制动时的角加速度 $\alpha=-5\ \text{rad/s}^2$,飞轮的初转速为 $n_0=1\ 200\ \text{r/min}$。(1) 求此飞轮在制动开始后转完第 100 转时的转速。(2) 从开始到完全停止的制动过程中所需要的时间及转过的转角。

13-8 如图 13-16 所示,砂轮的直径 $d=200\ \text{mm}$,转速 $n=900\ \text{r/min}$。求砂轮缘上任一点的速度和加速度。

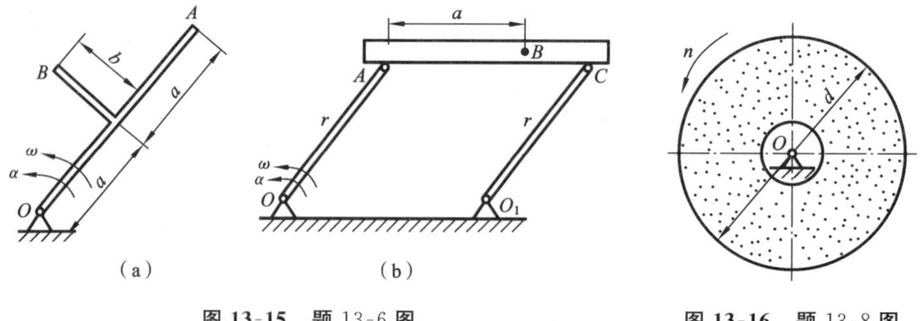

图 13-15 题 13-6 图　　**图 13-16** 题 13-8 图

13-9 从静止开始做匀速转动的飞轮,直径 $D=1.2\ \text{m}$,角加速度 $\alpha=3\ \text{rad/s}^2$。求此边缘上一点 M 在第 10 s 末的速度、法向加速度和切向加速度。

13-10 一圆盘绕质心做定轴转动,其角加速度的变化规律为 $\alpha=2\pi t^2$(其中

t 以 s 计)。初始时,$t=0$。$\varphi_0=0$,$\omega_0=8\pi$ (rad/s)。试求 $t=12$ s 时的转角值。

13-11　如图 13-17 所示,手摇卷扬机的手柄长 $l=40$ cm,鼓轮直径 $D=20$ cm。由于操作者脱手,作用力消失,手柄在自由下落的重物 G 作用下,由静止开始转动。试求经过 3 s 后的角加速度、角速度及手柄末端的速度。

13-12　如图 13-18 所示的电动绞车由皮带轮Ⅰ和Ⅱ以及鼓轮Ⅲ组成,鼓轮Ⅲ和皮带轮Ⅱ刚性地固定在同一轴上。各轮的半径分别为:$r_1=30$ cm,$r_2=75$ cm,$r_3=40$ cm。轮Ⅰ的转速为 $n_1=100$ r/min。设皮带轮与皮带之间无滑动,求重物 G 上升的速度和皮带各段上点的加速度。

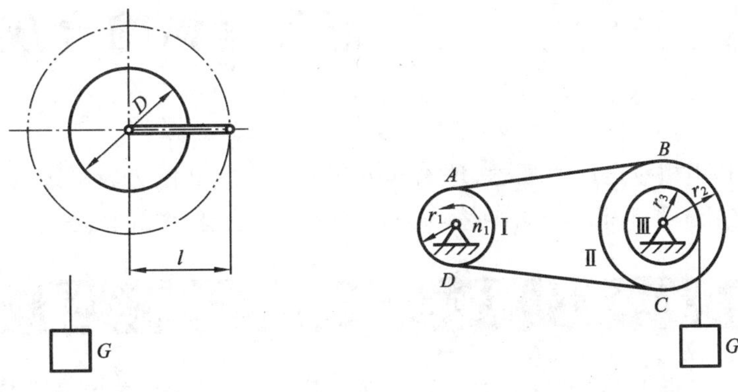

图 13-17　**题** 13-11 **图**　　**图 13-18**　**题** 13-12 **图**

13-13　如图 13-19 所示的机构中,杆 CA 以匀速 v_0 沿水平导槽向右运动,通过滑块 A 使杆 OB 绕 O 轴转动。已知 O 轴与导槽相距 h,试求 OB 的角速度和角加速度。

13-14　如图 13-20 所示,长度 $OA=l$ 细杆可绕 O 轴转动,其端点 A 紧靠在物块 B 的侧面上。若 B 以匀速 v_0 向右运动,试求杆 OA 的角速度和角加速度。开始时,杆 OA 处于铅垂位置。

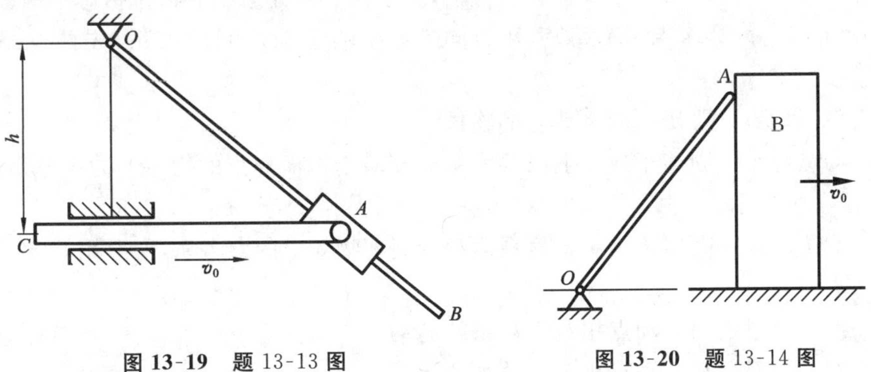

图 13-19　**题** 13-13 **图**　　**图 13-20**　**题** 13-14 **图**

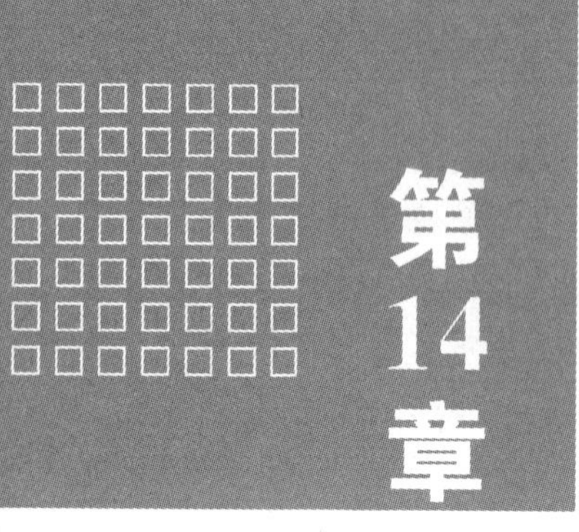

第14章 点和刚体的合成运动

本章利用相对运动的概念、理论和方法来研究点和刚体较复杂运动的分析方法，建立任一瞬时相对于不同参考系的各运动学物理量之间的关系。

14.1 点的合成运动的基本概念

前面已经指出，描述一个物体的运动，首先要选定一个参考系，同一物体相对于不同的参考系所表现的运动一般是不相同的。例如车轮在水平面上沿直线轨道滚动时（见图14-1），车轮轮缘上一点M相对于与地面相固连的参考系作摆线运动；相对于与车厢相固连的参考系作以车轮轮心为圆心的圆周运动。

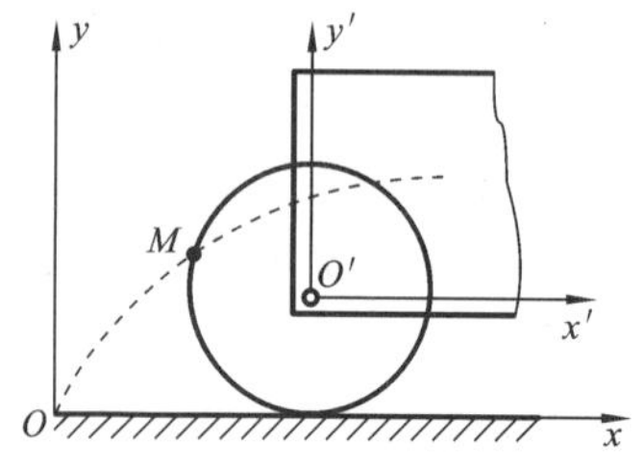

图14-1 摆线运动与圆周运动示例

两个不同的参考系之间存在着相对运动，为了便于研究运动的物体相对于两个不同参考系的运动之间的关系，先建立下述概念。

(1) 动点　要研究的运动着的物体。

(2) 静系　固连于地面上的参考系或相对于地面静止的物体上的参考系，一般用Oxy表示。

(3) 动系　固连于相对于静系运动的其他物体上的参考系，一般用$O'x'y'$表示。

(4) 绝对运动　动点相对于静系的运动。

(5) 相对运动　动点相对于动系的运动。

(6) 牵连运动　动系相对于静系的运动。

显然，绝对运动和相对运动都是指点的运动，可以是直线运动或曲线运动，而牵连运动实际上是与动系相固连的刚体的运动，它可以是平移，也可以是定轴转动，还可以是其他更复杂的运动。但应注意，动系并不完全等同于与之固连的刚体。在具体的问题中，刚体受到其特定的几何尺寸和形状的限制，而动系却不受此限制，它不仅包含了与之固连的刚体，而且还包含了刚体运动的空间。

在分析点的复杂运动时，上述概念极为重要。为了加深理解，下面分析两个实例。

如图14-1所示，若选取车轮轮缘上一点M为动点，动系$O'x'y'$固连于车厢，静系Oxy固连于地面，则动点M的相对运动是以车轮轮心为圆心的圆周运动；牵连运动是车厢相对于地面的直线平移；绝对运动是图中虚线所示的摆线运动。

如图14-2所示，无风下雨时雨滴的运动，选取雨滴为动点，动系$O'x'y'$固连于行驶的车上，静系Oxy固连于地面，则相对运动为雨滴相对于车沿着与铅垂线成α角的斜直线运动；牵连运动为车的直线平移；绝对运动为雨滴相对于地面的铅垂线运动。

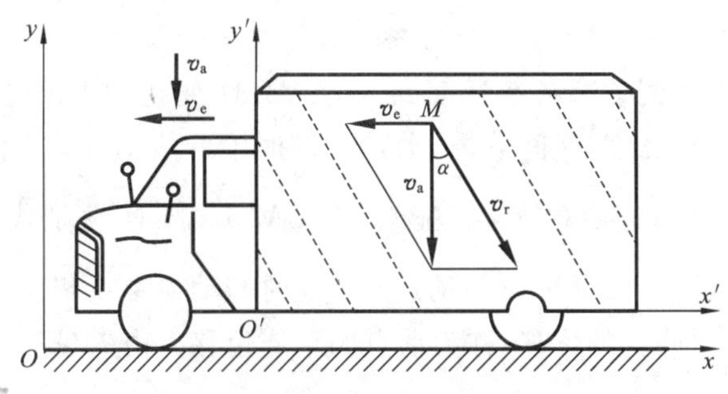

图14-2　相对运动、牵连运动和绝对运动示例

显然，如果没有牵连运动，则动点的相对运动就是它的绝对运动；如果没有相对运动，则动点随同动参考系所作的运动就是它的绝对运动。由此可见，动点的绝对运动既取决于相对运动，又取决于牵连运动，它是这两种运动的合成。例如图14-1所示的例子中，动点M一方面相对于车厢运动，同时，又被车厢带着运动，这两种运动合成起来，就得到了动点M的绝对运动。反过来，绝对运动也可分解为相对运动和牵连运动。因此，这种类型的运动就称为点的合成运动或复合运动。

14.2　点的速度合成定理

动点对于不同参考系的运动是不同的，故对不同参考系的速度也就不同。

动点在相对运动中的速度也就是动点相对于动参考系的速度，称为动点的相对速度，用v_r表示。动点在绝对运动中的速度，也就是动点相对于固定参考系的速度，称为动点的绝对速度，用v_a表示。

动点随同动参考系一起运动的速度又如何描述呢？由于动参考系的运动是刚体的运动而不是一个点的运动，所以必须明确指出，随同动参考系一起的速度，究竟是指动参考系中的哪一个点的速度。因为在某瞬时，只有动参考系上与动点相重合的那一点才“牵连”着动点的运动。所以，我们把在某一瞬时，动参考系上和动点重合的那一点称为牵连点，牵连点的速度称为动点的牵连速度，用v_e表示。

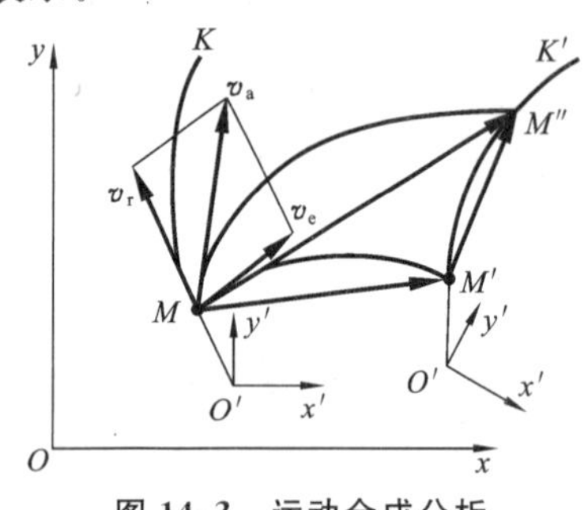

图 14-3　运动合成分析

那么，相对速度、牵连速度和绝对速度三者之间到底存在着什么样的关系呢？

设动点 M 按某一已知曲线 K 运动，而曲线 K 又随动参考系 $O'x'y'$ 运动（见图 14-3）。曲线 K 即为动点相对运动轨迹。

若在瞬时 t，动点位于相对轨迹上的 M 点处，经过 Δt 时间间隔后，相对轨迹随同动参考系一起运动到一新位置 K'。假如动点不作相对运动，则动点随同动参考系运动到 M' 点，$\overset{\frown}{MM'}$便是动点的牵连轨迹。但是由于有相对运动，在 Δt 时间间隔内，动点又同时沿曲线 K 作相对运动，到达 M'' 点。曲线$\overset{\frown}{MM''}$是动点的绝对轨迹。显然，矢量$\overrightarrow{MM''}$、$\overrightarrow{M'M''}$分别代表了动点在 Δt 时间内的绝对位移，而矢量$\overrightarrow{MM'}$为动点在 t 瞬时与动参考系相重合的那一点（称为牵连点）在 Δt 时间内的位移，称为动点的牵连位移。由矢量三角形 $MM'M''$可以得到

$$\overrightarrow{MM''}=\overrightarrow{MM'}+\overrightarrow{M'M''}$$

将上式两边同时除以 Δt，当 $\Delta t\to 0$ 时，则有

$$\lim_{\Delta t\to 0}\frac{\overrightarrow{MM''}}{\Delta t}=\lim_{\Delta t\to 0}\frac{\overrightarrow{MM'}}{\Delta t}+\lim_{\Delta t\to 0}\frac{\overrightarrow{M'M''}}{\Delta t}$$

矢量$\lim\limits_{\Delta t\to 0}\dfrac{\overrightarrow{MM''}}{\Delta t}$就是动点 M 在瞬时 t 的绝对速度v_a，其方向沿$\overset{\frown}{MM''}$上 M 点的切线方向。

矢量$\lim\limits_{\Delta t\to 0}\dfrac{\overrightarrow{M'M''}}{\Delta t}$就是动点 M 在瞬时 t 的相对速度v_r，其方向沿着相对轨迹 K 上 M 点的切线方向。

矢量$\lim\limits_{\Delta t\to 0}\dfrac{\overrightarrow{MM'}}{\Delta t}$就是动点 M 在瞬时 t 的牵连速度v_e，即 t 瞬时牵连点的速度，其方向沿着牵连轨迹$\overrightarrow{MM'}$上 M 点的切线方向。所以有

$$v_a=v_e+v_r \tag{14-1}$$

式(14-1)就是点的速度合成定理：动点的绝对速度等于它的相对速度和牵连速度的矢量和。也就是说，动点的绝对速度可以用以牵连速度和相对速度为边所作的平行四边形的对角线来表示。这个平行四边形称为速度平行四边形。

在应用速度合成定理解决具体问题时，应注意：

(1) 动点及动参考系的选择；

(2) 分析三种运动及相应速度；

(3) 根据式(14-1)作速度平行四边形。

例 14-1　曲柄滑块连杆机构如图 14-4 所示。曲柄 OA 长为 r，以匀角速度 ω 绕 O 轴转动，滑块 A 可在滑道中滑动，从而带动滑道连杆 BC 在滑槽 K 中上下运动。求图示瞬时连杆 BC 的速度。

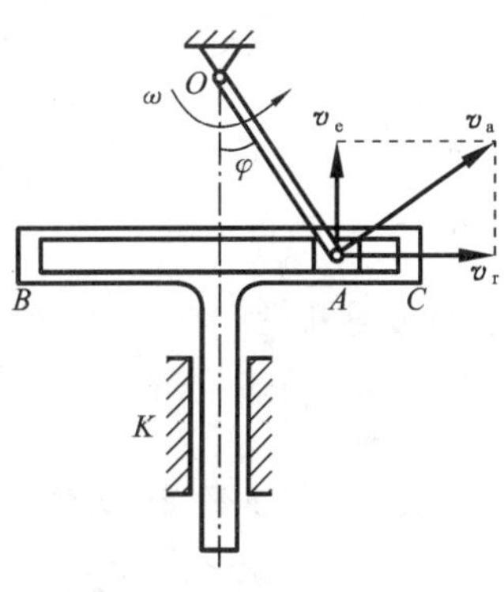

图 14-4　**例 14-1 图**

解　(1) 选取动点，确定动参考系和静参考系。

由题意知，滑块与滑道彼此间有相对运动，故可选取滑块 A 为动点，动参考系固连于滑道连杆 BC，静参考系固连于机座。

(2) 运动分析。

绝对运动：以 O 点为圆心、以 OA 为半径的圆周运动。

相对运动：在水平滑道中的水平直线运动。

牵连运动：滑道连杆 BC 的铅垂直线平移。

由于滑道连杆为平移，其上各点速度相同，故动点 A 的牵连速度即为所要求的连杆 BC 的速度。

(3) 速度分析，作速度平行四边形。

绝对速度 $v_a = r\omega$，方向如图 14-4 所示；相对速度和牵连速度的方向均已知，大小待求。根据速度合成定理 $\boldsymbol{v}_a = \boldsymbol{v}_e + \boldsymbol{v}_r$，作出 A 点的速度平行四边形，如图 14-4 所示。由几何关系得

$$v_e = v_a \sin\varphi = r\omega\sin\varphi \quad \text{（方向铅垂向上）}$$

所以

$$v_{BC} = r\omega\sin\varphi(\uparrow)$$

例 14-2　图 14-5 所示为牛头刨床的摆动导杆机构。曲柄 OA 以匀角速度 $\omega = 2$ rad/s 绕 O 轴转动，通过滑块 A 带动导杆 O_1B 绕 O 轴转动。已知 $OA = 20$ cm，$\angle OO_1A = 30°$。求导杆 O_1B 在图示瞬时的角速度 ω_1。

解　(1) 选取动点，确定动参考系和静参考系。

由题意知，曲柄 OA 转动，通过滑块 A 带动摆杆 O_1B 摆动。滑块与导杆彼此间有相对运动，故可选取滑块 A 为动点，动参考系固连于导杆 O_1B 上，静参考系固连于机座上。

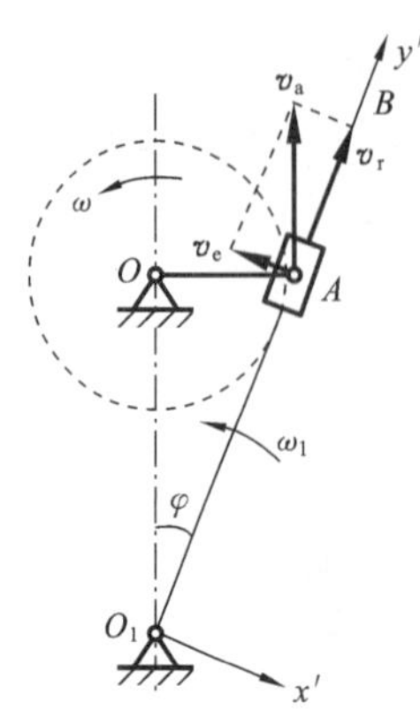

图 14-5 例 14-2 图

(2) 运动分析。

绝对运动:以 O 为圆心,以 OA 为半径的圆周运动。

相对运动:沿摆杆 O_1B 的直线运动。

牵连运动:摆杆绕 O_1 轴的定轴转动。

(3) 速度分析,作速度平行四边形。

绝对速度 $v_a=r\omega=20\times2=40$ cm/s,方向如图 14-5 所示;相对速度和牵连速度的方向已知,大小待求。如能求出牵连速度就可确定摆杆的角速度。根据速度合成定理$\boldsymbol{v}_a=\boldsymbol{v}_e+\boldsymbol{v}_r$,作出点 A 的速度平行四边形。由几何关系可得

$$v_e=v_a\sin\varphi=40\times0.5\ \text{cm/s}=20\ \text{cm/s}$$

导杆的角速度为

$$\omega_1=\frac{v_e}{O_1A}=\frac{20}{40}\ \text{rad/s}=0.5\ \text{rad/s}$$

转向由 v_e 的指向确定,为逆时针方向。

14.3 牵连运动是平动时点的加速度合成定理

14.3.1 绝对加速度、相对加速度、牵连加速度的概念

与动点的绝对速度、相对速度和牵连速度相类似,定义:动点相对于静参考系运动的加速度称为动点的绝对加速度,用 $\boldsymbol{a}_a$ 表示;动点相对于动参考系运动的加速度称为动点的相对加速度,用 $\boldsymbol{a}_r$ 表示;某瞬时动参考系上与动点相重合的点相对于静参考系的加速度称为动点的牵连加速度,用 $\boldsymbol{a}_e$ 表示。

点的速度合成定理对于任何形式的牵连运动都是适用的。但是加速度合成问题则不然,牵连运动为平动和定轴转动两种情况下所得结论是不同的。由于牵连运动为定轴转动时,加速度之间的关系比较复杂,这里不作讨论,所以下面只研究动参考系为平动的情况。

14.3.2 加速度合成定理

设动点 M 沿曲线$\overset{\frown}{AB}$运动,而曲线$\overset{\frown}{AB}$又随同动参考系在平面 Oxy 内平动。在瞬时 t,动点位于曲线$\overset{\frown}{AB}$上的 M 点(见图 14-6),设其绝对速度为$\boldsymbol{v}_a$,牵连速度为$\boldsymbol{v}_e$,相对速度为$\boldsymbol{v}_r$。于是$\boldsymbol{v}_a=\boldsymbol{v}_e+\boldsymbol{v}_r$经过 Δt 时间间隔后,曲线$\overset{\frown}{AB}$平动到$\overset{\frown}{A'B'}$。如果动点没有相对运动,将随曲线一起运动到 M_1 点。动参考系上 M_1 点的速度为$\boldsymbol{v}_{e1}$。由于有相对运动,故在 Δt 时间间隔内,动点沿曲线最后运动到 M'点。在$(t+\Delta t)$瞬时,动点的绝对速度为$\boldsymbol{v}'_a$,牵连速度为$\boldsymbol{v}'_e$,相对速度为$\boldsymbol{v}'_r$。由速度合

成定理，有

$$v'_a = v'_e + v'_r$$

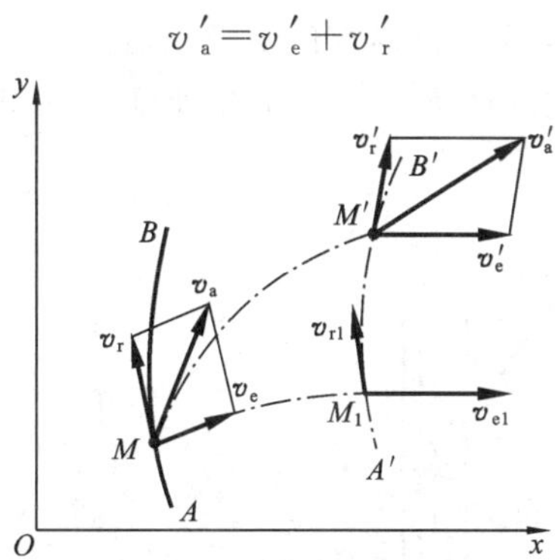

图 14-6　加速度合成定理示例

动点的绝对速度对时间的变化率就是动点的绝对加速度 $\boldsymbol{a}_a$，即

$$\boldsymbol{a}_a = \lim_{\Delta t\to 0}\frac{v'_a - v_a}{\Delta t} = \lim_{\Delta t\to 0}\frac{(v'_e + v'_r) - (v_e + v_r)}{\Delta t} = \lim_{\Delta t\to 0}\frac{v'_e - v_e}{\Delta t} + \lim_{\Delta t\to 0}\frac{v'_r - v_r}{\Delta t} \quad \text{(a)}$$

现在分析式(a)右边第一项的意义。由于动参考系作平动，在$(t+\Delta t)$时刻，其上各点速度相同，所以曲线$\widehat{A'B'}$上 M'点的速度与 M_1 点的速度相同，即

$$v'_e = v_{e1}$$

于是得

$$\lim_{\Delta t\to 0}\frac{v'_e - v_e}{\Delta t} = \lim_{\Delta t\to 0}\frac{v_{e1} - v_e}{\Delta t} = \boldsymbol{a}_e \quad \text{(b)}$$

因为v_{e1}和v_e是曲线$\widehat{AB}$上同一点 M 分别在瞬时$(t+\Delta t)$及 t 的速度，所以式(b)是 M 点在瞬时 t 的加速度，即在瞬时 t 动参考系上与动点相重合的那一点的加速度，称为动点的牵连加速度 $\boldsymbol{a}_e$。

再分析式(a)右端第二项。在动参考系上观察动点的运动。在 Δt 时间间隔内，动点从 M_1 运动到 M'，动点相对于曲线 AB 的运动速度由v_{r1}变为v'_r。因此，动点的相对加速度 $\boldsymbol{a}_r$ 应是在瞬时 t 动点相对于动参考系的加速度，即

$$\boldsymbol{a}_r = \lim_{\Delta t\to 0}\frac{v'_r - v_r}{\Delta t}$$

又因为 M 和 M_1 是曲线$\widehat{AB}$上的同一个位置，而曲线为平动，故有

$$v_{r1} = v_r$$

于是

$$\boldsymbol{a}_r = \lim_{\Delta t\to 0}\frac{v'_r - v_r}{\Delta t} = \lim_{\Delta t\to 0}\frac{v'_r - v_{r1}}{\Delta t} \quad \text{(c)}$$

将式(b)、式(c)两项结果代入式(a)，得

$$\boldsymbol{a}_a = \boldsymbol{a}_e + \boldsymbol{a}_r \quad (14\text{-}2)$$

式(14-2)是牵连运动为平动时点的加速度合成定理，即当牵连运动为平动时，点的绝对速度等于它的牵连加速度与相对加速度的矢量和。

例 14-3 摆动式送料机构如图 14-7 所示，摇杆 $OA=l$ 绕 O 点作往复摆动，摇杆端点的滑块 A 放在与送料槽固连的滑道里，送料槽受套筒 B、C 的限制而作平动。某瞬时摇杆与铅垂线的夹角等于 θ，角速度为 ω，角加速度为 α。试求此时料槽的速度和加速度。

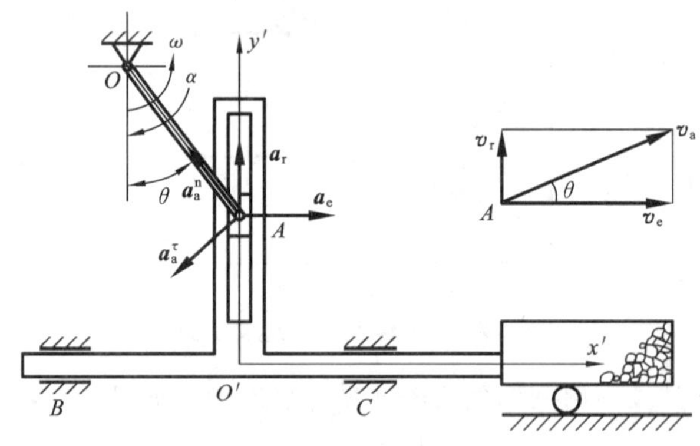

图 14-7　例 14-3 图

解　(1) 选取动点和动参考系。

滑块 A 为动点，动参考系 $O'x'y'$ 固定在送料槽上，静参考系固连在地面上。

(2) 分析三种运动、三种速度及三种加速度。

① 绝对运动：滑块 A 的绝对运动是以 O 点为圆心、以 OA 为半径的圆周运动，绝对速度为

$$v_a=\overline{OA}\omega=l\omega$$

绝对加速度分解为两项，即

$$a_a^n=\overline{OA}\omega^2=l\omega^2$$

$$a_a^\tau=\overline{OA}\alpha=l\alpha$$

② 牵连运动：为动参考系的水平平动，牵连速度和牵连加速度为动参考系上与动点重合的点的速度和加速度，方向均为水平方向，大小待求。

③ 相对运动：为滑块 A 沿槽往复直线运动，相对速度和相对加速度方向已知，大小待求。

(3) 根据速度合成定理及加速度合成定理求未知量。

由速度合成定理 $v_a=v_e+v_r$ 得

$$v_e=v_a\cos\theta=l\omega\cos\theta$$

由加速度合成定理得

$$\boldsymbol{a}_a^n+\boldsymbol{a}_a^\tau=\boldsymbol{a}_r+\boldsymbol{a}_e$$

将上式向水平方向投影，有

$$-a_a^\tau\cos\theta-a_a^n\cos(90°-\theta)=a_e$$

$$a_e=-l(\alpha\cos\theta+\omega^2\sin\theta)$$

式中的负号表示送料槽在此瞬时加速度方向与图中所设方向相反,即指向左。

14.4 刚体的平面运动

14.4.1 刚体平面运动概念

在图 14-8 所示的曲柄连杆滑块机构中,曲柄 OA 作定轴转动,滑块 B 作水平直线平动,而连杆 AB 的运动既不是平动,也不是定轴转动,但它运动时具有一个特点,即在运动过程中,刚体上任意点与某一固定平面(例如 Oxy 平面)的距离始终保持不变。我们称刚体的这种运动为平面运动。刚体作平面运动时,其上各点的运动轨迹各不相同,但都是平行于某一固定平面的平面曲线。

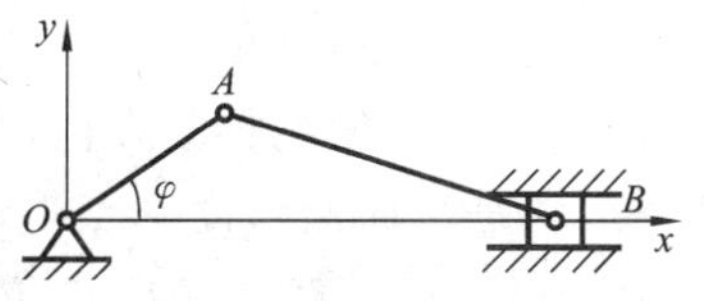

图 14-8 刚体的平面运动示例

设图 14-9 中所示的刚体相对于固定平面 P_0 作平面运动,现在进一步分析它的运动特征。为此,作平面 P 平行于平面 P_0,并在刚体上截得平面图形 S,过 S 上任一点 A 作垂直于 S 的线段 A_1A_2。显然,刚体运动过程中,线段 A_1A_2 平移,其上所有点的运动都可以用 A 点的运动来代表。由此可见,平面图形 S 的运动就代表了整个刚体的运动。因此,刚体的平面运动可简化为平面图形在其自身平面内的运动。

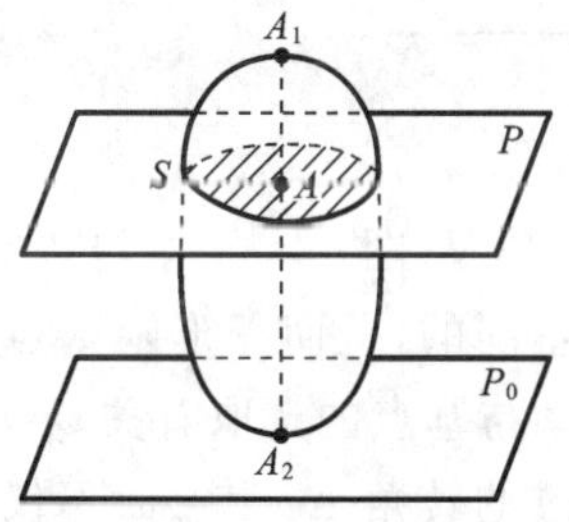

图 14-9 获得平面图形 S

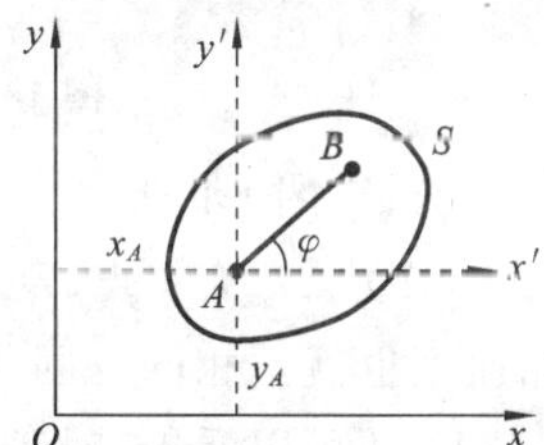

图 14-10 建立刚体平面运动方程示例

设平面图形 S 在固定平面 P 内运动,在平面上作静参考系 Oxy(见图 14-10)。图形 S 的位置可用其上的任一线段 AB 确定,而线段 AB 的位置则由 A 点的坐标(x_A,y_A)和 AB 对于 x 轴的转角 φ 来确定。图形 S 运动时,x_A、y_A 和 φ 都随时间 t 变化,都可以表示为时间 t 的单值连续函数,即

$$\begin{cases} x_A=f_1(t) \\ y_A=f_2(t) \\ \varphi=f_3(t) \end{cases} \tag{14-3}$$

式(14-3)完全确定了每一瞬时平面图形 S 的位置,这组方程称为刚体平面运动

方程。

14.4.2 平面图形内各点的速度

1. 基点法

图 14-10 中的平面图形 S 运动时，由刚体平面运动方程(14-3)可以看出：如果 φ 为常量，就是线段 AB 将保持方向不变，那么刚体作平移；如果 x_A、y_A 保持不变，那么刚体作定轴转动。可见，平动和定轴转动都是平面运动的特殊情况。因此，平面运动可以分解为平移和转动。在这里，如果把 A 点称为基点，那么，平面运动的刚体是在同时进行着随基点的平动和绕基点的转动。所以，平面运动是平面图形随基点平动和绕基点转动的合成运动。

设在瞬时 t，直线 AB 在位置Ⅰ，经过时间间隔 Δt 后到达位置Ⅱ(见图 14-11)。这一运动过程可视为平面图形以任意点 A 为基点平动至位置Ⅰ′，然后再绕 A 点转过角度 $\Delta\varphi$ 而到达位置Ⅱ。或者把这一运动过程看成平面图形以点 B 为基点先平动至位置Ⅰ″，然后再绕 B 点转过角度 $\Delta\varphi'$，最后到达位置Ⅱ。

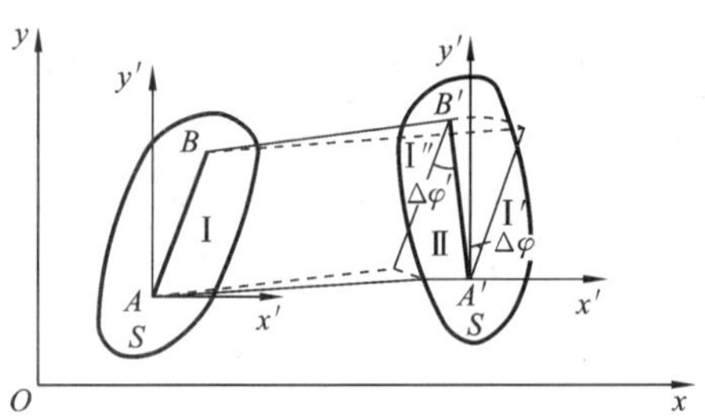

图 14-11 平面运动示例

应该注意的是：图形内基点的选取是完全任意的。从图 14-11 中可以看出，选取不同的点(A 或 B)为基点，平动的位移显然是不同的，从而图形随基点平动的速度和加速度也就不相同。因此，平面图形的平动与基点的选取有关。

由图 14-11 还可以看出，对于绕不同的基点转过的转角 $\Delta\varphi$ 和 $\Delta\varphi'$ 不仅大小相等，而且转向相同，于是有

$$\lim_{\Delta t\to 0}\frac{\Delta\varphi}{\Delta t}=\lim_{\Delta t\to 0}\frac{\Delta\varphi'}{\Delta t}$$

即

$$\omega=\omega'$$

又因为

$$\frac{\mathrm{d}\omega}{\mathrm{d}t}=\frac{\mathrm{d}\omega'}{\mathrm{d}t}$$

所以

$$\alpha=\alpha'$$

即在任一瞬时，平面图形绕其平面内任何点转动的角速度和角加速度都是相同的。因此，平面图形的转动与基点的选取无关。

现在讨论平面图形内任一点速度的求法。

设在某一瞬时平面图形 S 内某一点 A 的速度 v_A 和转动的角速度 ω 均为已知，如图 14-12 所示。为求平面图形内任一点 B 的速度 v_B，可取 A 点为基点。由于平面图形 S 的运动可以看成是随同基点 A 的平动（牵连运动）和绕基点 A 的转动（相对运动）的合成，因此，可用速度合成定理求 B 点的速度，即

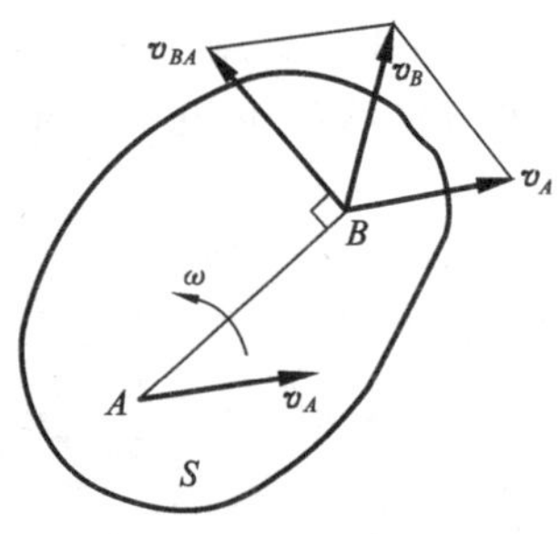

图 14-12　平面运动的速度合成法示例

$$v_B = v_e + v_r \tag{a}$$

因为，B 点的牵连运动为随基点 A 的平动，故 B 点的牵连速度就等于基点 A 的速度 v_A，即

$$v_e = v_A \tag{b}$$

又因为 B 点的相对运动是绕基点 A 的转动，所以 B 点的相对速度 v_r 就是 B 点绕基点 A 转动的速度，用 v_{BA} 表示，即

$$v_r = v_{BA} \tag{c}$$

式中：$v_{BA}=\omega\overline{AB}$，$AB$ 为 B 点绕 A 点的转动半径；v_{BA} 的方向与 AB 连线垂直，指向图形转动的一侧。

将式(b)和式(c)代入式(a)，得

$$v_B = v_A + v_{BA} \tag{14-4}$$

这就是说：平面图形上任一点的速度等于基点的速度与该点绕基点转动速度的矢量和，这就是平面运动的速度合成法或称基点法，是求平面运动的图形上任一点速度的基本方法。

例 14-4　发动机的曲柄连杆机构如图 14-13 所示。曲柄 OA 长为 $r=30$ cm，以等角速 $\omega=2$ rad/s 绕 O 点转动，连杆 AB 长为 $l=40$ cm。试求当 $\angle OAB=90°$ 时，滑块 B 的速度及连杆 AB 的角速度。

解　(1) 分析运动，选取研究对象。曲柄 OA 绕 O 轴转动，滑块 B 沿水平方向运动，连杆 AB 作平面运动，因此，选 AB 杆为研究对象。

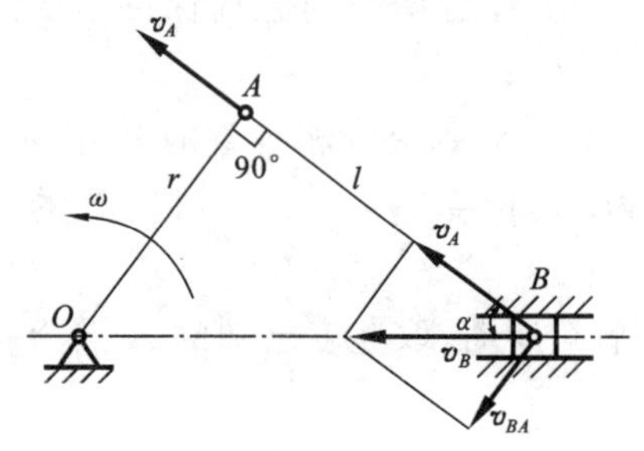

图 14-13　例 14-4 图

(2) 选基点。由于连杆上 A 点速度已知，所以选 A 点为基点。这样，B 点的运动可以视为随基点 A 的平动和绕基点 A 的转动的合成运动。

(3) 根据速度合成法求未知量，即

$$v_B = v_A + v_{BA}$$

在本例中，已知 v_A 的大小为 $v_A=r\omega=30\times 2$ cm/s $=60$ cm/s，方向垂直 OA。B 点相对 A 点的转动速度 v_{BA} 垂直 AB，指向

和大小待求。B 点的绝对速度 v_B 沿水平方向。这样，即可作出速度平行四边形(见图 14-13)。由几何关系得

$$v_B=\frac{v_A}{\cos\alpha}=60\times\frac{5}{4}\ \text{cm/s}=75\ \text{cm/s}$$

其方向为水平方向。

$$v_{AB}=v_A\tan\alpha=60\times\frac{3}{4}\ \text{cm/s}=45\ \text{cm/s}$$

其方向如图 14-13 所示。

求出了 v_{BA} 以后，就可求出连杆 AB 的角速度，有

$$\omega_{AB}=\frac{v_{BA}}{AB}=\frac{45}{40}\ \text{rad/s}=1.13\ \text{rad/s}\quad (\text{顺时针转向})$$

注意：在式(14-4)中有六个要素，知道其中四个才能求出其余两个。在作速度平行四边形时，绝对速度应为其对角线。因已知 v_A 的指向，故作出速度平行四边形后，即可确定 v_B 和 v_{BA} 的指向。

2. 速度投影法

根据基点法可知，同一平面图形上任意两点的速度间总存在

$$v_B=v_A+v_{BA}$$

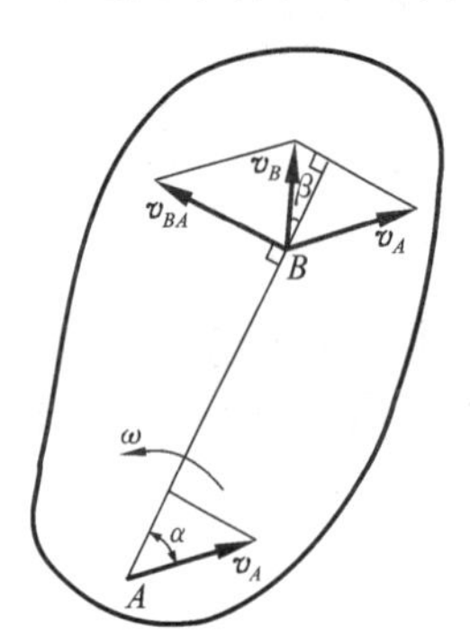

图 14-14　速度投影法示例

如图 14-14 所示，按合成矢量投影定理，将上式投影到直线 AB 上，得

$$(v_B)_{AB}=(v_A)_{AB}+(v_{BA})_{AB}$$

因为v_{BA}垂直于 AB，故$(v_{BA})_{AB}=0$，因而

$$(v_B)_{AB}=(v_A)_{AB}$$

即

$$v_B\cos\beta=v_A\cos\alpha \tag{14-5}$$

式(14-5)是一个投影方程，如果已知两点的速度方向及其中一点的速度大小，根据式(14-5)就可以很方便地求出另一点的速度大小。这种求平面运动刚体内点的速度的方法称为速度投影法。式(14-5)也称为速度投影定理，也就是说，同一平面图形上任意两点的速度在其连线上的投影相等。它反映了刚体上任意两点间距离保持不变的特征。

例 14-5　椭圆规如图 14-15 所示。滑块 A、B 分别沿互相垂直的滑道 Ox、Oy 运动，在图示位置时，已知滑块 A 的速度为v_A，长度 $AB=l$。求滑块 B 的速度及规尺 AB 的角速度。

解　滑块 A、B 分别作平移，规尺 AB 作平面运动，取速度已知的 A 点为基点，根据基点法公式，有

$$v_B=v_A+v_{BA}$$

其中 v_A 的大小和方向已知，v_B 的方向沿 Oy 轴，v_{BA} 的方向垂直于 AB。于是作出速度平行四边形，如图 14-15 所示。由几何关系可得

$$v_B = v_A \cot\varphi$$

$$v_{BA} = \frac{v_A}{\sin\varphi}$$

规尺 AB 的角速度为

$$\omega = \frac{v_{BA}}{l} = \frac{v_A}{l\sin\varphi} \quad \text{（顺时针转向）}$$

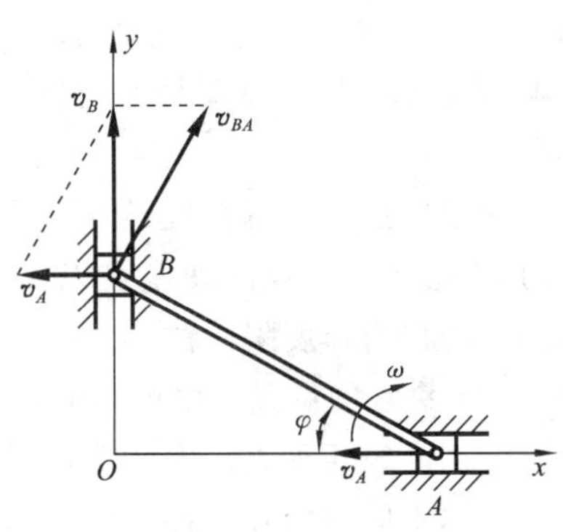

图 14-15　例 14-5 图

对例 14-5 还可以用速度投影法求 B 点的速度。根据速度投影定理可得

$$v_B \sin\varphi = v_A \cos\varphi$$

从解题过程可以看出，若已知图形上某一点速度的大小和方向，并知道待求点速度的方向，利用速度投影法求该点速度的大小是很方便的，但不能用此方法求 AB 杆的角速度 ω。

3. 速度瞬心法

(1) 瞬心的概念　一般情况下，在不同的瞬时，平面图形（即平面运动的刚体）上各点的速度都是不同的，若平面图形的角速度不等于零，则在该瞬时必定有一点速度等于零。这种瞬时速度等于零的点称为平面运动刚体的瞬时速度中心，简称瞬心。

(2) 平面图形内各点的速度及其分布　设平面图形的瞬心为 C 点，如图 14-16所示。以 C 为基点，则图形内任一点 A 的速度为

$$v_A = v_{AC} = \overline{CA} \cdot \omega$$

v_A的方向垂直于线段 CA，且与瞬时角速度 ω 的转向保持一致。因此，平面图形上任一点的速度等于该点到瞬心的距离与角速度 ω 的乘积。

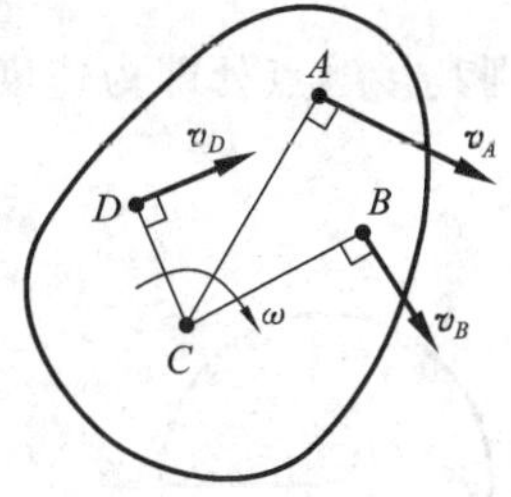

图 14-16　速度瞬心法的速度示例

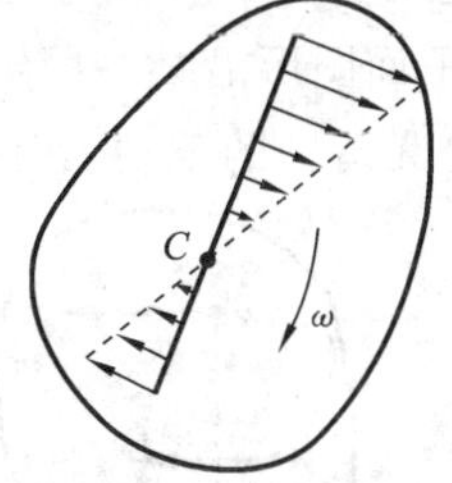

图 14-17　速度瞬心法的速度分布

由此可见，图形上各点速度的大小与该点到瞬心 C 的距离成正比；速度的方向垂直于该点到瞬心的连线，指向图形转动的一方。平面图形上各点的速度在某瞬时的分布情况与图形绕定轴转动时各点速度的分布情况相类似，

如图 14-17 所示。于是平面图形的运动可看成为绕速度瞬心的瞬时转动。但必须指出，速度瞬心是一个瞬时的概念，在不同的瞬时，速度瞬心的位置不同。

综上所述可知，如果已知平面图形在某一瞬时的瞬心位置和角速度，则在该瞬时，图形内任一点的速度可以完全确定。这种用瞬心求平面图形上各点的速度的方法称为速度瞬心法。

(3) 瞬心的位置　由前面的讨论已知，平面图形内任一点绕基点转动的线速度与转动半径相垂直。由此可知，瞬心必然在各点速度矢量的垂线上。

根据不同的已知条件求瞬心的位置，有以下几种情况。

① 已知平面图形上 A、B 两点速度 v_A、v_B 的方向，且 v_A 与 v_B 的方向不平行，则瞬心 C 在两速度垂线的交点上，如图 14-18 所示。

② 若已知平面图形上 A、B 两点速度 v_A、v_B 的大小不等，方向与 AB 连线垂直，则速度瞬心 C 在 AB 连线与两速度矢量端点连线的交点上，如图 14-19 所示。

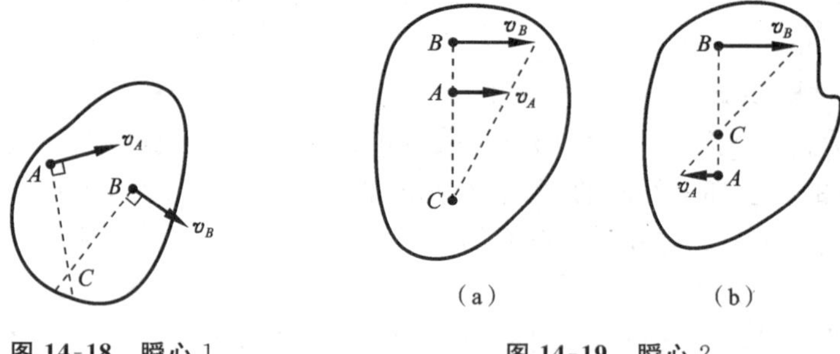

图 14-18　瞬心 1　　　　图 14-19　瞬心 2

③ 若已知平面图形上 A、B 两点速度 v_A、v_B 的大小相等、方向相同，则瞬心在无穷远处。在该瞬时，图形上各点的速度分布如同图形作平移的情形一样，故称为瞬时平移，如图 14-20 所示。必须注意，此瞬时各点的速度虽然相同，但加速度不一定相同。

④ 若平面图形沿某一固定面作纯滚动时，则其接触点处即为速度瞬心，所谓纯滚动就是无滑动的滚动，如图 14-21 所示。

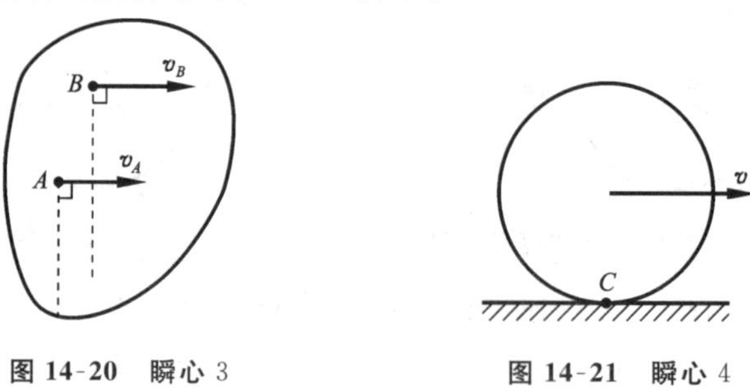

图 14-20　瞬心 3　　　　图 14-21　瞬心 4

例 14-6 用瞬心法求图 14-22 所示的椭圆规尺中滑块 A 的速度和规尺 AB 中点 D 的速度。

解 规尺 AB 作平面运动。已知 A 点速度方向沿水平线，B 点速度方向沿铅垂线，过 A、B 两点分别作速度 v_A、v_B 的垂线，它们的交点 C 就是规尺 AB 的速度瞬心，如图 14-22 所示。由瞬心法可知，规尺 AB 的角速度为

$$\omega_{AB}=\frac{v_A}{AC}=\frac{v_A}{l\sin\varphi}\quad（顺时针转向）$$

滑块 B 的速度为

$$v_B=\overline{BC}\cdot\omega=\frac{l\cos\varphi\cdot v_A}{\sin\varphi}=v_A\cot\varphi$$

规尺 AB 中点 D 的速度为

$$v_D=\overline{DC}\cdot\omega=\frac{l}{2}\cdot\frac{v_A}{l\sin\varphi}=\frac{v_A}{2\sin\varphi}$$

v_D 的方向垂直于 DC 指向左上方。

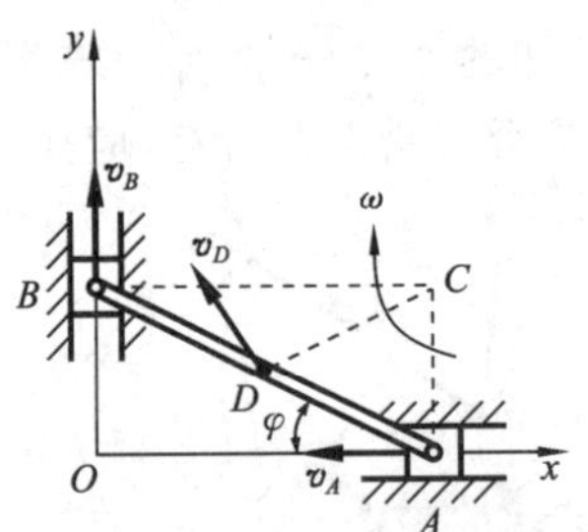

图 14-22 例 14-6 图

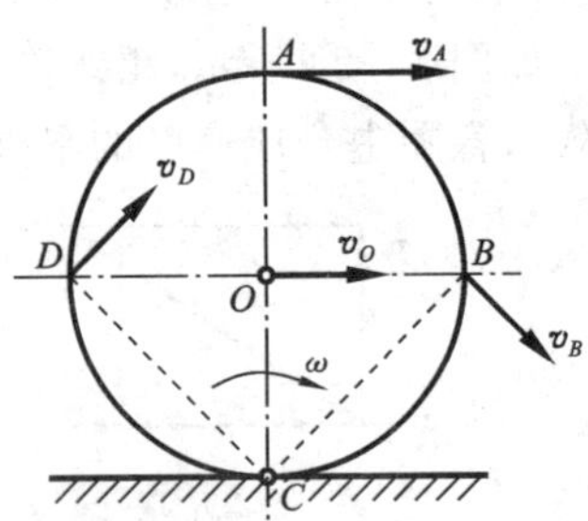

图 14-23 例 14-7 图

例 14-7 火车以 $v_0=10$ m/s 的速度在直线轨道上行驶，设车轮作纯滚动，如图 14-23 所示，车轮半径 $R=0.5$ m，求车轮上 A、B、D 三点的速度。

解 由于车轮为纯滚动，故车轮在该瞬时与地面的接触点 C 即为车轮的速度瞬心。轮心速度 $v_0=10$ m/s，根据瞬心法，车轮的角速度为

$$\omega=\frac{v_0}{R}=\frac{10}{0.5}=20\ \text{rad/s}\quad（顺时针转向）$$

车轮上 A、B、D 三点的速度分别为

$$v_A=\overline{AC}\cdot\omega=2R\omega=2\times0.5\times20\ \text{m/s}=20\ \text{m/s}$$

$$v_B=\overline{BC}\cdot\omega=\sqrt{2}R\omega=\sqrt{2}\times0.5\times20\ \text{m/s}=14\ \text{m/s}$$

$$v_D=\overline{DC}\cdot\omega=\sqrt{2}R\omega=\sqrt{2}\times0.5\times20\ \text{m/s}=14\ \text{m/s}$$

它们的方向分别如图 14-23 所示。

可以证明，速度瞬心 C 的速度等于零，但加速度并不等于零。当车轮在地面上只滚不滑时，速度瞬心 C 的加速度指向轮心 O。

习　题

简答题

14-1　举例说明什么是动点的绝对运动、相对运动和牵连运动？

14-2　什么是牵连速度、牵连加速度？是否动参考系中任何一点速度（或加速度）就是牵连速度（或加速度）？

14-3　为什么牵连运动为平动时，动参考系的瞬时速度、瞬时加速度就是动点的牵连速度、牵连加速度？

14-4　平面图形上任意两点 A、B 的速度v_A和v_B之间有何关系？为什么v_{BA}一定与AB垂直？v_{BA}与v_{AB}有何不同？

14-5　平面运动的刚体绕速度瞬心的转动与刚体绕定轴转动有何异同？

14-6　下面两种说法对吗？试作出正确地分析。（1）速度瞬心不在平面运动刚体上，则该刚体无速度瞬心。（2）瞬心的瞬时速度为零，瞬时加速度也为零。

14-7　如图 14-24 所示，粗线箭头表示已知的速度矢量，细线表示已知的速度方位，那么，各图中合成速度的平行四边形是否有错误？若有，应如何改正？

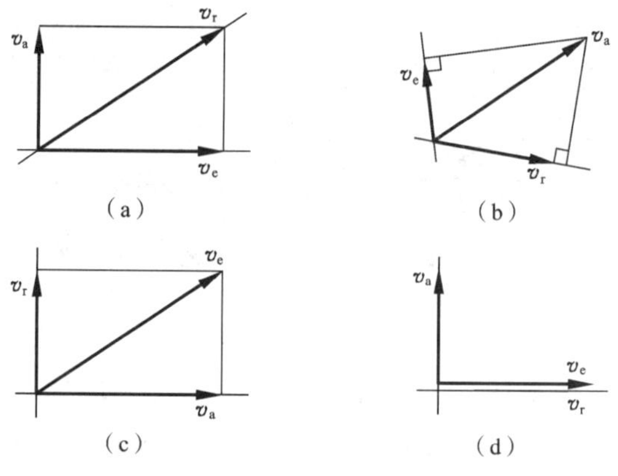

图 14-24　**题** 14-7 **图**

14-8　某瞬时动参考系上与动点 M 相重合的点为 M'，试问动点 M 与点 M' 在此瞬时的绝对速度是否相等？为什么？

14-9　判断下列结论是否正确。

（1）某瞬时动点的绝对速度 $v_a=0$，则动点的牵连速度 v_e 和相对速度 v_r 也都等于零。

（2）v_a、v_e、v_r三种速度的大小之间不可能有这样的关系：$v_r=\sqrt{v_a^2+v_e^2}$。

（3）由速度合成定理公式$v_a=v_e+v_r$可知，绝对速度的绝对值一定比相对速度的绝对值大，也比牵连速度的绝对值大。

14-10　如图 14-25 所示，已知直角弯杆 OCD 的角速度 ω 及尺寸 l，选小环

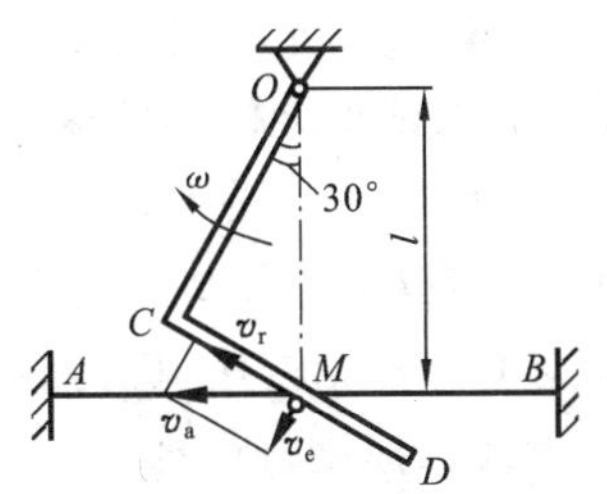

图 14-25　题 14-10 图

M 为动点，弯杆为动参考系，三种速度分析结果如图14-25所示。其中牵连速度 $v_e = \overline{CM} \cdot \omega = \omega l \sin 30°$，由速度平行四边形得 $v_a = \dfrac{v_e}{\sin 30°} = \omega l$。这个分析对吗？请说明理由。

计算题

14-11　在图14-26所示位置，求平面运动刚体的瞬心位置。

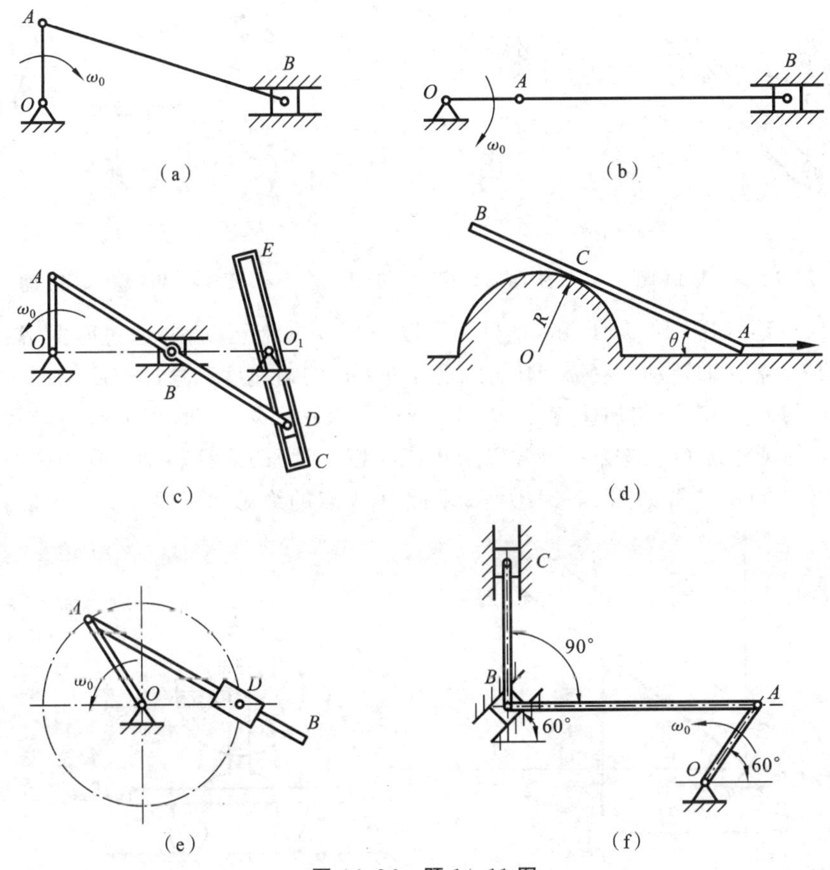

图 14-26　题 14-11 图

14-12　"刚体平动"与"刚体瞬时平动"有何异同？

14-13　车厢以速度 v_1 沿水平直线轨道行驶，雨滴 M 以速度 v_2 铅垂落下，试求从车厢中观察到的雨滴速度的大小和方向。

14-14　如图14-27所示，在曲柄摇杆机构中，曲柄 $O_1A = 10$ cm，摇杆 $O_2B = 24$ cm，$O_1O_2 = 10$ cm。如曲柄以 $\varphi = \dfrac{\pi}{4}t$ 的运动规律绕 O_1 轴转动，运动开始时曲柄铅直向上，试求点 B 的运动方程、速度和加速度。

14-15 导杆机构如图 14-28 所示，已知两轴间的距离 $O_1O_2=20$ cm，$\omega_1=3$ rad/s。试求导杆的角速度 ω_2。

14-16 如图 14-29 所示的铰接四边形机构中，$O_1A=O_2B=100$ mm，$O_1O_2=AB$，且杆 O_1A 以匀角速度 $\omega=2$ rad/s 绕 O_1 轴转动。AB 杆上有一套筒 C，套筒与 CD 杆相铰接，机构的各部件都在同一铅垂面内。求当 $\varphi=60°$时的 CD 杆的速度及加速度。

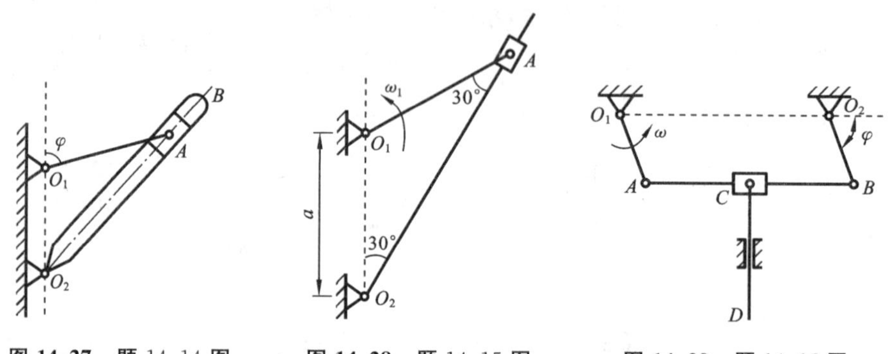

图 14-27 题 14-14 图　　图 14-28 题 14-15 图　　图 14-29 题 14-16 图

14-17 如图 14-30 所示，推杆 AB 以匀速 v 向上运动，并通过套筒 A 带动摇杆 BC 绕 O 轴转动。当 $\varphi=45°$时，求摇杆 OC 的角速度和角加速度。

14-18 小车以匀加速度 $a=0.493$ m/s^2 水平向右运动，车上有一半径 $r=0.2$ m 的圆轮绕 O 轴按 $\varphi=t^2$（φ 以 rad 计，t 以 s 计）的规律转动。在 $t=1$ s 时，轮缘上 A 点的位置如图 14-31 所示，求此时 A 点的绝对加速度。

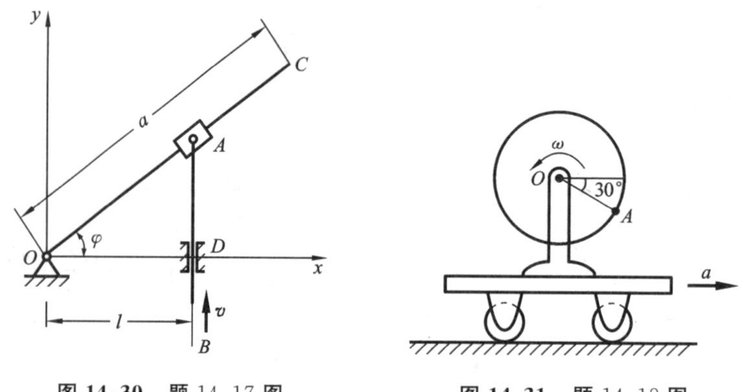

图 14-30 题 14-17 图　　图 14-31 题 14-18 图

14-19 如图 14-32 所示，曲柄 CB 以等角速度 ω_0 绕 C 轴转动，其转动方程为 $\varphi=\omega_0 t$。通过滑块 B 带动摇杆 OA 绕 O 轴转动。设 $OC=h$，$CB=r$。求摇杆的角速度。

14-20 摇杆 OC 绕 O 轴转动，经过固定在齿条 AB 上的销子 K 带动齿条上下运动，而齿条又带动半径 $r=10$ cm 的齿轮 D 绕固定轴转动。如图 14-33 所示，$l=40$ cm 摇杆的角速度 $\omega=0.5$ rad/s。求当 $\varphi=30°$时齿轮的角速度。

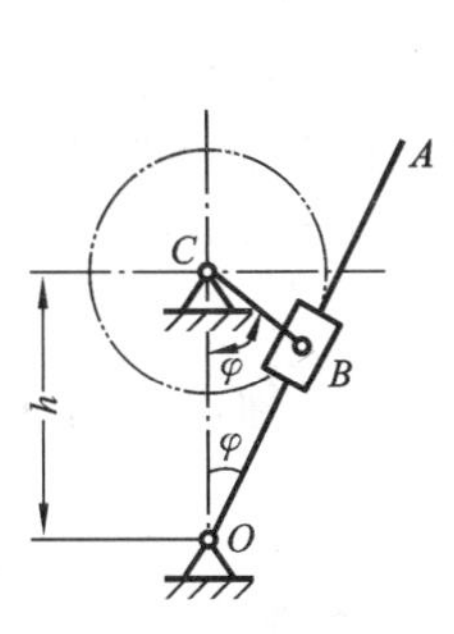

图 14-32 题 14-19 图

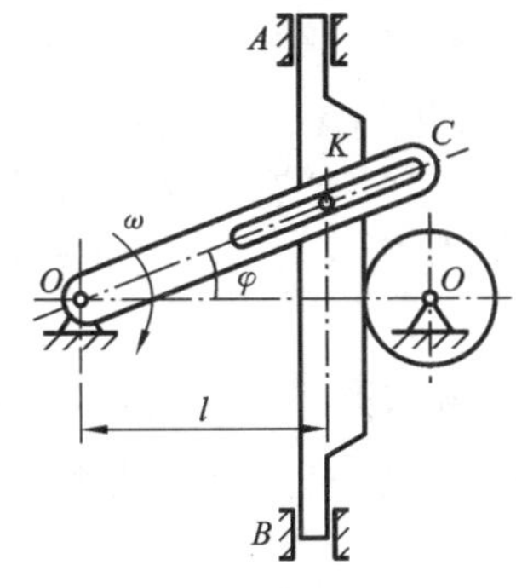

图 14-33 题 14-20 图

14-21 铅垂面内的三角形块沿水平方向运动，如图 14-34 所示，其斜边与水平线成 α 角。杆 AB 的 A 端靠在斜面上，另一端的活塞 B 在筒内上下滑动。如三角形块以速度 v_0 向右运动，求活塞 B 的速度。

14-22 偏心凸轮偏心距 $OC=e$，轮半径 $r=\sqrt{3}e$，以匀角速度 ω_0 绕 O 轴转动。在图 14-35 所示位置时，$OC\perp CA$。试求从动杆的速度。

14-23 如图 14-36 所示，两齿条以速度 v_1 和 v_2 作同向直线平移，两齿条间夹一半径为 r 的齿轮，求齿轮的角速度及其中心 O 的速度。

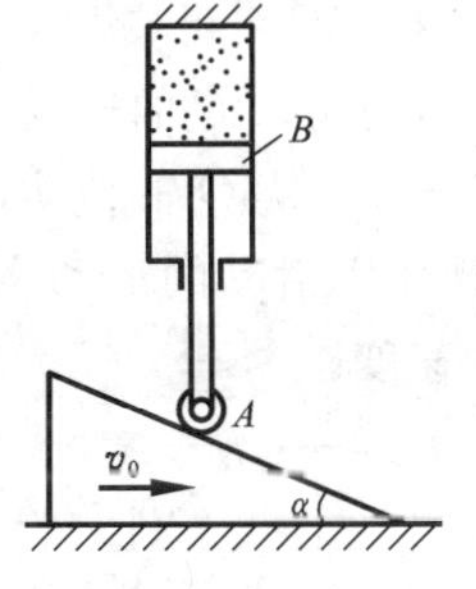

图 14-34 题 14-21 图

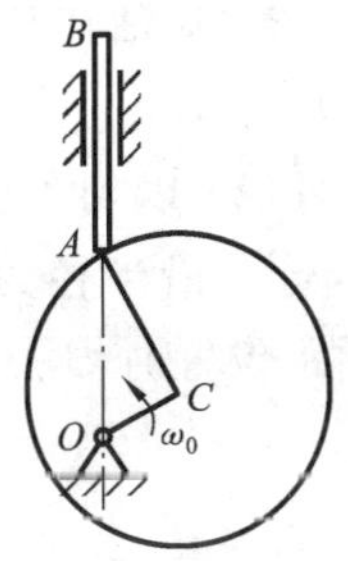

图 14-35 题 14-22 图

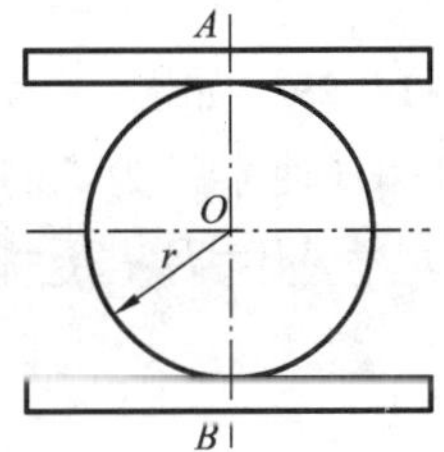

图 14-36 题 14-23 图

14-24 如图 14-37 所示，在筛动机构中，筛子的摆动由曲柄连杆机构所带动。已知曲柄 OA 的转速 $n=40$ r/min，$OA=0.3$ m。当筛子 BC 运动到与点 O 在同一水平线上时，$\angle BAO=90°$。求此时筛子 BC 的速度。

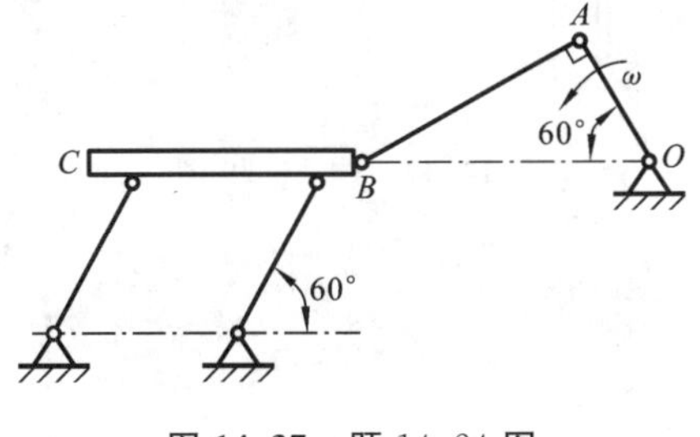

图 14-37 题 14-24 图

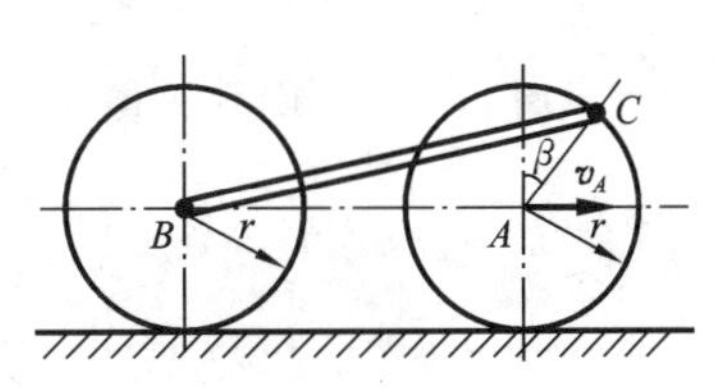

图 14-38 题 14-25 图

14-25 如图 14-38 所示，A、B 两轮均在地面上作纯滚动。已知轮 A 中心的速度为 v_A，当 $\beta=0^\circ$ 和 $\beta=90^\circ$ 时，求轮 B 中心的速度。

14-26 如图 14-39 所示，车轮在铅垂平面内沿倾斜直线轨道纯滚动。轮的半径 $R=0.5$ m，轮中心的瞬时速度 $v_0=1$ m/s。求轮上 1、2、3、4 四点在该瞬时的速度。

14-27 机构如图 14-40 所示，曲柄 $OA=r$，绕 O 轴以匀角速度 ω_0 转动。$AB=6r$，$BC=3\sqrt{3}r$。求图示位置时滑块 C 的速度。

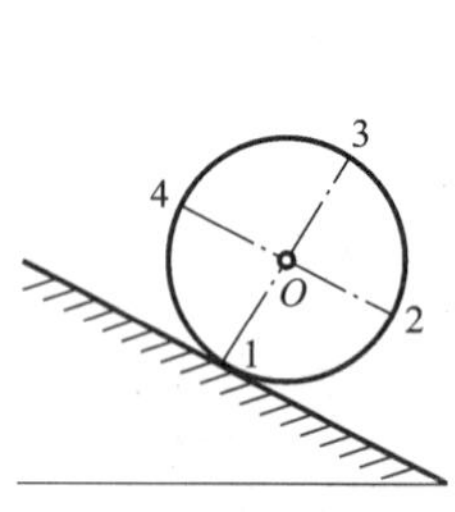

图 14-39 题 14-26 图

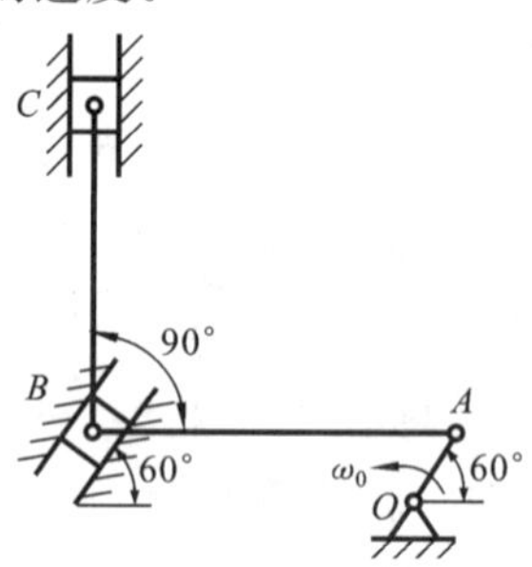

图 14-40 题 14-27 图

14-28 冲床的曲柄四连杆机构如图 14-41 所示，当曲柄 OA 作等角速度 ω_0 绕 O 轴转动时，连杆 AB 使杆 BO_1 绕 O_1 轴转动，又通过连杆 BC 带动滑块 C 上下运动。已知 $OA=r$，$AB=L$，$BO_1=BC=l$。试求图示位置时滑块 C 的速度。

14-29 如图 14-42 所示，曲柄 OA 以匀角速度 $\omega=2$ rad/s 绕 O 轴转动，借助杆 AB 使半径为 r 的轮子运动，轮子沿半径为 R 的圆槽作无滑动的滚动。已知 $OA=AB=R=2r=1$ m。求图示位置时 B 点和 C 点的速度。

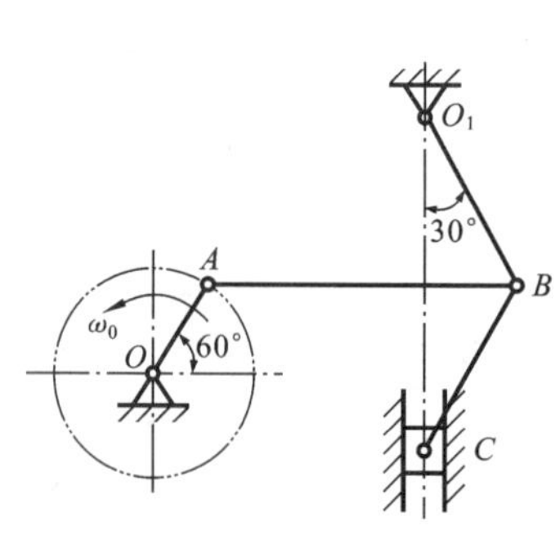

图 14-41 题 14-28 图

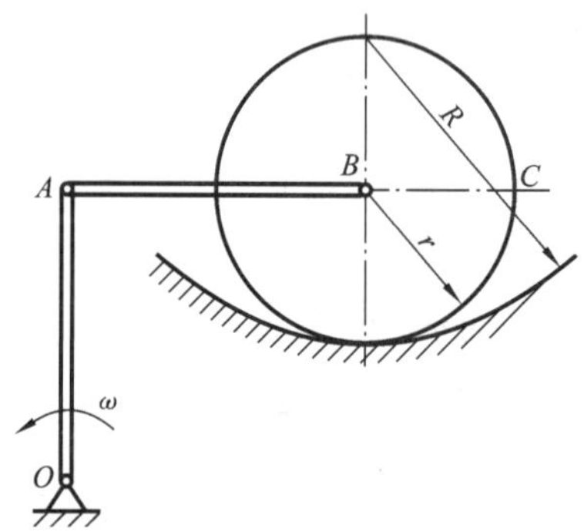

图 14-42 题 14-29 图

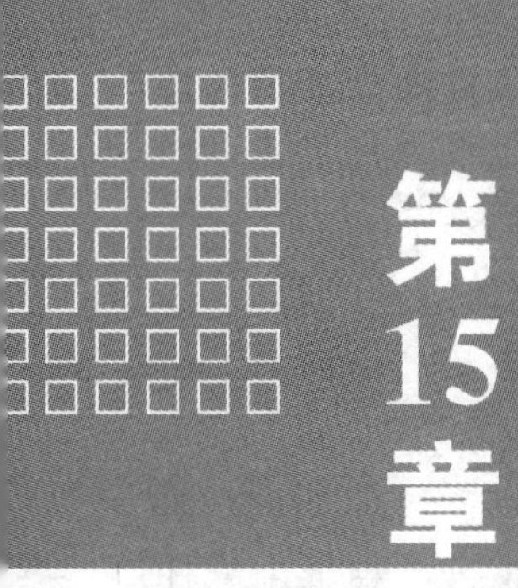

第15章 动力学基础

动力学是以牛顿定律为基础的，动力学基本方程是牛顿运动第二定律的数学形式。本章将研究刚体运动状态的变化与力之间的关系，着重阐述质点动力学的基本方程和刚体动力学的基本方程及其应用，并介绍描述运动规律的动能定理。

15.1 质点动力学基本定律

15.1.1 牛顿三定律

质点动力学有三个基本定律，这些定律是牛顿(1642—1727)在总结前人研究成果的基础上提出来的，称为牛顿三定律，它是动力学的理论基础。

牛顿第一定律 不受力作用的质点将保持静止或作匀速直线运动。不受力作用的质点(包括受平衡力系作用的质点)不是处于静止状态，就是保持其原有的速度(包括大小和方向)不变，这种性质称为惯性。第一定律阐述了物体作惯性运动的条件，故又称为惯性定律。

牛顿第二定律(力与加速度之间关系的定律) 质点的质量与加速度的乘积，等于作用于质点的力的大小，加速度的方向与力的方向相同，即

$$\boldsymbol{F}=m\boldsymbol{a} \tag{15-1}$$

式中：$\boldsymbol{F}$ 表示作用在质点上所有力的合力；m 为质点的质量；$\boldsymbol{a}$ 是质点的加速度。按国际单位制单位，质量的单位是千克(kg)，加速度的单位是米/秒^2($\mathrm{m/s^2}$)，力的单位是牛顿(N)。

式(15-1)是第二定律的数学表达式，它是质点动力学的基本方程，建立了质点的加速度、质量与作用力之间的定量关系。

力和加速度间的关系是瞬时的关系，也就是说，只有力作用时，物体才有加

速度。当力为零时，加速度也就等于零。如果作用在物体上的力不变时，则加速度也不变；如果力改变时，加速度也随之改变。

以相同的力作用于不同的质点，由式(15-1)可知，质量越大的质点获得的加速度越小，质量越小的质点获得的加速度越大，可见，质点的质量表征了质点速度改变的难易程度。因此，质量是衡量物体惯性大小的度量。

在地球表面，任何物体都受到重力的作用。对于作自由落体运动的物体，受重力 W 的作用而产生向下的加速度，称为重力加速度，用 g 表示。根据第二定律，有

$$W = mg \tag{15-2}$$

式(15-2)中的 W 和 g 分别是物体所受的重力和重力加速度。根据国际计量委员会规定的标准，重力加速度的数值为 9.806 65 m/s^2，一般取 9.80 m/s^2。实际上在不同的地区，g 的数值不同，W 有些微小的差别，但质量 m 是不变的。

牛顿第三定律(作用与反作用定律)　两个物体间的作用力与反作用力总是大小相等，方向相反，沿着同一直线，且同时分别作用在这两个物体上。这一定律不仅适用于平衡的物体，而且也适用于任何运动的物体。在动力学问题中，这一定律仍然是分析两个物体相互作用关系的依据。

15.1.2　牛顿三定律的使用范围

必须指出，质点动力学的三个基本定律是在观察天体运动和一般机械运动的基础上总结出来的，因此，只在一定范围内适用。三个定律适用的参考系称为惯性参考系。

在某参考系中观测某个所受合力等于零的质点的运动，如果此质点正好处于静止或匀速直线运动状态，则该参考系就是惯性参考系。在研究人造卫星的轨道、洲际导弹的弹道等问题时，地球自转的影响不可忽略不计，则应选取以地心为原点，三轴指向三个恒星的坐标系作为惯性参考系。在研究天体的运动时，地球的运动影响也不可忽略，又须取太阳为中心，三轴指向三个恒星的坐标系作为惯性参考系。对于大多数限于地球表面及其邻近范围的机械运动问题，一般选取固定在地球表面的坐标系作为惯性参考系。在一般的工程问题中，把固定于地面的坐标系或相对于地面为匀速直线平移的坐标系作为惯性参考系，可以得到相当精确的结果。

以牛顿三定律为基础的力学称为经典力学。在经典力学范畴内，认为质量是不变的量，空间和时间是“绝对的”，与物体的运动无关。近代物理已经证明，质量、时间和空间都与物体运动的速度有关，但当物体的运动速度远小于光速时，物体的运动对于质量、时间和空间的影响是微不足道的，对于一般工程中的机械运动问题，应用经典力学都可得到足够精确的结果。如果物体的速度接近于光速 $c(c=3\times10^8\ m/s)$，或所研究的现象涉及物质的微观世界，则需应用相对

论力学或量子力学来解决。

15.2　质点的运动微分方程

15.2.1　矢量形式的质点动力学基本方程

牛顿第二定律建立了质点的加速度与作用力之间的关系。当质点受到 n 个力 $F_1, F_2, \cdots, F_n$ 作用时，式(15-1)应写成

$$\sum_{i=1}^{n} \boldsymbol{F}_i = m\boldsymbol{a} \tag{15-3}$$

由运动学的知识，可将式(15-3)写成

$$\sum_{i=1}^{n} \boldsymbol{F}_i = m\frac{\mathrm{d}v}{\mathrm{d}t} = m\frac{\mathrm{d}^2\boldsymbol{r}}{\mathrm{d}t^2} \tag{15-4}$$

式(15-4)是矢量形式的质点运动微分方程，其中 $\boldsymbol{r}$ 是描述质点位置的矢径。

15.2.2　直角坐标形式的质点运动微分方程

应用牛顿第二定律求解质点动力学问题时，常需要将质点运动微分方程写成投影形式。结合静力学与运动学知识，将式(15-4)投影到直角坐标系各轴上，如图 15-1 所示，可得质点运动微分方程的直角坐标形式

$$\begin{cases} \sum F_x = m\dfrac{\mathrm{d}^2 x}{\mathrm{d}^2 t} \\ \sum F_y - m\dfrac{\mathrm{d}^2 y}{\mathrm{d}^2 t} \end{cases} \tag{15-5}$$

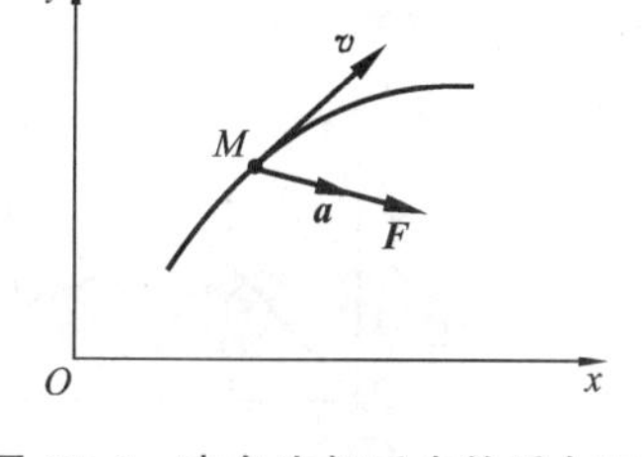

图 15-1　直角坐标系中的质点运动微分方程图解示例

式中：$\sum F_x$ 为作用于质点上的力在 x 轴上的投影和；$\sum F_y$ 为作用于质点上的力在 y 轴上的投影和；x、y 为质点的位置坐标。

15.2.3　自然坐标形式的质点运动微分方程

当质点的运动轨迹已知时，用弧坐标来描述质点的运动就较为方便。相应地把动力学基本方程向质点运动轨迹的切向 τ 轴和法线 n 轴投影，如图 15-2 所示，则得质点运动微分方程的自然坐标形式，即

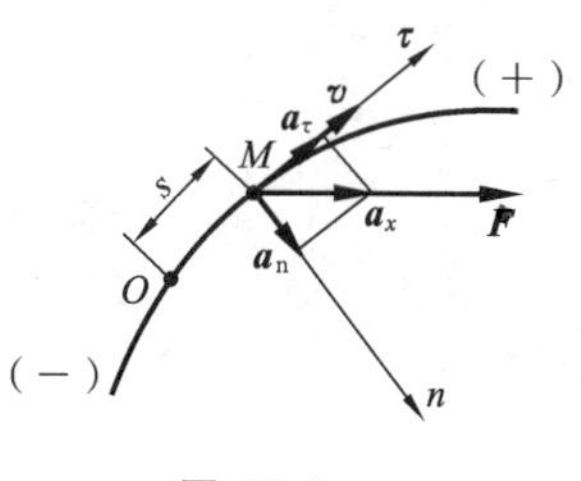

图 15-2

$$\begin{cases} \sum F_\tau = ma_\tau = m\dfrac{\mathrm{d}^2 s}{\mathrm{d}^2 t} \\ \sum F_n = ma_\mathrm{n} = m\dfrac{v^2}{\rho} \end{cases} \tag{15-6}$$

式中：$\sum F_\tau$ 为作用于质点上的力在质点运动轨迹的切向轴上的投影和；$\sum F_n$ 为作用于质点上的力在质点运动轨迹的法向轴上的投影和；a_τ 为质点的切向加速度；a_n 质点的法向加速度；s 为质点沿已知轨迹的弧坐标；ρ 为运动轨迹在该点处的曲率半径。

15.2.4 质点动力学的两类基本问题

质点动力学的基本问题可分为两类：第一类是已知质点的运动，求作用于质点的力；第二类是已知作用于质点的力，求质点的运动。这两类问题称为质点动力学的两类基本问题。求解质点动力学的第一类基本问题比较简单，例如已知质点的运动方程，只需求两次导数得到质点的加速度，代入质点的运动微分方程中，得到代数方程组，即可求解。求解质点动力学的第二类基本问题，例如求质点的速度、运动方程等，从数学的角度看，是解微分方程和求积分的问题，对此，需按作用力的函数规律进行积分，并根据具体问题的运动条件确定积分常数。

例 15-1 曲柄连杆机构如图 15-3 所示。曲柄 OA 以匀角速度 ω 转动，$OA=r$，$AB=l$。当 $\lambda=r/l$ 较小时，以 O 为坐标原点，滑块 B 的运动方程可近似写为 $x=l\left(1-\frac{\lambda^2}{4}\right)+r\left(\cos\omega t+\frac{\lambda}{4}\cos 2\omega t\right)$。若滑块的质量为 m，忽略摩擦及连杆 AB 的质量，试求当 $\varphi=\omega t=0$ 和 $\varphi=\pi/2$ 时，连杆 AB 所受的力。

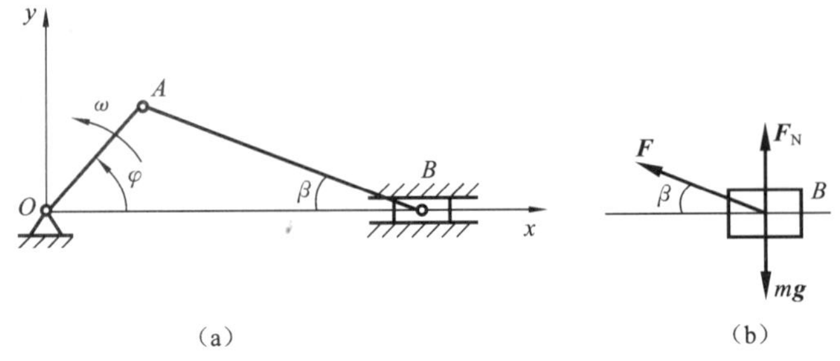

图 15-3 例 15-1 图

解 以滑块 B 为研究对象，当 $\varphi=\omega t$ 时，受力如图 15-3(b)所示。连杆 AB 为二力杆，它对滑块的拉力 F 沿 AB 方向。写出滑块沿 x 轴的运动微分方程，有

$$ma_x=-F\cos\beta$$

由题设的运动方程，可以求得

$$a_x=\frac{\mathrm{d}^2x}{\mathrm{d}t^2}=-r\omega^2(\cos\omega t+\lambda\cos 2\omega t)$$

当 $\varphi=\omega t=0$ 时，$a_x=-r\omega^2(1+\lambda)$，且 $\beta=0$

得 $$F=mr\omega^2(1+\lambda)\quad（连杆 AB 受拉）$$

当 $\varphi=\omega t=\frac{\pi}{2}$ 时，$a_x=r\omega^2$，且 $\cos\beta=\frac{\sqrt{l^2-r^2}}{l}$

得　　$F=-mr^2\omega^2(1+\lambda)/\sqrt{l^2-r^2}$　（连杆 AB 受压）

例 15-1 属于质点动力学第一类基本问题，求解此类问题的步骤如下。

步骤 1　选定某质点为研究对象。

步骤 2　分析作用在质点上的力并画受力图，包括主动力和约束反力。

步骤 3　分析质点的运动情况，计算质点的加速度。

步骤 4　根据未知力的情况，选择恰当的投影轴，写出在该轴上的运动微分方程的投影式，求出未知的力。

下面的例题属于质点动力学的第二类基本问题，即已知作用于质点的力，求质点的运动规律。

例 15-2　单摆由长为 l 的细绳和质量为 m 的小球组成，绳子的另一端 O 固定，如图 15-4 所示。求在重力作用下小球的运动规律。

解　以小球 m 为研究对象，其运动轨迹已知，为一圆弧段，可以采用自然坐标法进行求解，如图 15-4 所示。选取切向坐标 τ 轴和法向坐标 n 轴，用角坐标 θ 描述小球的运动。小球受力除已知主动力 mg 外还有未知约束反力 F_{T}。在切向的运动方程为

$$ma_{\tau}=-mg\sin\theta \tag{a}$$

令 $\omega_0=\dfrac{g}{l}$，得

$$\frac{\mathrm{d}^2\theta}{\mathrm{d}t^2}+\omega_0^2\sin\theta=0 \tag{b}$$

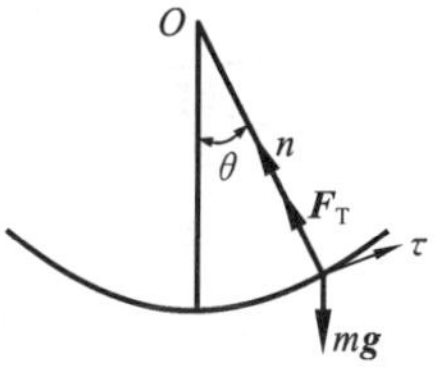

图 15-4　例 15-2 图

这是关于 θ 的非线性微分方程。首先研究微幅摆动情况的近似解，认为 θ 为微小量，将 $\sin\theta$ 用泰勒公式展开，有

$$\sin\theta=\theta-\frac{\theta^3}{6}+\frac{\theta^5}{120}+\cdots \tag{c}$$

将式(c)代入式(b)并略去高阶小量，则得到的线性化方程为

$$\frac{\mathrm{d}^2\theta}{\mathrm{d}t^2}+\omega_0^2\theta=0 \tag{d}$$

其解为

$$\theta=\theta_{\mathrm{m}}\sin(\omega_0 t+\varphi) \tag{e}$$

所以，在微幅摆动时，单摆做简谐振动，周期为 $T=2\pi\sqrt{\dfrac{l}{g}}$。

15.3　刚体基本运动时的动力学基本方程

15.3.1　刚体平动时的动力学基本方程

由于刚体平动时其上各点有相同的运动轨迹、速度和加速度，所以可将刚体平动问题作为质点问题处理，即假想地将刚体的全部质量集中于刚体的质心 C，

于是可将刚体视为一个质点。所以，刚体平动时的动力学基本方程为

$$m\boldsymbol{a}_C = \sum \boldsymbol{F} \tag{15-7}$$

式中：m 为刚体的质量；$\boldsymbol{a}_C$ 为刚体质心 C 的加速度；$\sum \boldsymbol{F}$ 为作用于刚体上的外力的矢量和。

15.3.2 刚体绕定轴转动的动力学基本方程

设刚体在外力 $\boldsymbol{F}_1,\boldsymbol{F}_2,\boldsymbol{F}_3,\cdots$ 作用下，绕定轴作定轴转动（见图 15-5）。某瞬时它的角速度为 ω，角加速度为 α。设想刚体由 n 个质点组成。任取其中第 k 个质点（质量为 m_k）来研究。该质点到转轴的距离为 r_k，作用于该质点上的外力为 $\boldsymbol{F}_k^{\mathrm{e}}$，内力为 $\boldsymbol{F}_k^{\mathrm{i}}$，质点的切向加速度为 $\boldsymbol{a}_k^{\tau}$，法向加速度为 $\boldsymbol{a}_k^{\mathrm{n}}$。根据质点动力学基本方程，则有

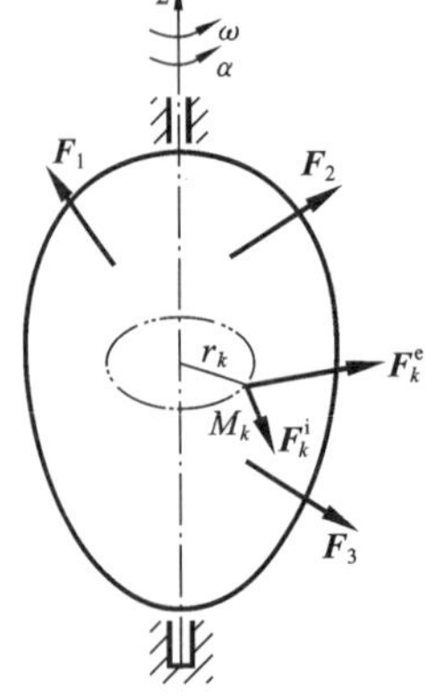

图 15-5

$$m_k a_k^{\mathrm{n}} = m_k r_k \omega^2 = F_{k\mathrm{n}}^{\mathrm{e}} + F_{k\mathrm{n}}^{\mathrm{i}}$$

$$m_k a_k^{\tau} = m_k r_k \alpha = F_{k\tau}^{\mathrm{e}} + F_{k\tau}^{\mathrm{i}}$$

将上述方程式两边同时乘以 r_k，并对整个刚体求和，则有

$$\sum m_k a_k^{\mathrm{n}} r = 0 \tag{a}$$

$$\sum (m_k a_k^{\tau} r_k) = \sum M_z(F_{k\tau}^{\mathrm{e}}) + \sum M_z(F_{k\tau}^{\mathrm{i}}) \tag{b}$$

由于作用于刚体上的内力是成对出现的，它们对同一轴的力矩必为零，即 $\sum M_z(F_{k\tau}^{\mathrm{i}}) = 0$，故式(b)右端就只剩下外力对 z 轴的力矩了，即

$$\sum (m_k a_k^{\tau} r_k) = \sum M_z(F_{k\tau}^{\mathrm{e}})$$

$$\sum (m_k r_k^2)\alpha = \sum M_z(F_{k\tau}^{\mathrm{e}})$$

令 $J_z = \sum m_k r_k^2$，则有

$$J_z \alpha = \sum M_z(F_k^{\mathrm{e}}) = M \tag{15-8}$$

式中：$J_z = \sum m_k r_k^2$ 称为刚体对 z 轴的转动惯量；M 为作用于刚体上的外力对 z 轴力矩的代数和；α 为刚体转动的角加速度。

式(15-8)表明：刚体的转动惯量与角加速度的乘积等于作用于刚体上的所有外力对转轴力矩的代数和，称为刚体绕定轴转动的基本方程。

由于 $\alpha = \dfrac{\mathrm{d}\omega}{\mathrm{d}t} = \dfrac{\mathrm{d}^2\varphi}{\mathrm{d}t^2}$，式(15-8)还可以写成

$$J_z \frac{\mathrm{d}^2\varphi}{\mathrm{d}t^2} = M \tag{15-9}$$

式(15-9)称为刚体绕定轴转动的微分方程。

应用刚体绕定轴转动的微分方程也可以解决以下两类动力学问题。

(1) 已知刚体的转动规律 $\varphi=f(t)$，求作用于刚体上的外力对转轴之矩。

(2) 已知作用在刚体上的外力矩，求刚体的转动规律。

15.3.3 转动惯量及平行移轴定理

1. 转动惯量的概念

刚体对 z 轴的转动惯量定义为

$$J_z=\sum m_k r_k^2 \tag{15-10}$$

式中：m_k 为刚体内第 k 个质点的质量；r_k 为第 k 个质点到转轴的距离。式(15-10)表明，转动惯量等于刚体内各质点的质量与该点到转轴距离的平方乘积的总和。它是一个正值的标量，其单位是 $\mathrm{kg\cdot m^2}$。

2. 转动惯量的物理意义

将式(15-8)与牛顿第二定律进行比较，不难发现转动惯量与质点的质量具有相似的物理意义。当作用于刚体上的外力矩一定时，转动惯量越大，角加速度则越小，说明改变刚体的转动状态越困难；反之，转动惯量越小，角加速度则越大，说明改变刚体的转动状态越容易。因此说，转动惯量是刚体转动惯性的度量。

由转动惯量的定义可知，转动惯量的值不仅与刚体的质量有关，而且与质量的分布有关。若刚体的质量一定，当质量远离转轴分布时，则转动惯量较大，反之转动惯量较小。例如，飞轮的质量约有90%集中在轮缘上，故有较大的转动惯量(见图15-6)。转动惯量大，转动就平稳。工程机械中，为了使机器运转平稳，常在转轴上配置一个很大的飞轮，以增加转动惯量；而在某些工业仪表中，为了提高仪表的灵敏度，则尽量减小零件的转动惯量。

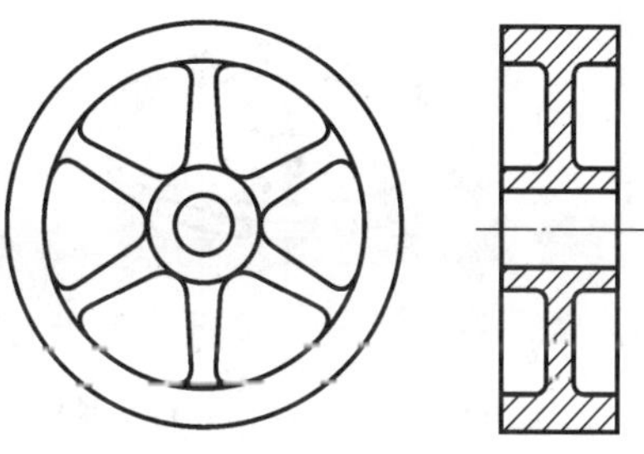

图 15-6 飞轮结构

应当指出，同一刚体对不同轴的转动惯量是不同的。

3. 转动惯量的确定

确定刚体的转动惯量是工程上常需解决的问题。具有规则几何形状均质物体的转动惯量，可以根据转动惯量的定义用积分法确定。其积分表达式为

$$J_z=\int_{\Omega} r^2\,\mathrm{d}m \tag{15-11}$$

式中：Ω 为刚体的质量分布空间。

下面用式(15-11)计算几种形状规则刚体对轴的转动惯量。

(1) 均质细直杆对 z 轴的转动惯量　如图15-7所示，设杆长为 l，单位长度

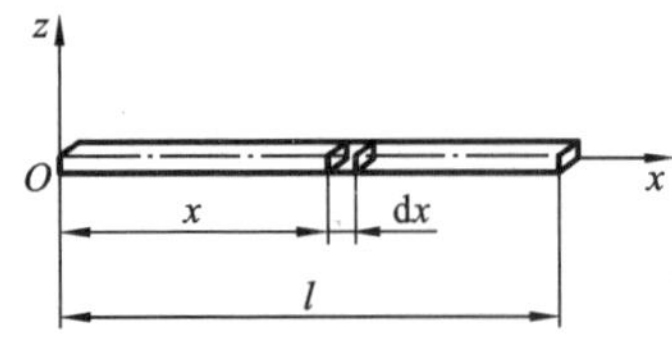

图 15-7 均质细直杆对 z 轴的转动惯量示例

的质量为 $\rho=\dfrac{m}{l}$，取杆上一微段 $\mathrm{d}x$，其质量为 $\mathrm{d}m=\rho\mathrm{d}x$，则此杆对 z 轴的转动惯量为

$$J_z=\int_0^l x^2\rho\mathrm{d}x=\frac{\rho}{3}l^3=\frac{1}{3}ml^2 \tag{15-12}$$

（2）均质薄圆环对 z 轴的转动惯量　如图 15-8 所示，设圆环半径为 R，质量为 m，圆环对于中心轴 z 的转动惯量为

$$J_z=\int_0^{2\pi}R^2\ \frac{m}{2\pi R}R\,\mathrm{d}\theta=mR^2 \tag{15-13}$$

（3）均质薄圆盘对中心轴的转动惯量　如图 15-9 所示，设圆盘的半径为 R，质量为 m，则密度为 $\rho=\dfrac{m}{\pi R^2}$。将圆盘分为无数同心的微圆环，任一微圆环的半径为 r_i，宽度为 $\mathrm{d}r_i$，微圆环的质量为 $\mathrm{d}m=(2\pi r_i\mathrm{d}r_i)\rho$，则圆盘对 O 轴（垂直于圆盘平面）的转动惯量为

$$J_O=\int_0^R r^2(2\pi r)\ \frac{m}{\pi R^2}\mathrm{d}r=\frac{mR^2}{2} \tag{15-14}$$

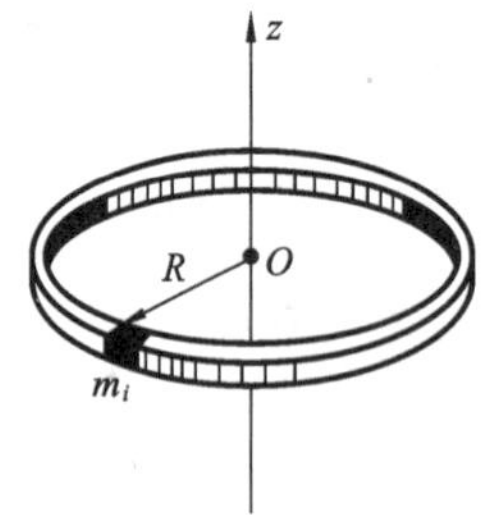

图 15-8 均质薄圆环对 z 轴的转动惯量示例

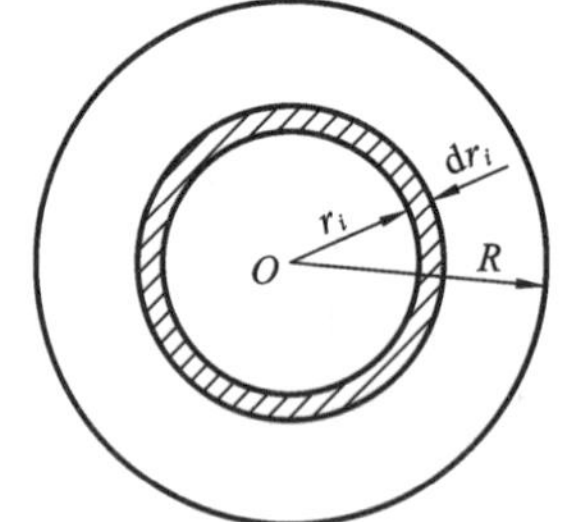

图 15-9 均质薄圆盘对中心轴的转动惯量示例

一般简单形体的转动惯量可以按上述方法计算，也可以从有关手册中查到。查阅时应注意所给出的转动惯量是对哪根轴的。对于不规则或非均质物体的转动惯量，一般只能用近似方法计算，通常用试验法测定。

在工程实际中，为了表达和运算方便，假想地把构件的全部质量 m 集中于一点，此点到转动轴的距离用 ρ 表示，ρ 称为回转半径。于是，构件的转动惯量 J_z 就可以表示为构件的质量 m 与回转半径 ρ^2 的乘积，即

$$J_z=m\rho^2\quad 或\quad \rho=\sqrt{\frac{J_z}{m}} \tag{15-15}$$

值得注意的是，回转半径只是一个虚拟的概念，并不是真实存在的一个半径。由前面几种图形的转动惯量可以看出，回转半径仅与零件的几何尺寸有关，与材料类型无关。

4. 平行轴定理

工程手册中只能查出物体对于通过质心的轴的转动惯量，而物体对于不通过质心的轴的转动惯量需用平行轴定理来计算。

平行轴定理　刚体对于任一轴的转动惯量等于刚体对于通过质心并与该轴平行的轴的转动惯量加上刚体的质量与两轴间距离平方的乘积之和，即

$$J'_z = J_z + md^2 \tag{15-16}$$

式中：m 为刚体的质量；J_z 是刚体对 z 轴（通过质心 C）的转动惯量；J'_z 是刚体对 z' 轴（与 z 轴平行）的转动惯量。两平行轴之间的距离为 d，如图 15-10 所示。

由式(15-13)可知，过质心 C 的轴的转动惯量具有最小值。

在实际应用中，往往需要计算有几个简单物体构成的组合物体的转动惯量，根据转动惯量的定义 $J_z = \sum m_i r_i^2$ 可知，组合物体对于某轴的转动惯量等于所有各组成物体对该轴的转动惯量的总和。

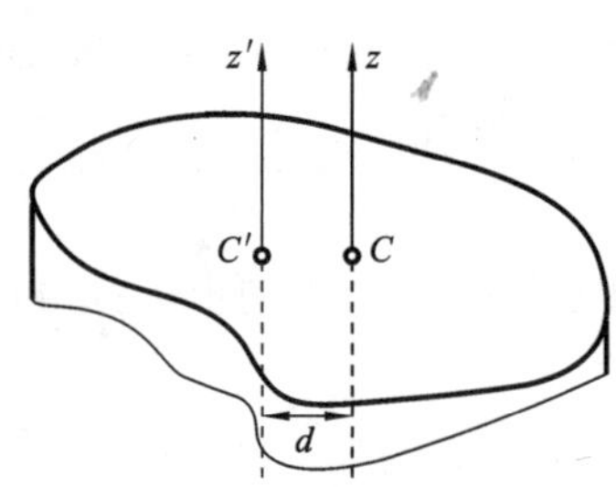

图 15-10　平行轴定理示例

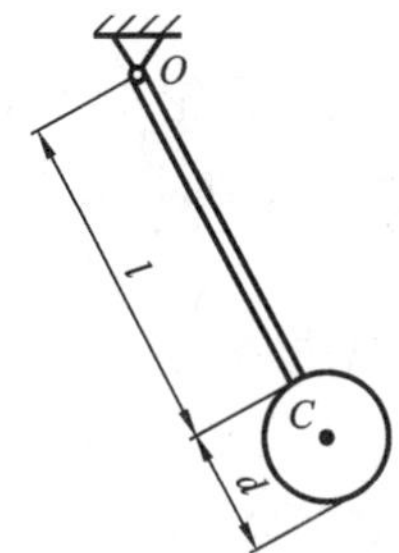

图 15-11　例 15-3 图

例 15-3　钟摆简化如图 15-11 所示。均质细杆和均质圆盘的质量分别为 m_1 和 m_2，杆长为 l，圆盘直径为 d。求摆对于通过悬挂点 O 的水平轴的转动惯量。

解　此题可用组合法求解，摆对于水平轴 O 的转动惯量等于细杆和圆盘对水平轴 O 的转动惯量的和，有

$$J_O = J_O^{杆} + J_O^{盘}$$

其中

$$J_O^{杆} = \frac{m_1 l^2}{3}$$

设 J_C 为圆盘对中心 C 的转动惯量，则

$$J_C = \frac{m_2 d^2}{8}$$

应用平行移轴定理，得

$$J_O^{盘} = J_C + m_2\left(l + \frac{d}{2}\right)^2 = m_2\left(\frac{3d^2}{8} + dl + l^2\right)$$

于是

$$J_O = J_O^{杆} + J_O^{盘} = \frac{m_1 l^2}{3} + m_2\left(\frac{3d^2}{8} + dl + l^2\right)$$

例 15-4 一个重 $G_0=1\ 000$ N,半径 $r=0.4$ m 的匀质圆轮,绕质心 O 点做定轴转动,其转动惯量 $J_O=8\ \mathrm{kg\cdot m^2}$,轮上绕有绳索,绳的下端挂有 $G=1\ 000$ N 的物块 A,如图 15-12(a)所示。试求圆轮的角加速度。

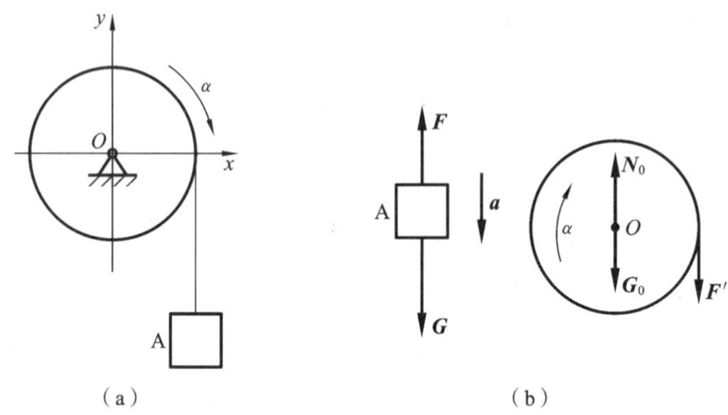

图 15-12 例 15-4 **图**

解 分别取圆轮和物块 A 为研究对象。物块 A 作平动,设有向下加速度 a。圆轮作定轴转动,设有角加速度 α。由运动学知

$$a=r\alpha \qquad ①$$

首先取物块 A 为研究对象,其上作用力有重力 G,绳向上的拉力 F。画受力图,如图 15-12(b)所示,则

$$G-F=\frac{G}{g}a \qquad ②$$

再取圆轮为研究对象,其上的作用力有绳的拉力 F'、自重 G_0 及支座反力 N_0,其中 $F'=F$。

列出绕定轴转动的动力学基本方程

$$F'\cdot r=J\cdot\alpha \qquad ③$$

联立式①、式②、式③,消去 F 和 a,并代入数据,得

$$\alpha=16.45\ \mathrm{rad/s^2}$$

15.4 动能定理

在机械运动中,传递运动的同时往往伴随着能量的转换。应用动能定理来研究机械运动中能量的变换与功之间的关系,也是解决动力分析的常用方法。

15.4.1 力的功

物体受力作用后,必然引起运动状态的变化。这种变化不仅取决于力的大小和方向,而且与在力的作用下所经过的路程有关。在力学中用“功”这一物理量来表征力在一段路程中的累积效应。

1. 常力在直线运动中做的功

设质点 M 在常力 $\boldsymbol{F}$ 作用下沿直线从 M_1 点运动到 M_2 点，其位移为 s，如图15-13所示。力 $\boldsymbol{F}$ 在这一段位移内所累积的作用效应，用力的功来度量。功的定义为：力 $\boldsymbol{F}$ 在位移方向的投影与位移的乘积称为常力 $\boldsymbol{F}$ 在此位移中所做的功，并用 W 表示，可表示为

$$W=(F\cos\alpha)s \tag{15-17}$$

式中：α 为力 $\boldsymbol{F}$ 与力的作用点的位移 s 之间的夹角。

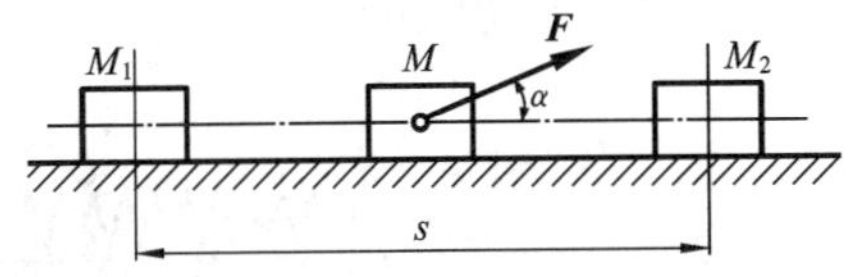

图 15-13　常力直线做功示例

显然，当 $\alpha<90°$ 时，$W>0$，力做正功；当 $\alpha>90°$ 时，$W<0$，力做负功；当 $\alpha=90°$ 时，$W=0$，力不做功。功是标量，单位是焦耳(J)，1 J=1 N・m。

2. 变力做的功

设质点 M 在变力 $\boldsymbol{F}$ 的作用下，沿曲线 Os 运动(见图15-14)。为了计算力 $\boldsymbol{F}$ 做的功，将路程 s 分成无限多个微小段 $\mathrm{d}s$。这样，一方面把微小段路程 $\mathrm{d}s$ 近似地看成直线；另一方面，把这一微小段路程上的力近似地看成常力。力在小微段路程上所做的功称为元功，用 δW 表示，则

$$\delta W=F\cos\alpha\mathrm{d}s=F_\tau\mathrm{d}s \tag{15-18}$$

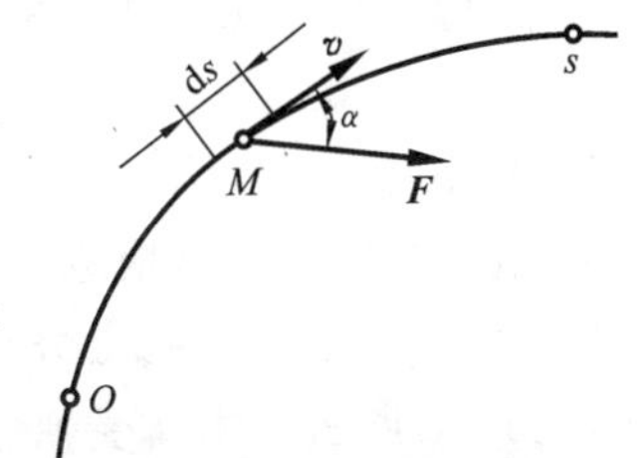

图 15-14　变力做功示例

式中：α 为力 $\boldsymbol{F}$ 与轨迹切线方向的夹角；F_τ 为力 $\boldsymbol{F}$ 在轨迹切线方向上的分力。

力在全部路程上的功为力在各个微小段路程上元功的总和，即

$$W=\int_{Os}\delta W=\int_{Os}(F\cos\alpha)\mathrm{d}s=\int_{Os}F_\tau\mathrm{d}s \tag{15-19}$$

式(15-19)表明：变力在某一曲线路程上做的功，等于这个力的切向分量沿这段曲线路程的曲线积分。若将此式用平面直角坐标式表示，则有

$$W=\int_{Os}(F_x\mathrm{d}x+F_y\mathrm{d}y) \tag{15-20}$$

3. 合力做的功

设质点 M 受力系 $\boldsymbol{F}_1,\boldsymbol{F}_2,\cdots,\boldsymbol{F}_n$ 作用，其合力为 $\boldsymbol{F}_\mathrm{R}$，于是有

$$\begin{aligned}W&=\int_{s_1}^{s_2}F_{\mathrm{R}\tau}\mathrm{d}s=\int_{s_1}^{s_2}F_{1\tau}\mathrm{d}s+\int_{s_1}^{s_2}F_{2\tau}\mathrm{d}s+\cdots+\int_{s_1}^{s_2}F_{n\tau}\mathrm{d}s=W_1+W_2+\cdots+W_n\\&=\sum_{i=1}^{n}W_i\end{aligned} \tag{15-21}$$

4. 特殊力做的功

1）重力做的功

设重为 $G=mg$ 的物体，沿曲线由 M_1 运动到 M_2，如图 15-15 所示。在直角坐标轴上的投影为 $G_x=0,G_y=-mg$。将其代入式(15-17)中，得重力做的功为

$$W_{12}=\int_{M_1}^{M_2}-mg\,\mathrm{d}y=mg(y_1-y_2) \tag{15-22}$$

可见：重力做的功等于物体的重量与物体始末位置高度差之积，与物体运动的路径无关。若物体下降，重力做的功为正；若物体上升，重力做的功为负。

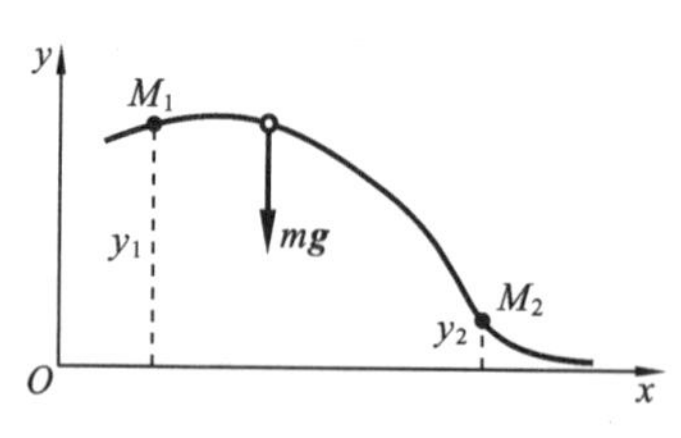

图 15-15 重力做功示例

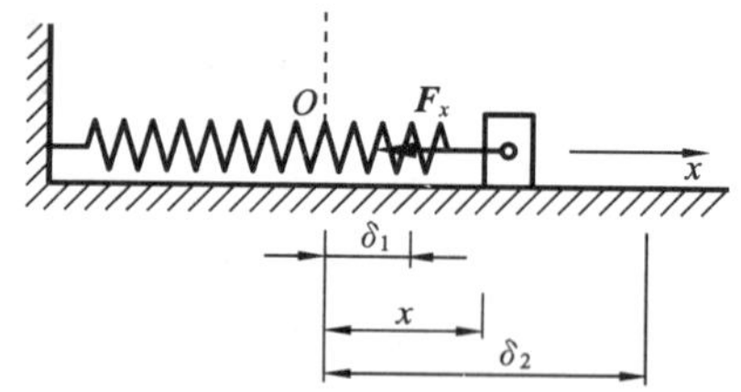

图 15-16 弹性力做功示例

2）弹性力做的功

以弹簧为例，在弹性极限内，弹性力的大小与其变形量 δ 成正比，即

$$F=-k\cdot\delta \tag{15-23}$$

式中：负号表示弹性力的方向与变形方向相反，总是指向自然起点；比例系数 k 称为弹簧的刚性系数(或刚度系数)，国际单位制单位为 N/m。

以弹簧未变形时质点 M 所在的位置为坐标原点，沿弹簧伸长方向为 x 轴，如图 15-16 所示。物体受弹性力作用，当质点 M 开始运动而使弹簧的伸长量由图中 δ_1 变到 δ_2 时，弹性力做功为

$$W_{12}=-\int_{\delta_1}^{\delta_2}kx\,\mathrm{d}x=\frac{k}{2}(\delta_1^2-\delta_2^2) \tag{15-24}$$

式(15-24)是计算弹性力做功的普遍公式。上述推导中如果 Ox 轴同时也绕 O 任意转动，即点 M 的轨迹可以是任意曲线，弹性力的功仍由式(15-24)决定。由此可见，弹性力做的功只与弹簧在初始和终止位置的变形量 δ 有关，与质点 m 的轨迹形状无关。由式(15-24)可见，当 $\delta_1>\delta_2$ 时，弹性力做正功；$\delta_1<\delta_2$ 时，弹性力做负功。

3）力矩做的功

设质点在力 $\boldsymbol{F}$ 的作用下，绕 O 轴转动。当物体转过一微小角度 $\mathrm{d}\varphi$ 时(见图 15-17)，力 $\boldsymbol{F}$ 所做的元功为

$$\delta W=F\cos\alpha\,\mathrm{d}s=F_\tau r\,\mathrm{d}\varphi$$

式中：r 为力 $\boldsymbol{F}$ 的作用点 A 到转轴 O 的距离。由图可以看出：$F_\tau r$ 为力 $\boldsymbol{F}$ 对转轴 O 的力矩 M。所以

$$\delta W=M\mathrm{d}\varphi$$

当物体绕 O 轴转过 $\Delta\varphi=\varphi_2-\varphi_1$ 时，力矩做的总功为

$$W=\int_{\varphi_1}^{\varphi_2}M\mathrm{d}\varphi \tag{15-25}$$

式(15-25)表明：当物体绕定轴转动时，作用在物体上的力所做的功，等于该力转轴之矩对物体转角的积分。

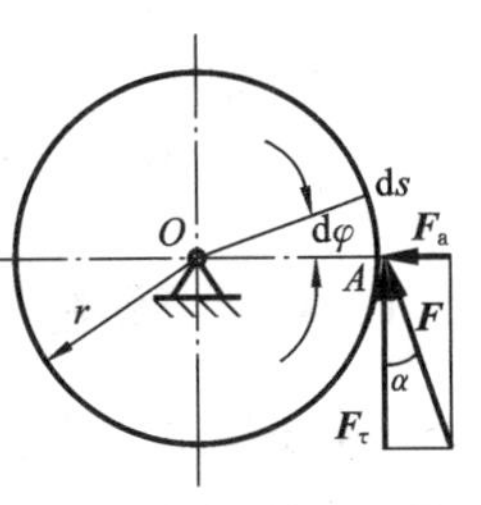

图 15-17

当力矩为常量时，则常力矩做的功为

$$W=M\Delta\varphi \tag{15-26}$$

式(15-26)表明：常力矩做的功等于力矩与转角的乘积。

力矩功的正负号这样规定：当力矩转向与物体转动方向相同时，此力矩功为正；反之为负。必须注意的是，转角 $\Delta\varphi$ 的单位为 rad。

可以证明：绕定轴转动的物体，在多个力矩同时作用时，合力矩做的功等于诸分力矩做的功的代数和。

例 15-5　质量 $m=10$ kg 的物体，放在倾角 $\alpha=30°$的斜面上，用刚度系数 $k=100$ N/m 的弹簧系住，如图 15-18 所示。斜面与物体间的动摩擦因数为 $f'=0.2$。试求物体由弹簧原长位置 M_0 沿斜面运动到 M_1 时，作用于物体上的各力在路程 $s=0.5$ m 上做的功及合力做的功。

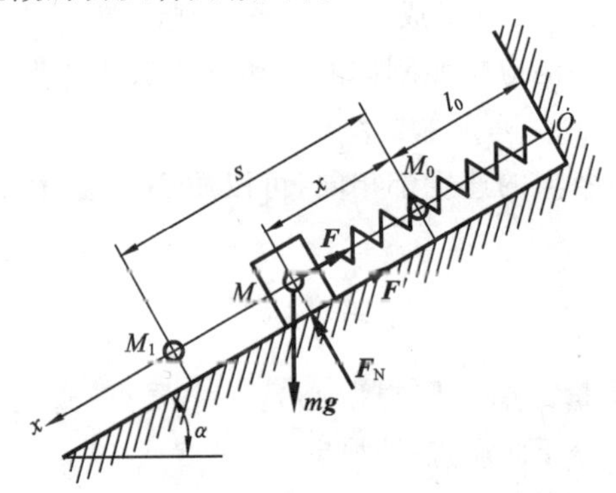

图 15-18　例 15-5 图

解　取物体 M 为研究对象，作用在 M 上的有重力 mg，斜面的法向反力 F_N，摩擦力 F' 及弹簧力 F。

各力所做的功为

$$W_G=mgs\sin30°=10\times9.8\times0.5\times0.5\ \text{J}=24.5\ \text{J}$$

$$W_N=0$$

$$W_{F'}=-F's=-f'mgs\cos30°=-0.2\times10\times9.8\times0.5\times0.866\ \text{J}=-8.5\ \text{J}$$

$$W_F=\frac{1}{2}k(\delta_1^2-\delta_2^2)=\frac{100}{2}(0-0.5^2)\ \text{J}=-12.5\ \text{J}$$

合力做的功为

$$W = \sum W = [24.5 + 0 - 8.5 - 12.5]\ \mathrm{J} = 3.5\ \mathrm{J}$$

15.4.2　动能

一切运动的物体都具有一定的能量。例如高速转动的刀具能切削工件，飞行的子弹能穿透墙壁，等等。在力学中，把运动质点的质量和它的速度平方乘积的二分之一称为质点的动能，以 E_k 表示。

1. 质点的动能

设质点的质量为 m，某瞬时的速度为 v，则是质点在该瞬时的动能为

$$E_k = \frac{1}{2} m v^2 \tag{15-27}$$

动能是标量，恒取正值。在国际单位制中动能的单位为焦耳(J)。

2. 质点系的动能

质点系内各质点动能的代数和称为质点系的动能，即

$$E_k = \sum_{i=1}^{n} \frac{1}{2} m_i v_i^2 \tag{15-28}$$

3. 刚体的动能

刚体是由无数不变的质点组成的质点系。刚体做不同的运动时，各质点的速度分布不同，刚体的动能应按照刚体的运动形式来计算。

1）平动刚体的动能

当刚体作平动时，各点的速度都相同，可以质心速度 v_C 为代表，于是得平动刚体的动能为

$$E_k = \frac{1}{2} m v_C^2 \tag{15-29}$$

式中：m 是刚体的总质量。如果假想质心是一个质点，它的质量等于刚体的质量，则平动刚体的动能等于此质点的动能。

2）定轴转动刚体的动能

当刚体绕定轴转动时，如图 15-19 所示，其中任一点 m_i 的速度为 $v_i = r_i\omega$，于是绕定轴转动的刚体的动能为

$$E_k = \sum \frac{1}{2} m_i v_i^2 = \sum \frac{1}{2} m_i (r_i\omega)^2 = \frac{1}{2}\omega^2 \left(\sum m_i r_i^2\right)$$

式中：$\sum m_i r_i^2 = J_z$ 是刚体对于 z 轴的转动惯量，于是得

$$E_k = \frac{1}{2} J_z \omega^2 \tag{15-30}$$

即绕定轴转动的刚体的动能等于刚体对于转轴的转动惯量与角速度平方乘积的二分之一。

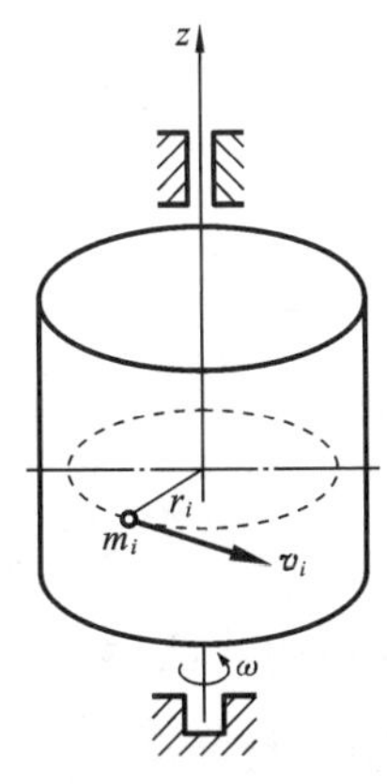

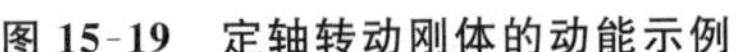
图 15-19　定轴转动刚体的动能示例

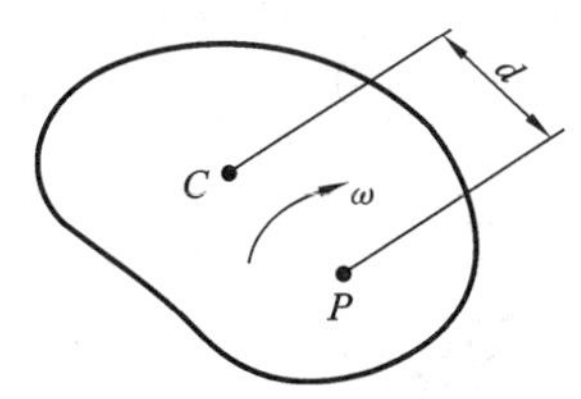

图 15-20　平面运动刚体的动能示例

3）平面运动刚体的动能

刚体做平面运动时，其质量为 m，某瞬时的速度瞬心为 P，质心为 C，角速度为 ω，瞬心到质心的距离为 d，如图 15-20 所示。此时，可将刚体的运动视作绕瞬心的瞬时转动，由式(15-30)可得，$E_k=\frac{1}{2}J_P\omega^2$，$J_P$ 是刚体对瞬时轴的转动惯量。因为在不同时刻，刚体以不同的点作为瞬心，因此用式(15-30)计算动能在一般情况下是不方便的。

由计算转动惯量的平行移动轴定理可知，$J_P=J_C+md^2$，将其代入上式得

$$E_k=\frac{1}{2}(J_C+md^2)\omega^2=\frac{1}{2}J_C\omega^2+\frac{1}{2}md^2\omega^2=\frac{1}{2}mv_C^2+\frac{1}{2}J_C\omega^2 \quad (15\text{-}31)$$

式(15-31)表明：刚体平面运动时的动能等于刚体随质心平动的动能与刚体绕质心转动的动能之和。

例 15-6　链条传动机构如图 15-21 所示，小链轮的半径为 r，对其转动轴的转动惯量为 J_1；大链轮的半径为 R，对其转轴的转动惯量为 J_2；链条的质量为 m，运动时链条的速度为 v。试计算整个系统的动能。

解　先求链条的动能。可把链条看成由多个质点组成的质点系，链条上各质点速度都相等。虽然链条上各点速度方向不相同，但因动能与速度方向无关，故链条的动能为

$$E_{k1}=\sum\frac{1}{2}m_iv^2=\frac{1}{2}v^2\left(\sum m_i\right)$$

$$=\frac{1}{2}mv^2$$

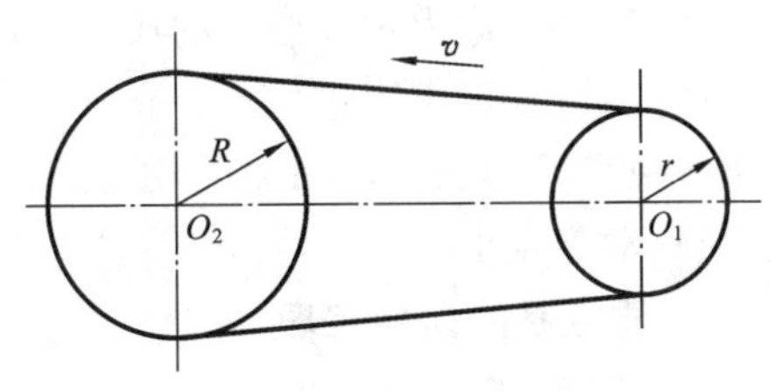

图 15-21　例 15-6 图

大链轮的动能为

$$E_{k2}=\frac{1}{2}J_2\omega_2^2=\frac{1}{2}J_2\left(\frac{v}{R}\right)^2$$

小链轮的动能为

$$E_{k3}=\frac{1}{2}J_1\omega_1^2=\frac{1}{2}J_1\left(\frac{v}{r}\right)^2$$

整个系统的动能应为各部分动能的和，即

$$E_k=E_{k1}+E_{k2}+E_{k3}=\frac{1}{2}mv^2+\frac{1}{2}J_2\left(\frac{v}{R}\right)^2+\frac{1}{2}J_1\left(\frac{v}{r}\right)^2=\frac{1}{2}v^2\left(m+\frac{J_2}{R^2}+\frac{J_1}{r^2}\right)$$

例 15-7 均质细杆长为 l，质量为 m，与水平面夹角 $\alpha=30°$，已知端点 B 的瞬时速度为 v_B，如图 15-22 所示。求杆 AB 的动能。

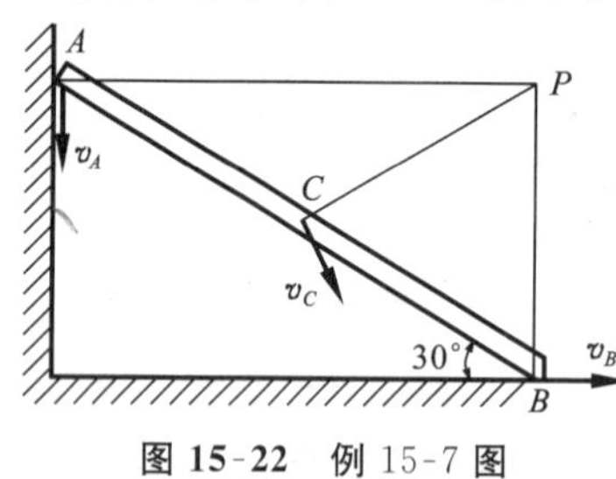

图 15-22 例 15-7 图

解 细杆作平面运动，其速度瞬心为 P，角速度为 ω，质心 C 的速度为 $v_C=\omega l/2=v_B$，则杆的动能为

$$\begin{aligned}E_k&=\frac{1}{2}mv_C^2+\frac{1}{2}J_C\omega^2\\&=\frac{1}{2}mv_B^2+\frac{1}{2}\left(\frac{1}{12}ml^2\right)\left(\frac{2v_B}{l}\right)^2=\frac{2}{3}mv_B^2\end{aligned}$$

15.4.3 动能定理

1. 质点的动能定理

设质量为 m 的质点，在力系的合力的作用下做平面曲线运动，如图 15-23 所示。对该质点列质点动力学基本方程，得

$$m\frac{\mathrm{d}v}{\mathrm{d}t}=F_\tau$$

在上式两边同乘以路程微元 $\mathrm{d}s$，则得

$$m\frac{\mathrm{d}v}{\mathrm{d}t}\mathrm{d}s=mv\mathrm{d}v=\mathrm{d}\left(\frac{1}{2}mv^2\right)=F_\tau\mathrm{d}s=\mathrm{d}W$$

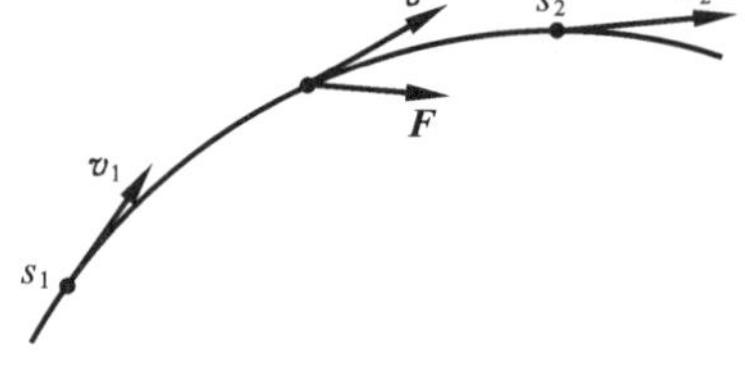

图 15-23 质点的动能定理示例

即
$$\mathrm{d}\left(\frac{1}{2}mv^2\right)=\mathrm{d}W \tag{15-32}$$

式(15-32)称为微分形式的质点的动能定理。它表明：质点动能的微元等于作用于质点上的元功。

若质点从 s_1 运动到 s_2，其速度由 v_1 变化到 v_2，则对式(15-32)积分，得

$$\frac{1}{2}mv_2^2-\frac{1}{2}mv_1^2=W_{12} \tag{15-33}$$

式(15-33)称为积分形式的质点的动能定理。它表明：在任一路程中质点动能的改变量，等于作用于质点上的力在同一路程上所做的功。质点的动能定理建立了质点的动能与作用力的功之间的关系：力做正功，质点动能增加；力做负功，质点动能减小。

2. 质点系的动能定理

质点的动能定理可以推广到质点系。设质点系由 n 个质点组成，任取第 i 个质点来研究，该质点的质量为 m_i，瞬时速度为 v_i，所受的合外力为 $\boldsymbol{F}_i^e$，合内力为

F_i^{i}，根据质点动力学基本方程，则有

$$\mathrm{d}\left(\frac{1}{2}m_i v_i^2\right)=\mathrm{d}W_i^{\mathrm{e}}+\mathrm{d}W_i^{\mathrm{i}} \tag{15-34}$$

式中：$\mathrm{d}W_i^{\mathrm{e}}$ 和 $\mathrm{d}W_i^{\mathrm{i}}$ 分别为作用于该质点上的外力和内力的元功。针对质点系内各质点列写上述方程，并把所有的等式左右对应相加，得

$$\mathrm{d}\left(\sum \frac{1}{2}m_i v_i^2\right)= \sum \mathrm{d}W_i^{\mathrm{e}} + \sum \mathrm{d}W_i^{\mathrm{i}}$$

即

$$\mathrm{d}E_{\mathrm{k}} = \sum \mathrm{d}W_i^{\mathrm{e}} + \sum \mathrm{d}W_i^{\mathrm{i}} \tag{15-35}$$

式(15-35)表明：质点系动能的微元等于作用于质点系上所有力的元功的代数和，这就是质点系动能定理的微分形式。

将式(15-35)积分，得

$$E_{\mathrm{k2}} - E_{\mathrm{k1}} = \sum W_i^{\mathrm{e}} + \sum W_i^{\mathrm{i}} \tag{15-36}$$

式(15-36)表明：质点系在任一路程中动能的改变量，等于所有外力与内力在该路程中所作功的代数和，这就是质点系动能定理的积分形式。

虽然质点系中内力是成对出现的，但对于可变质点系，由于质点系内任意两点间的距离是可变的，内力所做功之和一般不等于零。例如，两相互吸引的质点 M_1 与 M_2，它们相互作用的内力为 $\boldsymbol{F}_1$ 和 $\boldsymbol{F}_2$（见图 15-24）。显然，当 M_1 与 M_2 同时相向运动时，每个力都做正功，因而功的和不等于零。又如，人骑自行车时脚对踏板的压力，内燃机的燃气对活塞的推力等，都是内力，它们所做的功都不等于零。

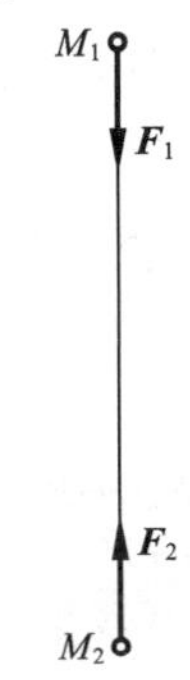

图 15-24　内力示例

然而，对于刚体而言，由于任何两质点间的距离都保持不变，所以内力所做功之和恒等于零。这样，对于刚体，如果把作用力分为外力与内力，式(15-36)可写为

$$E_{\mathrm{k2}} - E_{\mathrm{k1}} = \sum W_i^{\mathrm{e}} \tag{15-37}$$

式(15-37)表明：刚体在某一路程中动能的改变量，等于所有外力在该路程中所做功的代数和。

如果将作用于质点系的力分为主动力和约束反力，有时可使功的计算得到简化。因为在许多情况下，约束力所做的功之和等于零。符合这个条件的约束称为理想约束。例如：光滑固定面、光滑圆柱铰链、不可伸长的绳索等，都是理想约束，它们的约束力所做的功之和都等于零。因此，不变质点系动能定理又可表达为：在理想约束的情况下，质点系在某一过程中动能的变化，等于作用于质点系上所有的主动力在该过程中所做功的总和。即

$$E_{\mathrm{k2}} - E_{\mathrm{k1}} = \sum W_F \tag{15-38}$$

式中：$\sum W_F$ 为主动力所做功的代数和。

由此可知,在动能定理中,对于具有理想约束的系统,只需考虑主动力所做的功,而约束力由于不做功,也就不包含在动能定理中,所以用起来比较方便。

例 15-8 质量为 m 的质点,自高处自由落下,落到下面有弹簧支持的板上,如图 15-25 所示。设板和弹簧的质量都可忽略不计,弹簧的刚性系数为 k,求弹簧的最大压缩量。

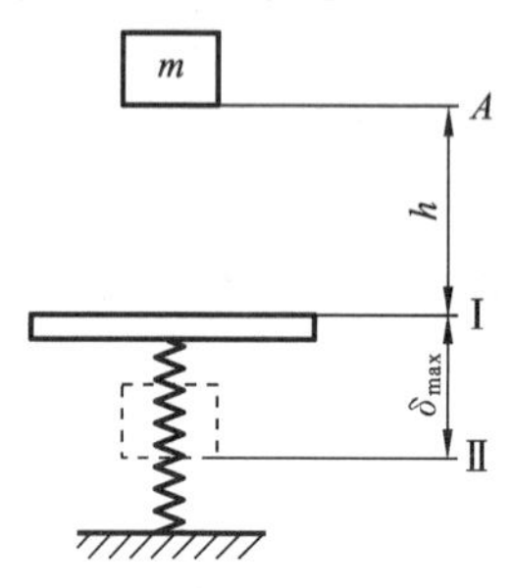

图 15-25 例 15-8 图

解 质点从最高点 A 落到位置Ⅰ之间是自由落体运动,速度由零增加到 v_1,重力做的功为 mgh。应用动能定理,有

$$\frac{1}{2}mv_1^2-0=mgh$$

求得

$$v_1=\sqrt{2gh}$$

质点从位置Ⅰ到位置Ⅱ继续向下运动。弹簧被压缩,质点速度逐渐减小,当速度等于零时,弹簧被压缩到最大值 $\delta_{\max}$。在这段过程中,重力做的功为 $mg\delta_{\max}$,弹簧力做的功为 $\frac{1}{2}k(0-\delta_{\max}^2)$,应用动能定理,得

$$0-\frac{1}{2}mv_1^2=mg\delta_{\max}+\frac{1}{2}k(0-\delta_{\max}^2)$$

解得

$$\delta_{\max}=\frac{mg\pm\sqrt{m^2g^2+2kmgh}}{k}$$

由于弹簧的压缩量必定是正值,因此答案取正号,即

$$\delta_{\max}=\frac{mg+\sqrt{m^2g^2+2kmgh}}{k}$$

另外,本例题也可以把上述两段过程合在一起考虑,即对质点从开始下落至弹簧压缩到最大值的过程应用动能定理,在这一过程的始末位置质点的动能都等于零。在这一过程中,重力做的功为 $mg(h+\delta_{\max})$,弹簧力做的功同上,于是有 $0-0=mg(h+\delta_{\max})-\frac{1}{2}k\delta_{\max}^2$,解得的结果与前面所得相同。

以上计算过程说明,在质点从位置 A 到位置Ⅱ的运动过程中,重力做正功与弹簧力做负功恰好抵消,因此,质点在运动始、末两位置的动能是相同的。显然,质点在运动过程中动能是变化的,但在应用动能定理时不必考虑在始、末位置之间动能是如何变化的。

例 15-9 曲柄连杆机构如图 15-26(a)所示,已知曲柄 $OA=r$,连杆 $AB=4r$,C 为连杆的质心,在曲柄上作用一不变转矩 M。曲柄、连杆皆为均质杆,质量分别为 m_1、m_2。曲柄开始时静止且在水平向右位置。不计滑块的质量和各处摩擦,求曲柄转过一周时的角速度。

解 取曲柄连杆机构为研究对象。初瞬时系统静止,$E_{k1}=0$,当曲柄过一周

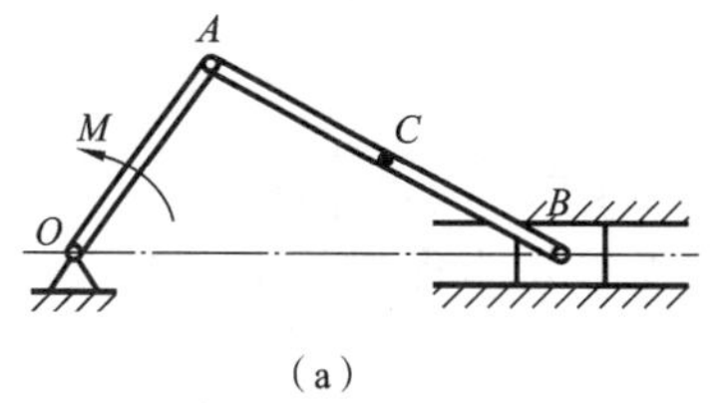

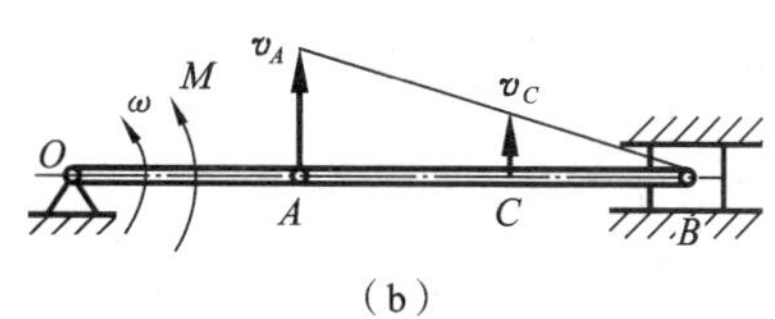

图 15-26　例 15-9 图

时，设曲柄的角速度为 ω_1，连杆的角速度为 ω_2，连杆的速度瞬心为 B 点，其速度分布如图 15-26(b)所示，系统的末动能为

$$E_{k2}=\frac{1}{2}J_0\omega_1^2+\frac{1}{2}m_2v_C^2+\frac{1}{2}J_C\omega_2^2=\frac{1}{2}\times\frac{1}{3}m_1r^2\omega_1^2+\frac{1}{2}m_2v_C^2+\frac{1}{2}\times\frac{1}{12}m_2(4r)^2\omega_2^2$$

由于

$$v_C=\frac{1}{2}v_A=\frac{1}{2}r\omega_1$$

$$\omega_2=\frac{v_A}{4r}=\frac{r\omega_1}{4r}=\frac{\omega_1}{4}$$

所以

$$E_{k2}=\frac{1}{6}(m_1+m_2)r^2\omega_1^2$$

曲柄转过一周，重力做的功为零，转矩做的功为 $2\pi M$，代入动能定理，则有

$$\frac{1}{6}(m_1+m_2)r^2\omega_1^2-0=2\pi M$$

解得

$$\omega_1=\frac{2}{r}\sqrt{\frac{3\pi M}{m_1+m_2}}$$

例 15-10　卷扬机的主轴 Ⅰ 上作用一不变力偶矩 M，用以提升质量为 m 的重物，如图 15 27 所示。已知主动轴 Ⅰ 和从动轴 Ⅱ 的转动惯量分别为 J_1 和 J_2（包括安装在轴上的齿轮和卷筒）；其传动比 $i=\frac{z_2}{z_1}$，卷筒半径为 R。设轴承的摩擦及钢绳的质量均略去不计。求重物从静止开始上升一段距离 h 时的速度，并求其加速度。

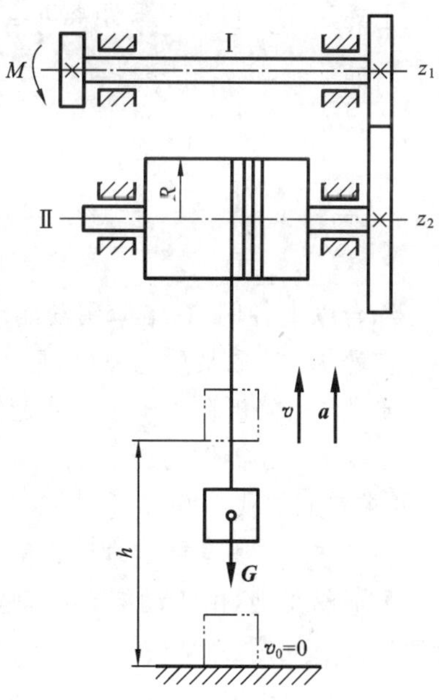

图 15-27　例 15-10 图

解　(1) 选整个系统为研究对象。作用于系统的力有主动力偶矩 M、重物的重力 G 和轴承约束力（图中未画出）。

(2) 计算系统的动能。在开始提升重物时，系统各机构处于静止状态，故系统在初始位置的动能 $E_{k0}=0$，当重物上升高度 h 时系统的动能为

$$E_k=\frac{1}{2}J_1\omega_1^2+\frac{1}{2}J_2\omega_2^2+\frac{1}{2}mv^2$$

(3) 计算功。因为力偶矩 M 为常量,所以 M 做的功为 $M\varphi_1$,φ_1 为Ⅰ轴的转角;重力 G 做的功为 $-mgh$。由于轴承、钢丝绳等均为理想约束,故约束力做的功为零。因此,系统各力所做的总功为

$$\sum W = M\varphi_1 - mgh$$

(4) 根据动能定理,求未知量。将以上计算结果动能定理中,得

$$\left(\frac{1}{2}J_1\omega_1^2+\frac{1}{2}J_2\omega_2^2+\frac{1}{2}mv^2\right)-0=M\varphi_1-mgh \tag{a}$$

系统中各构件的运动存在着如下关系,即

$$\omega_2=\frac{v}{R}$$

$$\omega_1=i\omega_2=i\,\frac{v}{R}$$

$$\varphi_1=i\varphi_2=i\,\frac{h}{R}$$

将其代入式(a),则

$$\frac{1}{2}\left(\frac{J_1i^2}{R^2}+\frac{J_2}{R^2}+m\right)v^2=\left(\frac{Mi}{R}-mg\right)h \tag{b}$$

$$v=\sqrt{\frac{2(Mi-mgR)hR}{J_1i^2+J_2+mR^2}}$$

上式建立了重物上升距离 h 与其瞬时速度 v 之间的函数关系,如将式(b)两边对时间 t 求导数,并注意到 $v=\frac{\mathrm{d}h}{\mathrm{d}t}$ 及 $a=\frac{\mathrm{d}v}{\mathrm{d}t}$ 的关系,即可得

$$\frac{1}{2}(J_1i^2+J_2+mR^2)2va=(Mi-mgR)Rv$$

$$a=\frac{(Mi-mgR)R}{J_1i^2+J_2+mR^2}$$

综合以上各例,总结应用动能定理解题的步骤如下。

步骤 1 选取某质点系(或质点)作为研究对象,确定应用动能定理的过程。

步骤 2 分析在这个过程中起点位置和终点位置质点系(或质点)的动能。

步骤 3 分析作用于质点系(或质点)的力,计算各力在选定过程中所做的功,并求它们的代数和。

步骤 4 应用动能定理建立等量关系,并求解。

显而易见地,由于动能定理建立了作用力的功和动能变化间的关系,所以适合解决如下问题。

(1) 已知作用力和系统的位置变化,求速度。

(2) 已知路程和速度变化,求主动力,也可求加速度。

由于理想约束的约束反力不做功，所以在动能定理的表达式中不包含约束反力做的功，因此，在约束力多的系统中用动能定理最方便。

由于动能定理的表达式是个标量方程，不考虑各有关物理量的方向，应用时比较简便。

习　题

简答题

15-1　什么是质量？质量与重量在意义上有无区别？数值上有何关系？

15-2　什么是惯性？是否任何物体都具有惯性？正在作加速运动的物体，其惯性是仍然存在还是已经消失了？

15-3　质点的运动方向是否一定与质点受力（指合力）方向相同？

15-4　已知质点的质量和所受的力，能否知道它的运动规律？

15-5　质点做直线运动的必要与充分条件是什么？

15-6　三个质量相同的质点，在某瞬时的速度如图 15-28 所示，若它们受到大小相等、方向相同的力 $\boldsymbol{F}$ 的作用，那么，质点的运动状态是否相同？

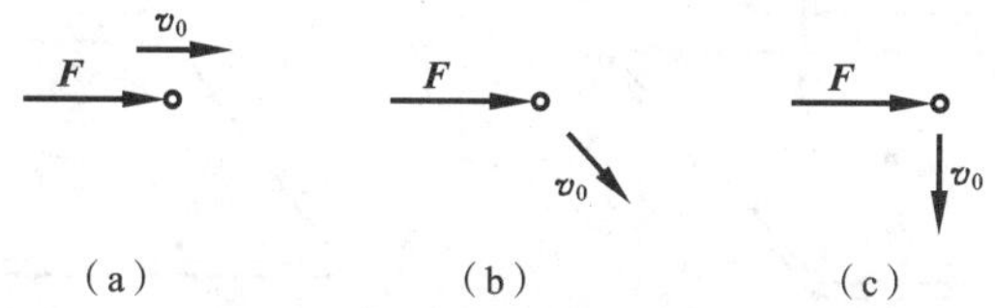

图 15-28　题 15-6 图

15-7　试判断下列说法正确与否。

(1) 质点的运动方向就是受力方向。

(2) 质点受到的力大则速度也大，质点受到的力小则速度也小。

(3) 两个质量相同的质点，如果所受的力完全相同，则它们在同一坐标系中的运动微分方程完全相同，运动规律也完全相同。

15-8　一圆环与一实心圆盘材料相同，质量相同，绕质心做定轴转动。若某一瞬时有相同的角加速度，作用在圆环和圆盘上的外力矩是否相同？

15-9　做定轴转动的悬摆，在摆动过程中，各个不同瞬时的角加速度是否相等？悬摆在何位置时角加速度为零？

15-10　一水平平面内放置的正方形薄片绕通过质心的铅垂轴在常力偶矩 M 作用下转动。薄片上有一质量为 m 的质点，沿正方形边缘作相对的匀速直线运动，如图 15-29 所示，正方形薄片的角加速度是否随时间变化？当质点运动至薄片上何位置时，薄片有最大及最小的角加速度？

15-11　如图 15-30 所示，在外力偶作用下，小球绕 z 轴转动，角加速度为 α。现在小球上作用一个与 z 轴平行的力 G，则旋转的角加速度是否增大？

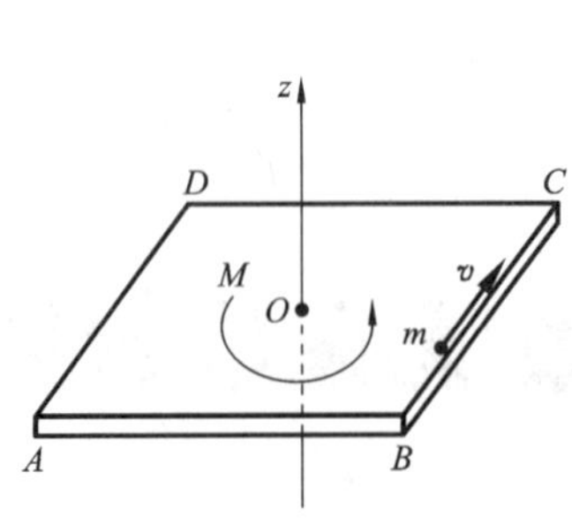

图 15-29　题 15-10 图

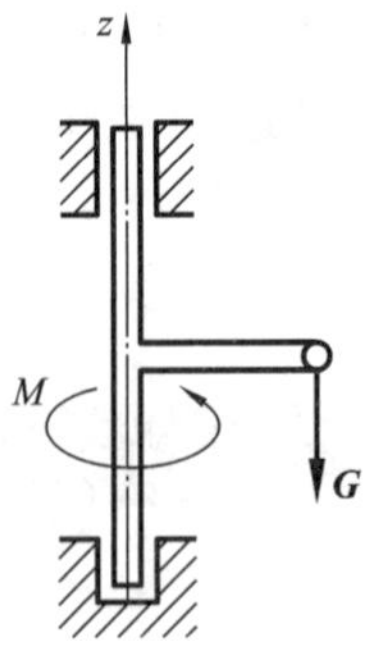

图 15-30　题 15-11 图

15-12　如图 15-31 所示，一质量为 m_1、边长为 l 的正方形薄片绕 z_1、z_2 轴转动的转动惯量分别为 J_1，J_2，z_1、z_2 轴均不通过薄片质心，且相距 $0.5l$，那么，关系式 $J_2=J_1+m(0.5l)^2$ 是否成立，为什么？

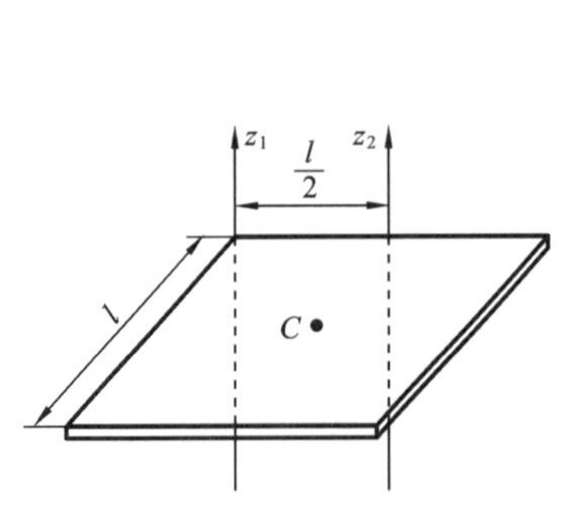

图 15-31　题 15-12 图

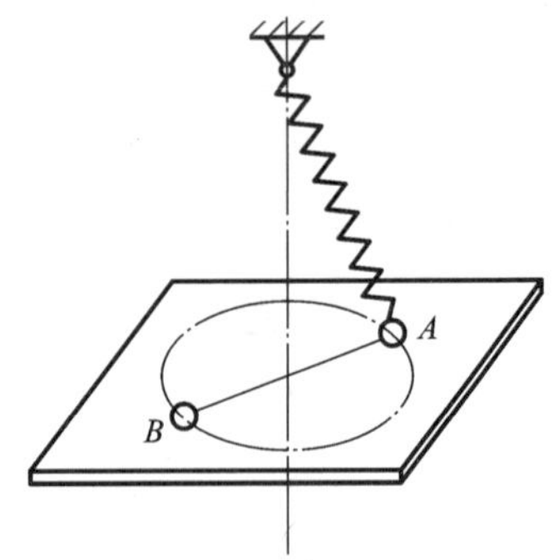

图 15-32　题 15-13 图

计算题

15-13　如图 15-32 所示，质点 M 在水平平面内做匀速圆周运动，弹簧的一端固定于轨迹圆的中心轴线上。当质点自 A 运动至 B 过程中，求弹簧力及质点所受重力做的功。

15-14　一原长为 l_0 的弹簧，刚性系数为 k，在外力作用下，由伸长量 δ_0 变为压缩量 δ_0，求弹簧力做的功。

15-15　一刚性系数 $k=400$ N/cm 的弹簧，在外力作用下，产生伸长量 $\delta=5$ cm。求弹性力做功是否等于 $\frac{1}{2}kx^2=\frac{1}{2}\times 400\times 5^2$ N·m$=5\ 000$ N·m，为什么？

15-16　某人骑一自行车，设前后轮均沿地面纯滚动前进，自行车是由于后轮与地面有摩擦力的作用，推动前进，自行车的动能是否等于后轮摩擦力所做的功？

15-17　一质点在空中作无空气阻力的抛物线运动，取运动轨迹上两个

等高度的点 A、B。质点先后经过 A、B 点时，速度 v_A、v_B 的值是否相等？为什么？

15-18　如图 15-33 所示，重物 G 在绳端 A 处的外力作用下匀速地上升了 3 m，绳端自 A 水平移动至 B，$AB=4$ m。求绳端外力所做的功 W_{AB}。

15-19　如图 15-34 所示，两轮的质量相同，轮 A 的质量均匀分布，轮 B 的质心 C 偏离几何中心 O 的距离为 e。设两轮以相同的角速度绕中心 O 转动。问它们的动能是否相同？

15-20　一质点 m 在粗糙的水平圆槽内滑动，如图 15-35 所示，如果该质点获得的初速度 v_0 恰能使它在圆槽内滑动一周，则摩擦力做的功等于零。这种说法对吗？为什么？

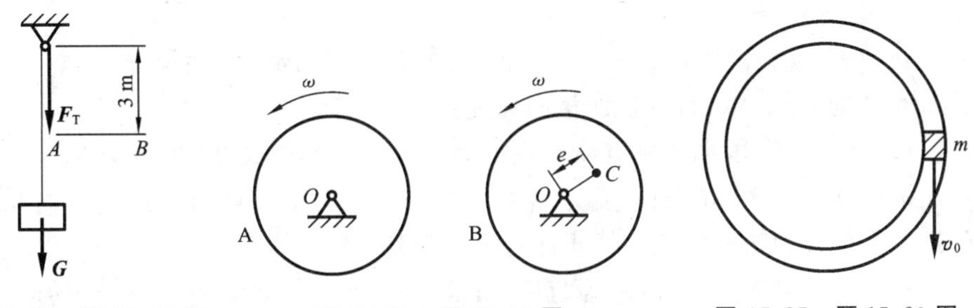

图 15-33　**题** 15-18 **图**　　**图 15-34**　**题** 15-19 **图**　　**图 15-35**　**题** 15-20 **图**

15-21　如图 15-36 所示，均质杆和均质圆盘分别绕固定轴 O 转动或纯滚动。杆和盘的质量均为 m，角速度为 ω，杆长为 l，盘半径为 R，计算图中刚体的动能。

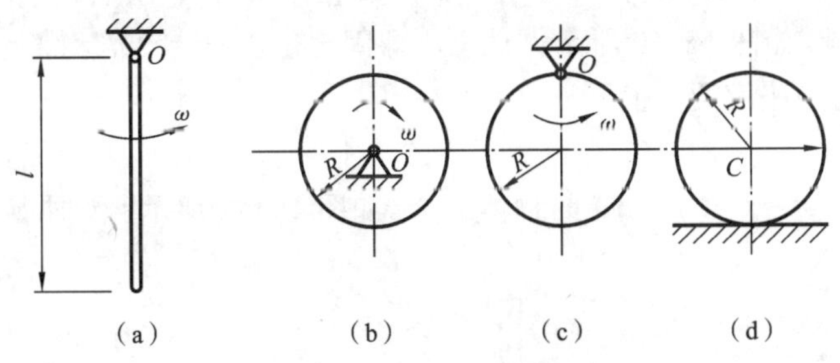

图 15-36　**题** 15-21 **图**

15-22　罐笼质量为 480 kg，提升时的速度曲线如图 15-37 所示。求在下列时间间隔内，悬挂罐笼的钢绳的拉力 F_{T1}、F_{T2}、F_{T3}（① 由 $t=0$ 到 $t=2$ s；② 由 $t=2$ s 到 $t=8$ s；③ 由 $t=8$ s 到 $t=10$ s。图中速度单位为 m/s，时间单位为 s）。

15-23　矿车本身连同载重的质量 $m_1=10^4$ kg，车架与车轮的质量 $m_2=10^3$ kg。如车身在弹簧上按 $x=2\sin(10t)$（x 以 cm 计，t 以 s 计）的规律作铅垂简谐运动，如图 15-38 所示。求矿车对水平直线轨道的最大与最小压力。

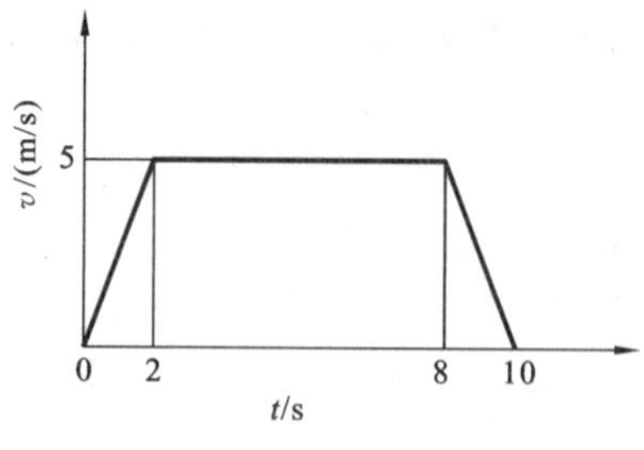

图 15-37　题 15-22 图

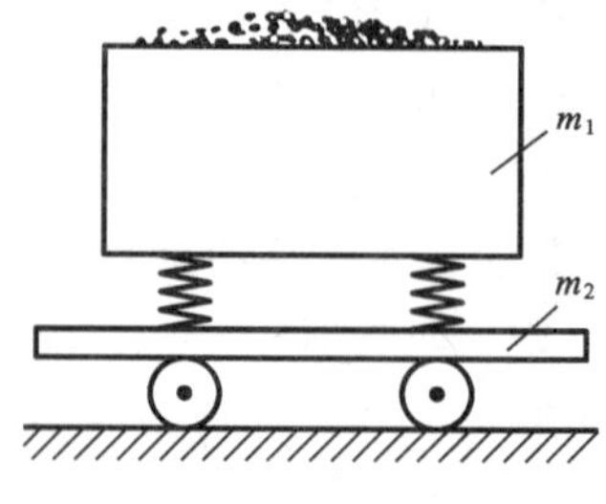

图 15-38　题 15-23 图

15-24　列车(不连机车)质量 200 t,以等加速沿水平轨道行驶,由静止开始经 60 s 后,达到 54 km/h 的速度。设车轮与钢轨之间的摩擦因数为 0.005,求机车与列车之间的拉力。

15-25　直升机重量为 P,它铅直上升时螺旋桨的牵引力是 1.5 P,空气阻力为 kPv,k 是常数。求直升机的极限速度。

15-26　一物体质量为 10 kg,在变力 $F=98(1-t)$(F 以 N 计,t 以 s 计)的作用下运动。设物体的初速度为 $v_0=20$ cm/s,且力的方向与速度的方向相同。问经过多少秒后物体停止?停止前走了多少路程?

15-27　如图 15-39 所示,圆盘的质量 $m=300$ kg,半径 $R=0.4$ m,转动惯量 $J_0=24\ \text{kg}\cdot\text{m}^2$,悬重 $G=6$ kN,角加速度 $\alpha=6\ \pi\text{rad/s}^2$。试求作用在圆盘上的力偶矩 M。

15-28　长 $l=1.2$ m,质量 $m=20$ kg 的直杆套管绕铅垂 z 轴转动,转动惯量 $J_z=9.6\ \text{kg}\cdot\text{m}^2$,在外力偶矩 $M=180\ \text{N}\cdot\text{m}$ 作用下旋转,套管内有一质量为 $m_0=2$ kg 的小球,如图 15-40 所示。试求小球固定位于 $x=0.5l$ 及 $x=l$ 时,直杆绕 z 轴转动的角加速度的比值。

15-29　在一个重为 G,半径为 r 的圆轮上,绕有不计质量的绳索,绳索两端挂有重量为 $G_A=4G$、$G_B=2G$ 的物体 A、B,如图 15-41 所示。试求圆轮转动的角加速度 α。

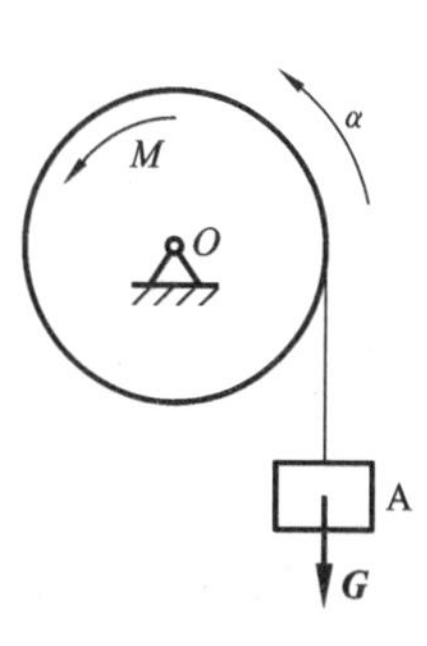

图 15-39　题 15-27 图

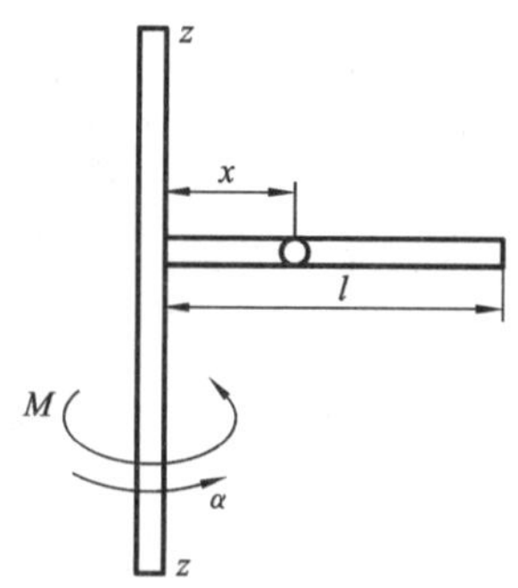

图 15-40　题 15-28 图

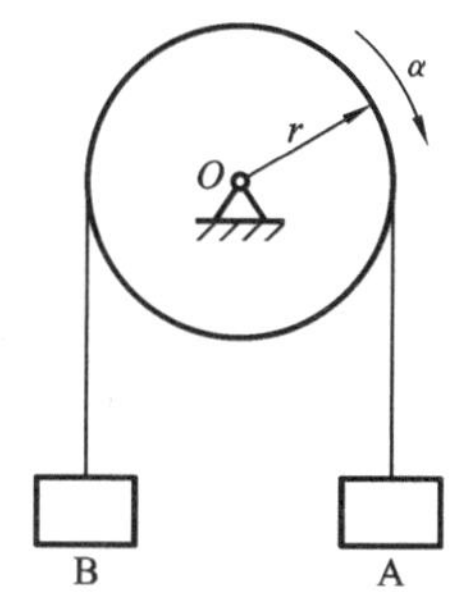

图 15-41　题 15-29 图

15-30　圆盘重 0.6 kN,半径 $R=0.8$ m,转动惯量 $J_0=100\ \text{kg}\cdot\text{m}^2$;在半径

为 R 处绕有绳索，其上挂着 $G_A=2$ kN 的悬重；在离转轴 $r=0.5R$ 处绕有绳索，其上挂着 $G_B=1$ kN 的悬重；如图 15-42 所示。试求圆盘的角加速度 α。

15-31 如图 15-43 所示，已知：两均质轮的半径分别为 R_1、R_2，质量分别为 m_1、m_2，分别受矩为 M 的主动力偶和矩为 M' 的阻力偶作用，不计传动皮带质量，轮与传动皮带间不打滑。试求主动带轮的角加速度。

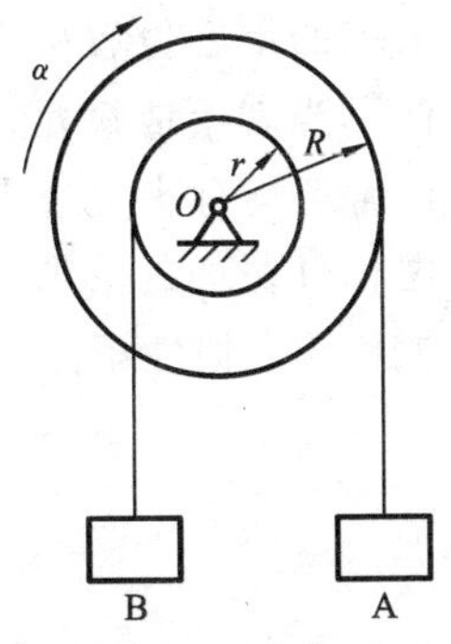

图 15-42 题 15-30 图

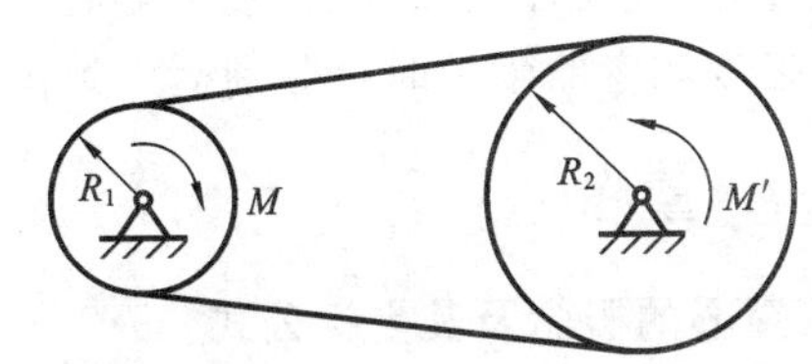

图 15-43 题 15-31 图

15-32 如图 15-44 所示，质量为 m 的滑块 A 可以在水平光滑槽中运动，具有刚性系数为 k 的弹簧一端与滑块相连接，另一端固定。杆 AB 长度为 l，质量忽略不计，上端与滑块 A 铰接，下端装有质量为 m_1 的小球，在铅直平面内可绕点 A 旋转。设在力偶 M 作用下转动角速度 ω 为常数，求滑块 A 的加速度。

15-33 如图 15-45 所示，复摆由直杆和圆球刚性连接而成，球重为 W，半径为 r，球心 A 与支点 O 的距离为 l，杆重不计；开始时摆与铅垂线夹角为 θ。求其经过铅垂位置时球心 A 的速度 v_A。

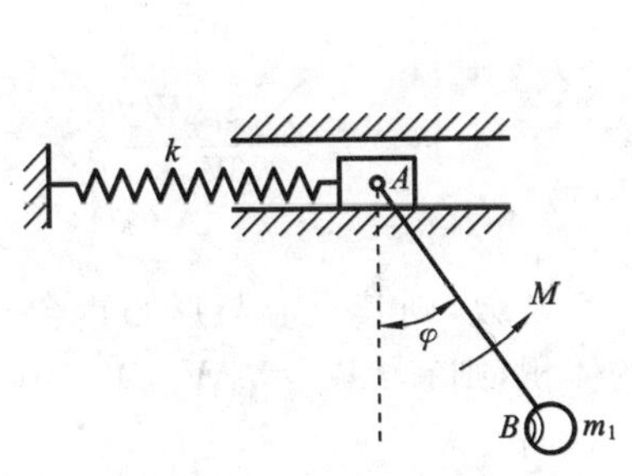

图 15-44 题 15-32 图

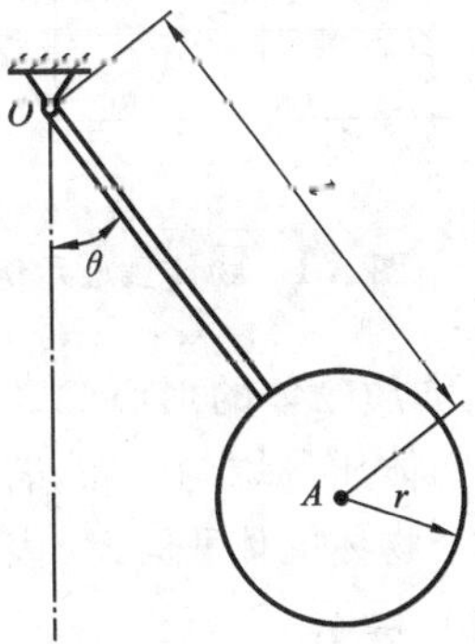

图 15-45 题 15-33 图

附录A 形心与静矩

物体的重心在工程中具有很重要的意义。例如，水坝的重心位置关系到坝体在水压力作用下能否维持平衡；飞机的重心位置设计不当就不能满足飞机飞行的性能要求。因此，对构件的设计来说，重心位置的确定具有十分重要的意义。此外，研究物体的强度、刚度与稳定性，也需要考虑构件截面的形心。在计算扭转强度和弯曲强度时会分别运用到构件截面的极惯性矩和惯性矩。

A.1 重心

1. 重心的概念及其坐标公式

物体可以看成由若干微小物块组成，每一微小物块都受到一个铅垂向下的重力作用。这些微小重力的合力即为物体的重力，其合力的作用点就是物体的重心。物体的重心位置相对于物体的几何形状是固定不变的。下面介绍确定重心的方法。

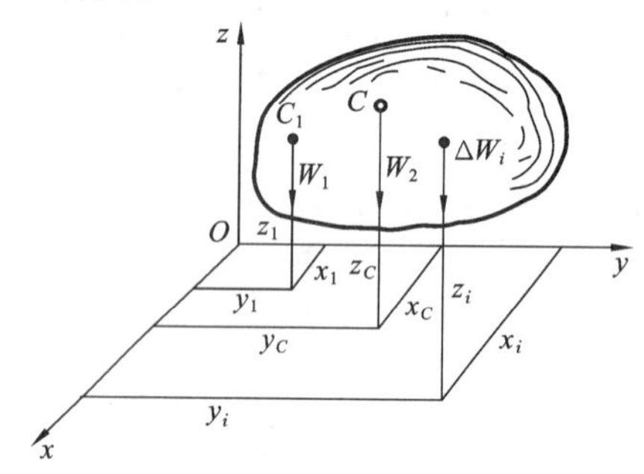

图 A-1 物体重心示例

如图 A-1 所示，设某重力为 W 的物体，由合力矩定理推导的物体重心 C 坐标公式为

$$
\begin{cases}
x_C = \dfrac{\sum x_i \Delta W_i}{W} \\
y_C = \dfrac{\sum y_i \Delta W_i}{W} \\
z_C = \dfrac{\sum z_i \Delta W_i}{W}
\end{cases}
\tag{A-1}
$$

2. 均质物体的形心

设物体质量均匀分布，若其质量密度 $\rho=$常数，则其重心与形心重合。用 V 表示整个物体的体积，ΔV_i 表示微小部分的体积，则有 $\Delta W_i=\rho\Delta V_i$，$W=\rho V$，代入式(A-1)，得

$$
\begin{cases}
x_C = \dfrac{\sum x_i \Delta V_i}{V} \\
y_C = \dfrac{\sum y_i \Delta V_i}{V} \\
z_C = \dfrac{\sum z_i \Delta V_i}{V}
\end{cases}
\tag{A-2}
$$

式(A-2)即为物体的形心坐标公式。

对于均质等厚薄板(或平面图形),一般只要确定形心 C 在平面上的位置,故在平面上建立直角坐标系 Oxy,其形心 C 的坐标公式为

$$\begin{cases} x_C = \dfrac{\sum x_i \Delta A_i}{A} \\ y_C = \dfrac{\sum y_i \Delta A_i}{A} \end{cases} \tag{A-3}$$

式中:ΔA_i、A 分别为各微小块、薄板(或平面图形)的面积。

A.2 静矩与形心

1. 截面的静矩

任意截面如图 A-2 所示,其面积为 A,Ozy 为截面所在平面内的任意直角坐标系。在坐标系的任一点处(y,z),取微面积 $\mathrm{d}A$,则有下述面积积分:

$$\begin{cases} S_y = \int_A z\,\mathrm{d}A \\ S_z = \int_A y\,\mathrm{d}A \end{cases} \tag{A-4}$$

式中:S_y、S_z 分别为截面对坐标轴 z、y 的静矩或一次矩。

由上述定义可以看出,静矩可能为正,可能为负,也可能为零。静矩的量纲为长度的三次方,国际单位制单位是米^3(m^3)。

2. 截面的形心公式

匀质等厚度薄板的重心与该板中面的形心 C 重合(见图 A-2)。根据式(A-3),在坐标系 Ozy 中,形心 C 的坐标为

$$\begin{cases} y_C = \dfrac{\int_A y\,\mathrm{d}A}{A} \\ z_C = \dfrac{\int_A z\,\mathrm{d}A}{A} \end{cases} \tag{A-5}$$

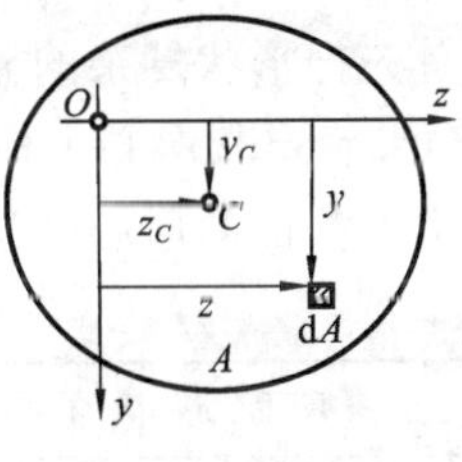

图 A-2 截面静矩示例

将静矩的定义代入式(A-5),得

$$\begin{cases} y_C = \dfrac{S_z}{A} \\ z_C = \dfrac{S_y}{A} \end{cases} \tag{A-6a}$$

$$\begin{cases} S_z = y_C A \\ S_y = z_C A \end{cases} \tag{A-6b}$$

上述公式同样适用于计算截面形心的位置。

当坐标轴（z 或 y）通过截面形心时，截面对该轴的静矩为零；反之，如果截面对某轴的静矩为零，则该轴必通过截面形心。通过截面形心的坐标轴称为形心轴。

3. 组合法求截面的形心

有些杆件横截面形状虽然比较复杂，但常常可看成是由若干简单规则图形或标准型材截面图形所组成，即所谓组合截面，如图 A-3 所示。

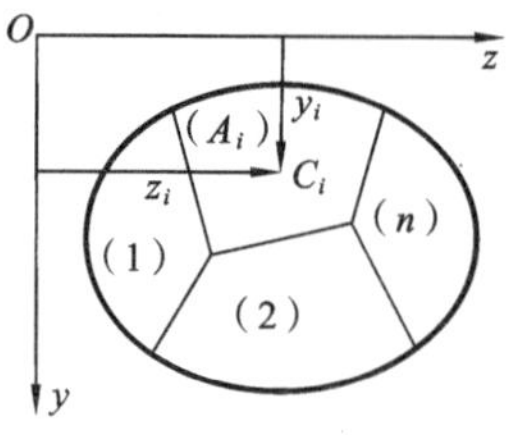

图 A-3　组合截面示例

根据静矩的定义，可得

$$\begin{cases} S_z = \sum_{i=1}^{n} A_i y_i \\ S_y = \sum_{i=1}^{n} A_i z_i \end{cases} \tag{A-7}$$

式（A-7）表明：截面对某一轴的静矩，等于其各组成部分对同一轴的静矩之和。其中，A_i 为第 i 个截面图形的面积，y_i、z_i 为第 i 个截面图形的形心的坐标。

于是，组合截面的形心 C 的坐标为

$$\begin{cases} y_C = \dfrac{\sum A_i y_i}{\sum A_i} \\ z_C = \dfrac{\sum A_i z_i}{\sum A_i} \end{cases} \tag{A-8}$$

式（A-8）表明：组合截面的形心坐标等于其各组成部分的静矩之和除以该截面面积。其中，A_i 为第 i 个截面图形的面积，y_i、z_i 为第 i 个截面图形的形心的坐标。

首先把形状复杂的截面分解为有限个简单规则的截面来组合，然后应用式（A-8）来确定其形心坐标。这种求形心的方法称为组合法。

常见截面的形心的位置也可以查表 A-1。

表 A-1　常见截面的几何性质

截面形状	形心位置	惯性矩
b, h/2, h/2, C, z, y	截面中心	$I_z = \dfrac{bh^3}{12}$
h, C, z, y_C, b, y	$y_C = \dfrac{h}{3}$	$I_z = \dfrac{bh^3}{36}$

续表

截面形状	形心位置	惯性矩
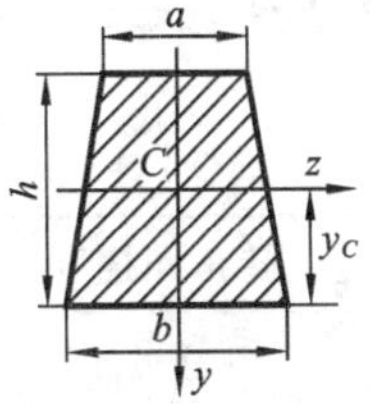	$y_C=\dfrac{h(2a+b)}{3(a+b)}$	$I_z=\dfrac{h^3(a^2+4ab+b^2)}{36(a+b)}$
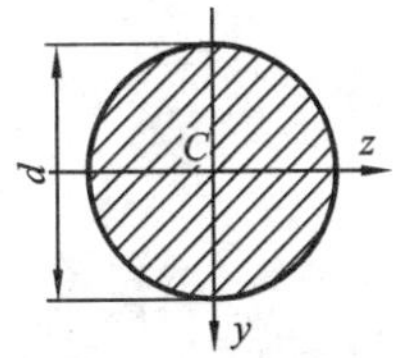	圆心处	$I_z=\dfrac{\pi d^4}{64}$
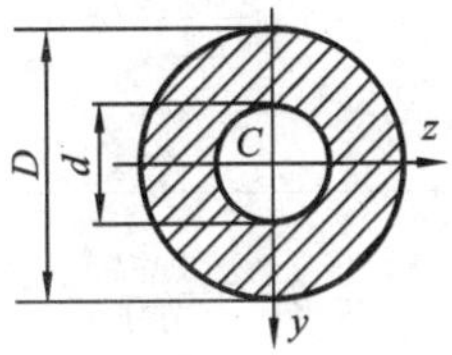	圆心处	$I_z=\dfrac{\pi(D^4-d^4)}{64}=\dfrac{\pi D^4}{64}(1-a^4)$ 其中 $a=d/D$
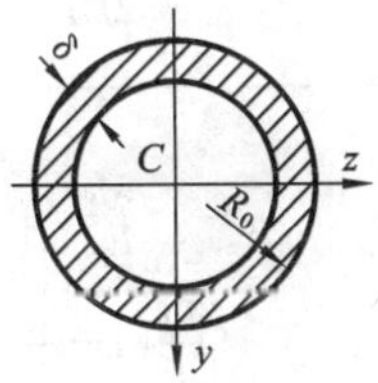	圆心处	$I_z=\pi R_0^3\delta$
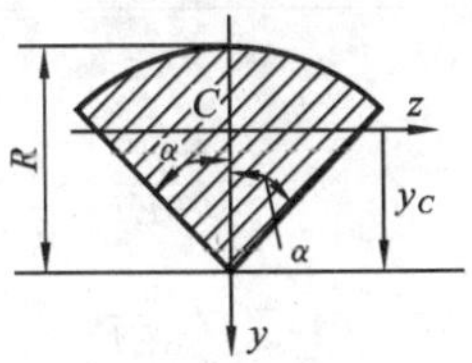	$y_C=\dfrac{2R\sin\alpha}{3\alpha}$	$I_z=\dfrac{R^4}{4}\left(\alpha+\sin\alpha\cos\alpha-\dfrac{16\sin^2\alpha}{9\alpha}\right)$
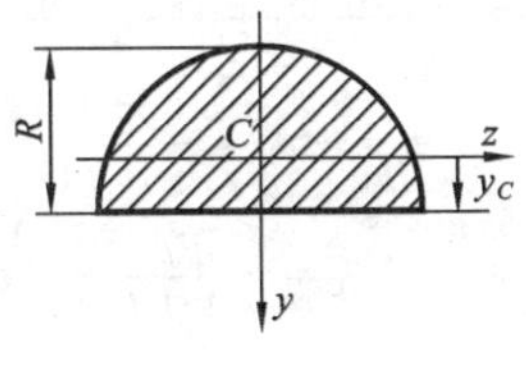	$y_C=\dfrac{4R}{3\pi}$	$I_z=\dfrac{(9\pi^2-64)R^4}{72\pi}=0.109\ 8R^4$

附录 B　梁的挠度与转角表

梁 的 简 图	挠曲线方程	转角和挠度
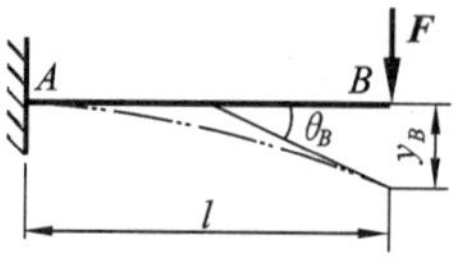	$y=-\dfrac{Fx^2}{6EI}(3l-x)$	$\theta_B=-\dfrac{Fl^2}{2EI}$ $y_B=-\dfrac{Fl^3}{3EI}$
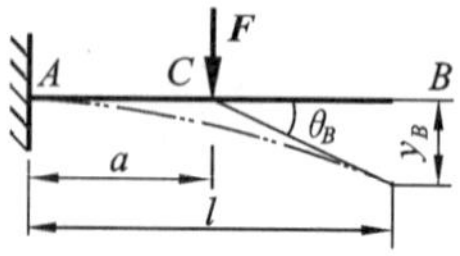	$y=-\dfrac{Fx^2}{6EI}(3a-x)$, $0\leqslant x\leqslant a$ $y=-\dfrac{Fa^2}{6EI}(3x-a)$, $a\leqslant x\leqslant l$	$\theta_B=-\dfrac{Fa^2}{2EI}$ $y_B=-\dfrac{Fa^2}{6EI}(3l-a)$
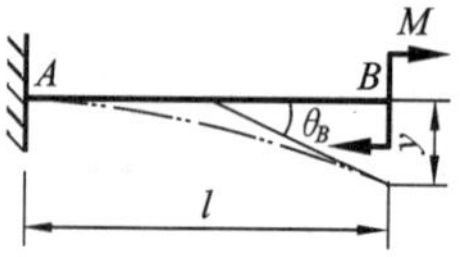	$y=-\dfrac{Mx^2}{2EI}$	$\theta_B=-\dfrac{Ml}{EI}$ $y_B=-\dfrac{Ml^2}{2EI}$
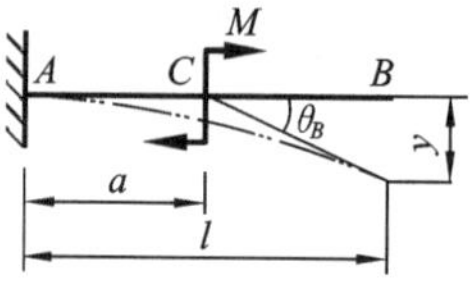	$y=-\dfrac{Mx^2}{2EI}, 0\leqslant x\leqslant a$ $y=-\dfrac{Ma}{EI}\left(x-\dfrac{a}{2}\right)$, $a\leqslant x\leqslant l$	$\theta_B=-\dfrac{Ma}{EI}$ $y_B=-\dfrac{Ma}{EI}\left(l-\dfrac{a}{2}\right)$
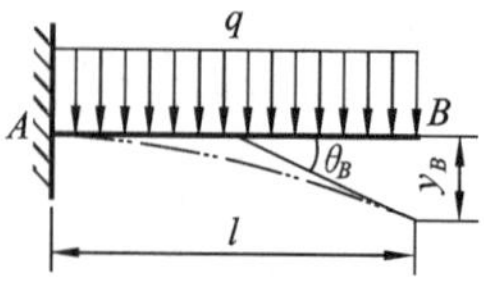	$y=-\dfrac{qx^2}{24EI}(x^2-4lx+6l^2)$	$\theta_B=-\dfrac{ql^3}{6EI}$ $y_B=-\dfrac{ql^4}{8EI}$
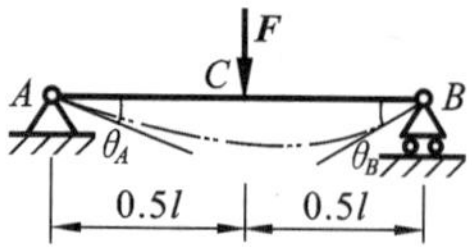	$y=-\dfrac{Fx}{48EI}(3l^2-4x^2)$, $0\leqslant x\leqslant \dfrac{l}{2}$	$\theta_A=-\theta_B=-\dfrac{Fl^2}{16EI}$ $y_C=-\dfrac{Fl^3}{48EI}$

续表

梁 的 简 图	挠曲线方程	转角和挠度
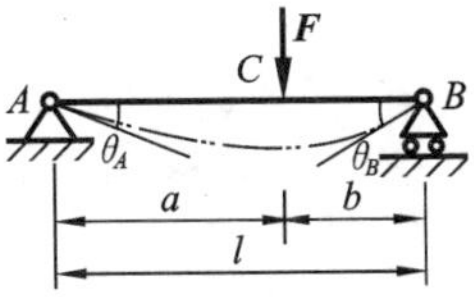	$y=-\frac{Fbx}{6EIl}(l^2-x^2-b^2)$， $0\leqslant x\leqslant a$ $y=-\frac{Fb}{6EIl}\left[\frac{l}{b}(x-a)^3+x(l^2-b^2)-x^3\right]$， $a\leqslant x\leqslant l$	$\theta_A=-\frac{Fab(l+b)}{6EIl}$， $\theta_B=\frac{Fab(l+a)}{6EIl}$ 设 $a>b$，在 $x=\sqrt{\frac{l^2-b^2}{3}}$ 处， $y_{max}=-\frac{Fb(l^2-b^2)^{\frac{3}{2}}}{9\sqrt{3}EIl}$， $x=l/2,y_{0.5l}=-\frac{Fb(3l^2-4b^2)}{48EI}$
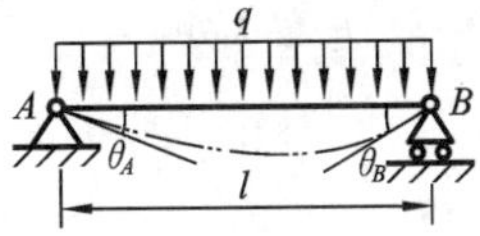	$y=-\frac{qx}{24EI}(l^3-2lx^2+x^3)$	$\theta_A=-\theta_B=-\frac{ql^3}{24EI}$ $x=l/2,y_{max}=-\frac{5ql^4}{384EI}$
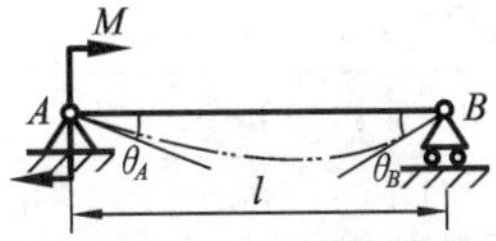	$y=-\frac{Mx}{6EIl}(l-x)(2l-x)$	$\theta_A=-\frac{Ml}{3EI},\theta_B=\frac{Ml}{6EI}$ $x=\left(1-\frac{1}{\sqrt{3}}\right)l$， $y_{max}=-\frac{Ml^2}{9\sqrt{3}EI}$ $x=l/2,y_{0.5l}=-\frac{Ml^2}{16EI}$
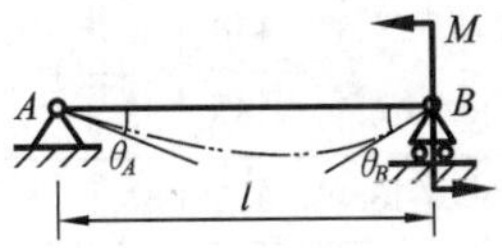	$y=-\frac{Mx}{6EIl}(l^2-x^2)$	$\theta_A=-\frac{Ml}{6EI},\theta_B=\frac{Ml}{3EI}$ $x=\frac{l}{\sqrt{3}},y_{max}=-\frac{Ml^2}{9\sqrt{3}EI}$ $x=l/2,y_{0.5l}=-\frac{Ml^2}{16EI}$
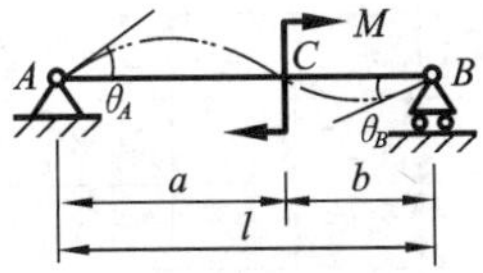	$y=\frac{Mx}{6EIl}(l^2-x^2-3b^2)$， $0\leqslant x\leqslant a$ $y=\frac{M}{6EIl}[-x^3+3l(x-a)^2+(l^2-3b^2)x]$，$a\leqslant x\leqslant l$	$\theta_A=\frac{M}{6EIl}(l^2-3b^2)$， $\theta_B=\frac{M}{6EIl}(l^2-3a^2)$

附录C 型 钢 表

热轧工字钢(GB/T 706—2008)

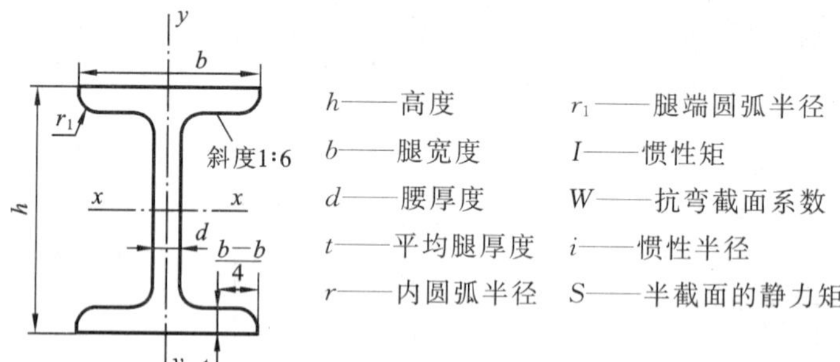

型号	尺寸/mm						横截面积/cm²	理论重量/(kg/m)	参考数值						
									x—x				y—y		
	h	b	d	t	r	r_1			I_x/cm⁴	W_x/cm³	i_x/cm	$I_x:S_x$/cm	I_y/cm⁴	W_y/cm³	i_y/cm
10	100	68	4.5	7.6	6.5	3.3	14.345	11.261	245	49	4.14	8.59	33.0	9.72	1.52
12.6	126	74	5.0	8.4	7.0	3.5	18.118	14.223	488	77.5	5.2	10.8	46.9	12.7	1.61
14	140	80	5.5	9.1	7.5	3.8	21.516	16.89	712	102	5.76	12.0	64.4	16.1	1.73
16	160	88	6.0	9.9	8.0	4.0	26.131	20.513	1 130	141	6.58	13.8	93.1	21.2	1.89
18	180	94	6.5	10.7	8.5	4.3	30.756	24.143	1 660	185	7.36	15.4	122	26.0	2.0
20a	200	100	7.0	11.4	9.0	4.5	35.578	27.929	2 370	237	8.15	17.2	158	31.5	2.12
20b	200	102	9.0	11.4	9.0	4.5	39.578	31.069	2 500	250	7.96	16.9	169	33.1	2.06
22a	220	110	7.5	12.3	9.5	4.8	42.128	33.070	3 400	309	8.99	18.9	225	40.9	2.31
22b	220	112	9.5	12.3	9.5	4.8	46.528	36.524	3 570	325	8.78	18.7	239	42.7	2.27
25a	250	116	8.0	13.0	10.0	5.0	48.541	38.105	5 020	402	10.2	21.6	280	48.3	2.4
25b	250	118	10.0	13.0	10.0	5.0	53.541	42.03	5 280	423	9.94	21.3	309	52.4	2.4
28a	280	122	8.5	13.7	10.5	5.3	55.404	43.492	7 110	508	11.3	24.6	345	56.6	2.5
28b	280	124	10.5	13.7	10.5	5.3	61.004	47.888	7 480	534	11.1	24.2	379	61.2	2.49
32a	320	130	9.5	15.0	11.5	5.8	67.156	52.717	11 100	692	12.8	27.5	460	70.8	2.62
32b	320	132	11.5	15.0	11.5	5.8	73.556	57.741	11 600	726	12.6	27.1	502	76.0	2.61
32c	320	134	13.5	15.0	11.5	5.8	79.956	62.765	12 200	760	12.3	26.3	544	81.2	2.61

续表

型号	尺寸/mm						横截面积/cm^2	理论重量/(kg/m)	参考数值						
									x—x				y—y		
	h	b	d	t	r	r_1			I_z/cm^4	W_x/cm^3	i_x/cm	$I_x:S_x$/cm	I_y/cm^4	W_y/cm^3	i_y/cm
36a	360	136	10.0	15.8	12.0	6.0	76.48	60.037	15 800	875	14.4	30.7	552	81.2	2.69
36b	360	138	12.0	15.8	12.0	6.0	83.68	65.689	16 500	919	14.1	30.3	582	84.3	2.64
36c	360	140	14.0	15.8	12.0	6.0	90.88	71.341	17 300	962	13.8	29.9	612	87.4	2.6
40a	400	142	10.5	16.5	12.5	6.3	96.112	67.598	21 700	1 090	15.9	34.1	660	93.2	2.77
40b	400	144	12.5	16.5	12.5	6.3	94.112	73.878	22 800	1 140	16.5	33.6	692	96.2	2.71
40c	400	146	14.5	16.5	12.5	6.3	102.112	80.158	23 900	1 190	15.2	33.2	727	99.6	2.65
45a	450	150	11.5	18.0	13.5	6.8	102.446	80.42	32 200	1 430	17.7	38.6	855	114	2.89
45b	450	152	13.5	18.0	13.5	6.8	111.446	87.485	33 800	1 500	17.4	38.0	894	118	2.84
45c	450	154	15.5	18.0	13.5	6.8	120.446	94.55	35 300	1 570	17.1	37.6	938	122	2.79
50a	500	158	12.0	20.0	14.0	7.0	119.304	93.654	46 500	1 860	19.7	42.8	1 120	142	3.07
50b	500	160	14.0	20.0	14.0	7.0	129.304	101.504	48 600	1 940	19.4	42.4	1 170	146	3.01
50c	500	162	16.0	20.0	14.0	7.0	139.306	109.354	50 600	2 080	19.0	41.8	1 220	151	2.96
56a	560	166	12.5	21.0	14.5	7.3	135.435	106.316	65 600	2 340	22.0	47.7	1 370	165	3.18
56b	560	168	14.5	21.0	14.5	7.3	146.635	115.108	68 500	2 450	21.6	47.2	1 490	174	3.16
56c	560	170	16.5	21.0	14.5	7.3	157.835	123.90	71 400	2 550	21.3	46.7	1 560	183	3.16
63a	630	176	13.0	22.0	15.0	7.5	154.658	121.407	93 900	2 980	24.5	54.2	1 700	193	3.31
63b	630	178	15.0	22.0	15.0	7.5	167.258	131.298	98 100	3 160	24.2	53.5	1 810	204	3.29
63c	630	180	17.0	22.0	15.0	7.5	170.858	141.189	102 000	3 300	23.8	52.9	1 920	214	3.27

参考文献

[1] 张秉荣.工程力学[M].2版.北京:机械工业出版社,2010.

[2] 李立斌.工程力学[M].北京:机械工业出版社, 2007.

[3] 杜建根,陈庭吉.工程力学[M].北京:机械工业出版社,2004.

[4] 景荣春.工程力学简明教程[M].北京:清华大学出版社,2007.

[5] 鲍俊,黄惠春.工程力学[M].北京:机械工业出版社,2004.

[6] 劳动和社会保障部教材办公室.工程力学[M].北京:中国劳动社会保障出版社,2006.

[7] 范钦珊.工程力学教程[M].北京:高等教育出版社,1998.

[8] 单辉祖.材料力学[M].北京:高等教育出版社,1999.

[9] 刘鸿文.材料力学[M].2版.北京:高等教育出版社,1987.

[10] 陈传尧.工程力学基础[M].武汉:华中科技大学出版社,1999.

[11] 李龙堂.工程力学[M].北京:高等教育出版社,1989.